集成电路系列丛书·集成电路制造

硅基 MEMS 制造技术

王跃林　吴国强　等　编著

電子工業出版社
Publishing House of Electronics Industry
北京·BEIJING

内容简介

随着MEMS技术的不断成熟和全面走向应用，MEMS芯片的量产问题变得越来越重要。显然MEMS芯片的量产必须在集成电路生产线上进行，但是MEMS芯片制造与集成电路制造相比有明显不同，这使得集成电路生产线在转型制造MEMS芯片时会遇到一些特殊的工艺问题。本书主要围绕如何利用集成电路平面工艺制造三维微机械结构，进而实现硅基MEMS芯片的批量制造，系统介绍了硅基MEMS芯片制造技术。由于MEMS涉及学科较多，为了让不同学科背景的人能够快速读懂本书，本书先对MEMS的来龙去脉及MEMS出现的原因进行了简单介绍，然后详细介绍了相关内容，尽量做到通俗易懂。希望读者通过本书能全面了解硅基MEMS芯片制造技术，为从事与MEMS相关的工作打下基础。

本书适合从事MEMS芯片研发的科技人员阅读使用，也可作为高等学校相关专业的教学用书。

图书在版编目（CIP）数据

硅基MEMS制造技术/王跃林等编著．—北京：电子工业出版社，2022.4
（集成电路系列丛书．集成电路制造）
ISBN 978-7-121-43208-8

Ⅰ．①硅⋯ Ⅱ．①王⋯ Ⅲ．①微机电系统-研究 Ⅳ．①TH-39

中国版本图书馆CIP数据核字（2022）第051455号

责任编辑：张剑 柴燕 特约编辑：田学清
印 刷：北京联兴盛业印刷股份有限公司
装 订：北京联兴盛业印刷股份有限公司
出版发行：电子工业出版社
北京市海淀区万寿路173信箱 邮编 100036
开 本：720×1000 1/16 印张：23 字数：479千字
版 次：2022年4月第1版
印 次：2022年4月第1次印刷
定 价：138.00元

凡所购买电子工业出版社图书有缺损问题，请向购买书店调换。若书店售缺，请与本社发行部联系，联系及邮购电话：（010）88254888，88258888。

质量投诉请发邮件至zlts@phei.com.cn，盗版侵权举报请发邮件至dbqq@phei.com.cn。

本书咨询联系方式：zhang@phei.com.cn。

“集成电路系列丛书·集成电路制造”

编　委　会

“集成电路系列丛书”主编序言

培根之土 润苗之泉 启智之钥 强国之基

王国维在其《蝶恋花》一词中写道：“最是人间留不住，朱颜辞镜花辞树”，这似乎是人世间不可挽回的自然规律。然而，人们还是通过各种手段，借助于各种媒介，留住了人们对时光的记忆，表达了人们对未来的希冀。

图书，尤其是纸质图书，是数量最多、使用最悠久的记录思想和知识的载体。品《诗经》，我们体验了青春萌动；阅《史记》，我们听到了战马嘶鸣；读《论语》，我们学习了哲理思辨；赏《唐诗》，我们领悟了人文风情。

尽管人们现在可以把律动的声像寄驻在胶片、磁带和芯片之中，为人们的感官带来海量信息，但是图书中的文字和图像依然以它特有的魅力，擘画着发展的总纲，记录着胜负的苍黄，展现着感性的豪放，挥洒着理性的张扬，凝聚着色彩的神韵，回荡着音符的铿锵，驰骋着心灵的激越，闪烁着智慧的光芒。

《辞海》中把书籍、期刊、画册、图片等出版物的总称定义为“图书”。通过林林总总的“图书”，我们知晓了电子管、晶体管、集成电路的发明，了解了集成电路科学技术、市场、应用的成长历程和发展规律。以这些知识为基础，自20世纪50年代起，我国集成电路技术和产业的开拓者踏上了筚路蓝缕的征途。进入21世纪以来，我国的集成电路产业进入了快速发展的轨道，在基础研究、设计、制造、封装、设备、材料等各个领域均有所建树，部分成果也在世界舞台上拥有一席之地。

为总结昨日经验，描绘今日景象，展望明日梦想，编撰“集成电路系列丛书”（以下简称“丛书”）的构想成为我国广大集成电路科学技术和产业工作者共同的夙愿。

2016 年，“丛书”编委会成立，开始组织全国近 500 名作者为“丛书”的第一部著作《集成电路产业全书》（以下简称《全书》）撰稿。2018 年 9 月 12 日，《全书》首发式在北京人民大会堂举行，《全书》正式进入读者的视野，受到教育界、科研界和产业界的热烈欢迎和一致好评。其后，《全书》英文版 *Handbook of Integrated Circuit Industry* 的编译工作启动，并决定由电子工业出版社和全球最大的科技图书出版机构之一——施普林格（Springer）合作出版发行。

受体量所限，《全书》对于集成电路的产品、生产、经济、市场等，采用了千余字“词条”描述方式，其优点是简洁易懂，便于查询和参考；其不足是因篇幅紧凑，不能对一个专业领域进行全方位和详尽的阐述。而“丛书”中的每一部专著则因不受体量影响，可针对某个专业领域进行深度与广度兼容的、图文并茂的论述。“丛书”与《全书》在满足不同读者需求方面，互补互通，相得益彰。

为更好地组织“丛书”的编撰工作，“丛书”编委会下设了 12 个分卷编委会，分别负责以下分卷：

☆ 集成电路系列丛书 · 集成电路发展史论和辩证法

☆ 集成电路系列丛书 · 集成电路产业经济学

☆ 集成电路系列丛书 · 集成电路产业管理

☆ 集成电路系列丛书 · 集成电路产业教育和人才培养

☆ 集成电路系列丛书 · 集成电路发展前沿与基础研究

☆ 集成电路系列丛书 · 集成电路产品、市场与投资

☆ 集成电路系列丛书 · 集成电路设计

☆ 集成电路系列丛书 · 集成电路制造

☆ 集成电路系列丛书·集成电路封装测试

☆ 集成电路系列丛书·集成电路产业专用装备

☆ 集成电路系列丛书·集成电路产业专用材料

☆ 集成电路系列丛书·化合物半导体的研究与应用

2021 年，在业界同仁的共同努力下，约有 10 部“丛书”专著陆续出版发行，献给中国共产党百年华诞。以此为开端，2021 年以后，每年都会有纳入“丛书”的专著面世，不断为建设我国集成电路产业的大厦添砖加瓦。到 2035 年，我们的愿景是，这些新版或再版的专著数量能够达到近百部，成为百花齐放、姹紫嫣红的“丛书”。

在集成电路正在改变人类生产方式和生活方式的今天，集成电路已成为世界大国竞争的重要筹码，在中华民族实现复兴伟业的征途上，集成电路正在肩负着新的、艰巨的历史使命。我们相信，无论是作为“集成电路科学与工程”一级学科的教材，还是作为科研和产业一线工作者的参考书，“丛书”都将成为满足培养人才急需和加速产业建设的“及时雨”和“雪中炭”。

科学技术与产业的发展永无止境。当 2049 年中国实现第二个百年奋斗目标时，后来人可能在 21 世纪 20 年代书写的“丛书”中发现这样或那样的不足，但是，仍会在“丛书”著作的严谨字句中，看到一群为中华民族自立自强做出奉献的前辈们的清晰足迹，感触到他们在质朴立言里涌动的满腔热血，聆听到他们的圆梦之心始终跳动不息的声音。

书籍是学习知识的良师，是传播思想的工具，是积淀文化的载体，是人类进步和文明的重要标志。愿“丛书”永远成为培育我国集成电路科学技术生根的沃土，成为润泽我国集成电路产业发展的甘泉，成为启迪我国集成电路人才智慧的金钥，成为实现我国集成电路产业强国之梦的基因。

编撰“丛书”是浩繁卷帙的工程，观古书中成为典籍者，成书时间跨度逾十年者有之，涉猎门类逾百种者亦不乏其例：

《史记》，西汉司马迁著，130 卷，526500 余字，历经 14 年告成；

《资治通鉴》，北宋司马光著，294 卷，历时 19 年竣稿；

《四库全书》，36300 册，约 8 亿字，清 360 位学者共同编纂，3826 人抄写，耗时 13 年编就；

《梦溪笔谈》，北宋沈括著，30 卷，17 目，凡 609 条，涉及天文、数学、物理、化学、生物等各个门类学科，被评价为“中国科学史上的里程碑”；

《天工开物》，明宋应星著，世界上第一部关于农业和手工业生产的综合性著作，3 卷 18 篇，123 幅插图，被誉为“中国 17 世纪的工艺百科全书”。

这些典籍中无不蕴含着“学贵心悟”的学术精神和“人贵执着”的治学态度。这正是我们这一代人在编撰“丛书”过程中应当永续继承和发扬光大的优秀传统。希望“丛书”全体编委以前人著书之风范为准绳，持之以恒地把“丛书”的编撰工作做到尽善尽美，为丰富我国集成电路的知识宝库不断奉献自己的力量；让学习、求真、探索、创新的“丛书”之风一代一代地传承下去。

王阳元

2021 年 7 月 1 日于北京燕园

前　　言

集成电路是信息产业的基石，因此受到国内外高度关注。近年来，随着国际环境的变化，我国集成电路的发展遇到了前所未有的挑战，集成电路科研和产业工作者需要积极应对这一挑战。长期耕耘在集成电路领域的王阳元院士等老前辈，时刻惦念我国集成电路产业的发展。2016 年，王阳元院士发起编撰“集成电路系列丛书”，希望为我国集成电路人才培养、科学研究和产业发展提供一套整齐完备的参考书。在王阳元院士的主持下，“集成电路系列丛书”的首部著作——《集成电路产业全书》于 2018 年 9 月 12 日正式出版发行，并在业界获得了热烈反响和一致好评。《集成电路产业全书》出版后，王阳元院士开始全力推进“集成电路系列丛书”的编撰工作。

我从 2016 年开始全程参与了《集成电路产业全书》的编撰过程，看到王阳元院士全身心地投入，深受感动，觉得自己也必须做些什么。长期以来，我一直从事 MEMS 研究工作。MEMS 起源于微电子工艺，其最大优势是可以将传感器、执行器和处理电路集成在一起构成单片集成传感器或系统，更可以利用微电子工艺实现 MEMS 芯片的大规模批量制造。随着 MEMS 技术的不断成熟和全面走向应用，近年来许多集成电路工厂开始重视 MEMS 芯片的制造，希望能尽快在这一新兴市场占有一定的份额。但是，与一般的集成电路制造相比，MEMS 制造有明显的不同，使得集成电路生产线在转型制造 MEMS 芯片时，必须解决一些特殊的工艺问题。作为长期从事 MEMS 研究的科研人员，我感到自己应该在这方面有所作为，因此产生了编撰本书的想法，并得到了“集成电路系列丛书”编委会的大力支持。

MEMS 概念非常宽泛，涉及的学科和技术很多，从事这一工作的不仅有微电子专业背景的人，还有物理、光学、精密仪器、机械、化学、生物、生命科学等学科背景的人，因此，如何使具有不同学科背景的人都能读懂本书，是编撰本书的一大挑战。为了解决这一难题，我们在书的结构和内容设计上想办法，首先对 MEMS 的来龙去脉及为什么会出现 MEMS 进行简单介绍，尽量使读者大致了解 MEMS 概念；然后循序渐进地详细介绍相关内容。希望读者能通过本书全面了解硅基 MEMS 制造技术，为从事 MEMS 工作打下基础。

为了编撰好本书，我们联合许多高等学校、科研院所和集成电路企业，共同组建了编撰团队。本书主要作者有中国科学院上海微系统与信息技术研究所王跃林、李铁、冯飞、欧欣、陈世兴，武汉大学吴国强，上海科技大学吴涛，杭州士兰微电子股份有限公司闫建新、季锋、刘琛、孙福河。其中，王跃林对全书的结构和撰写内容进行了规划；第 1 章由王跃林撰写，第 2 章由闫建新撰写，第 3 章由冯飞、季锋撰写，第 4 章由吴国强、季锋、刘琛撰写，第 5 章由冯飞、欧欣撰写，第 6 章由吴国强、吴涛撰写，第 7 章由吴国强、季锋撰写，第 8 章由吴国强、吴涛撰写，第 9 章由冯飞撰写，第 10 章由李铁、陈世兴撰写，第 11 章由王跃林、吴国强、吴涛、孙福河撰写；全书的后期统稿和修改主要由王跃林和吴国强负责。

最后，非常感谢清华大学许军和北京大学张大成认真仔细的审稿，“集成电路系列丛书·集成电路制造”编委会副主编季明华和责任编委卜伟海十分专业的复审，他们极为精心的工作，使我们避免了不少错误。还要感谢杭州士兰微电子股份有限公司和苏州敏芯微电子技术股份有限公司为本书出版提供的赞助。同时要感谢杭州士兰微电子股份有限公司陈向东和闻永祥、苏州敏芯微电子技术股份有限公司李刚对编撰工作的大力支持，以及武汉大学工业科学研究院研究生陈文、贾利成、吴忠烨、韩金钊、贾文涵、杨尚书、石磊、肖宇豪、朱科文、刘崇斌、姚运昕，上海科技大学信息学院研究生蔡俊翔、陆瑶卿、刘康福、罗智方、邵率，上海微系统与信息技术研究所林家杰博士、刘梦博士及研究生陈伯鑫、刘启勇、张海燕、赵阳洋、鲁梓程、杨义、何云乾等在书籍起草、绘图、文献收集及校稿中的辛苦付出。在此对所有支持我们和为本书编撰做出贡献的人士一并表示衷心的感谢！

王跃林

2021 年 6 月 22 日

于上海漕河泾上海微系统与信息技术研究所分部

作 者 简 介

王跃林博士，中国科学院上海微系统与信息技术研究所研究员、博导，享受国务院颁发的政府特殊津贴，入选中科院“百人计划”，新世纪百千万人才工程国家级人选。曾获国家技术发明二等奖、上海市技术发明一等奖、浙江省技术发明一等奖和教育部自然科学二等奖等多项，发表论文 300 余篇，获授权发明专利 150 余项。自 1999 年起被国家科技部聘为 973 项目首席科学家（连续三届），担任 *Sensors & Materials* 编委、《电子学报》编委、中国微米纳米技术学会副理事长、上海市传感技术学会名誉理事长、中国仪器仪表学会传感器分会和仪表工艺分会副理事长、中国仪器仪表行业协会传感器分会副理事长等职务。

目　　录

第1章 绪　论

微机电系统（Micro-Electro-Mechanical Systems，MEMS）技术主要基于微电子工艺，可以把传感器、执行器和处理电路集成在一起形成单片集成传感器或系统，还可以实现MEMS芯片的大规模批量制造，是支撑智能和智慧等技术发展的底层核心技术，已广泛用于汽车、工业控制、仪器仪表、国防军事、生物医学、航空航天等国民经济和国防建设领域，并成为国际竞争的战略制高点。

集成电路主要由海量的晶体管组成，如今使用的不同功能的集成电路就是以晶体管为基本单元设计制造出来的。集成电路的制造工艺为平面工艺，关注点主要是电性能，把晶体管做好是关键。因此，开发的标准工艺流程适应面广，是非常高效的制造模式。

与集成电路不同，MEMS芯片的核心是微机械结构，需要进行三维微机械结构加工，除了关注电性能，还要关注机械和力学等性能。而且，微机械结构多种多样，不同的传感器需要采用不同的微机械结构，如今还没有一种像晶体管那样功能强大的微机械结构。因此，制造目标难以集中，需要开发多种工艺流程以满足不同微机械结构的制造需求，各种传感器的制造商没有形成像集成电路那样通用的标准工艺流程，基本上还是沿袭了传统机械加工的一种工艺流程支撑一种器件的制造模式。此外，微电子工艺是为制造晶体管量身打造的平面工艺，用其来制造三维微机械结构，还面临集成电路工艺流程中各种复杂的兼容性问题。

因此，尽管MEMS芯片制造利用了集成电路工艺，但与集成电路制造有明显的不同，如何利用集成电路平面工艺实现三维微机械结构的大规模批量制造是硅基MEMS芯片制造的关键所在。本书主要围绕如何利用集成电路平面工艺制造三维微机械结构，进而实现硅基MEMS芯片的大规模批量制造，来系统介绍硅基MEMS制造技术。

MEMS的范畴很广，涉及微电子、机械、光学、生化等多个学科，制造手段涉及集成电路工艺、机械加工、光学加工、生化加工等多种途径。本书主要介绍基于集成电路工艺的硅基MEMS制造技术，不介绍其他MEMS制造技术。

在书的内容安排上，由于介绍常规集成电路制造技术的书很多，本书仅用一章简单介绍一下常规集成电路制造工艺，以使不熟悉集成电路工艺的读者快速入门，其他篇幅将介绍与 MEMS 相关的制造技术，以突出 MEMS 制造的特色。本书分为五个部分：①简单介绍 MEMS 的起源及发展过程（第 1 章）；②简单介绍常规集成电路制造工艺（第 2 章）；③介绍单项 MEMS 制造关键工艺技术（第 3~6 章）；④介绍 MEMS 制造工艺模块（第 7~10 章）；⑤介绍典型 MEMS 芯片制造工艺流程（第 11 章）。这样安排可使读者先对 MEMS 的全貌有个大致了解，便于理解 MEMS 制造技术的理念；然后通过介绍单项 MEMS 制造关键工艺技术，以及单项 MEMS 制造关键工艺与常规集成电路工艺组合形成的 MEMS 制造工艺模块，让读者了解三维微机械结构的制造；最后为了让读者了解如何应用关键工艺技术与工艺模块，对几种典型的 MEMS 芯片制造工艺流程进行了介绍。结构上努力做到循序渐进，以便于读者理解。

1.1 MEMS 技术发展历程

MEMS 技术的发展历史可追溯到 20 世纪 50 年代，与发现硅的电阻率与应力相关，即所谓的压阻效应[1]。压力传感器主要原理是在外加压力作用下，传感器的电阻发生改变，通过检测传感器电阻的变化实现压力检测。在压阻效应被发现之前，压力传感器的敏感电阻主要采用金属电阻，在应力作用下，敏感电阻的长度和宽度产生变化，导致敏感电阻的阻值发生变化，从而实现压力检测。但敏感电阻长度和宽度变化引起的电阻变化量非常小，灵敏度很低。由于硅的压阻系数非常大，利用硅制作的压力传感器的灵敏度比使用电阻应变片制作的压力传感器的灵敏度高两个数量级。由此开启了人们利用硅工艺制造压力传感器的历程。

利用压阻效应制造压力传感器的关键是使被测压力在硅圆片内部产生应力，从而引起硅电阻阻值的变化，实现通过测量敏感电阻阻值的变化获得被测压力大小。显然，为了提高检测灵敏度，总是希望很小的被测压力可以带来很大的硅电阻阻值的变化，这要求小的被测压力可以在硅内部产生大的应力。要达到这一目的，需要设计特殊的硅敏感结构，以在敏感结构内部的特定部位实现应力集中，这样小的被测压力可以在应力集中部位产生大的应力。显然，将敏感电阻制作在应力集中部位，在同样的被测压力作用下，敏感电阻阻值会有最大变化，从而显著提高传感器的灵敏度。早期的硅压力传感器敏感结构就是所谓的硅杯结构，其示意图如图 1-1 所示。硅杯结构的应力集中部位在敏感膜的根部，将敏感电阻制作在敏感膜根部就可以提高传感器的灵敏度。对于微电子工艺来说，在硅圆片上制作电阻非常简单。因此，硅压力传感器制造的核心是硅杯结构的制造。如何高效、低成本地制造出力学性能优良的硅杯结构，从而生产出高性价比的压力传感器是主要问题。为了高效批量制造出硅杯结构，人们通过在常规微电子工艺中，嵌入各向异性腐蚀技术、键合技术和牺牲层技术等特殊工艺来制造硅压力传感器，经过压力传感器制造工艺的不断优化演进，这些特殊工艺已成为MEMS制造的三大关键技术。

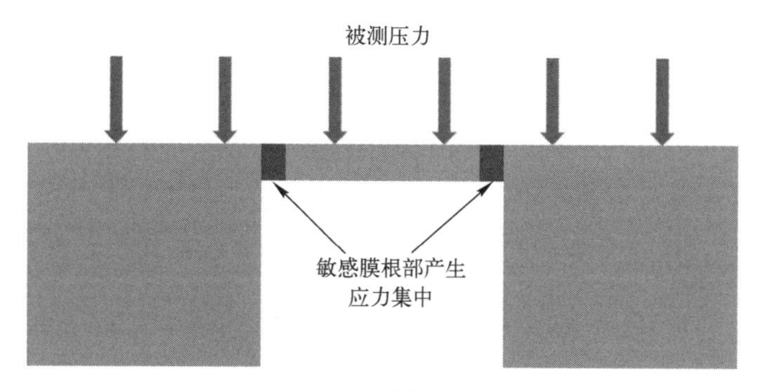

图1-1　硅杯结构示意图

1. 各向异性腐蚀技术

最初的硅杯结构采用背面机械打磨方式制造，该制造方式不是批量制造方式，效率非常低，而且产品的一致性非常差。20世纪60年代出现了硅各向异性腐蚀技术[2]，该技术的腐蚀特性与硅的晶向密切相关。具体表现为（100）面腐蚀速率快，（111）面几乎不腐蚀，而且对 SiO_2 也几乎不腐蚀，因此可以利用 SiO_2 作腐蚀掩模，通过选择特定晶面和晶向对硅圆片进行选择性腐蚀，实现机械结构的批量制造。该技术一经出现，马上被用来制造硅杯结构。图1-2所示为采用硅各向异性腐蚀技术批量制造的改进型硅杯结构示意图。通过该技术可以一次腐蚀出数十块硅圆片，实现了低成本批量制造膜、岛、沟和槽等基本微机械结构。这一技术为在硅圆片上制造各种微机械结构提供了高效的手段，对MEMS技术的发展起了十分重要的作用，直到今天还在广泛应用，目前主要使用的腐蚀液有KOH和TMAH。

图1-2　硅各向异性腐蚀技术批量制造的改进型硅杯结构示意图

2. 键合技术

压力传感器完成芯片制造后，还需要封装。由于压力传感器是用来检测压力的，如果将压力传感器芯片直接通过胶粘的方式封装在管座上，那么在芯片和管座界面将存在热失配，从而在硅杯结构敏感膜处产生热应力。当温度变化或加载时，在敏感膜处产生的热应力或残余应力同样会导致敏感电阻改变，使得传感器的温度特性和重复性变差，还会增加迟滞。如果将压力传感器芯片不是用胶粘的方式封装在管座上而是先直接封装在与硅热膨胀系数相近的圆片上，再将带圆片的压力传感器芯片封装在管座上，那么圆片和管座界面处的热失配大部分将被圆片吸收掉，从而改善传感器的特性。这一解决方案的关键是要有硅芯片与圆片的直接封装方法。20 世纪 60 年代末人们发明了金属/玻璃键合技术[3]，该技术将金属和玻璃贴合在一起，通过加热和施加电场，实现金属与玻璃直接封接。硅属于半导体，具有一定的金属属性，因此人们想到利用这一方法进行硅/玻璃键合，将硅封接在玻璃圆片上，从而解决压力传感器封装热失配的问题。图 1-3 所示为硅/玻璃键合技术改进的硅杯结构示意图，该方法可以一次将制造好的硅芯片与玻璃圆片（其热膨胀系数与硅相近）直接键合在一起，划片之后再将玻璃圆片封装在管座上，这样玻璃圆片和管座界面处的热失配大部分可以被玻璃圆片吸收，从而提高传感器的性能。

图 1-3　硅/玻璃键合技术改进的硅杯结构示意图

早期的压力传感器主要是硅杯结构的，需要采用双面（硅圆片的正面和背面）加工技术制造，难以在集成电路生产线量产。其主要原因是：①集成电路工艺为平面工艺，采用单面加工，双面加工形成的硅杯结构存在背面腐蚀空腔，使得光刻和清洗困难、易碎片，与集成电路平面工艺兼容性差，难以在集成电路生产线规模制造；②背面加工往往使用各向异性腐蚀技术，在背面存在 54. 7°的斜角（见图 1-3），额外增加的芯片面积一般超过 50%（尺寸增加 0. 7h，h 为硅圆片厚度），硅圆片产出的传感器大为减少，使得单个传感器芯片的制造成本高。要解决这些问题，就需要想办法使压力传感器结构仅需硅圆片单面加工，简化其制造工艺，以适合在集成电路生产线量产。20 世纪 80 年代，为制造 SOI 圆片，发明了硅-硅键合技术[4]，这使压力传感器仅需硅圆片单面加工成为可能。利用硅-硅直接键合技术，硅圆片仅需单面加工就可以直接在内部形成空腔。图 1-4 所示为硅-硅键合技术制造的硅盒结构示意图[5]，用于制造压力传感器。由于含密封空腔（硅盒结构）的硅圆片与常规硅圆片无太大不同，因此制造工艺与集成电路工艺兼容，适合在集成电路生产线量产。

图 1-4 硅盒结构示意图

3. 牺牲层技术

为了解决硅杯结构需要采用双面加工技术制造带来的问题，20 世纪 80 年代还出现了一项重要的工艺技术——表面微机械技术，其核心是牺牲层技术[6]，即在磷硅玻璃牺牲层上制备一层多晶硅结构层，再把牺牲层腐蚀掉，留下的多晶硅结构层悬空，再沉积一层多晶硅将牺牲层腐蚀通道封死，从而构成密闭的压力敏感空腔（见图 1-5）。该技术主要涉及集成电路工艺中的沉积和选择性腐蚀技术，基本属于常规集成电路工艺，与集成电路工艺兼容。牺牲层技术的核心思想是在同一腐蚀环境中，不同材料的腐蚀速率可以差异非常大，将易被腐蚀的材料选作牺牲层，将不被腐蚀的材料选作结构层，就可以组合出多种微机械结构体系。现有许多材料组合体系，包括多晶硅（结构层）/磷硅玻璃（牺牲层）、介质（结构层）/单晶硅（牺牲层）、金属（结构层）/有机物（牺牲层）等，HF 溶液、HF 蒸气、各向异性腐蚀等是主要的牺牲层腐蚀释放方法。

4. MEMS 概念的出现

在压力传感器的发展过程中，围绕压力敏感结构的制造，逐步形成了各向异性腐蚀技术、键合技术和牺牲层技术等关键技术。实际上压力敏感结构本质上是机械结构，机械结构可以用来制造压力传感器，也可以用来制造各种机械部件或零件。例如，可以利用各向异性腐蚀技术在同一硅圆片上制造不同的机械结构。对于更复杂的机械结构，则可以利用键合技术实现多层三维机械结构的组装；还可以利用牺牲层技术，通过反复沉积，在同一硅圆片上制造出多层三维机械结构。

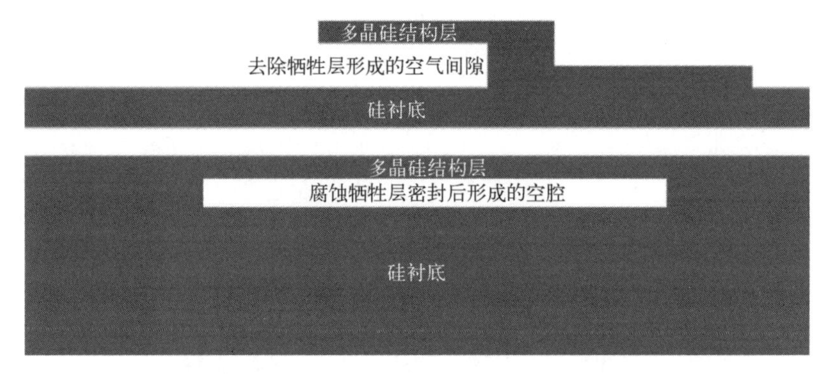

图 1-5　利用牺牲层技术在硅圆片上制造的压力敏感空腔示意图

1987 年在 *Transducers*' 87 中发表的铰链、齿轮、弹簧、曲柄和微马达等机械零部件[7]引起了轰动。引起轰动的原因是这些机械零部件是采用牺牲层技术通过反复沉积制造的，也就是说这是世界上第一批采用微电子工艺制造的机械零部件，颠覆了以往通过机械加工方法制造机械零部件的观念，预示着采用微电子工艺不仅可以批量制造各种机械部件或零件，还可以将电子/机械/光等集成在一起，构成单片集成微机电系统，即 MEMS。由此 MEMS 开始流行，在国际上掀起了一股研究微马达、微泵、微阀等微机械部件的热潮，各种新想法层出不穷，MEMS 研究进入黄金期。图 1-6 所示为中国科学院上海微系统与信息技术研究所（以下简称上海微系统所）2000 年制作的微机械栓锁。

图 1-6　微机械栓锁

5. 深反应离子刻蚀技术

MEMS 概念出现以后，人们开始从传感器的角度拓展到微电子机械的角度来思考问题，其中重要的问题还是微机械结构的制造。尽管湿法硅各向异性腐蚀技术可以在硅圆片上形成多种微机械结构，但它有个致命弱点，就是形成的结构与晶向有关，这限制了其应用范围，很多结构用这一技术无法制造。而且，已完成部分制造工艺的硅圆片长时间浸泡在腐蚀液中是不利的。为此，人们在20世纪90年代发明了硅深反应离子刻蚀技术[8]，该技术刻蚀速度与晶向无关，而且采用了干法工艺，为制造复杂微机械结构带来了极大的灵活性。图1-7所示为上海微系统所2001年采用深刻蚀工艺制造的微梳齿结构。

图1-7 微梳齿结构

至此，主要MEMS制造技术已经形成。直到今天，MEMS常用的工艺技术主要还是各向异性腐蚀技术、键合技术、牺牲层技术和深反应离子刻蚀技术。绝大多数MEMS芯片或系统可以利用这些技术与常规集成电路工艺结合制造出来。

1.2 典型MEMS产品

进入21世纪以来，MEMS开始走向全面应用，市场规模不断扩大，总体超过100亿美元，如图1-8所示。随着市场规模的不断扩大，包括台湾积体电路制造股份有限公司（简称台积电）在内的集成电路代工企业开始进入MEMS领域，进一步提高了MEMS传感器的性价比，某些消费类传感器的价格仅为1~2元甚至几角。MEMS传感器已经像集成电路一样深入人们日常生活的方方面面，在手机、家庭医疗、游戏和汽车等领域得到广泛应用。

1. MEMS压力传感器

MEMS压力传感器在20世纪60年代就实现了产业化应用，是最早实现产业化的MEMS传感器。随着MEMS制造技术的不断进步，MEMS压力传感器的性价比越来越高。日常生活中在很多地方都用到了MEMS压力传感器，比较典型的应用有电子血压计、汽车、手机、工业仪表等。目前，MEMS 压力传感器约占 MEMS 市场 20%的份额。图 1-9 所示为苏州感芯微系统技术有限公司制造的 MEMS 压力传感器。

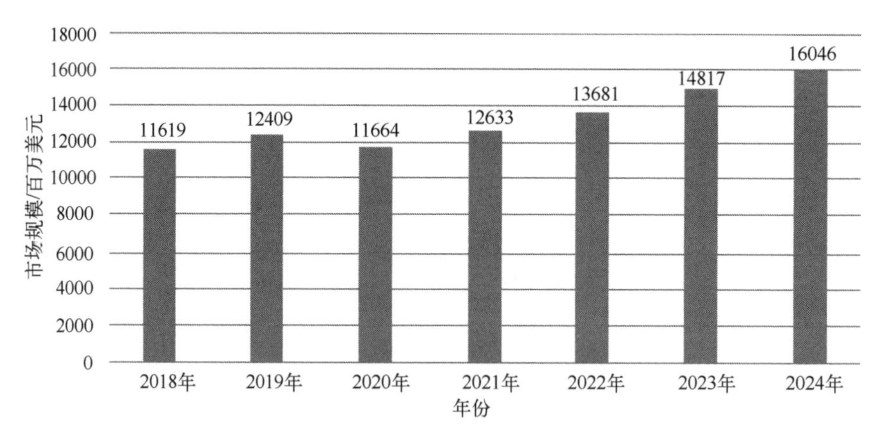

图 1-8　2018—2024 年全球 MEMS 市场规模
（资料来源：Yole& 麦姆斯咨询）

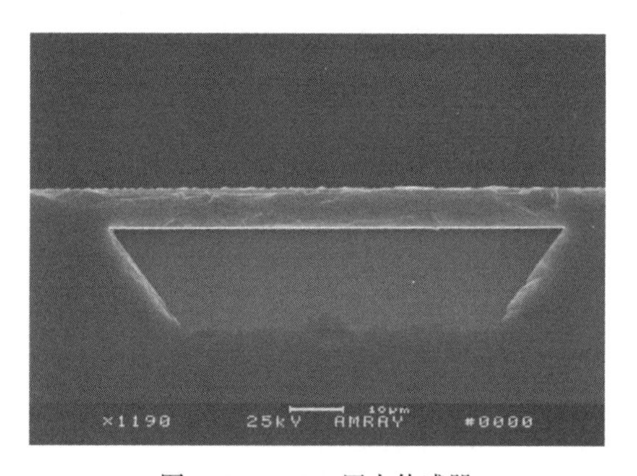

图 1-9　MEMS 压力传感器

2. MEMS 加速度传感器

MEMS 加速度传感器的应用始于 20 世纪 70 年代，是第二个得到大规模应用的 MEMS 传感器。大规模应用始于 1993 年，美国 ADI 公司采用牺牲层技术将微型可动结构与处理电路集成在单芯片内，大幅降低了 MEMS 加速度传感器的制造成本，实现了用于汽车安全气囊控制的微型加速度传感器的批量生产，当时价格为数美元，充分展示了 MEMS 技术集成和规模生产的优势。图 1-10 所示为上海微系统所制造的 MEMS 三轴加速度传感器。

图 1-10 MEMS 三轴加速度传感器

3. MEMS 数字微镜显示器

美国 TI 公司从 20 世纪 80 年代中期开始研究 MEMS 数字微镜显示器（DMD），希望用在投影仪上。MEMS DMD 通过底层的处理电路给出驱动信号，使得中间的机械传动机构带动顶层的微镜产生偏转，从而控制光的投向，实现投影显示，是典型的微光机电器件。经过 10 年的研发，MEMS DMD 在 20 世纪 90 年代后期在投影仪上得到大量应用，其性能明显优于液晶投影仪，在当时产生了很大的反响。图 1-11 所示为美国 TI 公司的 MEMS DMD 结构示意图。

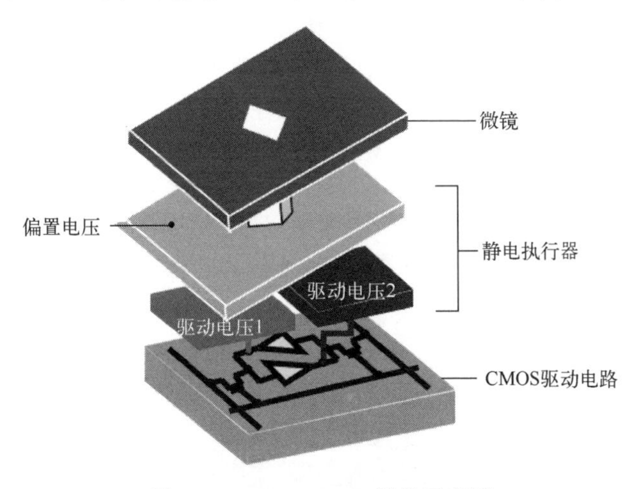

图 1-11 MEMS DMD 结构示意图

4. MEMS 微机械陀螺

MEMS 微机械陀螺的研究始于 20 世纪 90 年代初期，Draper 实验室利用柯氏力，采用 MEMS 技术制造出梳齿结构 MEMS 微机械陀螺，引发了 MEMS 微机械陀螺的研究热潮。初期的研究目标是希望 MEMS 微机械陀螺在国防上得到应用，经过不断的改进，特别是制造技术的进步，MEMS 微机械陀螺在集成电路生产线实现量产，成本大幅下降，进入手机和游戏机等消费领域，得到大规模应用。图 1-12 所示为上海微系统所 2003 年制作的 MEMS 微机械陀螺。

图 1-12　MEMS 微机械陀螺

5. MEMS 微传声器

MEMS 微传声器的研究始于 20 世纪 90 年代中期。清华大学是早期微传声器主要研究机构之一，早在 20 世纪 90 年代，他们就研制出纹膜式硅电容微传声器，其在当时是国际同类研究中灵敏度最高的微传声器。随着 MEMS 制造技术的不断进步，其生产成本不断下降，如今已在手机、笔记本电脑和 iPad 等领域得到大规模应用。图 1-13 所示为 MEMS 微传声器。

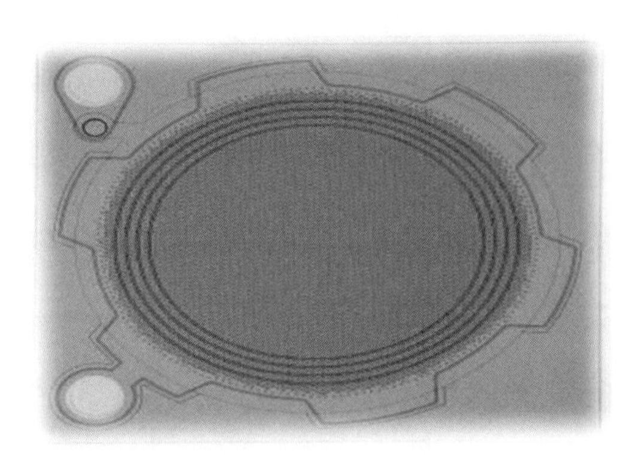

图 1-13　MEMS 微传声器

6. MEMS 红外传感器

人们在20世纪90年代后期开始研究MEMS红外传感器，主要是想解决低温制冷问题，发展低成本非制冷红外传感器。当时主要有两条技术路线，一条技术路线是利用热膨胀系数不一样的材料构成的悬臂梁支撑微镜阵列，悬臂梁受红外辐射后产生变形，带动微镜偏转，通过光直接读出红外成像；另一条技术路线是基于热释电效应，通过测量热释电产生的电压来获取红外信息。此外，基于泽贝克效应（Seebeck Effect）的MEMS红外热电堆传感器在人体温度测量方面具有明显优势。经过不断演进，MEMS红外传感器已经实现了大规模应用，红外测温仪中的传感芯片就是红外热电堆传感器，引发了MEMS红外传感器研究热潮，催生了不少红外传感器公司。图1-14所示为上海微系统所制作的MEMS红外传感器。

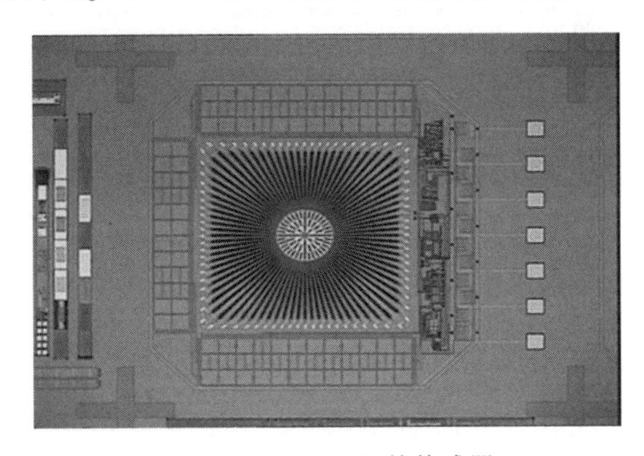

图1-14　MEMS红外传感器

1.3　MEMS发展缓慢的主要原因

1958年发明了集成电路，集成电路一经发明马上得到了突飞猛进的发展，之后摩尔定律给出了清晰的集成电路发展路线图，如今全球市场规模接近4000亿美元，可谓发展神速。同样是脱胎于集成电路工艺的MEMS的发展历史如果从硅压力传感器算起，与集成电路一样长，就算从出现MEMS的概念算起也有30多年的历史。经过这么多年的发展，MEMS全球市场规模只有100多亿美元，与集成电路相比其发展可谓十分缓慢。

集成电路发展神速主要是因为拥有基本单元和主流产品。实际上无论多么复杂的集成电路都是由海量的基本单元——晶体管构成的。晶体管的基本结构如图1-15所示。晶体管相当于集成电路的细胞，通过海量的晶体管组合就可以实现信息处理、存储和传输等复杂功能。因此，集成电路的基础问题非常明确集中，理论、设计和制造都是围绕如何做好晶体管展开的，更易于取得突破，给出清晰的发展路线图，技术进步清晰且可预测。

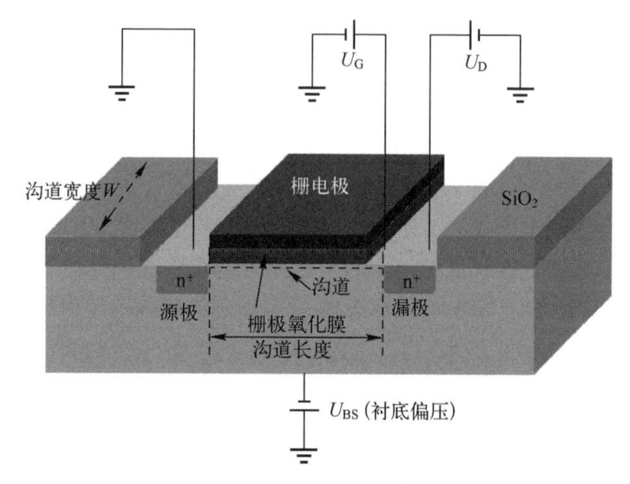

图 1-15 晶体管的基本结构

集成电路不仅有基本单元，还有主流产品。在计算驱动时代，处理器和存储器两大主流产品的市场规模足以驱动集成电路的发展，只要做好这两个产品，资本市场对集成电路的投资就能得到巨额回报。

集成电路技术路线清晰，主攻产品明确，自然会得到资本市场的青睐，其发展神速是自然而然的事情。

遗憾的是，MEMS 不仅无基本单元，也没有主流产品。与集成电路不同，MEMS 的核心是微机械结构，微机械结构多种多样，但目前还没有一种像晶体管那样功能强大的微机械结构，因此研发目标难以集中在特定的微机械结构上，研究目标分散，研究成果没有普适性，开发效率低。

而且 MEMS 市场是个性化的，产品专用性强。对于同一种产品，不同的客户有不同的要求，为了满足不同的客户要求，需要增加额外的成本。MEMS 市场个性化的特点，使得单个产品的市场规模很小，没有像处理器和存储器市场规模那么大的主流产品，使得开发商难以将目标集中在某一产品上，因此开发效率低、资本投入分散、难以形成规模。

MEMS 既没有基本单元，又没有主流产品，这使得人们无论是在突破基础技术，还是在发展具体产品上，目标都难以集中，客观上造成了基础技术始终没有重大突破，市场规模远不如预期的现象，所以其发展速度跟不上产业界的预测。

1.4　MEMS 发展的启示

MEMS 的发展与压力传感器密切相关，在压力传感器的发展过程中，逐步形成了各向异性腐蚀技术、键合技术和牺牲层技术 MEMS 三大关键技术，这三大技术与深反应离子刻蚀技术构成了 MEMS 四大关键技术。如今绝大多数 MEMS 芯片都可以在这四大关键技术的基础上，通过与集成电路工艺组合制造出来。仔细分析 MEMS 的发展过程，可以得到如下启示。

1. 巨大的市场需求是技术进步的原动力

压力是一个基本物理量，工业过程、运动过程、生命过程等都与压力有关，需要测量压力的场合非常多，在传感器市场中压力传感器是市场占有率最大的一类传感器，因此得到人们高度重视。在 20 世纪 50 年代发现了压阻效应后，人们马上想到利用硅来制造压力传感器更具优势。在压力传感器巨大市场需求的驱动下，人们不断想办法来提高传感器的性能、降低制造成本，在这个过程中产生了 MEMS 三大关键技术，所以技术的进步离不开市场需求这一原动力。

2. 技术进步可催生新的领域

MEMS 技术源自硅压力传感器，压力传感器的核心——压力敏感结构本质上是机械结构，因此压力传感器的制造过程就是机械结构的制造过程。只要把这个内涵搞清楚，我们就可以拓宽思路。难道只有压力传感器需要机械结构吗？显然不是，需要机械结构的场合太多了，那么我们为什么不能用这些技术来制造更多的机械零部件呢？正是在这一理念的驱使下，20 世纪 80 年代催生出 MEMS 这一全新的领域。

3. 尽量利用简单高效的成熟技术

集成电路之所以能取得巨大成功，是因为其把复杂的工艺流程等问题简单化。一是明确主攻晶体管，二是把复杂的工艺流程分解成氧化、光刻、腐蚀、扩散、沉积等关键工艺。将这些关键工艺进行不同的组合，形成标准工艺流程，从而满足各种集成电路的制造需求，形成非常高效的制造模式。对于 MEMS 来说，也需要采用这一思路，在器件设计时就要考虑如何利用成熟的集成电路工艺实现高效规模制造。实际上，目前市场占有率高的压力传感器、加速度传感器、微机械陀螺、传声器等 MEMS 芯片都是依托集成电路生产线实现量产的。

4. 性价比大幅提升可产生新的市场

基于集成电路生产线大规模批量制造的优势，MEMS 传感器的制造成本在不断降低，性价比在不断提高，价格也在一路下降，从几十到上百美元降到几美元甚至几十美分。性价比的大幅提升，使得传感器从用不起，变成价格不是问题随意使用，这促使了新的需求的产生，带来了新的市场机会，进而促成了传感器在手机、游戏机、家庭医疗和消费领域的大规模应用，未来还有许多这样的市场有待人们去开拓。

5. 依托集成电路生产线打造 MEMS 量产平台

尽管 MEMS 制造基于集成电路工艺，但又与集成电路有很大不同，常规集成电路生产线不能直接用来制造 MEMS 芯片。需要选择合适的集成电路生产线，围绕典型三维微机械结构制造进行二次工艺开发，建立应用面相对广的系列 MEMS 制造工艺流程，以适应大多数 MEMS 芯片的大规模批量制造，打造适应 MEMS 个性化制造需求的量产平台，从根本上解决我国 MEMS 芯片规模制造问题。

6. 发挥本土优势参与市场竞争

MEMS 产品呈现出小批量、多品种的个性化特色，不同的产品形态有明显不同，即使同一种产品，使用场合不同其产品形态也有明显不同，是典型的用户关联产品。与用户密切互动是用户关联产品在市场营销时必须考虑的问题，因此本土企业在参与市场竞争时，除了采用降低成本的途径，更应该充分发挥与用户沟通便利，进行定制/半定制保姆式服务等优势参与市场竞争，使自己在竞争中处于有利地位。

与其他光机电等元器件相比，MEMS 芯片的最大优势就是可以利用集成电路工艺实现单片集成和大规模批量生产。要把这一优势发挥出来，必须解决在集成电路生产线进行三维微机械结构的批量制造问题。本书围绕这一问题，从 MEMS 关键工艺技术出发，引出常用的工艺模块，最后形成典型 MEMS 产品工艺流程，系统介绍硅基 MEMS 制造技术，使读者通过本书可对硅基 MEMS 制造技术有深入了解。

MEMS 是典型的学科交叉领域，从事 MEMS 工作的研发人员来自不同的学科，知识背景各不相同。因此在撰写本书的过程中，假定读者不是从事微电子专业的，尽量使用通俗易懂的语言来介绍，以保证不同学科的研发人员能快速掌握基本的硅基 MEMS 制造技术，为从事 MEMS 研发打下良好的制造基础。

参考文献

[1] SMITH C S. Piezoresistance effect in germanium and silicon [J]. Physical Review, 1954, 94 (1): 42.

[2] FINNE R M, KLEIN D L. A water-amine-complexing agent system for etching silicon [J]. Journal of the Electrochemical Society, 1967, 114 (9): 965.

[3] WALLIS G, POMERANTZ D I. Field assisted glass-metal sealing [J]. Journal of Applied Physics, 1969, 40 (10): 3946-3949.

[4] LASKY J B, STIFFLER S R, WHITE F R, et al. Silicon-on-insulator (SOI) by bonding and etch-back [C]. 1985 International Electron Devices Meeting. IEEE, 1985: 684-687.

[5] WANG Y L, LIU L, ZHENG X Y, et al. A novel pressure sensor structure for integrated sensors [J]. Sensors and Actuators A: Physical, 1990, 21 (1-3): 62-64.

[6] GUCKEL H, BURNS D W. Fabrication techniques for integrated sensor microstructures [C]. 1986 International Electron Devices Meeting. IEEE, 1986: 176-179.

[7] FAN L S, TAI Y C, MULLER R S. Pin joints, gears, springs, cranks, and other novel micromechanical structures, in Tech. Dig. [C]. Transducers'87, 1987: 849-852.

[8] LAERMER F, SCHILP A. Method of anisotropically etching silicon: U.S. Patent 5,501,893 [P]. 1996.

第2章

常规集成电路制造工艺简介

MEMS芯片制造工艺流程是在常规集成电路制造工艺流程中嵌入专门针对三维微机械结构制造的特殊工艺，因此，常规集成电路制造工艺是MEMS芯片制造的基础。考虑到介绍常规集成电路制造技术的书很多，同时兼顾不熟悉集成电路制造技术的读者能有基本的集成电路制造工艺知识来阅读本书，本章将简单介绍一下常规集成电路制造工艺。

2.1 集成电路制造工艺流程

集成电路是由半导体微型器件结构单元组合并经过导体布线连接形成的。集成电路的微型器件结构单元包括电阻、电容、二极管、三极管等，以及具有特定功能的微型结构单元。图2-1所示为集成电路制造工艺流程简图。由图2-1可以看出，集成电路制造由清洗、热加工、薄膜、光刻、刻蚀、离子注入等工序组成，其中将氧化、扩散、退火等涉及高温过程的工序统称为热加工，实际的工艺流程需要经过几次、几十次，甚至百次制造工序循环才能形成完整的集成电路。单芯片集成器件越多，电路功能越强，集成电路性能越高，工序循环次数越多，制造工艺越复杂。

电阻是集成电路中最简单的结构单元，为了便于理解，本节以电阻制造工艺流程为例来说明常规集成电路制造工艺。电阻由电阻体和导线组成，如图2-2（a）所示；图2-2（b）所示为电阻设计版图，可以看出，电阻由电阻体、接触孔、导线三个构件组成，对应制成如图2-2（c）所示的三块光刻版图，在常规集成电路制造工艺中用这三块光刻版就可以形成电阻结构单元。

图2-3所示为微型电阻单元结构工艺流程示意图，图中箭头所指方向为工艺流程方向，点画线框内是对应工序的工艺简图，主要工艺有：清洗、热加工、光刻、刻蚀、离子注入和薄膜，这些是集成电路制造的常规工艺。由图2-3可以看

出，形成电阻结构单元至少需要 12 道工序，其中，清洗工艺 2 次、热加工工艺 2 次、光刻工艺 3 次［分别使用图 2-2（c）所示的电阻体、接触孔、导线光刻版图］、刻蚀工艺 3 次、离子注入工艺 1 次、薄膜工艺 1 次。

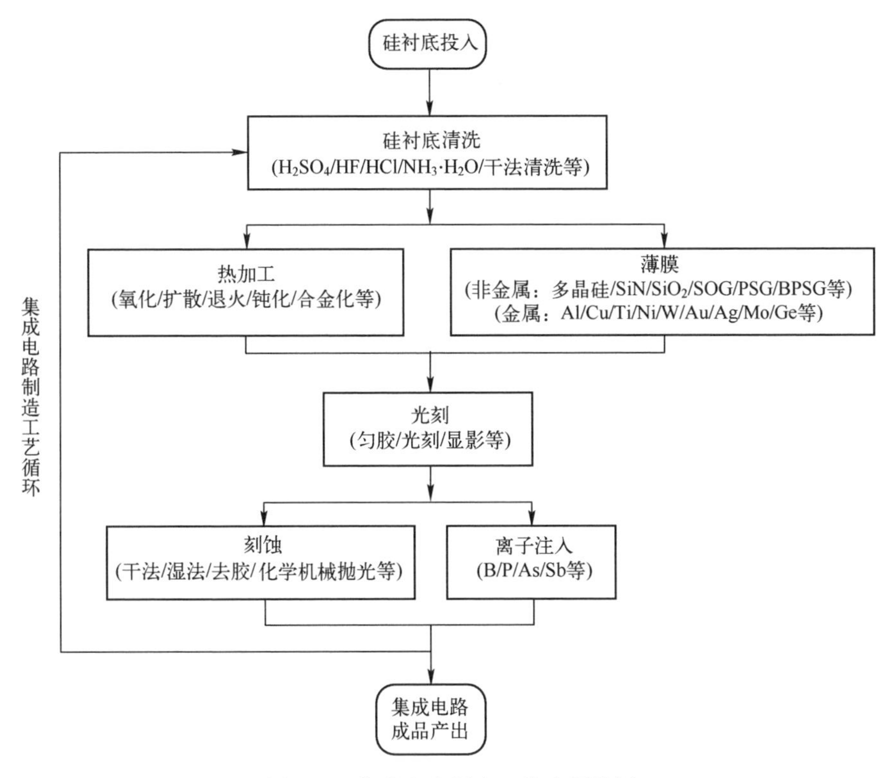

图 2-1　集成电路制造工艺流程简图

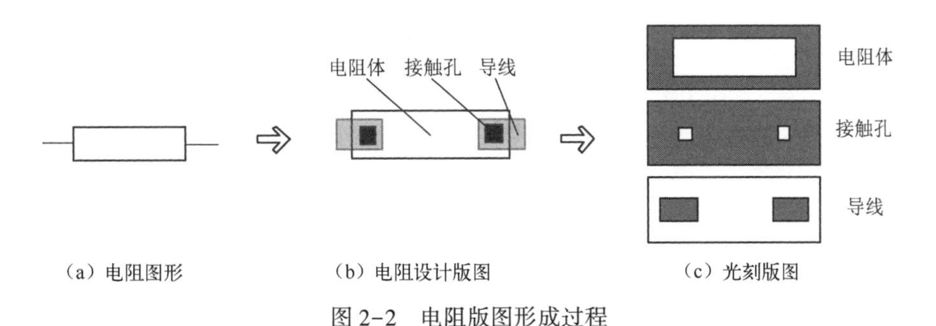

图 2-2　电阻版图形成过程

在 MEMS 芯片制造工艺中，刻蚀工艺和薄膜工艺主要用于形成特殊微结构，有专门章节介绍，本章不再重复。本章主要介绍清洗工艺、热加工工艺、光刻工艺、离子注入工艺，以及用于布线的金属薄膜工艺。

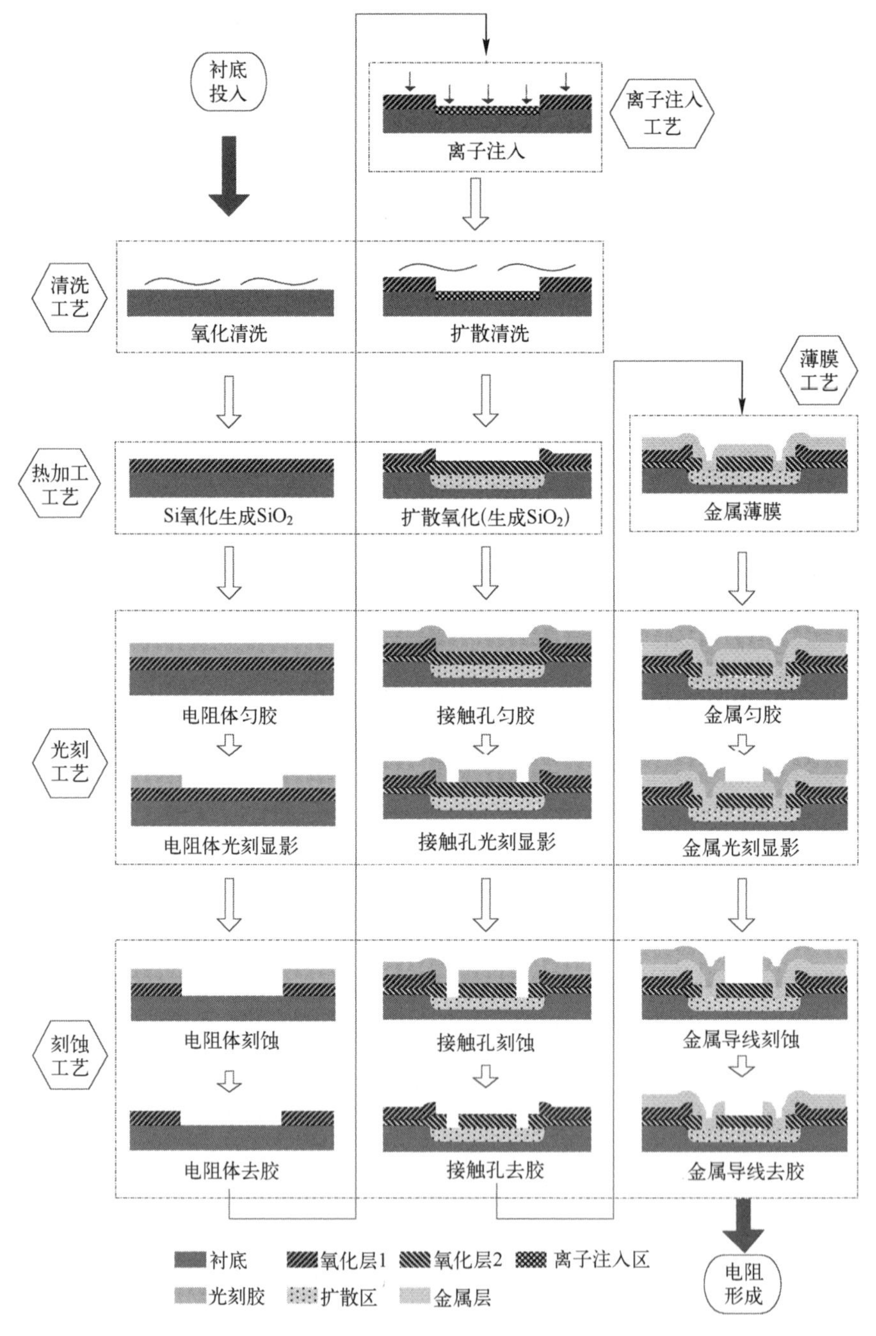

图 2-3　微型电阻单元结构工艺流程示意图

2.2 清洗工艺

清洗工艺主要利用物理、化学方法清除硅衬底表面可能存在的污染物[1]，主要用于各种工序之前，因为污染物在工艺过程中非常容易侵入硅衬底内部或沾污硅衬底表面，影响集成电路的性能。集成电路污染物主要来源于人员活动、设备运行、原辅材料、作业方法、车间环境五个方面，污染物主要类型有颗粒物、金属元素、有机物、氧化物等[2]，具体如表 2-1 所示。

表 2-1　污染物来源及类型

序号	来源	污染物产生过程	污染物类型
1	人员活动	① 进车间带入的颗粒物； ② 作业人员活动过程中产生的扬尘； ③ 体液（Na）、肌肤（有机物）	颗粒物、金属元素、有机物
2	设备运行	① 设备运行造成的金属元素和颗粒物污染； ② 使用工器具造成的金属元素和颗粒物污染	颗粒物、金属元素
3	原辅材料	① 硅衬底污染（硅衬底加工过程中产生的金属元素残留、有机物、颗粒物）； ② 水污染（溶解物、微细颗粒、微生物）； ③ 化学品污染（含有 Fe、Cu 等各类杂质）； ④ 工艺气体污染（固体微粒、细菌）	颗粒物、金属元素、有机物
4	作业方法	① 硅衬底表面自然氧化形成的 SiO_2； ② 工艺过程造成的污染（残留光刻胶、颗粒物）	氧化物、有机物、颗粒物
5	车间环境	车间环境中存在的尘埃、微型粒子	颗粒物

清洗工艺是在集成电路不受到损伤的前提下清除硅衬底表面残留的颗粒物、金属元素、有机物、氧化物等，在集成电路制造工艺中，清洗工艺是提高集成电路良品率、电路性能、可靠性等非常重要的常规工艺技术。

2.2.1 H_2SO_4/H_2O_2去除残留有机物

硅衬底表面的残留物主要为光刻胶残留、刻蚀过程中产生的有机物残留等，这些残留物在光刻、刻蚀等工艺中容易造成器件短路或断路，在热加工的高温工艺中容易升华进而影响工艺环境，使集成电路成品率降低，甚至导致集成电路功能失效。集成电路制造工艺中主要用 H_2SO_4/H_2O_2混合液去除残留有机物，主要机理如下。

C、H、O 等元素是组成有机物的主要成分，因而有机物也称为碳水化合物［化学式为 $C_n(H_2O)_m$］。浓 H_2SO_4吸收有机物中的 H、O 元素形成 $H_2SO_4 \cdot mH_2O$，该过程称为“脱水”作用。有机物脱去 H_2O 后生成 C，该现象称为“碳化”，具体反应式如下：

$$H_2SO_4(\text{浓})+C_n(H_2O)_m = H_2SO_4 \cdot mH_2O+nC \quad (2-1)$$

生成物 C 不溶于 H_2SO_4，也不溶于 H_2O，是新产生的固态颗粒污染物，必须去除。C 具有强还原性，H_2O_2具有强氧化性，二者反应生成 CO_2和 H_2O，反应式如下：

$$C+2H_2O_2 = CO_2+2H_2O \quad (2-2)$$

式（2-1）和式（2-2）的生成物中都含有 H_2O，将其加热至 100℃以上使 H_2O 蒸发，以排除 H_2O。

H_2SO_4/H_2O_2混合液去除残留有机物的具体工艺是：在具有加热功能的石英容器中，配置适当比例的 H_2SO_4和 H_2O_2混合溶液，加热并恒温至 110℃以上。将需要清洗的硅衬底置于混合液中一定时间后取出，用超纯水冲洗。

对于 H_2SO_4/H_2O_2混合液去除光刻胶工艺，因有机物去除量较大，消耗 H_2O_2较多，所以在去胶的过程中需要适时补充 H_2O_2。

2.2.2 HF/NH_4F 去除 SiO_2

SiO_2主要来源于在衬底表面 Si 自然氧化生成薄层 SiO_2，以及刻蚀后的 SiO_2残留。集成电路制造工艺中主要用 HF/NH_4F 混合液腐蚀去除自然氧化生成薄层 SiO_2和残留 SiO_2，主要机理如下。

HF 与 SiO_2的反应式如下：

$$6HF+SiO_2 = H_2[SiF_6]+2H_2O \quad (2-3)$$

由式（2-3）可以看出，在固定容量的 HF 溶液中，随着 SiO_2反应量增加，HF 的浓度逐渐降低，即 H^+浓度逐渐降低，这意味着 SiO_2的去除效果随着清洗批次的增加，越来越差。为了减小前后批次清洗效果差异，在清洗液中添加 NH_4F 缓冲溶液以均衡前后批次的清洗效果。NH_4F 是强酸弱碱盐，在溶液中呈弱酸性，NH_4^+发生水解有如下可逆化学平衡式：

$$NH_4^+ + H_2O \rightleftharpoons NH_3 \cdot H_2O + H^+ \quad (2-4)$$

由式（2-4）可以看出，反应式右边 H^+浓度降低时，NH_4^+水解反应向右进行并提供 H^+，使溶液的酸度保持均衡，保证前后批次清洗效果的一致性。

2.2.3 HCl/H_2O_2去除金属元素

金属元素侵入在硅衬底中会严重破坏器件特征电性，尤其在热加工工艺中，金属元素热迁移到硅衬底内部，破坏硅的半导体特性，导致器件性能失效。集成电路制造工艺中主要用 HCl/H_2O_2混合液去除残留金属元素（用 M 代替），主要机理如下。

金属 M 与 HCl 溶液的反应式如下：

$$2HCl+2M = 2MCl+H_2\uparrow \quad (2-5)$$

式（2-5）反应过程消耗溶液中的 H^+，随着反应的进行溶液中 H^+浓度降低，对后续产品的清洗效果产生影响。H_2O_2水溶液呈弱酸性，其中有如下可逆化学平衡式：

$$H_2O_2 \rightleftharpoons H^+ + HO_2^- \quad (2-6)$$

金属 M 与 HCl 反应使溶液中的 H^+浓度降低时，式（2-6）反应向右进行，补充消耗掉的 H^+，使溶液酸度持续保持均衡，保证前后批次清洗效果的一致性。

2.2.4　$NH_3 \cdot H_2O/H_2O_2$去除颗粒物

集成电路制造过程中的颗粒物主要来源于工艺过程、车间环境、人员活动等，颗粒物落在集成电路上，如果不去除，会造成集成电路短路、断路、电性能不稳定、可靠性降低等。集成电路制造工艺中主要用 $NH_3 \cdot H_2O/H_2O_2$混合溶液去除颗粒物，去除机理如下。

$NH_3 \cdot H_2O$ 在水溶液中有如下化学平衡式：

$$NH_3 \cdot H_2O \rightleftharpoons NH_4{}^+ + OH^- \quad (2-7)$$

在大气中颗粒物表面含有—OH 等基团，该基团在水溶液体系中因发生电离或质子迁移而表现为负电性[3]，$NH_3 \cdot H_2O/H_2O_2$ 混合溶液中带有正电荷的 $NH_4{}^+$吸附带负电荷的颗粒物，从而达到去除微小颗粒物的目的。$NH_4{}^+$吸附颗粒物后，$NH_4{}^+$浓度降低，式（2-7）平衡向右移动补充因吸附颗粒物而消耗的 $NH_4{}^+$，此时 OH^-浓度增加，OH^-与 $NH_3 \cdot H_2O/H_2O_2$ 混合溶液中的 H^+反应生产 H_2O。$NH_3 \cdot H_2O/H_2O_2$ 混合溶液中 H^+浓度减少破坏了酸碱平衡，H_2O_2按照式（2-6）化学平衡向右移动补充 H^+，维持了 $NH_3 \cdot H_2O/H_2O_2$ 混合液的酸碱平衡，保证前后批次清洗效果的一致性。

2.2.5　标准清洗工艺

标准清洗工艺是由上文介绍的四种清洗工艺组成的组合工序，具体清洗顺序如下：

$$H_2SO_4/H_2O_2 \rightarrow HF/NH_4F \rightarrow HCl/H_2O_2 \rightarrow NH_3 \cdot H_2O/H_2O_2 \rightarrow \text{脱水}$$

每一步清洗工序都必须经过超纯水冲洗后才能进入下一步清洗工序，这样做主要是为了避免清洗过程中造成交叉污染。

标准清洗工艺有严格顺序要求，主要原因是：有机物残留通常是片状或絮状的，可能会覆盖残留 SiO_2、金属元素、颗粒物等，所以有机物残留去除必须放在第一步；HF/NH_4F 对 SiO_2有较好的清洗效果，清洗后可能有金属元素或其他材质颗粒物残留，而 HCl/H_2O_2去除重金属离子时可能产生沉淀颗粒物，所以 HCl/H_2O_2清洗工序放在 HF/NH_4F 清洗工序后面，$NH_3 \cdot H_2O/H_2O_2$清除颗粒物必需放在最后一步。

标准清洗工艺的清洗周期长，在实际生产中可以根据工艺情况适当简化工序步骤，如：

H_2SO_4/H_2O_2→HF/NH_4F→$NH_3 \cdot H_2O/H_2O_2$→脱水

HF/NH_4F→$NH_3 \cdot H_2O/H_2O_2$→脱水

HF/NH_4F→脱水

2.2.6 脱水处理

硅衬底清洗完成后需要对硅衬底进行脱水处理，该工序看似简单，但是很重要。环境空气中有 CO_2等酸性气体，其主要来源是车间人员的呼出气体（含有 CO_2）及部分工序逃逸出的气体。残留于硅衬底上的超纯水会因吸收环境空气中的 CO_2等气体而呈酸性，从而腐蚀集成电路金属构件，如铝（Al），造成集成电路外观不良，甚至使集成电路失效。常用的脱水方法是将硅衬底放进甩干机中利用高速旋转产生的离心力将残余水分甩出去，同时喷吹热氮气蒸发未甩出水分。

含有深沟槽、微腔体等特殊结构的集成电路中的残留水分很难去除；以及 MEMS 芯片的特殊结构，如梁、柱、悬臂等不适合通过高速旋转脱水，所以常采用蒸发干燥脱水或干法清洗工艺。

2.2.7 特殊清洗工艺

一些特殊工序需要用特殊清洗工艺，举例简述如下。

1）去除 SiN

SiN 表面会自然氧化生成 SiO_2薄膜，该清洗工艺是先用 HF 溶液将附着于 SiN 表面的 SiO_2处理干净，然后用热磷酸（H_3PO_4）去除 SiN。

2）去除硅渣

集成电路各种结构单元的导线连接通常用的是铝硅（Al-Si）或铝硅铜（Al-Si-Cu）材料，这些材料经湿法腐蚀后，腐蚀区表面会残留未腐蚀的硅颗粒，称为硅渣，通常用“醋酸+硝酸+氢氟酸”混酸作为清洗液来清洗去除。

3）金属布线工序后产生的残留有机物去除

因 H_2SO_4会腐蚀金属，所以不能用 H_2SO_4清洗去除金属布线工序后产生的残留有机物，通常用有机溶剂作为清洗液，如异丙醇、丙酮、三氯乙烯等，或者使用经过特殊配置的有机溶液。

4）干法清洗工艺

湿法清洗工艺适合于对大量或大面积异物进行清洗，不适用于对含有特殊结构的集成电路进行清洗。例如，带有悬臂梁结构的 MEMS 芯片在用湿法清洗工艺清洗的过程中，因液体冲刷或者液体表面张力作用，悬臂梁容易变形或失效。干法清洗工艺适合对含有特殊结构的集成电路进行清洗。

干法清洗工艺利用等离子体的化学活性和物理动能等特性实现表面残留物去除，是比较先进的清洗技术。干法清洗工艺机理可归纳为化学法、物理法两种。其中，化学法主要通过活性粒子与异物发生化学反应产生气体生成物，进而排除异物；物理法通过动能粒子冲击异物发生动能交换或者通过光子辐射排除异物。干法清洗工艺[4]简述如下。

（1）残留有机物去除：通过氧化挥发达到去除残留有机物的目的，如利用微波产生的高密度氧气等离子体氧化有机物并排除。

（2）自然生成氧化物去除：通过气体或等离子体与氧化物发生反应和物理动能冲击的方法去除自然生成氧化物，如 HF 熏蒸去除 SiO_2，Ar 或 H_2 等离子体轰击去除 SiO_2。

（3）金属元素去除：通过化学活性气体反应或等离子体反应去除金属元素，如利用微波产生的高密度 HCl 等离子体在与金属元素反应后排出。

（4）微颗粒去除：使用喷雾、蒸气、激光等物理方法使微颗粒脱附，如通过喷射气、液并存状态的低温 Ar 或 N_2 去除微颗粒。

2.3　氧化和扩散工艺

集成电路制造工艺中，扩散、氧化、退火、钝化、合金化等统称为热加工工艺。

2.3.1　氧化工艺

氧化工艺是硅衬底表面 Si 与 O_2 或 H_2O 在高温条件下氧化并生成 SiO_2 薄膜的过程，如图 2-4 所示。氧化工艺生成的 SiO_2 薄膜具有良好电绝缘性，主要用作栅介质、离子注入掩蔽层、扩散阻挡层、器件隔离层、器件保护层、其他介质材料（如 Si_3N_4、多晶硅等）的缓冲层等。氧化工艺包括：高温 O_2 氧化 Si 的干氧氧化工艺、高温水蒸气氧化 Si 的湿氧氧化工艺、1000℃以下氧化 Si 的低温氧化工艺等。

1. 干氧氧化工艺

干氧氧化是在高温环境下 O_2 与 Si 直接反应生成 SiO_2 薄膜的过程，其反应式如下：

$$Si+O_2 \xlongequal{} SiO_2 \tag{2-8}$$

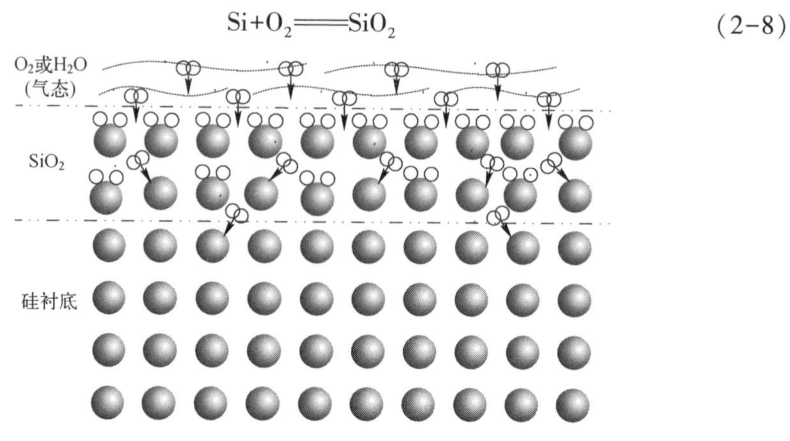

图 2-4　Si 氧化过程示意图

硅衬底表面的 Si 在被氧化时，Si 原子与 O_2反应生成 SiO_2薄膜，SiO_2 薄膜下面的 Si 在被氧化时，O_2分子必须通过扩散方式穿过 SiO_2 薄膜才能与其发生氧化反应。在 Si 氧化初期，SiO_2薄膜很薄，O_2分子穿过 SiO_2薄膜的速率不影响 Si 的氧化反应，氧化反应生成的 SiO_2薄膜的厚度与氧化时间呈线性关系。随着生成的 SiO_2薄膜厚度的增加，O_2分子穿过 SiO_2薄膜的速率逐渐降低，薄膜下面的 Si 的氧化速率随之降低，氧化生成 SiO_2薄膜的厚度与氧化时间呈抛物线关系，如图 2-5 所示。

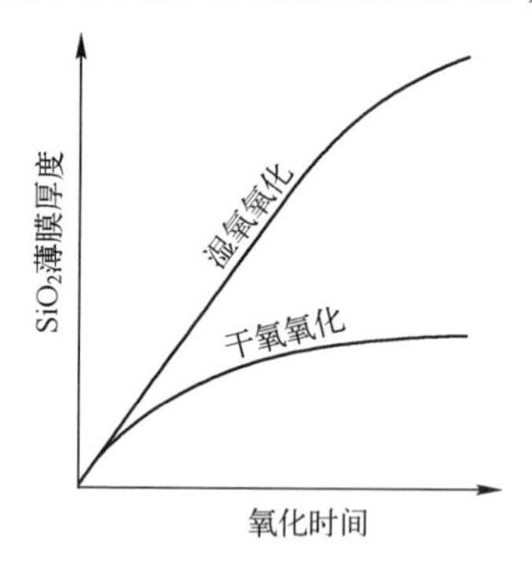

图 2-5　湿氧氧化工艺和干氧氧化工艺 SiO_2薄膜厚度和氧化时间曲线

干氧氧化生成 SiO_2薄膜速度慢、时间长，但是 SiO_2薄膜厚度均匀、结构致密、工艺重复性强，适合用于制备 MOS 器件栅介质层。

2. 湿氧氧化工艺

湿氧氧化是在 1000℃及以上高温环境下，水蒸气与硅衬底表面的 Si 反应生成 SiO_2薄膜的过程，其反应式如下：

$$Si+2H_2O_{(g)} \xlongequal{} SiO_2+2H_2 \tag{2-9}$$

H_2O 分子的结构简式为 H—O—H，含有两个 H—O 键，在 800℃以上高温下，其中一个 H—O 键断裂形成—H 基和—OH 基，含氧—OH 基通过扩散方式穿过 SiO_2薄膜的速率比 O_2快得多，因而 SiO_2 薄膜下面的 Si 的氧化速率比干氧氧化速率快得多，在较大 SiO_2薄膜厚度范围内 SiO_2 薄膜厚度与氧化时间几乎呈线性关系，如图 2-5 所示。

湿氧氧化工艺按照水蒸气通入的方式分为两种。

（1）O_2 携带水蒸气通入炉管：O_2 在热水（常用水温为95℃左右）中鼓泡形成 O_2 和水蒸气混合物，通过气体管道通入高温炉管。

（2）H_2和 O_2合成水蒸气通入炉管：用高纯度的 H_2和 O_2直接合成水蒸气的方法进行水蒸气氧化，调整 H_2和 O_2的流量比例可以精确控制水蒸气压力，得到较高质量的 SiO_2薄膜。

3. 低温氧化工艺

高温炉管热氧化工艺温度高、时间长，容易造成掺杂元素再分布，使器件性能劣化，尤其小线宽工艺器件。随着集成电路横向和纵向尺寸缩小，人们开始采用低温氧化工艺，以减少掺杂元素再分布对器件性能的影响[5]。

（1）高压氧化：由式（2-8）可以看出，Si 氧化反应属于气-固反应，在温度一定的条件下，反应过程中 O_2的压力越大，正向反应速率越快；同时，O_2的压力越大，O_2分子在压力作用下通过扩散方式穿过 SiO_2薄膜的速率越快。因此，通过提高反应腔体的压力，氧化温度可降低到 600~950℃。

（2）等离子氧化：O_2分子在封闭的真空腔体中利用微波、射频、辉光放电等方式等离子化，在电场作用下（自生电场或外加电场）氧离子移动到硅衬底表面，与 Si 发生氧化反应生成 SiO_2薄膜，氧化温度降低到 300~600℃。

（3）臭氧氧化：臭氧（O_3）具有强氧化性，在接近室温条件下即可获得高质量的 SiO_2薄膜。

2.3.2　扩散工艺

扩散工艺是在高温下将含有目标掺杂元素的掺杂源通过扩散的方法将 B（硼）、P（磷）等元素掺入硅衬底中，形成不同半导体性质的过程[6]，如图 2-6 所示。掺杂源通常有固态源、液态源、气态源三种。固态源是预先制作成与硅衬底相同尺寸的圆片，固态源与硅衬底待掺杂面靠在一起放入高温炉管中，在高温条件下通过固-固扩散实现掺杂，如硼片。液态源通常需要加热并恒温，惰性气体作为载气通入液态源中，与液态源蒸气一起通入高温炉管，在高温条件下通过气-固扩散实现掺杂，如 $POCl_3$、TCA、DCE、BBr_3等；液态源也可以涂覆在硅衬底上固化，类似于固态源在高温条件下通过固-固扩散实现掺杂，如有机聚合液态硼源和磷源。气态源直接通入高温炉管，在高温条件下通过气-固扩散实现掺杂，如 BCl_3。

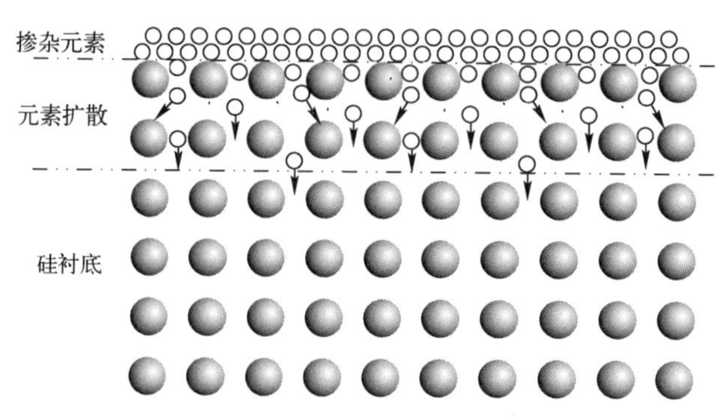

图 2-6　掺杂元素扩散过程示意图

扩散炉掺杂工艺加工效率高、成本低，但是对掺杂浓度和深度的精确控制比较困难，如：炉管前、中、后不同位置硅衬底及同一硅衬底内边缘和中间区域的掺杂浓度和深度有差异，主要原因是扩散炉管内的气体流动分布比较复杂[7]。离子注入掺杂工艺技术能够精确控制掺杂元素的注入剂量，但是单次离子注入的硅衬底数量少，批次注入时间长，注入后需要经过退火处理，总体上离子注入工艺复杂、掺杂成本高、生产效率低。

2.3.3　其他热加工工艺

1. 退火工艺

退火工艺是利用高温原子热振动使非晶体状态原子恢复到晶体状态的过程，主要有高温炉管退火工艺和快速退火工艺。退火工艺主要用于在离子注入过程中掺杂原子激活，具体见 2.5.5 节。

当离子注入掺杂元素的浓度和深度不满足器件设计要求时，通过退火工艺控制温度和时间，使掺杂元素向内部扩散形成一定掺杂浓度和深度的器件结构，该扩散过程通常称为掺杂元素驱入过程，如双极结构的基区、MOS 结构的阱区，都需要较高温度和较长时间的驱入过程。

在高温炉管退火过程中通入一定量的氧气使硅衬底表面形成氧化层，该氧化层可以作为后续工序的掩蔽层或介质层。去除该氧化层，可以消除硅衬底表面缺陷和沾污。

2. 钝化工艺

磷硅玻璃（PSG）、硼磷硅玻璃（BPSG）等薄膜是用化学气相沉积工艺制成的介质材料，沉积薄膜有较多气孔，密度较低，易吸附空气中的水汽，从而导致集成电路漏电或失效。钝化工艺是在一定温度下使化学气相沉积薄膜密度增加的过程，又称密化工艺。介质钝化过程可以消除气孔、增加密度，而且高温过程可使介质软化，在一定程度上有助于表面平坦化。

3. 合金化工艺

合金化工艺是在一定温度下使硅和金属接触界面熔融成合金的过程。金属薄膜通常通过蒸发或溅射等物理气相沉积工艺形成，金属与硅只是物理表面接触，结合强度小，接触电阻大。合金化工艺可提高硅和金属的结合强度，同时可减少接触电阻，降低集成电路在工作过程中的功耗。

2.4　光刻工艺

2.4.1　光刻工艺主要工序

光刻工艺又称图形转移工艺，是将光刻版上的图形通过加增黏剂、匀胶、曝光、显影等工序转移到硅衬底上的过程[8]。图 2-7 所示为光刻工艺流程示意图，图中曝光工序是将一定波长的光源经过透镜组校正为平行光，将光刻版上的图形投影到硅衬底上使光刻胶曝光的过程。

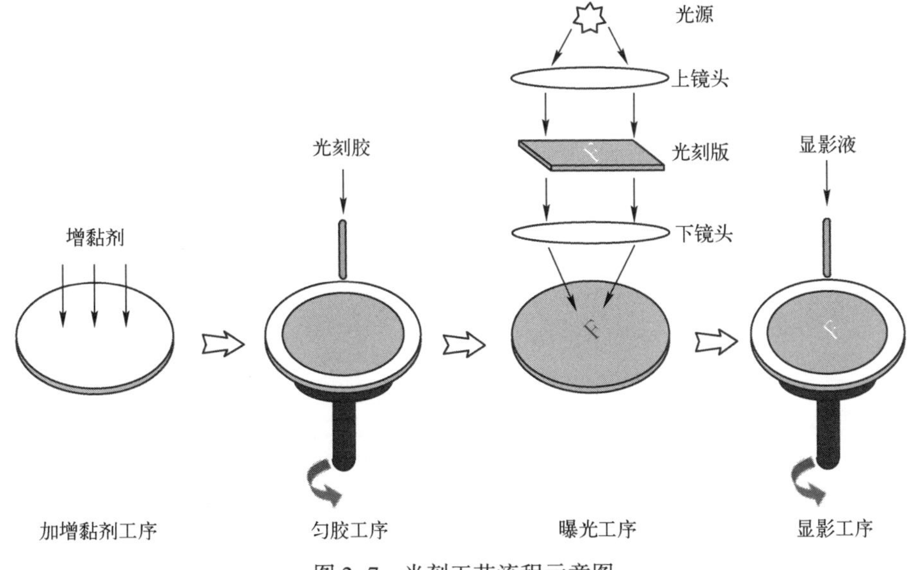

图 2-7　光刻工艺流程示意图

2.4.2 光刻版

光刻版有不同的名称，如光刻版、光罩等，是集成电路设计图形转移到硅衬底上的重要工具。光刻版材质为高透光率的普通玻璃或石英玻璃，石英玻璃热膨胀系数低，刻制在石英玻璃上的图形受温度的变化影响较小，所以对光刻图形精度要求高的集成电路产品通常采用石英玻璃光刻版来制造。光刻版的其中一面镀有 $Cr-Cr_2O_3$薄膜，由电子束或激光束专用光刻设备在薄膜上刻出集成电路设计的分解图形，该图形称为光刻版图。从图 2-2 所示的单个电阻形成光刻版图的过程可以看出，制造单个电阻至少需要 3 块光刻版进行 3 次光刻工序才能完成。一个完整集成电路设计图形非常复杂，依据复杂程度可制作成几块到几十块光刻版。光刻版中的版图尺寸与设计图形的比例有 1:1、5:1 等多种，无论哪种尺寸比例，由光刻版转移到硅圆片上的尺寸都等于设计图形的尺寸。尺寸比例越大对光刻版的缺陷或误差的容忍度越大，如 1:1 光刻版将颗粒物以 1:1 复制到硅圆片上，硅圆片上就会产生与光刻版上颗粒物大小相同的缺陷；5:1 光刻版上同样大小的颗粒物在硅圆片上产生的缺陷大小将缩减到 1/5。所以尺寸比例较大光刻版转移图形质量更高，通常用于比较高端的产品，其缺点是光刻版的版面利用率低，制版成本高。

光刻版正反两面都有高透光率有机材质的保护膜，该保护膜一方面可防止污染物落在光刻版上造成图形缺陷，另一方面可阻止颗粒污染物成像至硅圆片上。图 2-8 所示为光刻版保护膜上污染物成像示意图，从图中可以看出，保护膜上的污染物不能在硅圆片上成像。

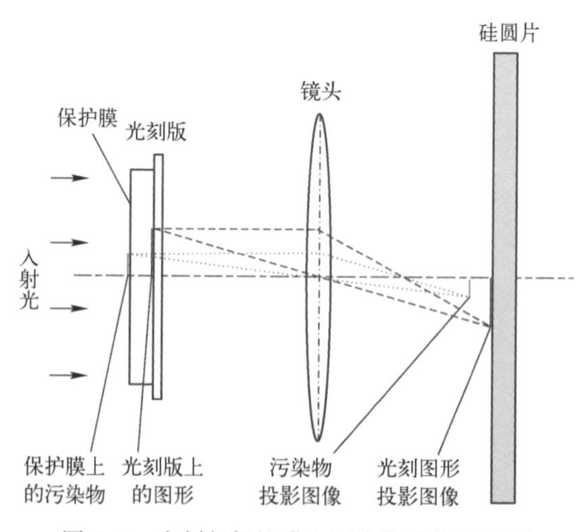

图 2-8 光刻版保护膜上污染物成像示意图

2.4.3　增黏剂

硅衬底表面通常有氧化或沉积生成的 SiO_2 薄膜，或者自然氧化生成的 SiO_2 薄膜，SiO_2 薄膜表面 Si 原子和 O 原子各有一对孤对电子，其中，Si 原子的孤对电子容易与 H_2O 中—OH 结合，氧原子的孤对电子容易与 H_2O 的 H 原子形成氢键，因此 SiO_2 薄膜表面容易吸附 H_2O 分子，具有亲水属性。SiO_2 薄膜表面吸附 H_2O 分子示意图如图 2-9 所示。

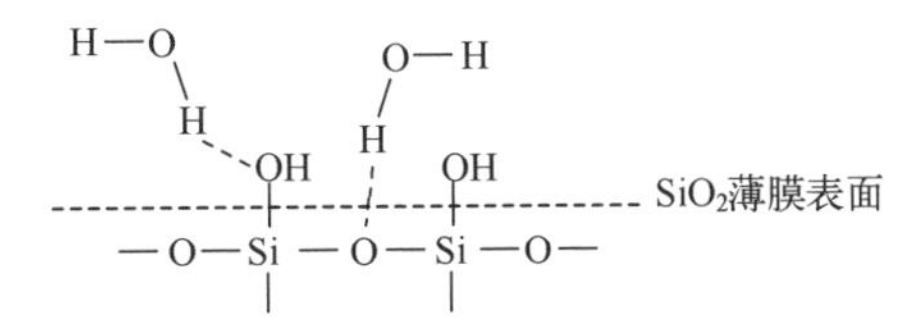

图 2-9　SiO_2 薄膜表面吸附 H_2O 分子示意图

光刻胶主要成分是高分子有机物，具有亲油疏水属性，与 SiO_2 薄膜黏附性不好。六甲基乙硅氮烷（Hexa-Methyl-DiSilazane，HMDS）也称双胺，具有亲油和亲水双重属性。图 2-10 所示为 HMDS 分子结构图，由图可以看出，一个 HMDS 分子含有 6 个甲基，具有亲油属性；含有 1 个—H 基，容易与 H_2O 中 O 原子的孤对电子形成氢键，具有亲水属性，因此容易与 SiO_2 薄膜表面的 Si 原子和 O 原子孤对电子形成氢键。所以，HMDS 是使光刻胶和 SiO_2 薄膜实现良好黏附的介质材料。

$$
\begin{array}{ccccccc}
 & & CH_3 & H & CH_3 & & \\
 & & | & | & | & & \\
H_3C & — & Si & —N— & Si & — & CH_3 \\
 & & | & & | & & \\
 & & CH_3 & & CH_3 & &
\end{array}
$$

图 2-10　HMDS 分子结构图

硅衬底表面加 HMDS 的过程是比较复杂的界面反应过程，具体工艺过程为：①将硅衬底加热到 100℃ 以上去除表面吸附的 H_2O；②真空状态下汽化 HMDS；③HMDS 与硅衬底表面发生界面反应，脱去 NH_3，形成亲油属性的界面，界面反应反应式如下：

$$
\begin{array}{c}
OH \quad\quad OH \\
| \quad\quad\quad | \\
—O—Si—O—Si—O— \\
| \quad\quad\quad |
\end{array}
+
\begin{array}{c}
CH_3 \;\; H \;\; CH_3 \\
| \quad\; | \quad\; | \\
H_3C—Si—N—Si—CH_3 \\
| \quad\quad\quad | \\
CH_3 \quad\;\; CH_3
\end{array}
=
\begin{array}{c}
CH_3 \quad\quad\quad\quad CH_3 \\
| \quad\quad\quad\quad\quad | \\
H_3C—Si—CH_3 \;\; H_3C—Si—CH_3 \\
| \quad\quad\quad\quad\quad | \\
O \quad\quad\quad\quad\quad O \\
| \quad\quad\quad\quad\quad | \\
—O—Si——O——Si—O— \\
| \quad\quad\quad\quad\quad |
\end{array}
+ NH_3 \qquad (2-10)
$$

铝在空气中自然氧化生成致密的氧化铝薄膜，该薄膜是多孔、质软、具有良好吸附性的非晶态薄膜[9]，能防止铝继续被氧化，与光刻胶有良好的黏附性，涂覆光刻胶前不需要进行 HMDS 工艺。

2.4.4 光刻胶

光刻胶是由多种有机物组成的混合液体，主要由吸收光能量后能够分解成有机小分子或聚合成有机大分子的感光剂、形成光刻胶骨架的树脂材料、调节光刻胶黏稠度的溶剂三种材料组成[10]。感光剂对一定波长的光敏感，吸收光能量后能够引起复杂光化学反应。如果感光剂吸收光能量后分解成易溶于显影液的物质，那么含有该类型感光剂的光刻胶称为正性光刻胶，简称正胶；如果光刻胶中的感光剂经过光化学反应后生成不溶于显影液的物质，那么含有该类型感光剂的光刻胶称为负性光刻胶，简称负胶。树脂是高分子聚合物材料，是光刻胶骨架材料，具有一定黏性、弹性和热稳定性，其黏性大小与匀胶工序设定的匀胶转速共同决定工艺所需求的光刻胶厚度。溶剂的主要作用是调节光刻胶的黏稠度，便于匀胶作业形成一定厚度的光刻胶薄膜。光刻胶种类对应于光刻机曝光波长，如 G 线光刻胶、I 线光刻胶、深紫外光刻胶、极紫外光刻胶等。

正胶曝光区域可以被显影液清洗掉，未曝光区域保留下来作为刻蚀工序、离子注入工序的掩蔽膜；负胶相反，其曝光区域保留下来作为刻蚀工序、离子注入工序的掩蔽膜，未曝光区域可以被显影液清洗掉。图 2-11 所示为正胶和负胶光刻显影效果示意图。

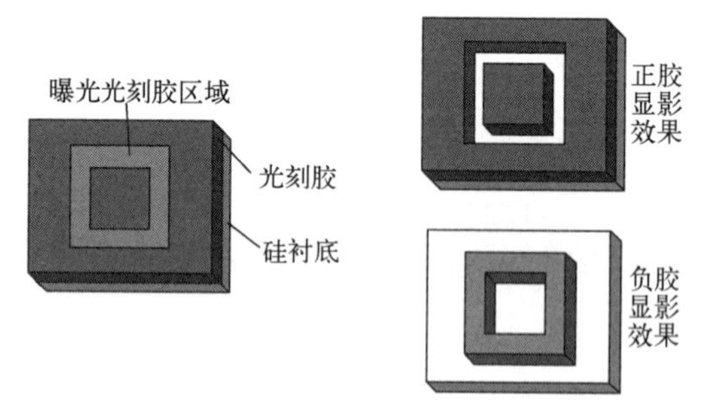

图 2-11　正胶和负胶光刻显影效果示意图

铝薄膜对光有较强反射作用，曝光时光刻胶吸收反射光进行二次曝光，因铝薄膜表面不平整，反射光为散射光，影响曝光图形的精度。在光刻胶中添加吸光染料能够有效吸收照射在光刻胶上的光，从而降低因光透过光刻胶后经铝反射造成的影响，该类型光刻胶称为染色光刻胶。对于更高精度的铝薄膜光刻，可在光刻胶底部或顶部涂覆一层抗反射涂层（Antireflection Coating，ARC），该涂层易溶于显影液，不影响显影效果。

2.4.5　光刻机类型

光刻机类型很多，按照曝光方式、光刻面数、曝光光源等有不同的分类方式，具体如表 2-2 所示。早期的光刻机在曝光时光刻版与光刻胶相接触，整个衬底一次性完成曝光，光刻版图形 1∶1 成像曝光转移到光刻胶，这种曝光方式容易造成光刻版污染，影响后续光刻，需要经常对光刻版进行清洁。后来改进为接近式光刻机，即曝光时光刻版与光刻胶有一定间隙，解决了光刻版污染的问题。经过切割、研磨和抛光等机械加工后，不同衬底的厚度存在差异，即存在厚度误差；同一衬底不同区域的厚度或表面平整度也存在差异，所以实际生产中衬底厚度有误差，且表面不是完全平面的，因此接近式光刻机在衬底不同区域的曝光焦距存在差异，这会造成不同区域曝光效果不同。投影式光刻机通过光路设计使光刻版图形投影到衬底表面，对局部区域进行光刻胶曝光，一个区域曝光完成后按照设定的程序路径进行下一个区域的曝光，逐步完成衬底所有区域曝光。图 2-12 所示为投影式光刻机曝光路径示意图。投影式光刻机是目前主要光刻机类型，也称为步进光刻机，或步进投影光刻机。投影式光刻机每次曝光的区域比较小，在该区域范围内衬底的厚度差异很小，且每次曝光前其会自动调整焦距，从而降低了衬底厚度差异对曝光效果带来的影响，提高了曝光图形的质量。

表 2-2　不同类型光刻机特征及主要应用

分类方式	类　型	主要特征	主要应用
曝光方式	接触式	曝光时光刻版接触衬底表面光刻胶，光刻胶容易黏附在光刻版上造成沾污，需要经常清洁光刻版	早期光刻机
	接近式	曝光时光刻版与衬底表面光刻胶有一定间隙，解决了接触式光刻机的光刻版容易被光刻胶沾污的问题	早期光刻机
	投影式	通过投影聚焦曝光，曝光精度高	目前主要光刻机类型
光刻面数	单面光刻	衬底单面光刻	集成电路制造主要光刻类型
	双面光刻	衬底正反面对准光刻	主要用于特种半导体器件、MEMS 传感器等芯片制造

续表

分类方式	类　型		主要特征	主要应用
曝光光源	紫光（汞灯）	G 线	波长 436nm	≥0.5μm
	紫外光（汞灯）	I 线	波长 365nm	0.35~0.25μm
	深紫外（DUV）	KrF	波长 248nm	0.25~0.13μm
		ArF	波长 193nm	0.13μm~7nm
		F_2	波长 157nm	未产业化应用
	极紫外（EUV）	等离子	波长 13.5nm	≤7/5nm

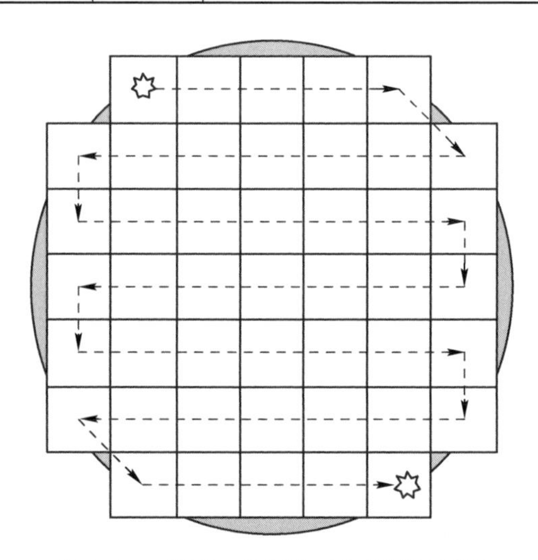

图 2-12　投影式光刻机曝光路径示意图

集成电路的单元结构图形转移通常是单面光刻形成的，对于由衬底正、背面结构共同形成结构单元的特殊器件，如 MEMS 传感器、特种功率器件、光电子器件等，需要采用单面光刻形成正面结构，采用双面对准光刻工艺形成背面结构[11]。能够进行衬底正面和背面相互对准光刻的光刻机称为双面对准光刻机，简称双面光刻机。

光刻机曝光使用的光源通常为紫光、紫外光，或波长更短的光源，其光源波长越短对图形的分辨率越高，所以集成电路工艺线宽越小，光刻机光源的波长越短，如 G 线光刻机的光源采用波长 436nm 的紫光，I 线光刻机的光源采用波长 365nm 的紫外光，DUV 光刻机的波长有 248nm、193nm、157nm 等，EUV 光刻机采用的光源是由等离子激发出波长为 13.5nm 的极紫外光。光刻车间使用黄色光源照明是为了避免外界杂光对光刻胶意外曝光，影响光刻精度，光刻作业区域也称为黄光区。

2.4.6　光刻机分辨率和对准

分辨率和对准是反映光刻机性能的两个重要指标。

1）分辨率

利用平行光源投影光刻版上的一组标准图形到光刻胶上曝光，显影后能清晰表达出图形中最小的线条宽度或间距尺寸称为光刻机的最小分辨率，是光刻机能够区别特征图形的能力指标。曝光波长越短，线条宽度或间距尺寸越小，这意味着集成电路中单个器件单元占用的集成电路的面积越小，在单位集成电路的面积范围内布局的器件单元越多，也就是集成电路集成度越高。

分辨率与光刻过程中设定的曝光量和焦距有关。衬底表面材质不同，对光吸收或反射的程度就不同，所设定的曝光量不同，如衬底表面为铝薄膜，反射光较强，则曝光量低于其他材质薄膜。焦距由光刻系统自动调整，因器件结构形成后表面有不同高度的台阶面，自动调整焦距不能兼顾不同台阶面图形，所以不同台阶面图形分辨率存在差异，图形尺寸精度存在差异。如果对图形尺寸精度有较高要求，那么要在光刻前对硅衬底表面进行平坦化处理。对于反射率较高的金属薄膜，要在光刻前进行防反射处理或采用防反射光刻胶。

2）对准

器件结构由几块到几十块光刻版经过逐次曝光及相应工艺过程形成，每一次光刻图形与前一次图形的任何偏差都会影响器件的性能和品质，因此对准是光刻工艺非常重要的指标。集成电路设计每块光刻版图形有特定的结构和方向，要求每次光刻图形必须保持方向一致。为了便于光刻设备识别衬底方向，会在衬底上加工识别衬底方向的定位标志，其中，6in 及以下衬底设置定位平边，8in 及以上衬底设置定位缺口，如图 2-13 所示。光刻机通过识别衬底的定位平边或缺口的位置调整衬底方向，确保每次光刻衬底方向相同。光刻版上设置了对准标志图形，对准标志图形有多种类型，如交叉十字型、阵列方块型、阵列条型、多重回字型等，如图 2-14 所示。首次光刻时，将标志图形转移到硅衬底上，下次光刻时光刻机对准系统在预先设定坐标位置附近搜索首次光刻对准标志，通过获取标志图形对光的反射和散射信息进行核实并经过系统分析，确认本层与首层精确对准后开始曝光。以后各层分别对准前层对准标志实现光刻各层次精确对准。

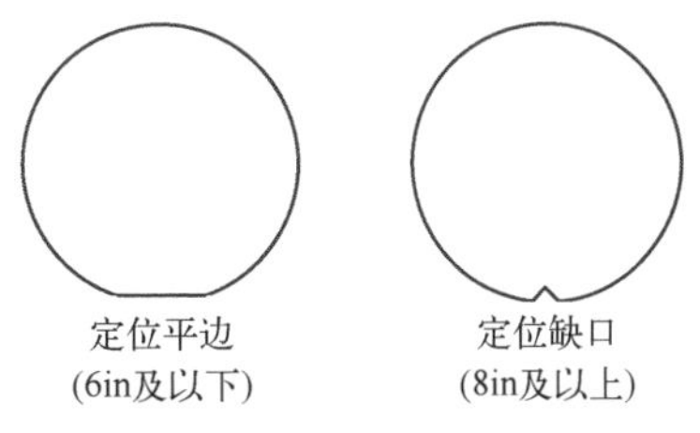

图 2-13　衬底定位标志

图 2-14　对准标志类型举例

2.4.7　显影

显影工艺是用显影液溶解去除不需要保留的光刻胶的过程，正胶显影液溶解去除经过曝光的光刻胶，负胶显影液溶解去除未经曝光的光刻胶。常用的正胶显影液是含有四甲基氢氧化铵（Tetramethylammonium Hydroxide，TMAH）的水溶液，呈碱性；常用的负胶显影液是含有乙酸正丁酯（n-Butyl Acetate，nBA）的水溶液，呈酸性。

显影工艺流程由坚膜、显影液溶解光刻胶、显影后烘烤等工序组成。坚膜工序是曝光后光刻胶在一定温度下烘烤固化的过程，坚膜后的光刻胶耐受显影液和超纯水冲刷，显影后图形不易变形。烘烤是为了蒸发去除显影和冲洗后残余的水分。显影工艺有两种方式，分别为槽式显影和转盘式显影。槽式显影是将曝光后的衬底浸入装有显影液的槽中，并不断上下移动，一定时间后从显影槽中提出衬底，并将衬底置入超纯水槽中冲洗。槽式显影可以同时显影多片衬底，生产效率高，但是显影过程不易精确控制；坚膜和烘烤工序需要专门的烤箱，烤箱空间比较大，衬底放入烤箱的先后顺序、位置等因素会影响衬底内和衬底间的受热均匀性，从而影响显影效果。转盘式显影是将曝光后的衬底置于真空吸盘上，滴加显影液并缓慢旋转，在一定时间后，高速旋转将显影液甩出，随后加超纯水冲洗并甩干残留水分，坚膜和烘烤工序的热源都是受热均匀的热板。图 2-15 所示为转盘式显影工艺流程示意图。转盘式显影工艺可以精确控制坚膜温度和时间、显影时间、烘烤温度和时间，解决了槽式显影的问题，具有良好的显影效果。

2.4.8　检验

光刻曝光量、焦距等因素波动容易使曝光后线条宽度与光刻版图形线条宽度存在差异，且设备稳定状态、外界振动等因素容易造成对准偏差[12]。如果显影后测量的线宽和对准偏差值超出工艺要求的检验标准，那么产品必须进行返工。在集成电路制造的所有工序中，光刻是唯一可以返工的工序，所以光刻检验是保证光刻质量非常重要的环节。特征线宽检验和对准偏差检验是光刻工序两个重要的检验项目。

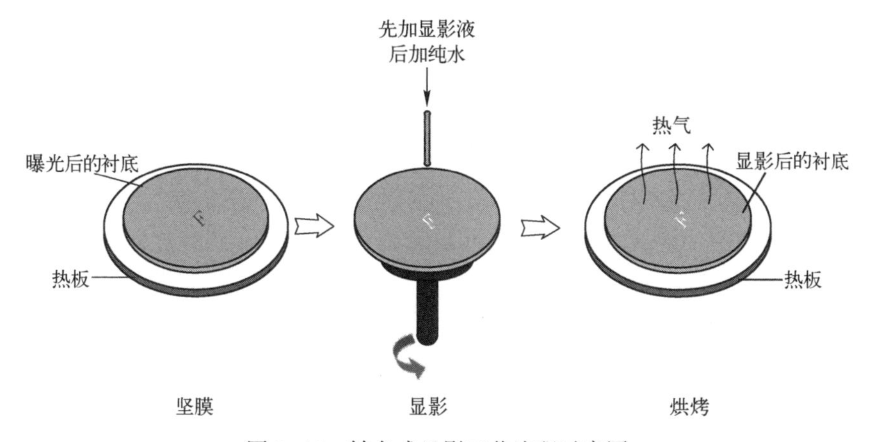

图 2-15　转盘式显影工艺流程示意图

1. 特征线宽检验

特征线宽（Critical Dimension，CD）检验是对当前光刻层代表性图形线条宽度进行测量。曝光显影后光刻胶形貌及 CD 检验原理示意图如图 2-16 所示。从图 2-16（a）可以看出，曝光区域剖面是倒梯形，即显影区底部尺寸小于顶部尺寸，线宽测量以底部尺寸 d 为准。CD 检验通过设备捕获光刻显影后图形对光的反射和散射信息，得到检测波形，经过系统分析后计算 CD 尺寸。图 2-16（b）中的 d 为检测信号计算的线宽值。对于亚微米以下及纳米线宽的图形，需要利用电子显微镜进行精确测量。

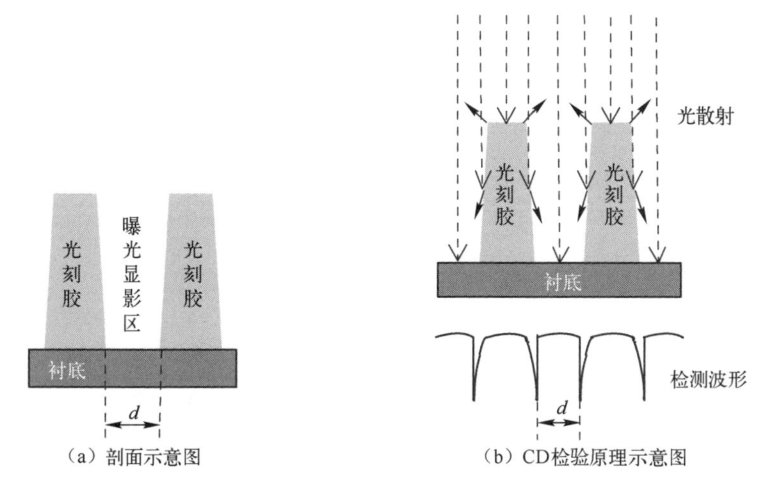

图 2-16　曝光显影后光刻胶形貌及 CD 检验原理示意图

2. 对准偏差检验

对准偏差检验的检验目标是本光刻层与前面各光刻层之间的偏差。通过光学显微镜观察对准偏差图形，来判断本层与前层之间的对准偏差值。对准偏差图形有游标、宫格方块等多种类型。

图 2-17 所示为游标对准偏差图形示意图，通过观察本层游标指与前层游标指对齐的位置，判断对准偏差数值。图 2-17（a）的中间游标指与前层游标指对齐，表明无对准偏差；图 2-17（b）的中间游标指左边的第 3 根游标指与前层游标指对齐，表明左偏 3 个单位；图 2-17（c）的中间游标指右边的第 3 根游标指与前层游标指对齐，表明右偏 3 个单位。

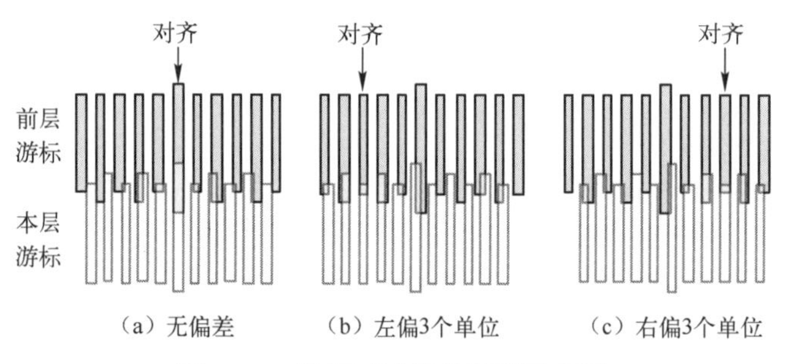

图 2-17　游标对准偏差图形示意图

图 2-18 所示为宫格方块对准偏差图形示意图，该对准偏差检验通过观察本层方块与前层方块相对位置判断对准偏差。图 2-18（a）的本层中间位置方块位于前层中间位置方块的中间，表明无对准偏差；图 2-18（b）的本层中间位置方块左边第 1 个方块位于前层方块的中间，表明左偏 1 个单位；图 2-18（c）的本层中间位置方块右边第 1 个方块位于前层方块的中间，表明右偏 1 个单位。

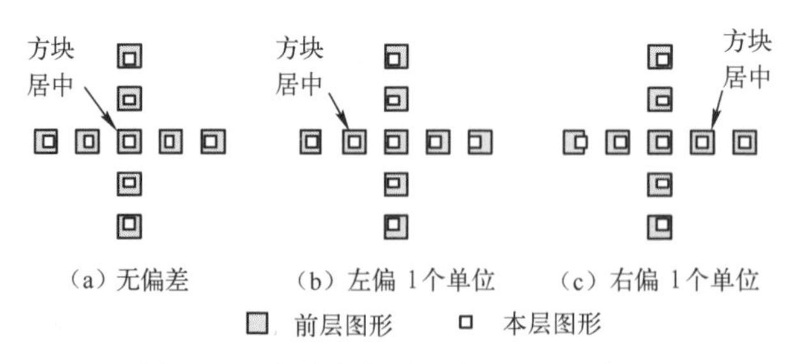

图 2-18　宫格方块对准偏差图形示意图

通过光学显微镜观察判断对准偏差，速度快、效率高，但是存在观察人员主观因素，判断误差较大，通常用于对准精度要求不高的光刻层。精确对准测量需要用专用对准测量设备，其基本原理是通过捕获光刻显影后本层方块图形及前层方块图形对平行光的反射和散射情况，得到检测波形，经过设备分析后计算对准偏差。图 2-19 所示为对准测量基本原理图，对准偏差值为（d_2-d_1）/2。

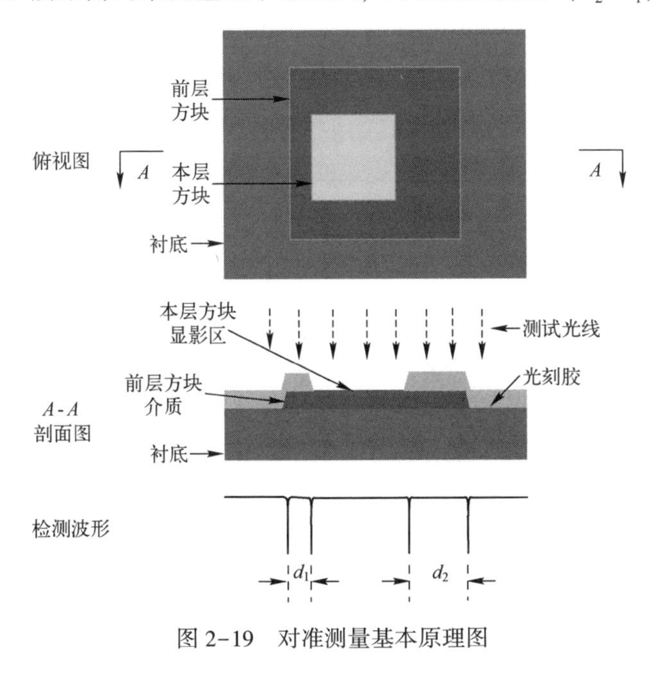

图 2-19　对准测量基本原理图

2.5　离子注入工艺

2.5.1　离子注入特点及分类

离子注入工艺是在真空条件下将含有掺杂元素的材料（称为掺杂源）离子化，使掺杂元素离子分离并加速后以一定动能注入衬底的过程，其特点有：①注入元素纯度高，且在真空环境下进行，避免各种外来污染物；②衬底内元素分布均匀性好；③注入过程衬底温度低；④注入剂量范围宽，且能精确控制；⑤注入深度可以通过控制注入能量进行控制；⑥对于工艺需求的特殊掺杂元素分布，可以采用调节注入能量/剂量、多次重复注入、注入不同离子等比较灵活的方式获得；⑦可以使用光刻胶、SiO_2、Si_3N_4、Al 等不同类型的介质作为掩蔽层。

离子注入机的类型是按照最大注入束流和最大注入能量进行分类的，具体如表 2-3 所示。按照最大注入束流分类为小束流机、中束流机、大束流机，按照最大注入能量分类为低能机、中能机、高能机。

表 2-3　离子注入机分类

按最大注入束流分类		按最大注入能量分类	
设备类型	最大束流范围	设备类型	最大能量范围/keV
小束流机	<100μA	低能机	<100
中束流机	100μA 至几毫安	中能机	100~400
大束流机	几毫安至几十毫安	高能机	>400

2.5.2　离子注入过程

图 2-20 所示为离子注入过程示意图，由图可以看出，掺杂源通入离子源腔体，在真空和电极放电条件下，掺杂源中的各种元素气化并电离，形成正负离子电量相等的等离子体；含有掺杂元素的所有正离子被带有电磁场的离子吸出组件通过电场作用吸出，并进入磁分析器；磁分析器按照预先设定好的荷质比（电荷量和质量之比）对离子进行分选，低于或高于设定荷质比的离子偏离掺杂离子束流轨迹并射向磁分析器侧壁；通过磁分析器的掺杂离子在加速系统中按照预先设定的注入能量加速，加速后掺杂离子束经扫描系统注入衬底，完成离子注入过程。

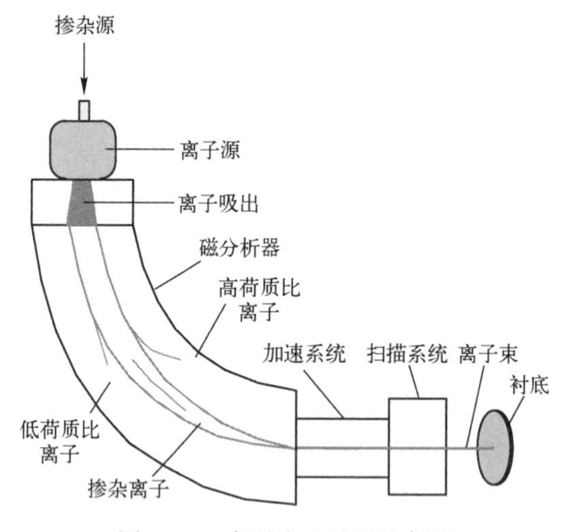

图 2-20　离子注入过程示意图

离子注入掺杂源类型有 N 型和 P 型，磷烷（PH_3）、砷烷（AsH_3）、三氧化二锑（Sb_2O_3）等为 N 型掺杂源，三氟化硼（BF_3）等为 P 型掺杂源。

离子源是离子注入机产生等离子体的装置，由蒸发器、弧光反应室、离子吸出装置等部件组合而成。在高真空状态下，电加热由钨、钽、钼等高温金属材料制成的灯丝，灯丝产生的热电子与掺杂源分子作用形成等离子体。等离子体由未被电离的气体分子和已电离的等电量正、负离子组成，成分复杂[13]。以 BF_3 掺杂源为例，BF_3 被电离成 BF_2^+、BF^{2+}、B^+、B^{2+}、B^{3+}、F^- 等。在离子源腔体中，残留有未被抽离的空气中的 O_2、N_2 等气体，这些残留气体被电离成 O^-、O^{2-}、N^+、N^{2+}、N^{3+} 等，以及未电离的气体分子。所有正离子被离子吸出装置利用电磁场从离子源腔体中吸出，并进入磁分析器。

每种离子的荷质比具有唯一性，磁分析器利用磁场对不同荷质比离子的吸引力不同对离子进行分离。如图 2-20 所示，按照掺杂离子的荷质比设定磁分析器参数，使掺杂离子沿着离子束流轨迹通过，低于设定荷质比的离子被吸引到外弧一侧，高于设定荷质比的离子被吸引到内弧一侧，实现了掺杂离子与其他离子的有效分离，并使掺杂离子在进入加速系统时获得了一定能量。

加速系统利用磁场对注入离子进行加速，磁场强度按照需要注入的能量设定，设定能量越高则磁场强度越大，离子的加速度越大，离子接近衬底表面时的速度和动能越大，注入衬底越深。离子从磁分析器出来进入加速系统前就具有了一定的动能，所以，离子注入衬底的实际能量是从磁分析器获得的动能和在加速系统中获得的动能之和。

扫描系统的目的是使离子均匀注入衬底，主要有四种方式：①衬底固定，通过行、列扫描系统控制离子束流移动角度实现均匀注入，称为静电扫描；②保持离子束流方向不变，通过机械装置使衬底移动实现均匀注入，称为机械扫描；③静电扫描和机械扫描两种扫描方式的组合，称为混合扫描；④离子束流方向始终垂直于衬底表面的扫描，称为平行扫描。

静电扫描：调节平行电极板之间的电场强度，使通过平行电极板的离子束流在电极板之间发生偏转完成扫描注入。平行电极板设置两组，一组用于控制离子束流横向逐行扫描，另一组用于控制离子束流纵向逐行扫描。静电扫描的优点是由于衬底固定，因此颗粒沾污机会降低；缺点是离子束流与衬底的角度不断变化，造成掩模远离中心一侧台阶区域出现注入阴影，该阴影区域的离子注入剂量小于非阴影区域，该现象称为阴影效应，如图 2-21 所示，对注入掺杂元素均匀性要求不高的工艺可采用静电扫描。另外，离子束流相当于电流，束流越大，使束流偏转的电场强度越大。大束流机不适合采用静电扫描，因为束流太大，目前电极板的电场强度不足以使大离子束流发生偏转。

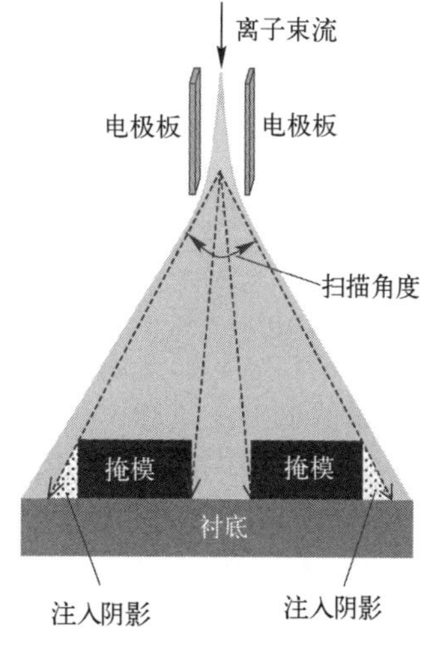

图 2-21　静电偏转扫描阴影

机械扫描：将载有衬底的圆盘高速旋转，并利用机械装置使圆盘上下移动实现均匀注入，大束流机通常采用这种扫描方式。机械扫描的主要缺点是机械装置的高速旋转和上下移动可能会产生较多颗粒沾污物，对扫描腔体有较高的洁净度要求。

混合扫描：离子注入的 X 轴方向扫描是通过电极板之间的电场强度实现离子束偏转的，Y 轴方向扫描是通过机械方式移动载有衬底的底盘实现的。

平行扫描：离子束流方向始终垂直于衬底表面，有两种方式：一种方式是衬底固定，通过平行移动离子束流扫描；另一种方式是离子束流固定，通过平行移动衬底扫描。由于平行扫描方式的离子束流方向始终垂直于衬底表面，所以不存在阴影效应。

2.5.3 剂量和能量

1. 剂量

剂量是单位衬底表面积获得离子的数量，是离子注入工艺的重要参数之一。剂量的单位是 $\mathrm{ion/cm^2}$，计算公式为

$$Q=\frac{It}{enA} \tag{2-11}$$

式中，I——束流，单位为 C/s，设定参数。

t——注入时间，单位为 s，设定参数。

e——电子电荷，等于 $1.6\times10^{-19}\mathrm{C}$，常数。

n——注入离子电荷，如注入 B^+，则电荷为 1。

A——扫描面积，单位为 m^2，$1\mathrm{m}^2=10^4\mathrm{cm}^2$。

例：束流 160μA，注入一价正离子（如 B^+），注入时间 100s，则离子注入剂量为

$$Q=\frac{(160\times10^{-6})\times100}{(1.6\times10^{-19})\times1\times10^{4}}=1\times10^{13}(\mathrm{ion/cm^2})$$

2. 能量

能量是指离子获得的动能，是离子从磁分析器获得的动能与在加速系统中获得的动能之和。离子获得的动能越大，注入衬底的深度越深。能量是离子的电荷数量与电势差的乘积，单位是电子伏特（eV）。能量计算公式为

$$E=nV \tag{2-12}$$

式中，n 为离子的电荷数量；V 为离子经过吸出系统、磁分析系统、加速系统等电势差之和，单位是 V。

例：如果离子注入设备设定的吸出系统、磁分析系统、加速系统等的电势差之和是 60kV，则注入一个带正电荷离子的能量就是 60keV。

2.5.4　隧道效应

衬底中的 Si 为立方晶体结构，离子注入过程中，离子与衬底表面的 Si 原子撞击使衬底表面的 Si 原子脱离晶格位置成为非晶体状态。在离子注入初期，衬底表面的 Si 原子为晶体结构状态，如果离子束流垂直于晶体面注入，则会有少量离子未经原子碰撞通过原子间隔深入衬底内部，类似于穿越晶体隧道，该现象称为隧道效应，其示意图如图 2-22 所示。产生隧道效应的离子数量较少且不受控，但其对器件性能影响很大，需要采取措施抑制隧道效应。

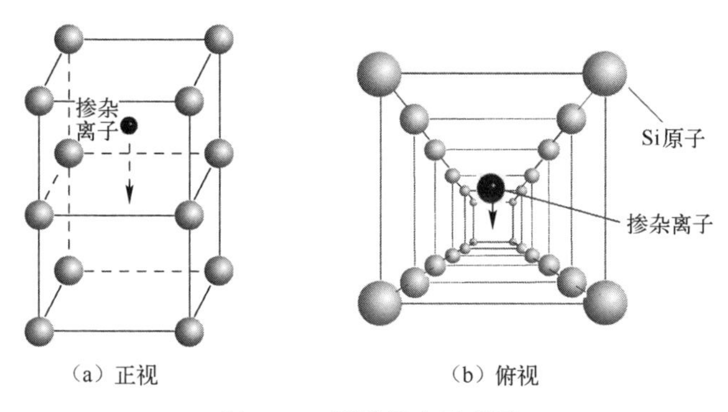

图 2-22　隧道效应示意图

通常有如下几种抑制隧道效应的方法。

（1）倾斜衬底：使衬底的底座倾斜一定角度。

（2）掩蔽氧化层：离子注入前，衬底表面热氧化生长或沉积一层薄氧化层，该氧化层称为掩蔽氧化层，因在离子注入完成之后去除，故也称为牺牲氧化层。

（3）表面非晶化：采用定向能量离子束加热工艺技术，熔融衬底表面晶体并快速冷却凝固成非晶体薄层。

（4）注入质量较大的离子：BF^{2+}、As^{+}、Sb^{+}等。

2.5.5　掺杂原子激活

在离子注入过程中，高速度高能量离子连续不断冲撞衬底表面上的 Si 原子，使 Si 原子偏离原来晶格位置成为非晶体结构；被注入元素的原子在表面分布杂乱，没有与 Si 原子形成共价键，如图 2-23（a）所示。在退火工艺中，被注入的掺杂原子和衬底表面 Si 原子热振动，晶格重新分布，形成通过共价键结合的晶体状态，该过程称为原子激活，如图 2-23（b）所示。

原子激活主要有高温炉管退火激活和快速退火激活两种方式。

（1）高温炉管退火激活：控制炉管温度和时间，使掺杂原子激活，同时使分布在浅层表面的掺杂原子向衬底内部扩散形成器件要求的单元结构。在退火过程中通入适量 O_2使衬底表面的非晶体结构氧化形成氧化层，可以消除衬底表面的注入缺陷。

（2）快速退火激活：用激光等快速升温加热源，在离子注入后的衬底表面扫描加热，使其快速升温到设定温度，以在很短的时间内达到退火的目的。由于退火过程的热量只集中在衬底表面很浅的区域，所以不会对前序工艺形成的器件结构造成影响。快速退火时间短，掺杂元素扩散少，适用于器件的浅结结构。

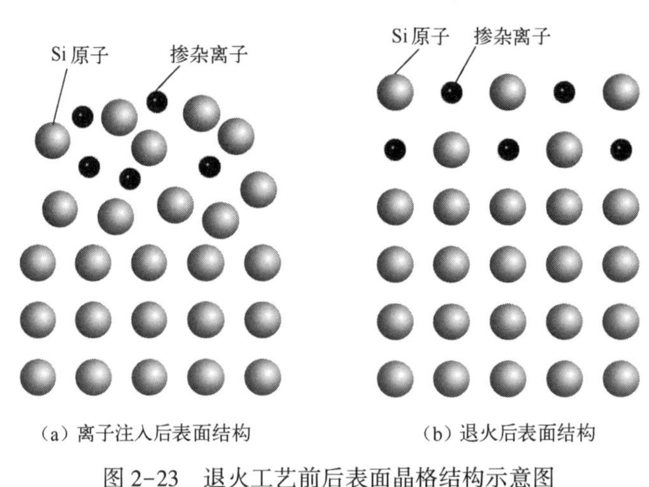

（a）离子注入后表面结构　（b）退火后表面结构

图 2-23　退火工艺前后表面晶格结构示意图

2.6　用于布线的金属薄膜工艺

2.6.1　金属薄膜概述

经过光刻、刻蚀、离子注入、热加工等工艺后，器件结构基本形成，之后需要采用电阻率较低的金属薄膜进行布线连接，铜（Cu）和铝（Al）是常用的金属导线材料。集成电路制造工艺需要对布线金属进行干法刻蚀，适合干法刻蚀的金属材料的基本条件是金属被气体腐蚀会产生容易排除的易挥发物质，铝满足干法刻蚀工艺要求，因此铝成为集成电路制造工艺中最常用的布线金属[14]。尽管铜电阻率低于铝，且抗拉强度等物理参数都优于铝，但是由于铜不满足干法刻蚀工艺对金属材料的要求，因此在集成电路制造工艺中的应用受到限制。铜布线只用于高端的集成电路，因不适合利用干法刻蚀工艺进行布线，其线条形成采用物理方法实现，工艺复杂。集成电路布线也会用到钛（Ti）、钨（W）、金（Au）、银（Ag）、镍（Ni）、钼（Mo）、锗（Ge）、钽（Ta）等金属，Ti 通常用于阻挡层，W 用于栓塞，其他金属多用于集成电路背面金属工艺。本节主要介绍常用的铝薄膜工艺。

2.6.2　薄膜形成工艺

1. 蒸镀工艺

蒸镀工艺也称蒸发工艺，金属在真空状态下通过加热源熔化、汽化，并扩散到圆片表面冷却凝固成金属薄膜，如图 2-24 所示。加热源主要有电阻器、高频感应、电子束、激光束等，电阻器和高频感应加热源适用于熔点较低的金属蒸镀，如 Ag、Al 等。对于高熔点的金属材料，如 W、Mo、Ge 等，加热源采用电子束或激光束，加热温度为 3000～6000℃。

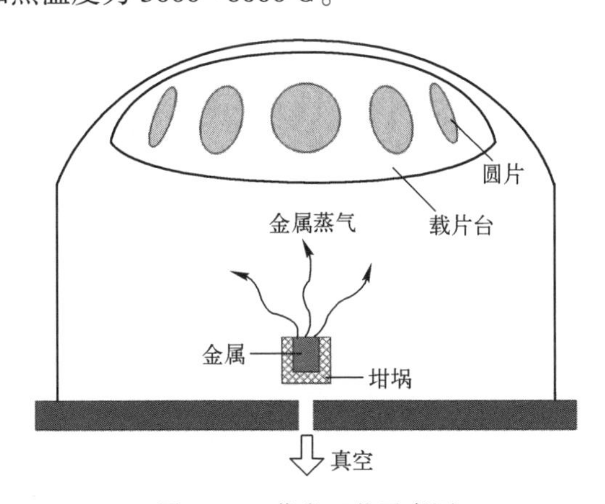

图 2-24　蒸发工艺示意图

在蒸发工艺中，沟、槽、孔、隙等结构侧壁沉积速率较低，台阶覆盖效果较差，所以蒸发工艺通常用于对圆片进行背面金属化。蒸发工艺的优点是：①金属薄膜沉积均匀；②可同时或依次蒸发不同金属，如 Al、Ti、Ni、Ag、Au 等，容易实现不同类型复合金属薄膜，如 Ti-Ni-Ag、Al-Ti-Ni-Ag 等。

2. 溅射工艺

溅射工艺是主要的集成电路正面布线薄膜沉积技术，通过溅射工艺形成的金属薄膜具有较好的台阶覆盖效果。真空腔体中的金属靶材和衬底是平行放置的，通入溅射气体氩气（Ar），Ar 在电磁场作用下电离形成 Ar^+ 和电子组成的等离子体，

Ar^+在电场作用下向连接电源负极的金属靶材加速运动并撞击金属靶材，金属靶材表面的原子在 Ar^+撞击下脱离本体并移动到衬底表面形成金属薄膜，如图 2-25 所示。

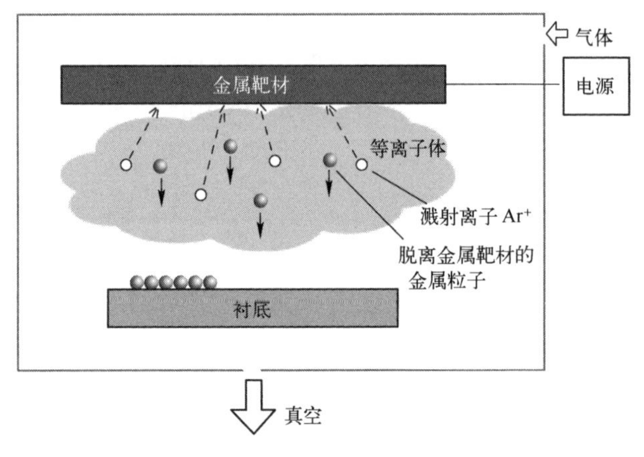

图 2-25　溅射工艺示意图

金属薄膜反射率是溅射工艺的重要指标，溅射腔体真空度较低、溅射腔体内有污染等因素会使金属薄膜反射率降低，溅射衬底温度较高、金属晶粒在溅射过程中生长增大、薄膜表面粗糙等因素会使金属薄膜反射率降低。较高反射率的金属薄膜晶粒较小，电子在电场作用下移动需要穿过较多晶体界面，因此电阻增大，功耗增加，所以金属薄膜反射率需要折中利弊控制在一定范围内。

集成电路布线用靶材主要有：Al、Al-Si、Al-Cu、Al-Si-Cu、Ti、Ta、Co、TiN、TaN、Ni、WSi_2等。

2.6.3　台阶覆盖

布线金属与器件是通过介质层上刻蚀出来的接触孔连接的，接触孔有一定深度和宽度，在接触孔台阶处，金属薄膜覆盖是否良好，会影响器件的电学性能和可靠性。

如图 2-26（a）所示，接触孔侧壁和孔口处金属层较薄，电阻增大，功耗增加，严重时会导致断路。

为了获得良好台阶覆盖，接触孔刻蚀采用干法与湿法组合刻蚀工艺，增大接触孔口，使接触孔侧壁的坡度增加，台阶覆盖效果明显提高，如图 2-26（b）所示。

在工艺线宽较细的芯片制造工艺中，接触孔的孔径较小，孔的深度和宽度比增加，且接触孔的密度增加，不适合通过干法与湿法组合刻蚀工艺改善接触孔形貌，主要通过溅射钨后将其研磨平坦化成钨栓塞，然后溅射布线金属，如图 2-26（c）所示。

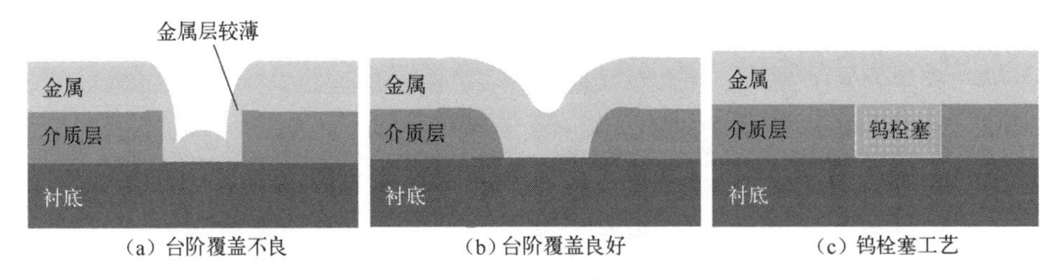

(a) 台阶覆盖不良　(b) 台阶覆盖良好　(c) 钨栓塞工艺

图 2-26　台阶覆盖示意图

2.6.4　电迁移现象

铝原子在无电场状态下相对静止，并不产生质量输运。在直流通电工作状态下，尤其在大电流密度情况下，大量自由电子在电场作用下沿电场方向移动，与铝原子频繁发生碰撞，推动铝原子移动，导体负极端线条变细或产生空洞，而另一区域原子堆积使线条增粗或产生晶须，此现象称为电迁移现象，示意图如图 2-27 所示。严重电迁移现象会导致断路、短路、性能参数退化等异常。当铝中铜含量为 0.5%～4%时电迁移现象将有效减少，其主要原因是铜原子质量较大，限制了铝原子移动，同时铜具有强导电能力，增加了电流传输，两方面共同作用减少了电迁移发生的可能性。

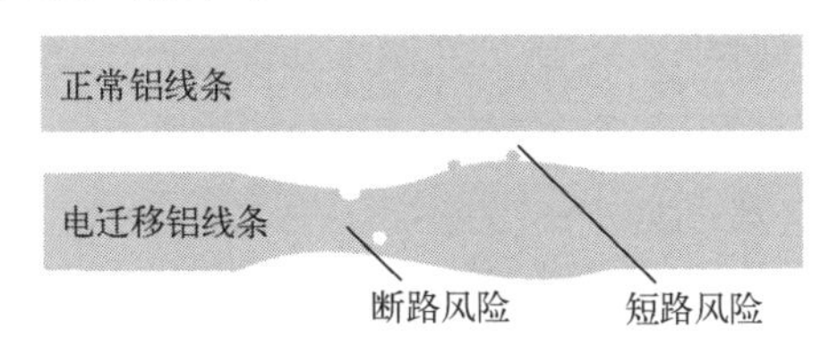

图 2-27　电迁移现象示意图

2.6.5　尖刺现象

蒸发或溅射工艺形成的金属膜与衬底之间只是表面接触，结合强度较小，且接触电阻较大。铝和硅约在 450℃可以互溶。合金化工艺是在温度约 450℃的环境下使铝和硅接触面原子互溶的过程，该工艺增加了金属与硅衬底结合的强度，且两种材质接触面增加，降低了接触电阻，如图 2-28 所示。

硅衬底表面经过刻蚀、离子注入等工艺，难免会有损伤或缺陷。如果是纯铝薄膜合金化，铝原子会顺着离子衬底表面损伤或缺陷渗透生长到硅衬底内部，形成铝尖刺，从而导致器件漏电、短路等异常，如图 2-29 所示。当铝中含有 0.5%～1.0%的硅时，可以有效抑制铝尖刺现象，这是溅射工艺采用铝硅靶（Al-Si）、铝硅铜靶（Al-Si-Cu）的主要原因。在溅射铝前溅射薄层 Ti 作为阻挡层也可以避免铝尖刺现象的产生。

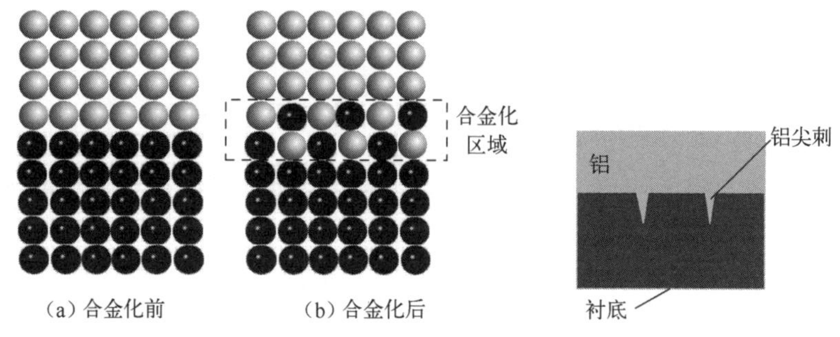

（a）合金化前　　（b）合金化后

图 2-28　合金化前后晶体结构对比示意图　　图 2-29　铝尖刺现象示意图

参 考 文 献

[1] 戴猷元，张瑾．集成电路工艺中的化学品［M］．北京：化学工业出版社，2007：75-79.

[2] 王占国，陈立泉，屠海令．信息功能材料手册（上）［M］．北京：化学工业出版社，2009：178-179.

[3] 马伟．固水界面化学与吸附技术［M］．北京：冶金工业出版社，2011：76-77.

[4] 王阳元．集成电路产业全书（下册）［M］．北京：电子工业出版社，2018：1404-1406.

[5] 范伟宏，闫建新，冯荣杰，等．LTO 技术优化双极器件结构及工艺的研究［J］．中国集成电路，2021，30（6）：89-93.

[6] 毕克允．微电子技术（第二版）［M］．北京：国防工业出版社，2008：130-140.

[7] 闫建新．扩散炉管气体流动分析和流量计算数学模型［J］．半导体技术，2012，37（9）：706-710.

[8] 李惠军．现代集成电路制造工艺原理［M］．济南：山东大学出版社，2007：177-178.

[9] 杜海燕，林宗彬，吴伟明，等．铝电化学阳极氧化技术研究进展［J］．广州化工，2011，39（12）：27-28.

[10] 韩长日，宋小平．电子与信息化学助剂生产和应用技术［M］．北京：中国石化出版社，2009：276-287.

[11] 李霖，贾亚飞，张云鹏，等．光刻机双面对准精度测量系统［J］．电子工业专用设备，2015，241（3）：42-45.

[12] 闫建新，范伟宏，李立文，等．光刻机曝光均匀性在线检测方法［J］．半导体技术，2012，37（7）：577-581.

[13] 闫建新，葛伟坡，李卫华．多片干法蚀刻设备蚀刻均匀性工艺优化研究［J］．微电子学，2012，43（6）：868.

[14] 田民波．集成电路（IC）制备简论［M］．北京：清华大学出版社，2009：193-194.

第3章

三维微机械结构湿法腐蚀技术

机械结构的形成需要对工件进行机械加工，传统的机械加工方法主要是车、磨、抛等。尽管传统的车、磨、抛等加工方法不能用来在硅圆片上制造微机械结构，但车、磨、抛等加工方法的本质是通过选择性去除工件的部分材质来形成机械结构，从这个角度讲 MEMS 芯片微机械结构的加工理念与传统机械加工理念是一致的，选择性腐蚀去除部分硅来形成微机械结构就是加工微机械结构的“车、磨、抛”，这样就可以利用集成电路光刻腐蚀工艺来实现微机械结构的大规模批量制造了。湿法腐蚀工艺和干法刻蚀工艺是常用的腐蚀工艺，本章主要介绍三维机械结构湿法腐蚀技术。

3.1 各向同性腐蚀技术

各向同性腐蚀是制造 MEMS 芯片常用的工艺，该工艺特点是在腐蚀过程中，腐蚀液对硅各晶面具有相同的腐蚀速率，腐蚀无选择性。硅圆片被各向同性腐蚀后的横截面呈半圆形结构，如图 3-1 所示，其主要工艺流程为：硅圆片热氧化，在其表面生长一层氧化层，将光刻胶旋涂于氧化层上，并曝光显影，形成光刻胶掩模层；通过 BOE 技术去除裸露的氧化层，完成图形由掩模层到氧化层的转移；使用各向同性腐蚀技术腐蚀裸露的硅，形成截面为半圆形的腐蚀坑；最后去除光刻胶和氧化层，得到各向同性腐蚀后的结构，其腐蚀横截面形状为半圆形。

图 3-2 所示为一个基于各向同性腐蚀技术制造的硅基微透镜模具三维结构图。其腐蚀坑的剖面图呈碗状结构[1]，具有高度的对称性和一致性，这说明腐蚀液对于硅各个晶向的腐蚀速率基本相同，没有选择性，因而能形成对称的腐蚀结构，这也是各向同性腐蚀技术的特点。

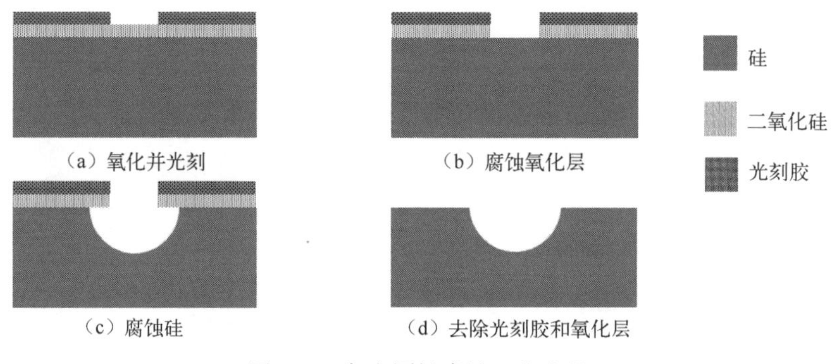

图 3-1　各向同性腐蚀工艺流程

图 3-2　硅基微透镜模具三维结构图

3.1.1　腐蚀原理

很多酸和含有氰基、亚氨基的盐都能用作各向同性腐蚀的腐蚀液。其中，两个关键因素决定了腐蚀液的选择：其一是腐蚀液的占比是否容易控制，其二是腐蚀液是否会引入金属离子。由 HF、HNO_3 和 CH_3COOH（醋酸）（或者 H_2O）组成的 HNA 腐蚀液的成分占比容易控制，且成分中不含金属离子，因此被广泛采用。

在 HNA 腐蚀液中，单晶硅被 HNO_3 氧化形成二氧化硅；HF 溶液虽然难以腐蚀单晶硅，但能迅速腐蚀单晶硅与 HNO_3 反应形成的二氧化硅；而 CH_3COOH 作为稀释液，可用于控制腐蚀液的反应速率，防止硅表面因为腐蚀速率过快而变得粗糙。HNA 腐蚀液腐蚀硅的过程往往可看作一个电解过程。Feuillade 等人[2]认为其氧化还原反应式如下：

$$4e^{+}+Si+6F^{-}\longrightarrow SiF_6^{2-} \tag{3-1}$$

$$4e^{-}+8H^{+}+4NO_3^{-}\longrightarrow 4NO_2+4H_2O \tag{3-2}$$

式（3-1）和式（3-2）中的 e^{+} 和 e^{-} 分别表示空穴和电子。首先硅在 HNO_3 的氧化作用下形成氧化物，而氧化物随后被 HF 溶解，从而实现硅的腐蚀，相应反应式如下：

$$3Si+4HNO_3 \longrightarrow SiO_2+4NO_2+2H_2O \quad (3-3)$$

$$SiO_2+6HF \longrightarrow H_2SiF_6+2H_2O \quad (3-4)$$

Turner[3]认为腐蚀过程中也产生了副产物 NO，其反应式如下：

$$3e^-+3H^++HNO_3 \longrightarrow NO+2H_2O \quad (3-5)$$

Turner 指出，式（3-6）的理论结果更符合 HF 与 HNO_3的浓度比例对硅腐蚀速率影响的关系曲线：

$$3Si+4HNO_3+18HF \longrightarrow 3H_2SiF_6+4NO+8H_2O \quad (3-6)$$

3.1.2　腐蚀装置

腐蚀液温度和浓度的稳定是腐蚀装置必须考虑的问题。如图 3-3 所示[4]，常见的腐蚀装置主要包括两部分：一是底部的容器，用来盛放腐蚀液，硅圆片平放在一个铂金属篮内进行腐蚀，溶液温度控制精度为±0.1℃；为了维持温度的稳定性，并驱逐腐蚀过程中附着在硅圆片表面的气泡，容器底部放置有一个磁搅拌器。二是安装在容器上方的冷凝回流装置，其主要作用是使蒸发的腐蚀液冷凝回流，保证腐蚀液浓度的稳定；为了防止冷凝的腐蚀液直接滴落到容器改变腐蚀液的温度，冷凝液在回落时被容器中间的石英集水盘截留并被加热。

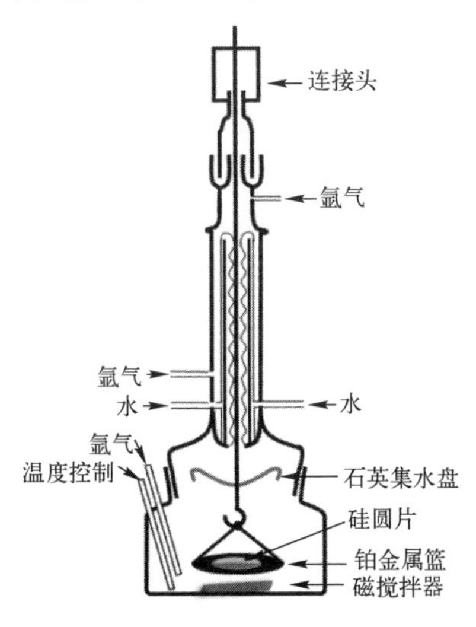

图 3-3　常见的腐蚀装置原理图

3.1.3　HNA 腐蚀规律

影响 HNA 腐蚀液腐蚀硅的效果的主要因素有反应速率限制和扩散限制。反应速率限制是指腐蚀效果受化学反应速率制约；而扩散限制是指腐蚀效果受腐蚀液到硅圆片表面的扩散转移的制约。由于活化能低，扩散限制过程更易受温度影响。一般情况下，温度越高，腐蚀速率越大。腐蚀过程中，如果温度、腐蚀液浓度等腐蚀条件发生变化，将影响反应速率限制，这将直接影响腐蚀速率和形貌。

安静等[5]研究了掺硼（100）单晶硅圆片（电阻率为 3Ω · cm）在 HNA 腐蚀液中的腐蚀规律，腐蚀起始温度与环境温度均为 25℃。研究发现，HNA 腐蚀液的腐蚀过程可分为 5 个阶段，如图 3-4 所示。

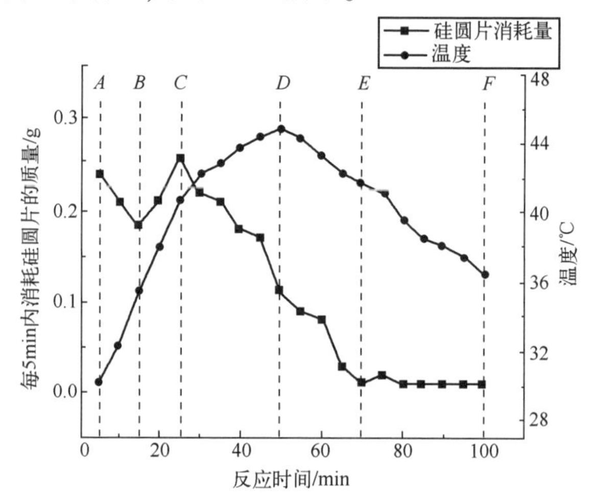

图 3-4　HNA 腐蚀液的腐蚀过程

在腐蚀过程中，溶液温度如何变化由 HNA 腐蚀液腐蚀硅放出的热量及溶液与周围环境的热交换共同决定。在 *AD* 段，HNA 腐蚀液腐蚀硅释放的热量大于溶液传递给周围环境的热量，溶液温度升高；在 *DF* 段，HNA 腐蚀液腐蚀硅释放的热量小于溶液传递给周围环境的热量，溶液温度降低。

在 *AB* 段，硅圆片的初始腐蚀速率较快，主要的原因有二：一是硅圆片表面存在一些不同程度的损伤（如裂缝等），腐蚀过程中产生的催化剂更容易被这些损伤捕获，促进了腐蚀[6-7]；二是硅圆片不均匀表面的腐蚀速率更快[2]，这主要是不均匀表面的势能不同所致。

在 *BC* 段，硅圆片腐蚀的速率迅速上升，这是由两方面共同决定的：一方面溶液温度上升，腐蚀速率增大，同时溶液黏度随溶液温度上升而下降，导致 HF 在硅圆片表面的扩散常数增大[8]，进一步促进了腐蚀反应；另一方面 F^-浓度在腐蚀过程中不断降低，硅圆片表面的 HF 减少，导致腐蚀速率降低[9]。在此阶段，溶液温度上升对腐蚀反应的促进作用居主要地位，因此腐蚀速率增大。

在 *CD* 段，溶液温度升高，但与 *BC* 段相比，此阶段 F^-浓度降低对腐蚀速率的影响增大了，导致腐蚀速率增速下降。

在 *DE* 段，温度下降和 F^-浓度降低都会导致腐蚀速率下降，因此在这一阶段腐蚀速率下降较快。

在 *EF* 段，温度不断下降，经过一段时间的腐蚀后 F^- 已被大量消耗，其浓度已经很小，扩散至硅圆片表面的 HF 更少，因此腐蚀几乎停止。

Robbins 等人[6]使用 N 型硅，采用不同浓度配比的 HNA 腐蚀液对硅圆片进行腐蚀。图 3-5 所示的曲线给出了分别使用 H_2O 和 CH_3COOH 作为稀释液时，不同浓度配比的 HF 和 HNO_3 组成的 HNA 腐蚀液对硅进行腐蚀的等腐蚀线。在 HF 高含量区，腐蚀速率等高线平行于 HNO_3 的浓度常量线，HNO_3 对硅的氧化速度是影响腐蚀速率的主要因素。而在 HNO_3 高含量区，腐蚀速率的等高线平行于 HF 的浓度常量线，HF 对硅氧化物的溶解速率是影响腐蚀速率的主要因素。

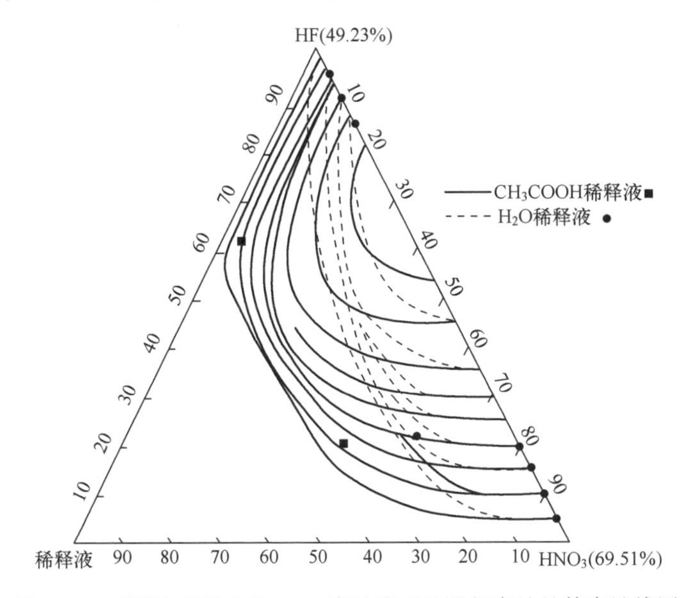

图 3-5　不同浓度配比的 HNA 腐蚀液对硅进行腐蚀的等腐蚀线图

随后，Turner 等人[3]通过 Robbins 实验中的数据绘制出图 3-6。由图 3-6 可知，对 N 型硅而言，当摩尔比 $\frac{HNO_3}{HF}=\frac{1}{4.5}$ 时，HNA 腐蚀液的腐蚀速率达到最大值 28μm/s，由于腐蚀速率与腐蚀电流密度正相关，此时所对应的腐蚀电流密度也达到最大值，约 190A/cm^2。P 型硅具有类似的结果。

与 H_2O 相比，用 CH_3COOH 作缓冲剂可配制的腐蚀液浓度范围更广，且能使腐蚀液在使用期间保持稳定的氧化能力，因此常使用 CH_3COOH 作为腐蚀系统的缓冲剂。但在腐蚀过程中加入一定量的 CH_3COOH，会降低腐蚀液的腐蚀速率[10]。如图 3-7 所示，在缓冲剂 CH_3COOH 加入初期，腐蚀速率下降较快，但随着 CH_3COOH 的不断加入，腐蚀速率变化越来越慢。当 CH_3COOH 在腐蚀液中的体积百分含量大于 50%时，腐蚀速率几乎不再变化，稳定在 1.5μm/min 左右。

在实际应用中可充分利用 HNA 腐蚀液这一性质，保证多批次硅在同一腐蚀液中腐蚀速率的重复性和一致性。

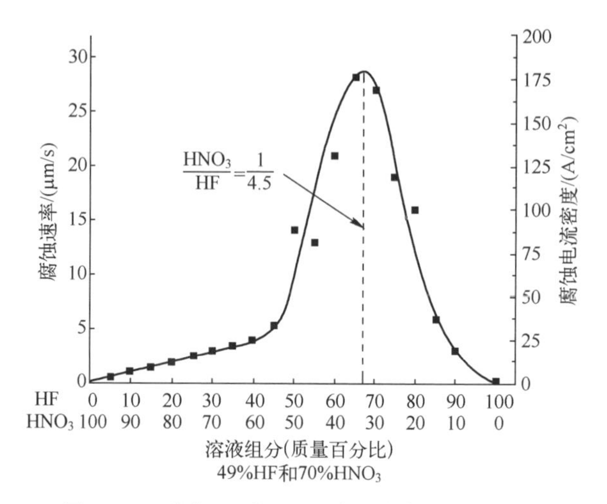

图 3-6　不同配比的 HNA 腐蚀液腐蚀速率曲线

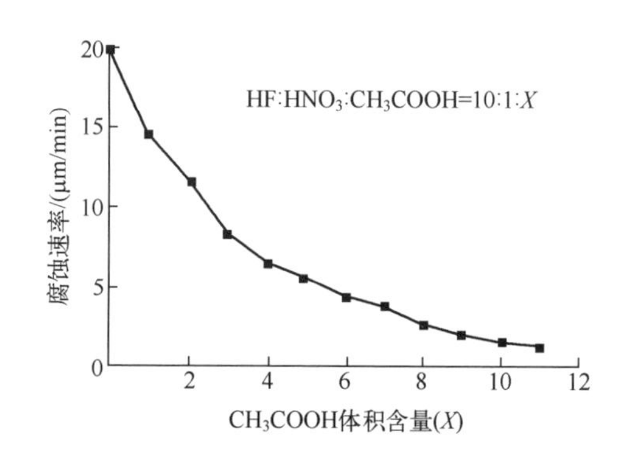

图 3-7　醋酸含量对 HNA 腐蚀液腐蚀速率的影响

腐蚀液温度不仅影响腐蚀过程的反应速率限制，也影响腐蚀液通过扩散转移到硅圆片表面的扩散限制，因此腐蚀设备必须配备高精度温度控制装置。图 3-8 所示为使用 H_2O 作为稀释液，两种不同配比的 HNA 腐蚀液在不同温度下的腐蚀速率曲线[7]。由图 3-8 可以发现，两种配比的 HNA 腐蚀液腐蚀速率都随着温度的降低而降低，当温度低到一定程度时，两种配比的腐蚀速率几乎一样。

由图 3-9 可知，在不同浓度配比的 HNA 腐蚀液中，随着温度的变化，各个晶面的腐蚀速率变化情况基本一致[7]。不同的晶面在相同浓度配比的腐蚀液中的腐蚀速率略有差异，腐蚀速率最快的是（100）晶面，腐蚀速率最慢的是（110）晶面，但总体区别较小，对腐蚀的各向同性影响不大。

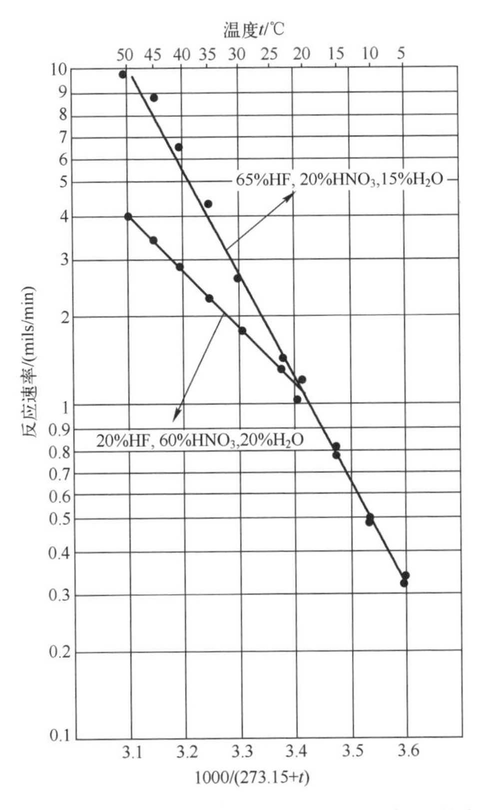

图 3-8　温度、HNA 腐蚀液对腐蚀速率的影响

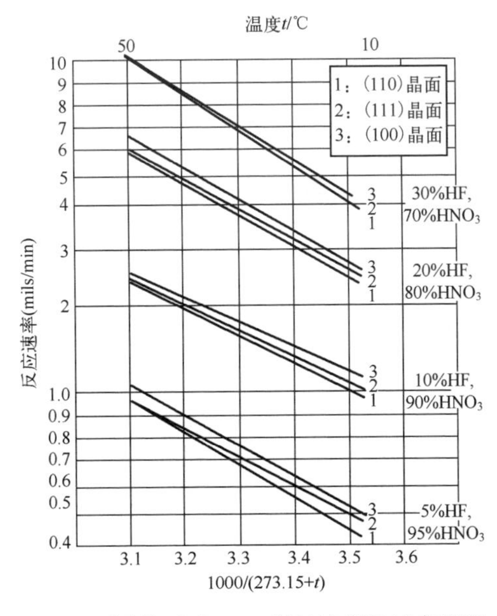

图 3-9　不同晶面对 HNA 腐蚀液腐蚀速率的影响

3.1.4 各向同性腐蚀的应用

各向同性腐蚀工艺应用很多，如用于结构成型的模具、微结构的释放等方面。Horsley 等人基于各向同性腐蚀工艺制作了一种毫米量级的三维半球壳谐振器。这种谐振器采用多晶金刚石制作，具有低热弹性阻尼和高刚度的特点[11]。三维半球壳谐振器制作工艺流程如图 3-10 所示。图 3-10（a）为在硅衬底上沉积一层 Au/Cr 作为金属掩模；图 3-10（b）为通过微电火花电蚀技术（μEDM）刻蚀出横截面为半圆形的表面粗糙的凹槽，基于各向同性腐蚀工艺对凹槽进行腐蚀抛光形成光滑的凹槽结构；图 3-10（c）~图 3-10（e）为去除金属掩模层，在硅衬底上依次沉积低温氧化（LTO）层、金刚石层和等离子体增强正硅酸乙酯（PE-TEOS）氧化层的三明治结构；图 3-10（f）为采用化学机械抛光去除凹槽以外的 PE-TEOS 氧化层，并通过干法刻蚀工艺刻蚀暴露出的金刚石层；图 3-10（g）为光刻图形化氧化硅，通过深反应离子刻蚀技术刻蚀凹槽正下方的硅，刻蚀暴露出的 LTO 层；图 3-10（h）为沉积氮化硅薄膜；图 3-10（i）为采用 PMMA 聚合物键合硅玻璃；图 3-10（j）为用 HF 腐蚀 LTO 层，用 HNA 腐蚀液各向同性腐蚀硅。

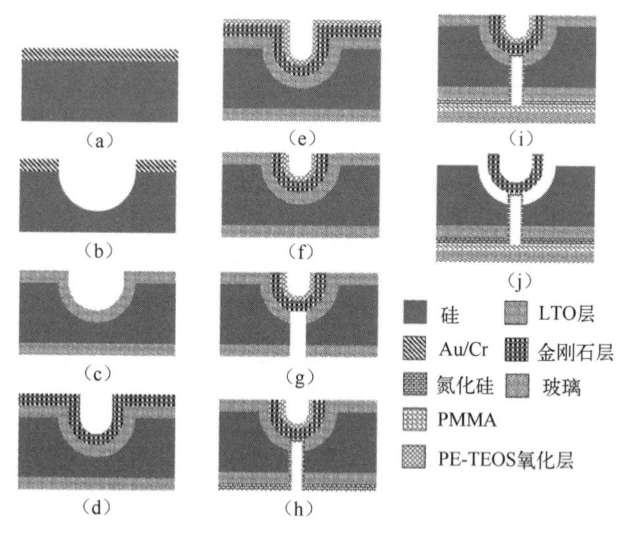

图 3-10 三维半球壳谐振器制作工艺流程

三维半球壳谐振器结构如图 3-11 所示，该谐振器由金刚石构成，呈现为碗状，底部由氮化硅锚结构支撑。

图 3-11　三维半球壳谐振器结构[11]

3.2　各向异性腐蚀技术

各向同性腐蚀由于缺乏选择性，腐蚀得到的形状只能是半球形，且钻蚀严重，结构的横向尺寸很难控制。为了解决这一难题，20 世纪 60 年代出现了硅各向异性腐蚀技术，由于在各向异性腐蚀液中硅圆片的不同晶面腐蚀速率不同，因此可以通过选择合适的晶面精确控制腐蚀后的结构形状和尺寸。

3.2.1　腐蚀原理

各向异性腐蚀是指硅圆片的各个结晶学平面在各向异性腐蚀液中具有不同的腐蚀速率。单晶硅晶体常见的晶面如图 3-12 所示，其中在硅基 MEMS 制作中常用的晶面有三种：(100) 晶面、(111) 晶面和 (110) 晶面，其中 {100} 晶面和 {110} 晶面的腐蚀速率较快，而 {111} 晶面的腐蚀速率最慢。

如图 3-13 所示，(100) 硅圆片经光刻图形化后，可经各向异性腐蚀形成槽、凹坑，还可用于制造微桥、梁。由于 (100) 晶面腐蚀速率快，而 (111) 晶面腐蚀速率要慢很多，最终腐蚀图形为“V”形槽或倒金字塔，腐蚀后的 (111) 晶面与 (100) 晶面的夹角应为 54.74°。

硅的各向异性腐蚀机制尚无定论。Price 等人[12]提出用表面原子悬挂键的数量来解释各向异性腐蚀，但 {100} 晶面的悬挂键密度是 {111} 晶面的 2 倍，其腐蚀速率比却约为 100:1，因此腐蚀速率的巨大差异应另有原因。Kendall[13]等人提出硅 {111} 晶面的腐蚀速率比 {100} 晶面慢的主要原因是 {111} 晶面较 {100} 晶面更易生长预钝化层。湿法氧化工艺已证实 {111} 晶面比 {100} 晶面氧化速率快得多，因此 {111} 晶面易形成预钝化层，然而在碱性溶液中硅的氧化与在水和氧气中的氧化不同，因此对这一反应机制还需深入研究。Palik 等人[14]指出各向异性腐蚀的形成与硅各晶面激活能不同、背键结构存在差异等因素有关。

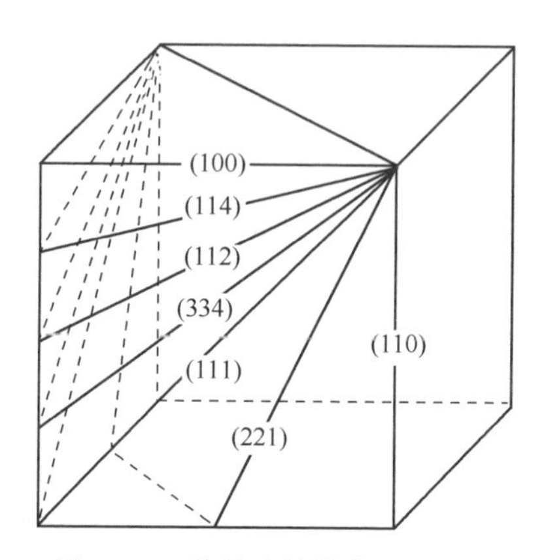

图 3-12　单晶硅晶体常见的晶面

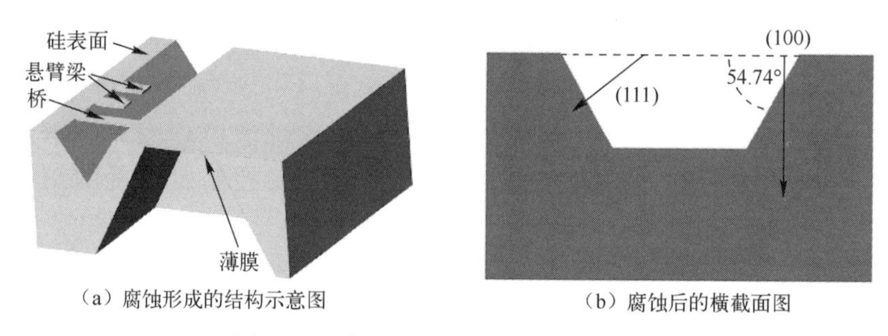

（a）腐蚀形成的结构示意图　　（b）腐蚀后的横截面图

图 3-13　各向异性腐蚀（100）硅圆片

1990 年，Seidel 等人[15]提出了各向异性腐蚀的电化学模型，该模型认为硅表面原子悬挂键数量的多少、背键结构的差异、背键电子能级的高低是引发各向异性腐蚀的主要原因。在腐蚀中硅表面发生了两个不相关的过程：氧化时，腐蚀液中的 OH^- 向表面硅原子悬挂键表面转移电子，OH^- 与表面硅原子反应形成 Si—OH 键；悬挂键上的电子受热激发至导带，和 H_2O 反应产生 H_2 和 OH^-，并认为氧化中消耗的 OH^- 来源于这些反应产物 OH^-，而不是腐蚀液本身的 OH^-。腐蚀最终生成了可溶解产物 $Si(OH)_4$。

常用的各向异性腐蚀液有 KOH 腐蚀液（KOH+IPA+H_2O）、EPW（乙二胺+邻苯二酚+水）和 TMAH（Tetramethyl Ammonium Hydroxide）有机腐蚀液等。KOH 腐蚀液具有成本低、设备简单、无毒等特点，应用十分广泛。但是，KOH 腐蚀液会带来移动的 K^+ 污染，使其不能与 CMOS 工艺兼容。而 TMAH（$C_4H_{13}NO$）是一种强碱性无色结晶体，腐蚀过程中无金属离子污染，且较大的四甲基铵离子无法扩散至硅晶格中，与 KOH 腐蚀液相比，其对二氧化硅的腐蚀选择性更高，因此 TMAH 腐蚀液得到了越来越多的关注。

3.2.2　腐蚀装置

各向异性腐蚀装置与各向同性腐蚀装置类似，原理图如图 3-14 所示，该装置主要由两部分构成：一是底部的容器，用来盛放腐蚀液，硅圆片平放在一个铂金属篮内进行腐蚀，溶液温度控制精度为±0.1℃；为了维持温度的稳定性，并驱逐腐蚀过程中附着在硅圆片表面的气泡，在容器底部放置有一个磁搅拌器。二是安装在容器上方的冷凝回流装置，其主要作用是将蒸发的腐蚀液冷凝回流，保证腐蚀液浓度的稳定；为了防止腐蚀液上方对流对温度稳定带来影响，在冷凝装置的下方放置有一块石英板，用以保证液面温度稳定。

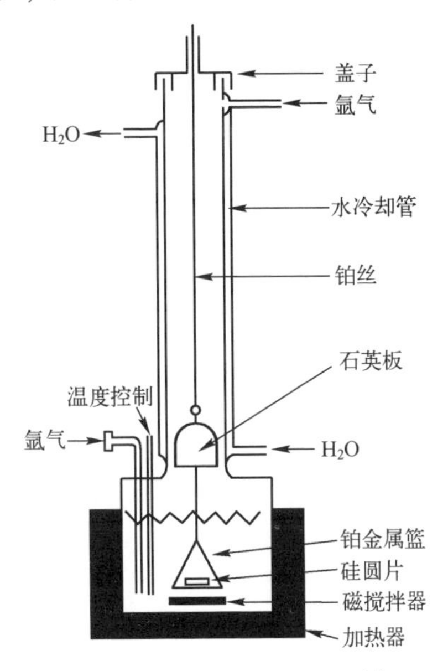

图 3-14　腐蚀装置原理图[4]

3.2.3　腐蚀规律

Shikida 等人[16]通过实验对比了 KOH 腐蚀液和 TMAH 腐蚀液，并得到了一系列的数据。如图 3-15 所示，对比研究了 79.8℃条件下 20wt.%TMAH 腐蚀液和 70.9℃条件下 34wt.%KOH 腐蚀液的腐蚀规律，发现二者在硅截面上的腐蚀速率曲线相近。KOH 腐蚀液和 TMAH 腐蚀液都几乎不腐蚀（111）晶面，（111）晶面附近 TMAH 腐蚀液腐蚀速率变化比 KOH 腐蚀液要快，而（100）晶面附近的腐蚀速率与（111）晶面附近的腐蚀速率相类似，但（100）晶面腐蚀速率高于（111）晶面腐蚀速率。

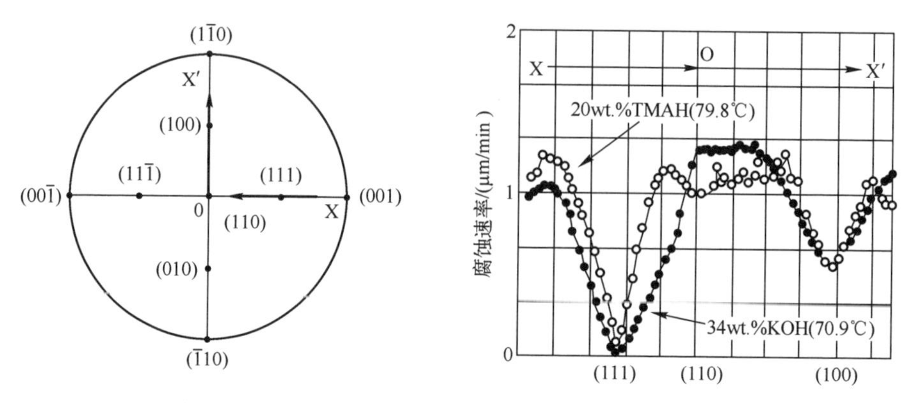

图 3-15　KOH 腐蚀液与 TMAH 腐蚀液腐蚀硅的速率对比

图 3-16 对比了 70℃的 KOH 腐蚀液和 80℃的 TMAH 腐蚀液浓度对不同硅晶面的腐蚀速率影响[16]。由图 3-16 可以发现，浓度为 25wt. %的 KOH 腐蚀液和浓度为 20wt. %的 TMAH 腐蚀液的腐蚀效果最好。从各晶面在 KOH 腐蚀液中的腐蚀速率随浓度的变化规律来看，（100）晶面、（221）晶面的腐蚀规律相近，（210）晶面、（320）晶面和（110）晶面的腐蚀规律相类似；当 KOH 浓度大于 25wt. %时，腐蚀液浓度越大，腐蚀速率越小。TMAH 腐蚀液浓度从 10wt. %升至 25wt. %，（100）晶面的腐蚀速率一直在减小；（110）晶面、（210）晶面、（221）晶面和（320）晶面的腐蚀速率随 TMAH 浓度的变化规律类似，浓度为 20wt. %时，腐蚀速率最高。

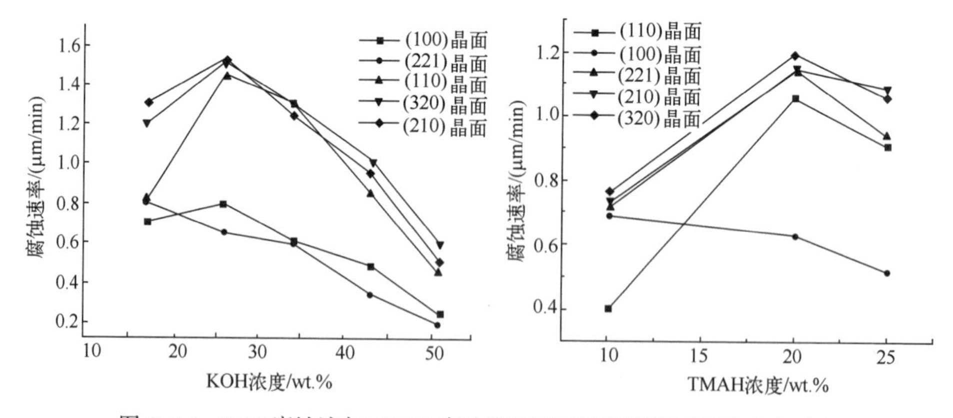

图 3-16　KOH 腐蚀液与 TMAH 腐蚀液在不同浓度情况下腐蚀速率对比

图 3-17 对比了不同温度下，浓度为 34. 0wt. %的 KOH 腐蚀液和浓度为 25. 0wt. %的 TMAH 腐蚀液的腐蚀速率[16]。通过观察图 3-17 可知，腐蚀速率随

温度的升高而增加。

根据实验的情况，与其他晶面相比，(100) 晶面的腐蚀表面粗糙度最好，且在腐蚀深度为 90μm 时表面粗糙度最好。在不同浓度的情况下，80℃的 TMAH 腐蚀液和 70℃的 KOH 腐蚀液腐蚀（100）晶面所得的粗糙程度[16]如图 3-18 所示。在初始阶段，腐蚀液浓度增加有利于降低（100）晶面腐蚀后的表面粗糙度，但超过一定浓度值后，(100) 晶面腐蚀后的表面粗糙度不再降低。此外，与 TMAH 腐蚀液相比，KOH 腐蚀液腐蚀出的（100）晶面的表面粗糙度更低。

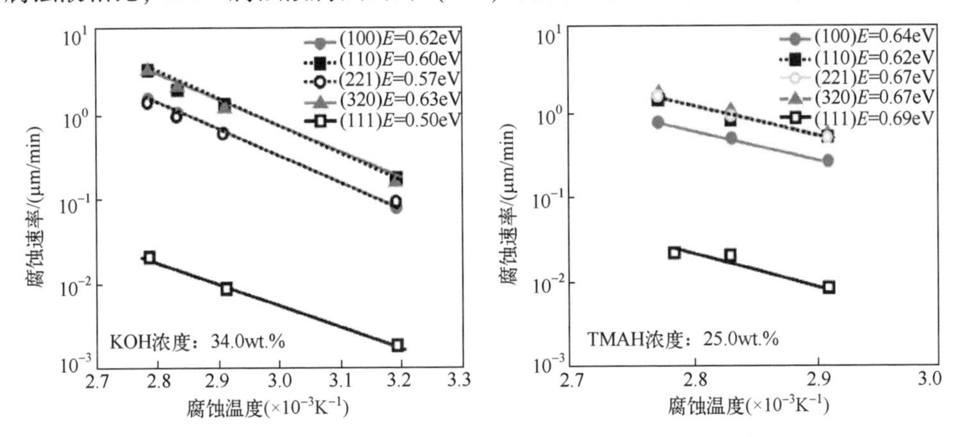

图 3-17　KOH 与 TMAH 腐蚀液在不同温度情况下腐蚀速率对比

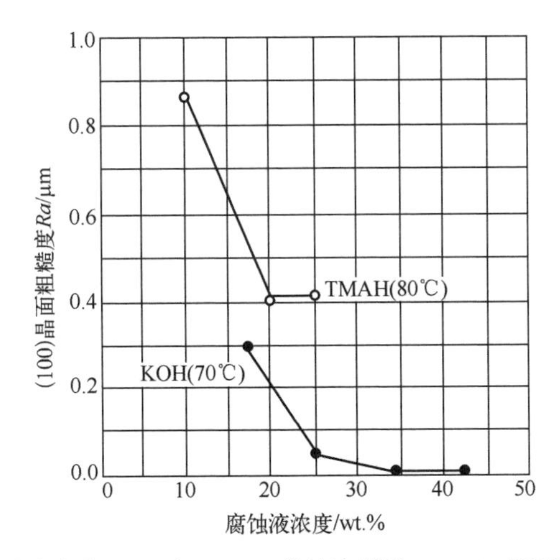

图 3-18　不同浓度的 KOH 与 TMAH 腐蚀液腐蚀（100）晶面的表面粗糙度

3.2.4　削角补偿

台面结构是采用硅基各向异性腐蚀工艺制造的常见结构，但在制备台面结构时经常会发生削角现象。例如，当基于（100）硅圆片制作台面结构，掩模边缘平行于<110>晶向时，各向异性腐蚀技术会使得台面的凸角被削平[17]。削角现象使制备的台面结构与设计结构不符，台面顶部面积小于设计值，从而使器件性能下降甚至失效。在掩模图形中没有做补偿的台面结构被腐蚀后形成削角，而在掩模图形中做了补偿的台面结构则刻蚀出完整的凸角[18]。因此，为了得到完整的凸角结构，在版图设计时应设计相应的补偿结构进行削角补偿。

如图 3-19 所示，Puers 等人[18]提出了方形、矩形和三角形三种补偿图形进行削角补偿，三种补偿图形均可获得 90°凸角。三种补偿结构掩模图形的尺寸大小与腐蚀液和硅圆片晶向有关。这种补偿结构存在占用面积过大的缺陷，无法用于制作精细结构。

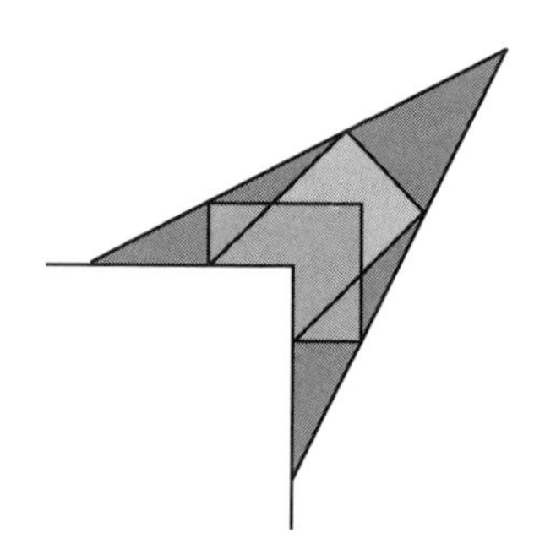

图 3-19 三种凸角补偿结构：方形、矩形和三角形

Mayer 等人[19]认为，补偿图形有较高的空间要求，普通的补偿图形通常只能实现简单的结构。他们提出一种在凸角上附加如图 3-20 所示波纹管<100>条形掩模图形，这种补偿结构采用了波纹管条形掩模，台面结构凸角在腐蚀后完整地保存下来，如图 3-21 所示。

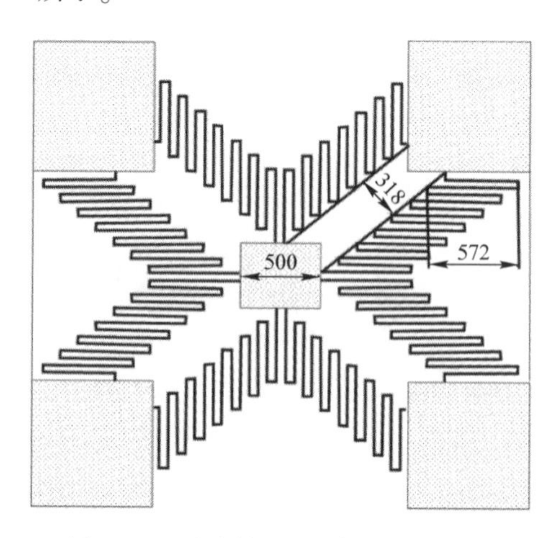

图 3-20 波纹管<100>条形掩模图形

Bao 等人[20]随后提出在凸角上附加如图 3-22 所示的<110>条形掩模图形。这种补偿结构特别适用于小台面、相邻小凸角、窄条、小半岛和“V”形槽结构的补偿。

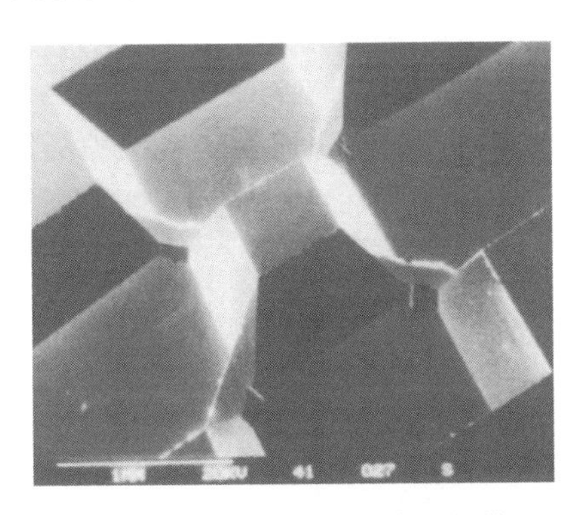

图 3-21　波纹管<100>条形掩模补偿腐蚀的台面结构[19]

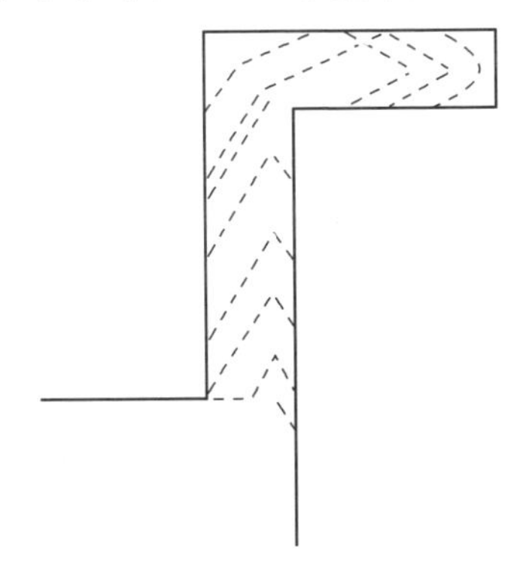

图 3-22　<110>条形掩模图形

这几种凸角补偿方法各有优缺点。图 3-19 所示的补偿方法补偿的图形需要占据比较大的面积；图 3-20 所示的补偿方法采用了<100>条形掩模，<100>晶向的切削与纵向（100）晶面腐蚀特性相同，腐蚀后凸角结构完整，底部平坦光滑；图 3-22 所示的补偿方法采用的<110>条形掩模可以设计得比较窄，补偿图形所占面积较小，但随着腐蚀深度的增加，所需<110>条形掩模长度也需要进一步增加，且最终腐蚀得到的凸角结构不是很完整，底部也不平坦光滑。

3.2.5　各向异性腐蚀的应用

基于各向异性腐蚀工艺可以方便地制作出“V”形槽、凹坑、凸台和梁，也可用于微结构的释放。Lee 等人[21]基于湿法各向异性腐蚀工艺，设计并制备出了梳齿梁驱动结构。梳齿梁驱动器如图 3-23 所示。

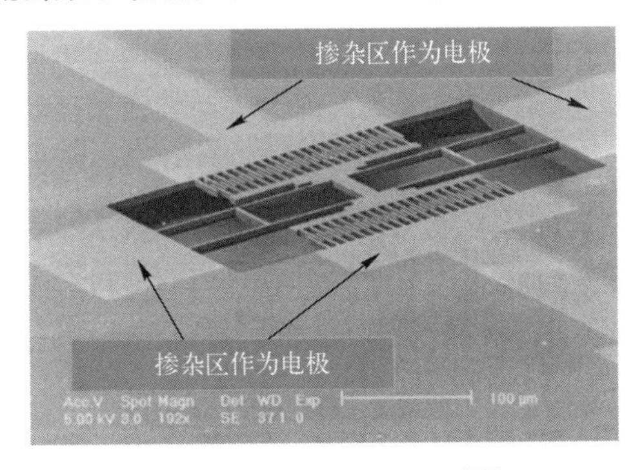

图 3-23　梳齿梁驱动器[21]

梳齿梁驱动结构制备流程如图 3-24 所示。图 3-24（a）为以（111）硅为衬底，在硅表面沉积氮化硅和二氧化硅作为掩模后使用反应离子刻蚀技术刻蚀所需结构的图形；图 3-24（b）再次沉积氮化硅和二氧化硅作为深槽侧壁的保护层；图 3-24（c）为刻蚀深槽底部氮化硅和二氧化硅；图 3-24（d）为经反应离子刻蚀后的硅；图 3-24（e）为使用碱性腐蚀液对沟道底部未被保护层保护的部分进行各向异性腐蚀，释放结构。

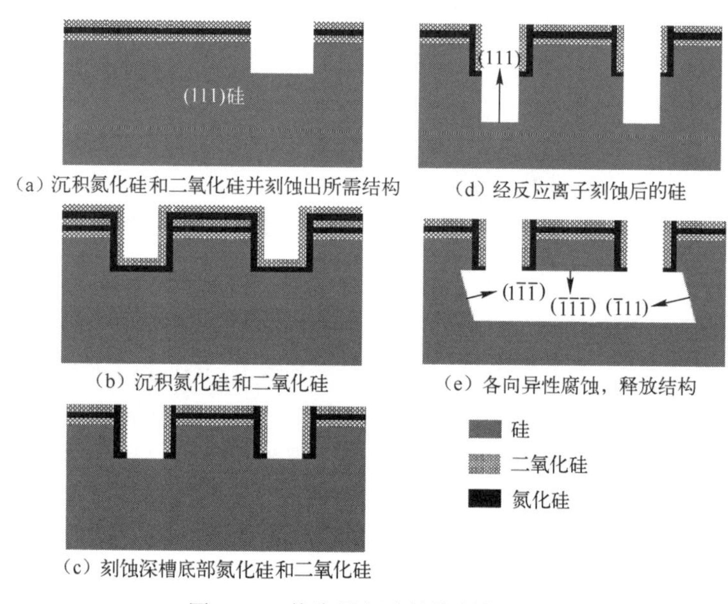

图 3-24　梳齿梁驱动结构制备流程

3.3　自停止腐蚀技术

尽管利用各向异性腐蚀技术，通过选择合适的晶面，可以精确控制腐蚀后的结构形状和尺寸，但总存在一个快腐蚀晶面。对于快腐蚀晶面的腐蚀深度还需通过控制腐蚀时间、腐蚀液浓度和温度等工艺参数进行控制，很难做到精确控制。为了解决这一难题，人们提出了自停止腐蚀技术，即事先在快腐蚀晶面设置一个腐蚀阻挡层，当腐蚀到达阻挡层后，腐蚀自动停止，从而达到精确控制腐蚀深度的目的。采用重掺杂、电化学、注入损伤和 Ge_xSi_{1-x} 应变层等技术都可以实现硅自停止腐蚀。

3.3.1　重掺杂自停止腐蚀技术

当硅中的掺杂原子超过一定浓度时，硅的腐蚀速率将急剧下降，即通过重掺杂可实现硅的自停止腐蚀。自停止腐蚀机理十分复杂，当前一般用应变模型[22-23]、复合模型[24]、电化学模型[14,25]来解释自停止腐蚀现象。由于重掺杂硼比重掺杂磷的硅圆片的自停止效果更好，故 MEMS 工艺大多采用浓硼自停止腐蚀，它已成为微纳米器件制作中的关键技术之一。

最早 Greenwood 等人[26]发现在使用 EPW（Ethylene Diamine Pyrocatechol Water）腐蚀液制作 PN 结时，样品的 P 型硅部分的腐蚀被完全抑制，直到样品的 N 型硅部分被完全腐蚀，P 型硅部分依然没有被腐蚀，如图 3-25 所示。

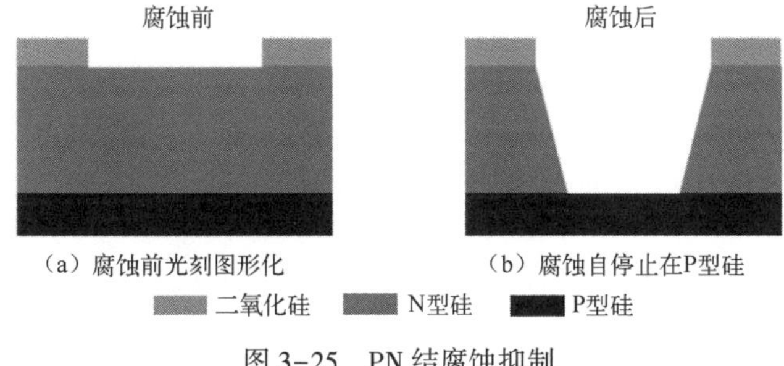

图 3-25 PN 结腐蚀抑制

随后，Bohg 等人[27]将硅圆片重掺杂后腐蚀 10min，腐蚀结果如图 3-26 所示。该研究通过没有被腐蚀的硅表面对应的已知的浓度剖面和斜面台阶的距离，证明了当 P 型硅部分的掺杂浓度达到一定浓度时将无法被腐蚀液腐蚀，产生了腐蚀自停止现象。

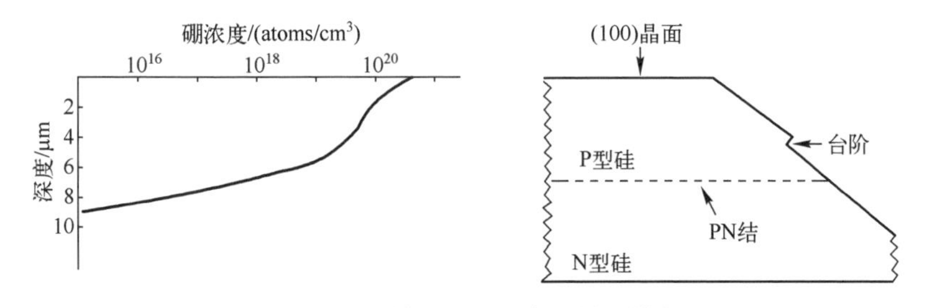

图 3-26 硅剖面掺杂浓度和腐蚀样品横截面图

EPW 腐蚀液（乙二胺：7.5mL，邻苯二酚：1.2g，水：1.0mL，吡嗪：6g/L E）是一种慢腐蚀液，常在 50~115℃环境下使用。如图 3-27 所示，当 EPW 腐蚀液温度从 66℃上升至 110℃时，腐蚀速率随之增大[28]。随硼掺杂浓度的增大（掺杂浓度$\leqslant 1\times10^{19}\text{cm}^{-3}$），其腐蚀速率先保持稳定，而后迅速下降（掺杂浓度$>1\times10^{19}\text{cm}^{-3}$）。腐蚀液温度为 66℃、81℃、110℃时的阈值浓度 N_0（速率稳定区和下降区渐近线的交点所对应的掺杂浓度）分别为 $2.8\times10^{19}\text{cm}^{-3}$、$2.9\times10^{19}\text{cm}^{-3}$、$3.0\times10^{19}\text{cm}^{-3}$。

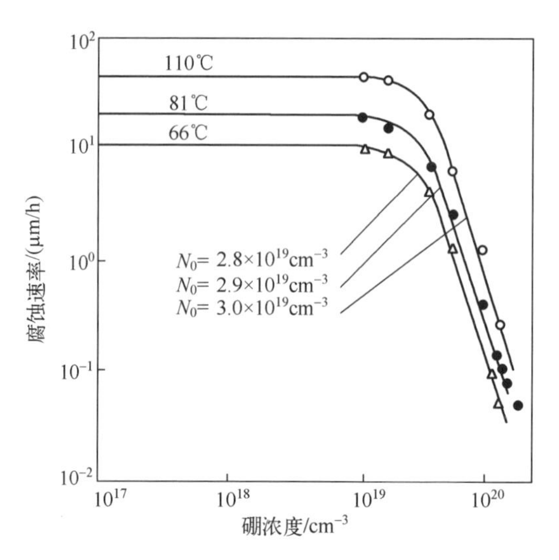

图 3-27　EPW 腐蚀液对不同掺杂浓度的（100）硅的腐蚀速率

如图 3-28 所示，KOH 腐蚀液对不同掺杂浓度的（100）硅的腐蚀规律与 EPW 腐蚀液类似[28]：当 KOH 腐蚀液的温度从 36℃上升至 78℃时，腐蚀速率随之增大。掺杂浓度为 $1\times10^{17}\,cm^{-3}\sim1\times10^{19}\,cm^{-3}$时，腐蚀速率保持稳定；掺杂浓度大于 $1\times10^{19}\,cm^{-3}$ 时，腐蚀速率迅速下降。腐蚀液温度为 36℃、44℃、61℃、78℃时的阈值浓度 N_0分别为 $3.7\times10^{19}\,cm^{-3}$、$3.8\times10^{19}\,cm^{-3}$、$4.0\times10^{19}\,cm^{-3}$、$4.2\times10^{19}\,cm^{-3}$。

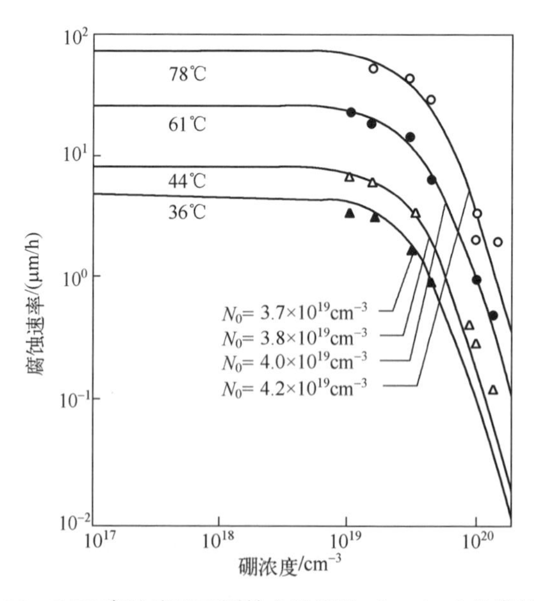

图 3-28　KOH 腐蚀液对不同掺杂浓度的（100）硅的腐蚀速率

重掺杂自停止腐蚀主要工艺如图 3-29 所示。图 3-29（a)为采用扩散、离子注入等技术对硅重掺杂形成 P^+层，或在硅圆片表面外延生长形成 P^+层；图 3-29（b）为沉积氮化硅薄膜并图形化；图 3-29（c）为各向异性腐蚀硅，各向异性腐蚀液只腐蚀暴露的未重掺杂的硅，自停止于 P^+层，P^+层的厚度即硅膜的厚度。

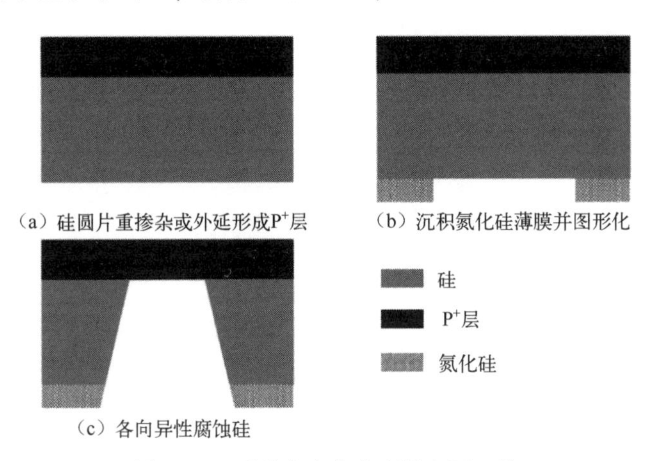

图 3-29　重掺杂自停止腐蚀主要工艺

3.3.2　电化学自停止腐蚀技术

重掺杂是实现重掺杂自停止腐蚀的关键，但重掺杂工艺耗时长、成本高，还会产生较大的应力，使得形成的硅膜结构机械性能变差，应用受到很大限制。因此，Hirata 等人[29]提出一种 PN 结自停止腐蚀的电化学自停止腐蚀技术。二电极自停止腐蚀设备原理图如图 3-30 所示，腐蚀液使用$N_2H_4 \cdot H_2O$，温度为 90℃，电极电压为 5V。P 型硅圆片浸没在腐蚀液中，硅圆片的 N 型硅外延层接电源正极，而浸没在腐蚀液中的铂电极接电源负极。用电化学腐蚀的方式将 P 型硅腐蚀掉，当腐蚀达到 N 型硅外延层时，腐蚀将终止，因此外延层的厚度即是硅膜的厚度。其自停止腐蚀机理是：P 型硅由于电化学腐蚀被完全去除，此时回路中的大电流直接流向 N 型硅外延层；N 型硅表面发生阳极氧化反应，并且在其表面形成一层致密的氧化膜，保护 N 型硅外延层不被腐蚀液腐蚀，发生腐蚀自停止现象。图 3-30 所示设备成功制备出了 20μm 均匀的硅膜。

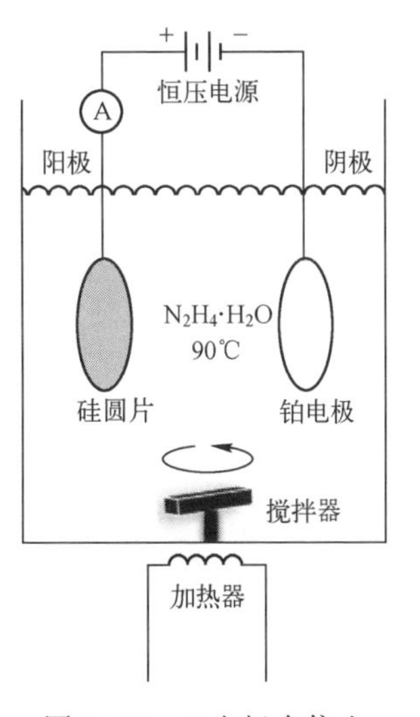

图 3-30　二电极自停止腐蚀设备原理图

不同电阻率的硅的 I–U 特性如图 3-31 所示。通过观察表面存在氧化膜掩模图案的 N 型硅在腐蚀液中发生自停止腐蚀的 I–U 特性曲线可知，在电流骤降为 0 之前，电流随阳极电压的增大而增大[29]。当超过特定的电压时，电流骤降为 0，这个电压值就是发生电化学自停止腐蚀的临界电压。不同电阻率的硅的临界电压不同。

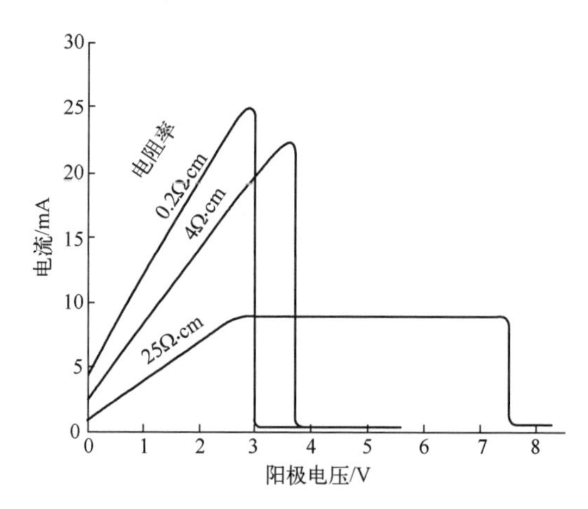

图 3-31　不同电阻率的硅的 I–U 特性

这种建立在理想 PN 结模型上电化学自停止腐蚀技术，需使全部电压降施加在 PN 结两端，P 型硅处于开路电位（Open Circuit Potential，OCP），N 型硅处于钝化电位。由于实际 PN 结存在漏电流，因此腐蚀液的电位无法确定。随后 Kloeck 等人[30]提出一种新的设计思路，即四电极自停止腐蚀技术。四电极自停止腐蚀设备原理图如图 3-32 所示，增加一个参比电极，恒电位仪使得 N 型硅相对于参比电极保持恒定电位。P 型硅电极不仅可以通过恒电位仪直接控制 P 型硅电位，使其接近 P 型硅的 OCP，还可与 N 型外延层构成一个独立的回路，使 PN 结的漏电流被限制在此回路，不会流过 P 型硅与腐蚀液的界面引起 P 型硅的极化，使腐蚀提前停止，漏电流比较大的样品也可进行自停止腐蚀。

徐义刚等人[31]采用图 3-32 所示装置研究了电阻率为 5～8Ω · cm 的（100）硅在 KOH 水溶液（80℃，40%）中的电化学 I–U 特性，得到了 N 型硅和 P 型硅相对参比电极的电位和流过硅与腐蚀液界面的电流密度之间的关系曲线，即极化曲线，如图 3-33 所示。由该极化曲线可知 OCP 和 PP（电流峰值电位）。实验表明，当极化电位大于 PP 时发生钝化，当极化电位小于 PP 时发生腐蚀，且在 OCP 附近硅的腐蚀速率达到最大，即可通过控制 PP 和 OCP 实现自停止腐蚀。对一面带 N 型外延层的 P 型硅圆片而言，若将 P 型硅的电位调节至 OCP 附近，那么 N 型外延层的电位只有大于 PP，才能进行自停止腐蚀。

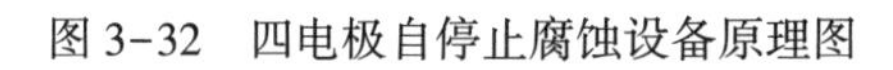

图 3-32　四电极自停止腐蚀设备原理图

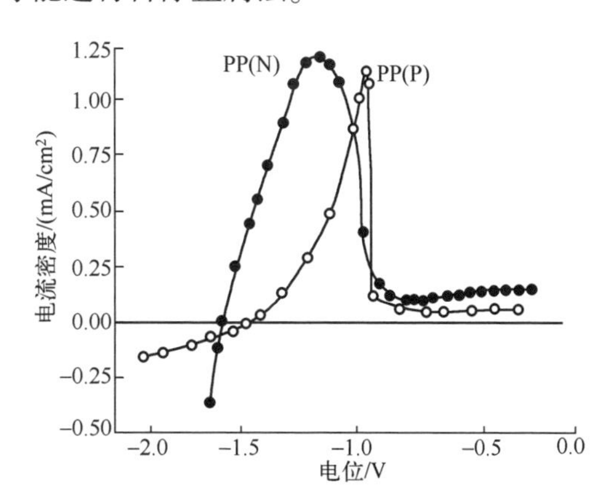

图 3-33　N 型硅和 P 型硅在 80℃、40%KOH 水溶液中的极化曲线

3.3.3　注入损伤自停止腐蚀技术

Lee[32]等人率先提出注入损伤自停止技术。该技术借助离子注入使硅表面产生损伤，在硅圆片表面形成一层空穴寿命很短的变异层，而腐蚀过程需要空穴参与氧化还原反应，因此变异层的腐蚀速率将大幅下降。由于离子注入可以精确控制厚度，故可得到厚度精确的硅薄膜。其采用的阳极腐蚀液由 0.2-M 氟化氨、0.2-M 氢氟酸和 40%异丙醇水溶液组成。腐蚀完成后可通过退火处理对注入损伤层进行修复。

如图 3-34 所示，注入损伤的自停止效应与注入硅的离子类型无关，因为无论是氢、施主离子磷、受主离子硼，还是电中性离子氖，都能产生腐蚀自限制薄膜。离子注入层的自限制作用仅取决于离子注入所产生的损伤，该损伤与

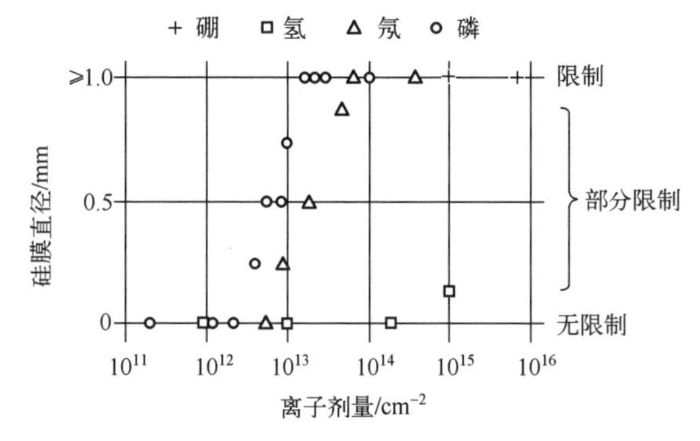

图 3-34　磷、氖、硼和氢注入离子剂量与硅膜直径的关系

dE_n/dx 成正比，即注入离子每单位路径长度的能量损失。当氖和磷的注入剂量为 10^{13}~10^{14} cm^{-2}时发生自停止腐蚀；当硼的注入剂量为 10^{15} cm^{-2}时发生自停止腐蚀。

3.3.4 Ge_xSi_{1-x}应变层自停止腐蚀技术[33]

Ge_xSi_{1-x}应变层自停止工艺流程如图 3-35 所示。先采用分子束外延技术在硅圆片上生长 Ge_xSi_{1-x}应变层；然后在应变层上生长所需厚度的硅薄膜；在腐蚀硅圆片时，需要将硅外延层保护起来（如在外延层上沉积氮化硅薄膜）；采用由 KOH、$K_2Cr_2O_7$、丙醇和水组成的腐蚀液腐蚀硅圆片，该腐蚀液对应力灵敏，腐蚀自停止于 Ge_xSi_{1-x}应变层，去除氮化硅保护层；最后采用由 HF、H_2O_2 和 CH_3COOH 组成的腐蚀液去除 Ge_xSi_{1-x}层，这种腐蚀液几乎不腐蚀硅，从而得到所需硅薄膜。

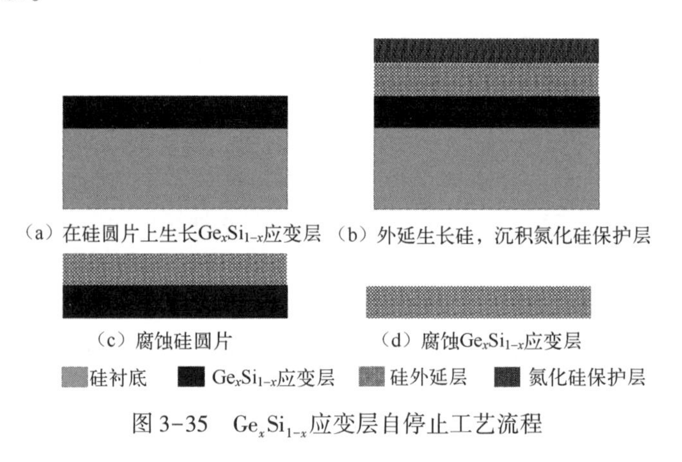

图 3-35　Ge_xSi_{1-x}应变层自停止工艺流程

3.3.5 自停止腐蚀技术的应用

在硅基 MEMS 工艺制备过程中，常采用自停止腐蚀技术来获得高精度的微结构。王凌云等人采用多步热扩散掺杂技术，即总的累计扩散时间不变，连续进行两次周期相对短的硼热扩散，第一次热扩散中预扩散和再分布的温度、时间分别为 1030℃、8h 和 1050℃、25h，第二次热扩散中预扩散和再分布的温度、时间分别为 1030℃、7h 和 1050℃、15h。该方法提高了硅圆片中硼的掺杂深度和掺杂浓度[33]。完成浓硼掺杂的硅圆片在 25%、85℃的 TMAH 腐蚀液中进行腐蚀，腐蚀自停止于硼重掺杂层，最终制备出厚度约为 21μm 的硅薄膜。

3.4　多孔硅湿法腐蚀技术

多孔硅（Porous Si）是一种海绵状孔洞结构的新型硅材料，具有较长的研究历史。1956 年，贝尔实验室的 Uhlir 和 Ingeborg 在进行单晶硅/单晶锗的表面抛光工艺时首次发现了多孔硅[34]。1958 年，D. R. Turner 对阳极氧化形成多孔硅的腐蚀机理进行了研究，奠定了多孔硅薄膜的阳极氧化及其相关性质的理论基础[35]。1969 年，Watanabe 和 Sakai 申请了采用多孔硅电化学腐蚀、单晶硅沉积、多孔硅氧化、化学机械抛光方式制造 SOI 材料的专利。1981 年，Imai 等人提供了一种新型的 SOI 制备技术，该技术在单晶硅表面进行电化学腐蚀制备多孔硅层，然后将多孔硅通过高温氧化方式转化成二氧化硅，使得多孔硅在 SOI 材料制造中得到了商业化应用[36]。1990 年，多孔硅外延转移技术（Epitaxial Layer TRANsfer，ELTRAN）被 CANON 公司提出，并被用于商业化制造 SOI 圆片[37]。1990 年，Lehmann 和 Gösele 发现多孔硅在室温下具有强烈的可见光致发光（Photoluminescence，PL）现象，从而激发了研究纳米孔硅在硅发光器件方面应用的热潮[38]。2003 年，Robert Bosch 利用纳米孔硅在高温的 H_2 环境下坍塌的特性，制造空腔薄膜，制造压力传感器[39]。2016 年，芬兰国家技术研究中心（VTT）Kestutis Grigoras 等人在多孔硅表面沉积一层几纳米厚的氮化钛涂层改变了多孔硅的性质，这种多孔硅被用于制造超级电容器。在功率密度和能量密度方面，采用多孔硅新电极制造的电容器可以比肩世界上最先进的超级电容[40]。

多孔硅材料是一种拥有海绵状结构的新型材料，有文献资料介绍其比表面积可达 $800m^2/cm^3$[41]。多孔硅可实现杂质气体吸收，因此可作为吸气剂材料；多孔硅在高温 O_2 氛围中有易氧化的特点，多孔硅层转化的 SiO_2 可以作为集成电路中的隔离层；多孔硅导热系数低［0.18~1.2W/(m·K)］，可以作为传感器的热绝缘层；比表面积大的多孔硅层在高温 H_2 环境下会发生硅原子的迁移，导致多孔硅层坍塌，利用此特点可以制作空腔薄膜结构；还可以用多孔硅直接制造多层薄膜光学结构的波导结构。总之，多孔硅材料制备的器件在生物传感、化学传感、能源、超级电容、生物成像、光催化等领域有着重要应用。

3.4.1　多孔硅腐蚀机理

阳极氧化腐蚀法、染色腐蚀法、金属纳米颗粒辅助腐蚀法、HF/HNO_3 气相腐蚀法等化学方法可以被用来制备多孔硅。目前，使用最为广泛的多孔硅制备方法是阳极氧化腐蚀法。阳极氧化腐蚀法又可以根据设备分为单槽阳极氧化腐蚀法、双槽阳极氧化腐蚀法。阳极氧化腐蚀法一般采用 HF 和乙醇的混合溶液作为腐蚀液（电解液），其中，HF 溶液是腐蚀液；乙醇的作用是降低阳极氧化过程中反应产生的 H_2气泡对多孔硅表面的影响，改善多孔硅膜的均匀性。图 3-36 所示的双槽阳极氧化腐蚀装置示意图是一种常见的阳极氧化腐蚀装置。在该装置中，硅圆片将 HF 溶液一分为二，形成双槽结构。HF 是酸性溶液，对常见金属有腐蚀性，因此采用性质稳定的贵金属铂作为电极；铂电极与恒定的电流源/电压源连接；通过硅圆片将溶液中的两个腐蚀槽电学连接。当硅圆片浸入 HF/H_2O 电解质中时，在界面处形成准肖特基势垒并出现非线性 I–U 特性[42–43]。典型的 I–U 特性如图 3-37 所示，N^+、N、P、P^+（N、P 硅圆片的电阻率为 0~0.1Ω·cm，N^+、P^+硅圆片的电阻率为 0.1~0.01Ω·cm）的 I–U 特性曲线存在巨大差异，这说明硅圆片中掺杂杂质的类型和浓度决定了反应过程中的 I–U 特性。

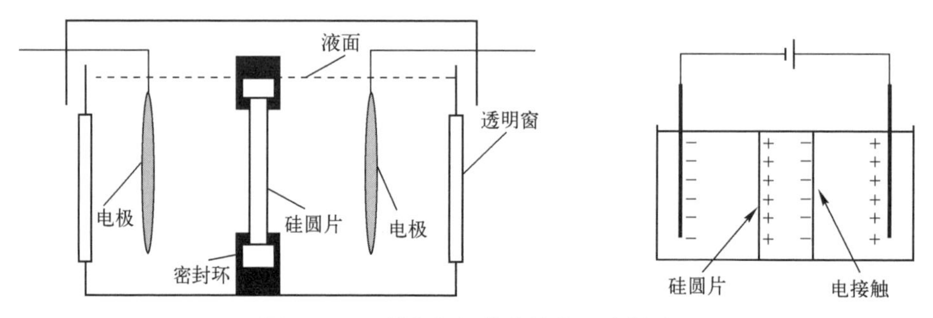

图 3-36　双槽阳极氧化腐蚀装置示意图

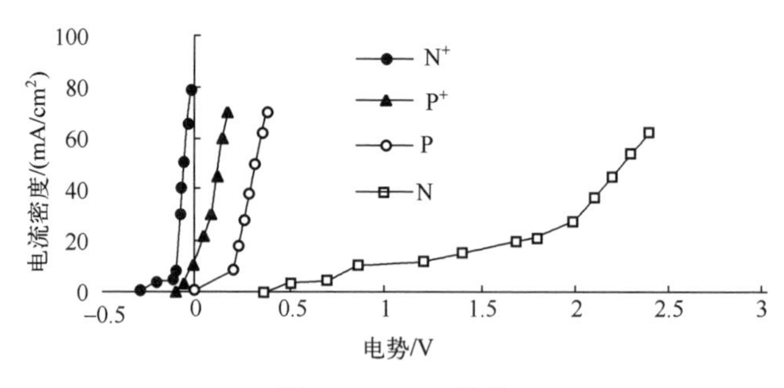

图 3-37　I–U 特性

解释多孔硅形成机制的理论模型有 Beale 的耗尽模型、Witten 的扩散限制模型、Lehman 的量子限制模型[44–46]。

Beale 的耗尽模型认为放置在电解质溶液中的硅圆片和 HF 溶液形成肖特基接触，并在硅圆片的接触界面处形成一个耗尽层。在反应初期，由于硅圆片表面存在缺陷和不平整，因此流过硅圆片表面的电流分布不均匀，电流差异导致孔的形成速度存在差异。在孔形成以后，孔尖端位置曲率半径小，电场集中，孔尖端的势垒高度降低，孔尖端位置的腐蚀速率大于孔壁的腐蚀速率，形成越来越深且窄的空洞，从而形成多孔硅层。随着反应的进行，电流流过的硅圆片区域持续被腐蚀，使得孔与孔之间的硅壁层厚度减小。减小的多孔壁层导致孔壁中空穴耗尽，无法提供反应所需电荷，孔壁的单晶硅停止溶解，此时孔壁厚度小于耗尽层厚度。Beale 的耗尽模型没有考虑化学反应过程，一些实验现象无法解释，此理论并不完善。

由 Witten 提出的扩散限制模型认为空穴随机扩散运动至硅圆片表面与 HF 溶液界面处，在偏置电压作用下硅圆片表面的硅原子被不断腐蚀，形成空洞。硅圆片内的电荷（一个扩散长度内的空穴）不断产生并向硅圆片与 HF 溶液界面扩散。扩散运动的空穴到达硅圆片表面附近，因界面空洞凹陷处空穴面密度最高，空洞凹陷处（曲率最大）的腐蚀作用得到增强并形成正反馈，孔壁处空穴面密度小（曲率小），溶解减慢直至停止。同时扩散模型认为，掺杂浓度及腐蚀电流的不同导致扩散长度和平均步长的差异，扩散长度和平均步长的差异导致不同的多孔硅形态形成。

在扩散限制模型的基础上，1991 年 Lehman 等人提出了量子限制模型。该模型认为浸没在 HF 溶液中的硅圆片表面被 H 原子钝化。在外加偏置电压作用下，空穴通过迁移运动到硅圆片表面，电解质溶液中的 F^- 会攻击 Si—H 键并取缔 H 形成 Si—F 键。在连接的 F 原子的极化作用下，另一 F^- 继续攻击 Si—H 键，产生 H_2 分子，同时向电解液中注入一个电子。在 Si—F 键极化作用下，Si—Si 键上的电子密度降低，因此该硅原子及相连的 Si—Si 键容易被 HF 或者 H_2O 攻击断开，最终该硅原子形成 SiF_4 分子。随着腐蚀的进行，硅圆片表面的硅原子被 HF 酸溶解消耗，硅圆片与 HF 溶液的界面向硅圆片内扩展，硅圆片表面形态的变化改变了外电场分布，有利于空穴向硅圆片表面运动，硅圆片上的单晶硅溶解，孔壁的厚度随着腐蚀的进行逐渐减小。对 P 型硅而言，孔壁间不存在空间电荷区，反应不能停止。假定随着孔壁尺寸的减小，载流子的量子限制效应导致孔壁产生空间电荷区，量子限制效应导致有效带隙能量增加，空穴增加势垒 ΔE_V，电子增加势垒 ΔE_V。量子限制效应区域的空穴不能继续到达多孔硅层，在空穴耗尽后，腐蚀只能在孔底纵向生长，形成海绵状多孔硅。

多孔硅的阳极氧化反应机理复杂，下面以常见的 P 型硅为例，用量子限制模型详细解释阳极氧化机理。在阳极电化学反应初期，硅圆片表面的硅原子在 HF 溶液中溶解，硅圆片表面被 H^- 钝化，形成大量 Si—H 键。在偏置电压作用下，穿过硅圆片的空穴 h^+ 与电解液中的 F^- 反应，形成 F 原子。

$$F^- + h^+ \longrightarrow F \tag{3-7}$$

在偏置电压的作用下，硅圆片表面的 Si—H 键被 F 原子转换为 Si—F 键。在 Si—F 键极化的影响下另一个 F^- 被吸引形成 F 原子，与 Si 原子结合形成 Si—F

键，生成 H_2，整个反应过程如图 3-38 所示。整个阳极电化学反应式如下：

$$2F+Si+4HF \longrightarrow H_2SiF_6+H_2 \tag{3-8}$$

在正向电极偏置侧，H_3O^+俘获硅圆片表面的电子，形成 H_2O 和 H_2，相应反应式如下：

$$H_3O^++e^- \longrightarrow H_2O+\frac{1}{2}H_2 \tag{3-9}$$

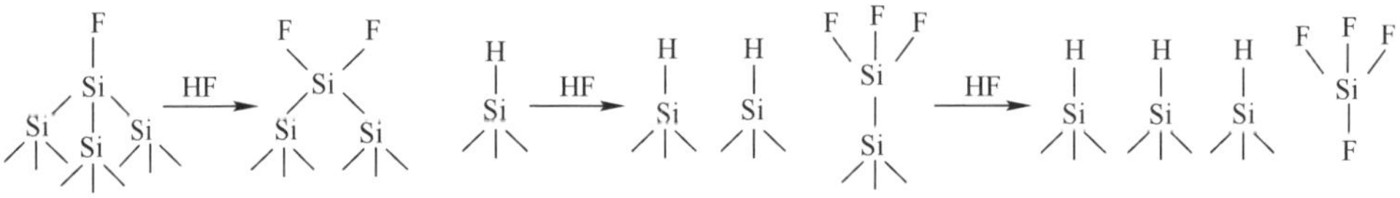

图 3-38　多孔硅化学反应

硅圆片的阴极侧需确保与电解液是良好的欧姆接触，这是保证硅圆片表面能形成均匀的多孔硅层的前提。一般通过在硅圆片表面形成 P^+接触层的方式来形成良好的欧姆接触（如注入 B 离子/退火方式）。

N 型硅一般不能在黑暗环境下形成多孔硅。这是因为 N 型硅几乎不含任何能中和 F^-的空穴，因此无法启动电化学腐蚀过程。N 型硅只有在有光照的环境下产生空穴后才能进行电化学腐蚀。

而 N^+硅可在黑暗环境下通过电化学腐蚀形成多孔硅。原因是 N^+硅阳极表面的能带弯曲轮廓陡峭，以至于对电子隧穿变得透明。吸附的 F^-可以放电，从而通过将其多余的电子注入硅传导带而变得具有化学活性。

3.4.2　多孔硅的特性

1. 多孔硅分类

硅的掺杂浓度及掺杂类型、阳极氧化 HF 溶液浓度，以及阳极氧化时的电流密度、时间决定了多孔硅的孔径大小和孔隙率。按孔径大小可将多孔硅分为大孔硅、中孔硅、纳米孔硅，如表 3-1 所示。图 3-39 表述了在阳极氧化后形成的不同多孔硅类型（不同掺杂类型、不同晶向的硅圆片）。轻掺杂的 P 型硅或者轻掺杂的 N 型硅（在光的作用下）形成纳米孔硅，孔径尺寸小于 2nm，如图 3-39（d）所示。P 型硅或者重掺杂的 N 型硅形成中孔硅，孔径尺寸为 2~50nm，表面光滑，适合后续处理，如图 3-39（c）和图 3-39（f）所示。轻掺杂的 N 型硅形成大孔硅，孔径尺寸大于 50nm，一般形成的大孔硅垂直于硅表面，如图 3-39（a）、图 3-39（b）、图 3-39（e）所示。表 3-2 列出了掺杂类型不同的硅圆片形成的不同孔径的多孔硅。

表 3-1　多孔硅按孔径分类

类型	孔径/nm
纳米孔硅	≤2
中孔硅	2~50
大孔硅	>50

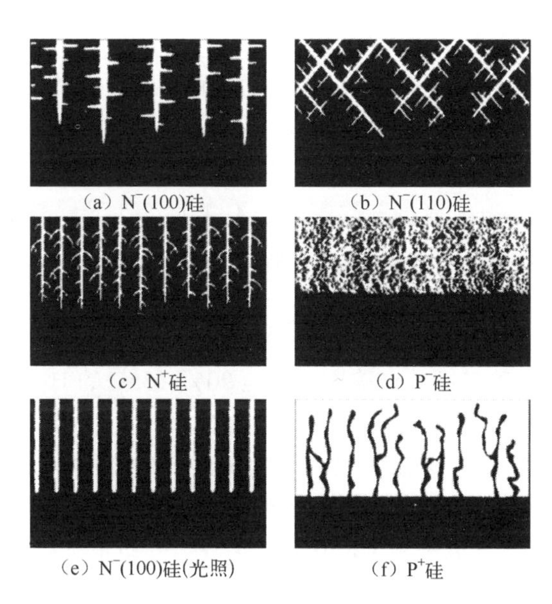

图 3-39　典型多孔硅结构示意图

表 3-2　多孔硅类型与硅圆片掺杂类型

多孔硅类型	硅圆片掺杂类型
纳米孔硅	P
中孔硅	P^+、P^{++}、N^+
大孔硅	N

注：+电阻率 0.1~0.01Ω·cm；++ 电阻率 0.01~0.001Ω·cm。

2. 多孔硅孔隙率

将单晶硅圆片置于 HF 溶液中进行阳极氧化，纵向腐蚀速率是横向腐蚀速率的 10^5倍，硅圆片阳极氧化后形成的多孔硅层存在大量空洞，是一种海绵状结构。多孔硅孔隙率是指多孔硅层中空隙体积与被腐蚀区域的总体积的比值，其定义表示为

$$P=\frac{V_{\mathrm{P}}}{V_{\mathrm{Si}}}=\frac{m_{\mathrm{a}}-m_{\mathrm{b}}}{m_{\mathrm{a}}-m_{\mathrm{c}}} \tag{3-10}$$

式中，V_{P}为多孔硅层空洞区域的体积；V_{Si}为被腐蚀形成多孔硅层硅圆片的总体积；m_{a}为电化学腐蚀前硅圆片的质量；m_{b}为电化学腐蚀后硅圆片的质量；m_{c}为湿法腐蚀去除多孔硅层后硅圆片的质量。用高精度的电子秤分别对阳极氧化前/后的硅圆片及湿法腐蚀去除多孔硅层后的硅圆片称重，通过式（3-10）所示孔隙率定义公式即可计算出多孔硅的孔隙率。

假定硅圆片的密度是ρ，阳极氧化区域的面积是S，则多孔硅层的厚度为

$$d=\frac{V_{\mathrm{P}}}{S}=\frac{m_{\mathrm{a}}-m_{\mathrm{c}}}{\rho S} \tag{3-11}$$

P 型掺杂硅圆片在 HF 腐蚀液浓度固定不变的条件下，多孔硅的孔隙率随着阳极氧化的电流密度的增加而增加；当阳极氧化的电流密度固定时，多孔硅的孔隙率随着 HF 腐蚀液浓度的增加而增加；当 HF 腐蚀液浓度、阳极氧化电流密度固定时，多孔硅的孔隙率随着多孔硅层厚度的增加而增加。图 3-40（a）和图 3-40（b）比较了 P^-硅圆片在浓度分别是 20%、35%的 HF 腐蚀液中，P^+硅圆片在浓度分别是 10%、15%、20% 的 HF 腐蚀液中，孔隙率与电流密度的关系[47]。从图 3-40 中可知，电流密度增加，多孔硅的孔隙率也随之增加；当阳极氧化的电流密度固定时，HF 腐蚀液浓度越高，多孔硅的孔隙率越低。这可以认为是多孔硅层在 HF 腐蚀液中被 HF 溶液化学溶解导致的。当阳极氧化形成的多孔硅层越厚，阳极氧化时间越长，多孔硅层在 HF 腐蚀液中停留的时间越长，被 HF 腐蚀液腐蚀的多孔硅的质量越大。这一现象对轻掺杂硅影响较大；对于重掺杂硅而言，由于其比表面较低，几乎可以忽略不计。

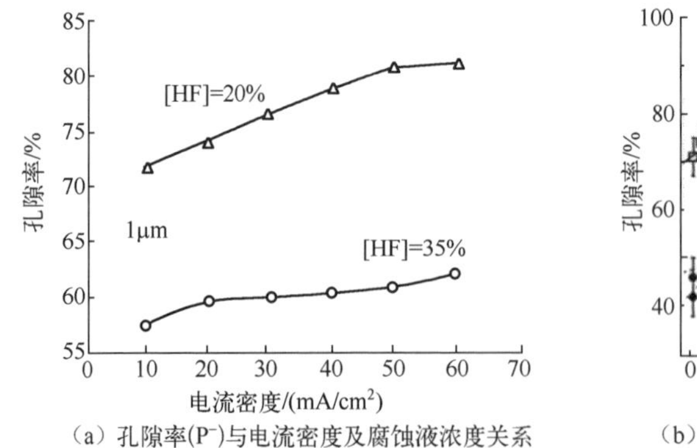

（a）孔隙率(P^-)与电流密度及腐蚀液浓度关系

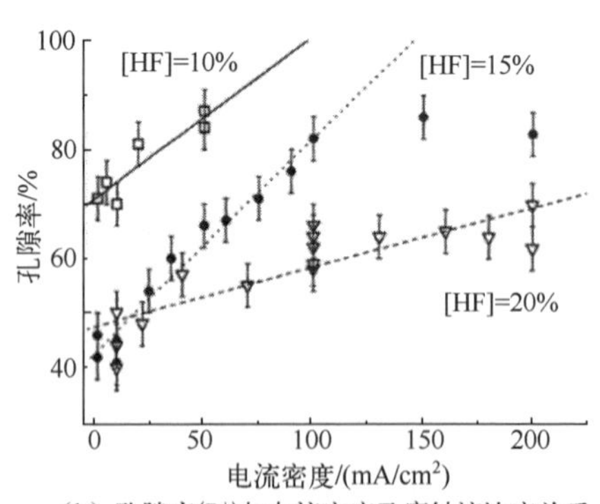

（b）孔隙率(P^+)与电流密度及腐蚀液浓度关系

图 3-40　孔隙率与电流密度及腐蚀液浓度关系

文献［46］描述了 P^+、P^-硅圆片不同孔隙率下的断面形貌，如图 3-41 和图 3-42 所示。

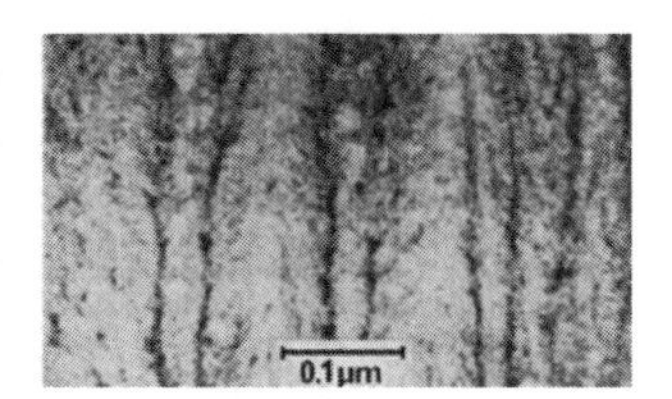

（a）孔隙率69%　　（b）孔隙率49%　　（c）孔隙率21%

图 3-41　P⁺硅圆片电化学腐蚀形成中孔硅的断面形貌[46]

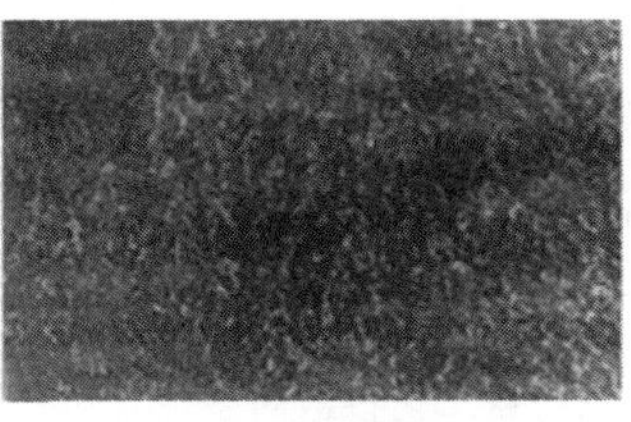

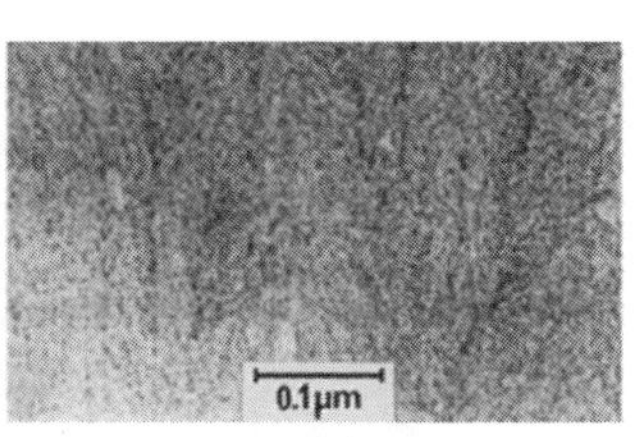

（a）孔隙率64%　　（b）孔隙率48%　　（c）孔隙率36%

图 3-42　P⁻硅圆片电化学腐蚀形成纳米孔硅的断面形貌[46]

重掺杂的 N⁺型硅圆片的孔隙率随电流密度的变化曲线（见图 3-43）与 P 型掺杂硅圆片孔隙率随电流密度的变化曲线存在较大差异。N⁺型硅圆片的孔隙率有一个明显的最小值，在电流密度较低的范围内，随着电流密度的增加，孔隙率急剧降低，直至达到最小值；在达到最小值后，孔隙率与电流密度的关系转变为正相关，其变化曲线类似于 P 型掺杂硅圆片孔隙率随电流密度的变化曲线。在较低电流密度下的高孔隙率现象不能简单地用化学溶解来解释（在给定的厚度下，电流密度越低阳极氧化时间越长），可以用多孔硅层的微观结构差异来解释。重掺杂 N⁺型硅圆片，在低电流密度下得到的多孔硅层具有结构更精细和更易发光的特征，多孔硅的发光现象促进了阳极氧化反应的进行，进而使多孔硅层的孔隙率增加。重掺杂 N⁺硅圆片形成的大孔硅的俯视形貌和断面形貌如图 3-44 所示。

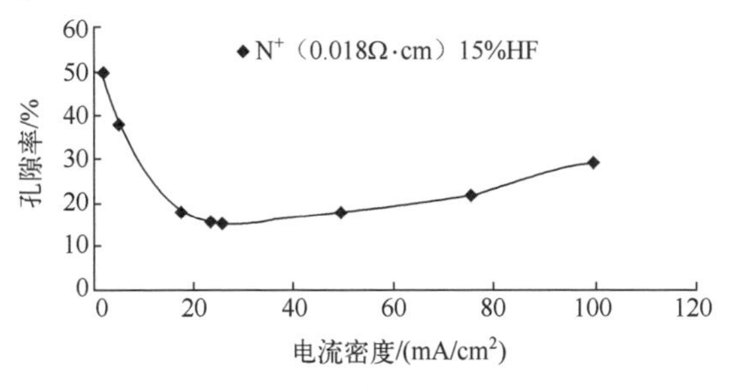

图 3-43　孔隙率与电流密度关系（N⁺型）

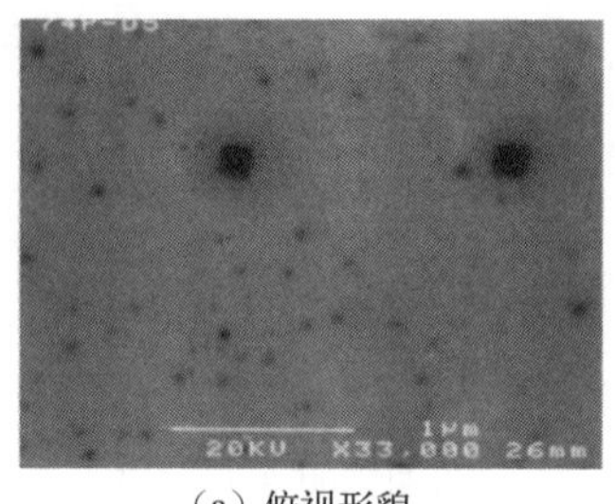

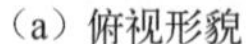

（a）俯视形貌

（b）断面形貌

图 3-44　重掺杂 N^+硅圆片形成的大孔硅的俯视形貌和断面形貌

综上所述，HF 腐蚀液的浓度、温度，阳极氧化的电流密度、腐蚀时间，硅圆片的掺杂类型、浓度等因素对多孔硅的孔隙率大小起关键作用。表 3-3 总结了电化学腐蚀工艺的各工艺参数对多孔硅的孔隙率、腐蚀速率的影响。

表 3-3　电化学腐蚀工艺的各工艺参数对多孔硅的孔隙率、腐蚀速率的影响

增加/提高	孔　隙　率	腐 蚀 速 率
HF 腐蚀液浓度	↘	↘
电流密度	↗	↗
电化学腐蚀时间	↗	-
温度	-	-
掺杂浓度（P 型）	↘	↗
掺杂浓度（N 型）	↗	↗

注：↗表示增加；↘表示减少；-表示不影响。

3.4.3　多孔硅的应用

1. 压力传感器

压力传感器是 MEMS 传感器行业最大的细分市场，在汽车工业、工业控制、能源、消费电子领域和医疗等领域有着广泛应用。典型的汽车工业领域的应用包括发动机控制单元中的歧管绝对压力（Manifold Absolute Presure，MAP）和气压（Barometric Air Pressure，BAP）测量。其他应用是轮胎压力、油箱或气囊监测系统。当前，微机械压力传感器越来越多地被用于消费电子产品，如无人机、可穿戴设备、智能手机、平板电脑等。小尺寸、低成本和高精度的压力传感器在汽车工业、消费电子领域，特别是无人机、智能手机、可穿戴等应用领域受到青睐。

压力传感器的关键结构是空腔薄膜及薄膜上的压阻结构，压阻一般通过离子注入或扩散方式形成。当外部施加压力使空腔薄膜发生变形时，空腔薄膜上制造的压阻的电阻值被改变，构成惠斯通电桥的压阻结构输出电压信号，集成电路读取变化的电压信号，从而感知压力变化。

大多数压阻压力传感器采用在单晶硅薄膜上构造惠斯通电桥的压阻结构，这是因为单晶硅比多晶硅表现出更高的压阻系数。传统压力传感器通常是用KOH各向异性刻蚀技术制造的，需要昂贵的背面腐蚀和晶片键合过程。一种更先进的方法是利用昂贵的SOI圆片通过背面深槽刻蚀的方式制造。

高级多孔硅膜（Advanced Porous Silicon Membrane，APSM）技术于2003年由Robert Bosch公司公开[39]。该技术在单晶硅圆片上分别制造一定厚度的中孔硅层、纳米孔硅层；制造的纳米孔硅层在高温的H_2环境下坍塌，形成空腔；制造的中孔硅层在高温的H_2环境下形成密封薄膜；以SiH_2Cl_2为外延气体反应源在形成密封薄膜结构的中孔硅层表面外延生长单晶硅薄膜，形成空腔薄膜结构。APSM技术除阳极氧化过程外，其他工艺方法与集成电路工艺兼容，是一种高度集成的制造方法。

阳极氧化形成空腔薄膜结构示意图如图3-45所示。硅圆片是（100）P^-硅。首先，在硅圆片的特定区域形成N^+阱和浅的P^+层，如图3-45（a）所示。此外，硅圆片表面的Si_3N_4层在阳极氧化过程中作为保护层，保护除需要形成的空腔薄膜区域发生阳极氧化反应外，其他区域的硅圆片不被阳极氧化腐蚀。具体的阳极氧化过程分为三步：①用低电流密度阳极氧化腐蚀P^+层硅，形成孔隙率约为45%的中孔硅层；②增大阳极氧化电流密度，P^+层硅下方的P^-硅圆片形成孔隙率约为70%的纳米孔硅层，如图3-45（b）所示；③使用HF腐蚀液去除Si_3N_4层；将硅圆片放置在利用化学气相沉积技术得到的腔体中，升高温度至900℃和1100℃；H_2解吸还原多孔硅表面的二氧化硅层。二氧化硅层被移除后，两层多孔硅层开始重新排列：表面中孔硅层的孔隙被密封形成密封薄膜，而纳米孔硅层坍塌形成一个单一的腔，如图3-45（c）所示。然后，在中孔硅层退火形成的密封单晶硅薄膜表面生长单晶硅外延层，同时，H_2在高温过程中通过单晶硅薄膜层使空腔内变成真空环境，如图3-45（d）所示。最后，在形成的单晶硅薄膜结构上利用惠斯通电桥结构的压阻制作压力传感器。

2. SOI材料

SOI器件与体硅器件相比具有高速、低功耗、温度特性好的优点，因此受到人们的青睐，在材料与器件的制备方面得到了快速发展。目前最常用的制备SOI材料的方法有BESOI、SIMOX、SMARTCUT，这些方法各有优缺点。1981年，一种多孔硅全隔离技术（Full Isolation by Porous Oxidized Silicon，FIPOS）方法被提出[36]，该方法先在P型硅圆片上通过离子注入或者扩散等方式构造N型硅区域，在阳极氧化时将P型硅区域部分转化成多孔硅，然后通过低温干氧氧化方式稳定多孔硅层结构层，再通过高压/高温湿法氧化方式将多孔硅层转化为二氧化硅层，形成 SOI 结构层。为了保证硅岛下侧与阳极氧化形成的多孔硅相遇，需要较厚的多孔硅层，在后续高温湿法形成二氧化硅层后，较厚的埋氧层二氧化硅存在较大的压应力，这导致硅圆片翘曲变形大，限制了 FIPOS 技术在制造 SOI 材料方面的应用。

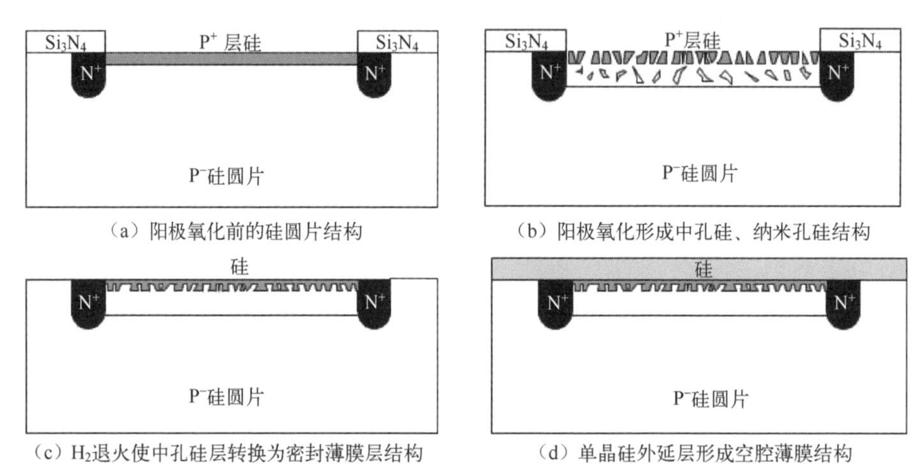

图 3-45　阳极氧化形成空腔薄膜结构示意图

20 世纪 90 年代，CANON 公司提出了多孔硅制备的另一种方法，即多孔硅外延转移技术（Epitaxial Layer TRANsfer，ELTRAN）[48-50]。ELTRAN 技术制造 SOI 材料流程图如图 3-46 所示。第一步，在硅圆片 A 表面阳极氧化形成两层孔径尺寸不同的纳米孔硅层，第一层纳米孔硅层的孔径尺寸为几纳米，第二层纳米孔硅的孔径尺寸是十几到几十纳米；第二步，通过低温（400℃）氧化方式将多孔硅壁氧化 1~3nm，防止在后续高温时多孔硅发生迁移；第三步，将多孔硅层放置在 1000~1100℃的 H_2环境下退火，在多孔硅层上生长一层单晶硅外延层；第四步，在生长有单晶硅外延层的硅圆片表面氧化生成一层二氧化硅层，通过圆片级键合的方式将该硅圆片与另一硅圆片 B 键合并通过热处理方式加强两块硅圆片间的共价结合力；第五步，通过射流技术将硅圆片 A、硅圆片 B 分离，并用 HF/H_2O_2腐蚀液腐蚀去除多孔硅层；第六步，采用 H_2退火方式平坦化单晶硅外延层表面，形成 SOI。

与其他方法相比较，ELTRAN 技术具有以下优点：①不需要高能注入离子，成本低；②可制造大尺寸均匀的 SOI；③可精确控制上层硅圆片的厚度。ELTRAN 技术的缺陷是制得的 SOI 密度低。因此，ELTRAN 是一种有竞争力的制备 SOI 的技术。

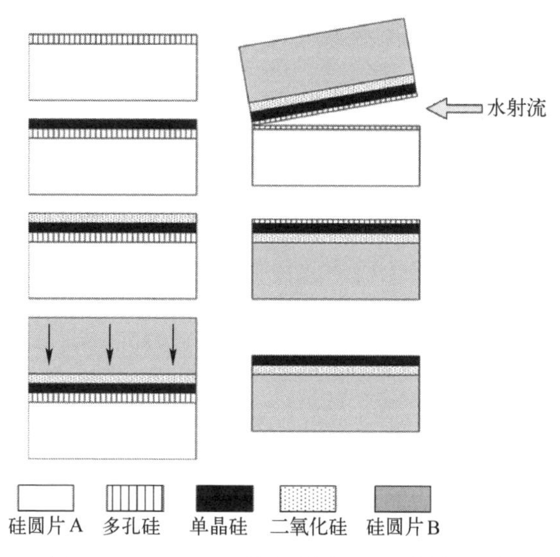

图 3-46　ELTRAN 技术制造 SOI 材料流程图

参 考 文 献

[1] ALBERO J, NIERADKO L, GORECKI C, et al. Fabrication of spherical micro lenses by a combination of isotropic wet etching of silicon and molding techniques [J]. Optics Express, 2009, 17 (8): 6283-92.

[2] KLEIN D L, D'STEFAN D J. Controlled etching of silicon in the HF-HNO_3 system [J]. Journal of the Electrochemical Society, 1962, 109 (1): 37-42.

[3] TURNER D R. On the mechanism of chemically etching germanium and silicon [J]. Journal of the Electrochemical Society, 1960, 107 (10): 810-816.

[4] REISMAN A, BERKENBLIT M, CHAN S A, et al. The controlled etching of silicon in catalyzed ethylenediamine-pyrocatechol-water solutions [J]. Journal of the Electrochemical Society, 1979, 126 (8): 1406-1415.

[5] 安静，孙铁囤，刘志刚，等．硅片在 HF/HNO_3/H_2O 体系中的腐蚀速率 [J]. 太阳能学报，2008，29 (3): 319-323.

[6] ROBBINS H, SCHWARTZ B. Chemical etching of silicon i. the system HF, HNO_3 and H_2O [J]. Journal of the Electrochemical Society, 1959, 106 (6): 505-508.

[7] SCHWARTZ B, ROBBINS H. Chemical etching of silicon III. a temperature study in the acid system [J]. Journal of the Electrochemical Society, 1961, 108 (4): 365-372.

[8] KULKARNI M S, ERK H F. Acid-based etching of silicon wafers: mass-transfer and kinetic effects [J]. Journal of the Electrochemical Society, 2000, 147 (1): 176-188.

[9] KIKUYAMA M. A study of the dissociation state and the SiO_2 etching reaction for HF solutions of extremely low concentration [J]. Journal of The Electrochemical Society, 1994, 141 (2): 366-374.

[10] 郭志球，柳锡运，沈辉，等. 各向同性腐蚀法制备多晶硅绒面 [J]. 材料科学与工程学报，2007，25 (1): 95-98.

[11] HEIDARI A, CHAN M L, YANG H A, et al. Hemispherical wineglass resonators fabricated from the microcrystalline diamond [J]. Journal of Micromechanics and Microengineering, 2013, 23 (12): 125016.

[12] PRICE J B. Anisotropic etching of silicon with KOH-H_2O isopropyl alcohol [J]. SEMICONDUCTOR SILICON, 1973.

[13] KENDALL D L. On etching very narrow grooves in silicon [J]. Applied Physics Letters, 1975, 26 (4): 195-198.

[14] PALIK E D. Ellipsometric study of orientation-dependent etching of silicon in aqueous KOH [J]. Journal of The Electrochemical Society, 1985, 132 (4): 871-884.

[15] SEIDEL H, CSEPREGI L. Three-dimensional structuring of silicon for sensor applications [J]. Sensors and Actuators, 1983, 4: 455-463.

[16] SHIKIDA M, SATO K, TOKORO K, et al. Differences in anisotropic etching properties of KOH and TMAH solutions [J]. Sensors & Actuators A Physical, 2000, 80 (2): 179-188.

[17] LEE D B. Anisotropic etching of silicon [J]. Journal of Applied Physics, 1969, 40 (11): 4569-4574.

[18] PUERS B, SANSEN W. Compensation structures for convex corner micromachining in silicon [J]. Sensors and Actuators A: Physical, 1990, 23 (1-3): 1036-1041.

[19] MAYER G K, OFFEREINS H L, SANDMAIER H, et al. Fabrication of non-underetched convex corners in anisotropic etching of (100)-silicon in aqueous KOH with respect to novel micro mechanic elements [J]. Journal of The Electrochemical Society, 1990, 137 (12): 3947-3951.

[20] BAO M, BURRER CHR, ESTEVE J, et al. Etching front control of <110> strips for corner compensation [J]. Sensors and Actuators A: Physical, 1993, 37-38: 727-732.

[21] LEE S, PARK S, CHO D. The surface/bulk micromachining (SBM) process: a new method for fabricating released MEMS in single crystal silicon [J]. Journal of Microelectromechanical Systems, 1999, 8 (4): 409-416.

[22] PALIK E D. Study of the etch-stop mechanism in silicon [J]. Journal of the Electrochemical Society, 1982, 129 (9): 2051-2059.

[23] FAUST J W. Study of the orientation dependent etching and initial anodization of Si in aqueous KOH [J]. Journal of the Electrochemical Society, 1983, 130 (6): 1413-1420.

[24] RALEY N F, SUGIYAMA Y, DUZER T V. (100) Silicon etch-rate dependence on boron concentration in ethylenediamine-pyrocatechol-water solutions [J]. J. Electrochem. Soc., 1984, 131 (1): 161-171.

[25] SEIDEL H, CSEPREGI L, HEUBERGER A, et al. Anisotropic etching of crystalline silicon in alkaline solutions i. orientation dependence and behavior of passivation layers [J]. Journal of the Electrochemical Society, 1990, 137 (11): 3612-3626.

[26] GREENWOOD J C. Ethylene diamine-catechol-water mixture shows preferential etching of p-n junction [J]. Journal of the Electrochemical Society, 1969, 116 (9): 1325-1326.

[27] BOHG A. Ethylene diamine-pyrocatechol-water mixture shows etching anomaly in boron-doped silicon [J]. Journal of the Electrochemical Society, 1971, 118 (2): 401-402.

[28] 黄庆安．硅微机械加工技术 [M]. 北京：科学出版社，1996.

[29] HIRATA M, SUWAZONO S, TANIGAWA H. Diaphragm thickness control in silicon pressure sensors using an anodic oxidation etch-stop [J]. Journal of the Electrochemical Society, 1987, 134 (8): 2037-2041.

[30] KLOECK B, COLLINS S D. Study of electrochemical etch-stop for high-precision thickness control of silicon membranes [J]. IEEE Transactions on Electron Devices, 1989, 36 (4): 663-669.

[31] 徐义刚，王跃林，曾令海，等．四电极系统 P-N 结自停止腐蚀研究 [J]. 半导体学报，1994，15 (11)：762-767.

[32] LEE K C, SILCOX J, LEE C A. A new self-limiting process for the production of thin submicron semiconductor films [J]. Journal of Applied Physics, 1983, 54: 4035-4037.

[33] 孙道恒，张豪尔，占瞻，等．一种用于制备大厚度 MEMS 结构层的浓硼掺杂方法 [J]. 纳米技术与精密工程，2013，11 (4)：314-319.

[34] UHLIR A. Electrolytic shaping of germanium and silicon [J]. Bell System Technical Journal, 1956, 35 (2): 333-347.

[35] TURNER D R. Electropolishing silicon in hydrofluoric acid solutions [J]. Journal of the Electrochemical Society, 1958, 105 (7): 402.

[36] IMAI K. A new dielectric isolation method using porous silicon [J]. Solid State Electronics, 1981, 24 (2): 159-164.

[37] BONDARENKO V, TROYANOVA G, BALUCANI M, et al. Porous silicon based SOI: history and prospects [M] // Science and Technology of Semiconductor-On-Insulator Structures and Devices Operating in a Harsh Environment. Berlin: Springer Netherlands, 2005.

[38] CANHAM L T. Silicon quantum wire array fabrication by electrochemical and chemical dissolution of wafers [J]. Appl. Phys. Lett, 1990, 57 (10): 1046-1048.

[39] ARMBRUSTER S, SCHAFER F, LAMMEL G, et al. A novel micro machining process for the fabrication of monocrystalline si-membranes using porous silicon [J]. 2003, 1: 246-249.

[40] LU P, OHLCKERS P, MÜLLER L, et al. Nano fabricated silicon nanorod array with titanium nitride coating for on-chip supercapacitors [J]. Electrochemistry Communications, 2016, 70: 51-55.

[41] DRAKE L C. Pore-size distribution in porous materials [J]. Industrial & Engineering Chemistry, 1949, 41 (4): 780-785.

[42] GASPARD F. Charge exchange mechanism responsible for P-type silicon dissolution during porous silicon formation [J]. Journal of the Electrochemical Society, 1989, 136 (10): 3043-3046.

[43] FÖLL H. Properties of silicon-electrolyte junctions and their application to silicon characterization [J]. Applied Physics A, 1991, 53 (1): 8-19.

[44] 王清涛. 多孔硅及其应用研究展望 [J]. 辽宁大学学报 (自然科学版), 2001, 28 (4): 301-304.

[45] PARKHUTIK V. Porous silicon-mechanisms of growth and applications [J]. Solid-State Electronics, 1999, 43 (6): 1121-1141.

[46] BEALE M I J, BENJAMIN J D, UREN M J, et al. An experimental and theoretical study of the formation and microstructure of porous silicon [J]. Journal of Crystal Growth, 1985, 73 (3): 622-636.

[47] BISI O, OSSICINI S, PAVESI L. Porous silicon: a quantum sponge structure for silicon based optoelectronics [J]. Surface Science Reports, 2000, 38 (1-3): 1-126.

[48] YONEHARA T, SAKAGUCHI K, SATO N. Epitaxial layer transfer by bond and etch back of porous Si [J], Appl. Phys. Lett, 1994, 64: 2108-2110.

[49] YONEHARA T, SAKAGUCH K, SATO N. Epitaxial layer transfer, in P. H. L. hemmenthal (ed.) [J]. Silicon-on-Insulator Tech. and Devices, 1999, 99-3: 111-112.

[50] SAKAGUCHI K, YONEHARA T. Technology based on wafer bonding and porous silicon [M] // Wafer Bonding. Berlin: Springer Berlin Heidelberg, 2004.

第4章

三维微机械结构干法刻蚀技术

第3章详细介绍了三维微机械结构湿法腐蚀技术，尽管目前最常用的湿法各向异性腐蚀技术可以在硅圆片上形成多种微机械结构，但它有个致命弱点，就是形成的结构与晶向强相关，而且湿法腐蚀技术很难实现小线宽结构的加工，这大大限制了其应用范围。为了解决这一难题，人们提出了干法刻蚀技术，以制造各种复杂的微机械结构。本章将介绍常用的三维微机械结构干法刻蚀技术。

4.1 深反应离子刻蚀技术

深反应离子刻蚀（Deep Reactive Ion Etching，DRIE）技术起源于20世纪七八十年代，是用于制作具备高深宽比器件结构的关键技术，已广泛应用于三维MEMS微型化、集成电路微细加工工艺、硅通孔（TSV）封装等领域[1-3]。基于电感耦合等离子体的DRIE技术的主要特点为刻蚀速率快、刻蚀选择比高、深槽垂直度高、刻蚀过程自动化程度高，以及易与集成电路工艺兼容等。根据刻蚀过程的不同，DRIE技术可分为两种，即刻蚀/钝化同时进行的低温刻蚀技术[4-5]和刻蚀/钝化交替切换的Bosch工艺[6-9]。本节将对DRIE技术的机理及刻蚀特点进行介绍，目的是使读者能够对DRIE技术中影响刻蚀结果的关键参数有所理解，并为后续探索更先进的干法刻蚀工艺提供参考信息。

4.1.1 等离子体与反应离子刻蚀基础

等离子体是由低压气体（通常<1Torr①）在外界电场（DC、射频、微波等）作用下发生电离而产生的。它是一种部分电离或完全离子化的气体，由电子、原子、气体分子、离子和中性粒子（或称中性基团、游离基）组成[10]。等离子体

① 1Torr=133.322Pa。

被认为是物质的第四种存在状态，宏观上呈电中性，但带电粒子的存在使其具有较高的导电性，易与电磁场耦合。

通常情况下，气体呈电中性，仅有极少数的原子会因宇宙射线的辐射而发生电离。当施加外加电场时，电子被加速，高速运动的电子与离子或气体分子发生碰撞，将能量转移给其他粒子，从而发生一系列微观效应。当转移能量较低时，电子与其他粒子仅发生物理弹性碰撞，碰撞过程中只将电子的部分动能转移给了离子或气体分子，不足以引起其他粒子内能的变化。当电极间施加的电压持续增高时，电子与气体分子发生非弹性碰撞，气体分子获得足够的能量，从而激发或电离，形成正离子和电子。同时，电离产生的正离子在电场的作用下向阴极加速运动，与阴极附近的气体发生碰撞，激发出二次电子，上述过程如图 4-1 所示[11]。这些二次电子和原有的电子在电场的作用下加速获得高能量，并向阳极运动。由于极板间距远大于电子的平均自由程，高能电子会在前进途中与其他气体分子继续发生碰撞，使其电离，从而导致电子和离子的数量雪崩式增加，发生辉光放电。此时，击穿电压 V 高度依赖于气体压力及电极距离，这就是著名的巴申定律[12]：

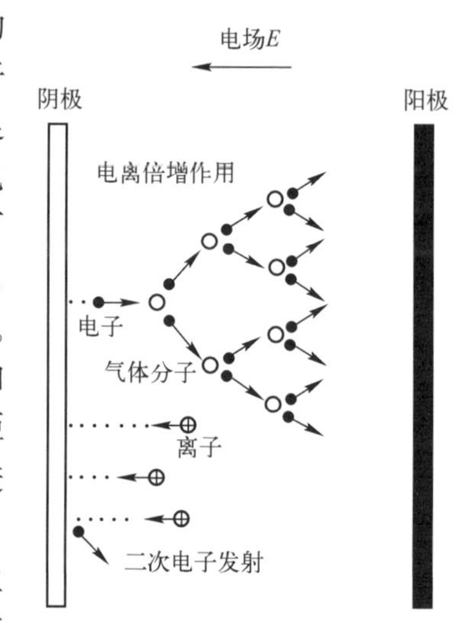

图 4-1　电离过程示意图

$$V=\frac{a\times(Pd)}{\ln(Pd)+b} \tag{4-1}$$

式中，P 为气体的压力；d 为电极间距离；a、b 为常数，与气体的成分有关，在标准大气压下，$a=43.66$，$b=12.8$。

当施加于电极间的偏压类型不同时，等离子体的产生条件及其特征也有所差异。当外加电压为直流源时，等离子体的产生依赖于上述过程中气体碰撞时持续激发出的二次电子，此类由二次电子激发电离产生的等离子体称为直流等离子体。当两个电极之间外加射频源时，等离子体的产生和维持需要电极随时处于非饱和状态，因此需要较高的射频频率。当选用射频频率为 13.56MHz 时，电场周期性变化时间远小于等离子体建立所需要的时间，离子不再因阴阳极板的转换而改变其运动方向。等离子体的产生和维持不再依赖于二次电子，而是利用电子在射频源产生的交变电场中振荡，从而获取能量激发气体电离。因此射频等离子体与 DC 等离子体相比，可通过加载更高的腔体压力，来获得更高密度的等离子体[13]。在射频源作用下，阴极在充电周期中将得到一个持续增加的负偏压 V_{DC}（也称为自偏压）。自偏压的大小主要由施加于电极的射频电压的频率和幅度决定。由于离子的质量比电子约大1000倍，因此在相同偏压作用下，大量的电子向阳极极板迅速移动，等离子体中离子浓度高于电子浓度，等离子体相对于阳极板呈正电位，这个补偿电位可用V_P表示[14]，如图4-2所示。阳极与阴极附近的电压梯度在等离子体和电极界面附近形成强电场，此区域被称为鞘层。鞘层内电子密度及其能量极低，因此此区域几乎不发生辉光现象，从而显现为暗区。鞘层可排斥带负电的电子，吸引带正电的离子，正离子在鞘层的作用下加速获得能量，以特定的方向轰击硅圆片表面，形成物理刻蚀。

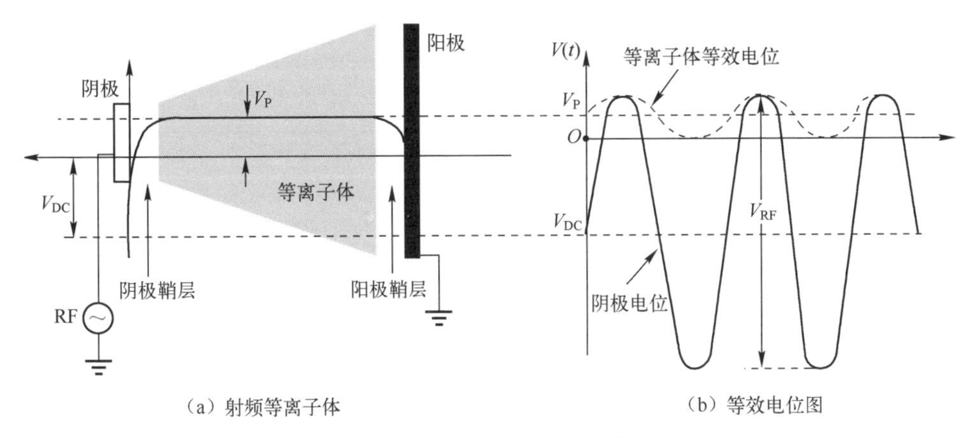

（a）射频等离子体　　（b）等效电位图

图4-2　射频等离子体发生装置及其电势分布

等离子体的辉光区是电的良导体，而鞘层可看作电导率有限的区域，可用电容模型化替代，即$C=\frac{S}{d}$，其中，S是电极面积，d是鞘层厚度。将外加电压分配到鞘层等效的两个串联电容上，可得到：

$$\frac{V_C}{V_A}=\frac{C_A}{C_C}=\left(\frac{S_A}{d_A}\right)\bigg/\left(\frac{S_C}{d_C}\right) \tag{4-2}$$

式中，V_A、V_C分别是阳极和阴极鞘层上的电压降；C_A、C_C分别是阳极和阴极鞘层的等效电容；S_A、S_C分别是阳极和阴极极板面积。电极间电流主要为空间电荷限制电流，阳极与阴极处正离子的空间电荷限制电流相等[14]，推导可得：

$$\frac{V_C}{V_A}=\left(\frac{S_A}{S_C}\right)^4 \tag{4-3}$$

由式（4-3）可知，增加阳极与阴极的电极极板面积比，将导致阴极鞘层电压降增加，可有效增强离子对阴极的轰击能力，同时减少离子对阳极的轰击[13-14]。

尽管电离是等离子体形成过程中非常重要的过程，使等离子体在辉光区表现出良好的导电特性，但实际上等离子体中的电离是非常微弱的，电离率仅为

0.1%~0.01%，因此离子在等离子体中的密度远低于游离基的密度。另外，电子与离子质量的巨大差异使得在相同电场加速后，电子获得的平均动能比离子高得多，其温度通常也可达到离子的 10~100 倍[10,13]。当气压为 1Pa 左右，频率为 2MHz 时辉光放电等离子体中各类粒子的特征及参数如表 4-1 所示。

表 4-1　等离子体中各类粒子的特征与参数[10,13]

种　类	中性粒子	离　子	电　子
质量/g	6.6×10^{-23}	6.6×10^{-23}	9.1×10^{-28}
能量/eV	0.02	0.04	2
运动速度/(m/s)	4.0×10^{2}	5.2×10^{2}	9.5×10^{5}
温度/K	300	500	23000
密度/cm^{-3}	10^{15}~10^{16}（高）	10^{8}~10^{12}（低）	10^{9}~10^{12}（低）
平均自由程/mm	—	0.13	237.5
特征	无方向性； 极强的化学活性	很强的方向性； 不具备对材料的选择性； 正离子可在电场的作用下加速，进而提供物理轰击，增强化学反应； 正离子可在结构层底部积累，产生弱电场	产生离子、中性粒子和更多的自由电子； 形成鞘层和 V_{DC}； 可在掩模表面积累

反应离子刻蚀（RIE）是物理刻蚀与化学刻蚀相结合的过程。物理刻蚀过程由电场加速的离子对硅圆片表面轰击产生。化学刻蚀是指游离基与硅圆片表面发生化学反应，并生成挥发性生成物的过程。由表 4-1 可知，等离子体中离子的数量远少于中性粒子，因此 RIE 过程中化学刻蚀占主导地位。物理刻蚀利用真空下高能离子轰击去除硅圆片表面的反应沉积物，从而增强硅圆片表面活性，可促进化学刻蚀的进一步进行。物理刻蚀过程对待刻蚀材料没有选择性，但具有很强的方向性，其刻蚀方向由离子的方向决定；化学刻蚀主要利用的是游离基，化学性质活泼但呈电中性的游离基在鞘层内不被加速[13]，因此化学刻蚀主要呈现为各向同性，且有较高的选择比。RIE 最终可能表现为各向异性或各向同性，这取决于所使用的工艺方法和等离子体的特性。

RIE 需要在专用的刻蚀设备中完成，将刻蚀设备提供的能量耦合到刻蚀气体从而产生高密度等离子体（Plasma），用等离子体对硅圆片进行物理/化学刻蚀。射频能量与刻蚀腔耦合的方式有：①电容方式；②电感方式；③微波方式。以下简要介绍几类常见的 RIE 系统，其结构示意图如图 4-3 所示，关于等离子体源和刻蚀反应器结构的详细信息可参见文献［1］。

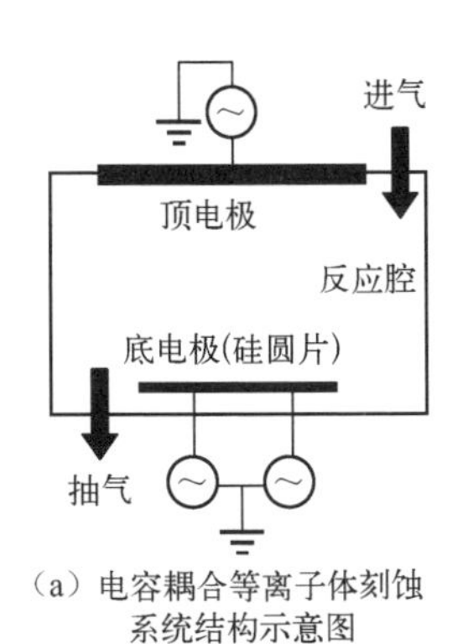

（a）电容耦合等离子体刻蚀系统结构示意图

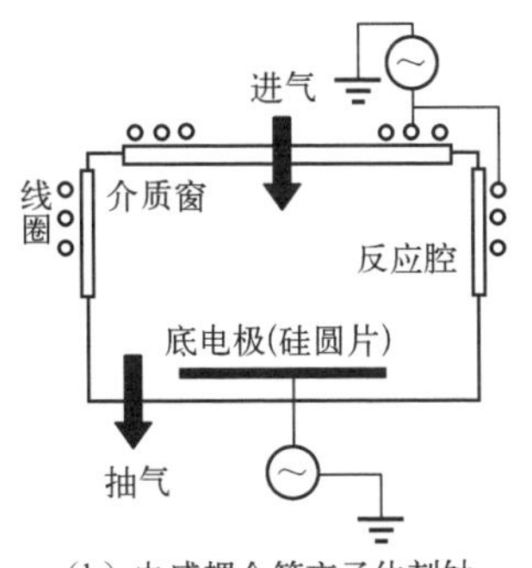

（b）电感耦合等离子体刻蚀系统结构示意图

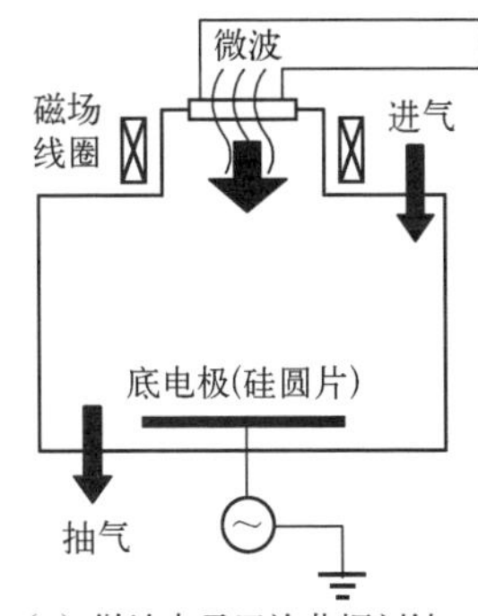

（c）微波电子回旋共振刻蚀系统结构示意图

图 4-3　常见的 RIE 系统结构示意图

电容耦合等离子体刻蚀（Capacitive Coupled Plasma Etching，CCP）系统是 20 世纪 80 年代 RIE 技术应用的最主要系统。射频源加在两电极板上，形成电容，通过电容器将射频功率耦合到底电极，可在低压条件下获得等离子体。早期的平面二极管 CCP 系统使用同一个电极来同时控制等离子体的密度及能量，较难获得高密度、高能量、均匀稳定的等离子体。

电感耦合等离子体刻蚀（Inductive Coupled Plasma Etching，ICP）及变压器耦合等离子体刻蚀（Transformer Coupled Plasma Etching，TCP）是通过向电感线圈内通入射频电流，在反应腔内线圈附近产生一个高频振荡磁场，根据麦克斯韦电磁感应定律，在非谐振感应线圈上引入耦合射频电场，振荡电场将电子加速，使其获得足够的能量与气体分子发生碰撞，产生电离，而获得的高密度、高能量且分布均匀的等离子体。电感线圈与电容器组成了一个复杂的共振 LC 网络，线圈和电容的谐振是由射频功率驱动的。通常情况下，采用高频 13.56MHz 的射频源来驱动 ICP/TCP 系统，但也有使用中频 2MHz 或低频 380kHz 驱动的情况。电感线圈缠绕在反应腔外侧（ICP 系统），或置于反应腔顶部（TCP 系统），线圈的圈数取决于所选用的频率，通常为 3~5 圈。ICP/TCP 系统中均使用不同的电极分别用于形成等离子体及对电离产生的离子加速，其等离子体密度可比 CCP 系统的等离子体密度高 10~20 倍，反应离子的增加使得其刻蚀速率显著增大[15]。ICP/TCP 系统具有结构简单、刻蚀速率高等优点，已成为 DRIE 工艺中应用最广泛的设备。

微波电子回旋共振刻蚀（Electron Cyclotron Resonance Etching，ECR）系统利用电子回旋共振微波放电产生高密度、均匀分布的等离子体，利用阴极板偏压可控制等离子体的轰击强度及方向，可在室温、低压环境下进行各向异性刻蚀。ECR 系统通常使用 2.5GHz 或更高的微波频率，同时需要足够低的工作气压，使反应腔内的电子不易与气体分子相撞。低压大大限制了等离子体中化学性质活泼的中性粒子的密度，因此其刻蚀速率较低，限制了其在生产中的应用。

常见的 RIE 系统对比如表 4-2 所示。

表 4-2　常见的 RIE 系统对比[15]

等离子体源	激励频率	偏置频率	压强范围/Pa	电离程度/m^{-3}	化学活性
CCP	RF	LF	1～100	10^{14}～10^{16}	中等
ICP/TCP	RF	RF/LF	0.01～0.1	10^{18}～10^{20}	高
ECR	μ 波	RF/LF	0.1～100	10^{19}～10^{21}	低

4.1.2　刻蚀指标

RIE 可以通过一些重要的指标参数来进行描述，如刻蚀速率、选择比、刻蚀均匀性、垂直度等，影响这些指标的因素包括腔体压力、气体流量、射频功率、底电极偏压、温度等，本节主要对这些重要指标的定义及常见的刻蚀形貌的产生原因进行简要说明，关于各因素对刻蚀指标的影响分析详见 4.1.3 节及 4.1.4 节。

1. 刻蚀速率

刻蚀速率（Etch Rate）：指单位时间内刻蚀的膜厚，其单位为 Å/min 或 μm/min。对于 RIE 工艺，通常希望刻蚀速率越快越好，如 3～20μm/min，以便提高产品加工效率。

$$ER=\frac{\Delta d}{t} \tag{4-4}$$

式中，Δd 为刻蚀前后的膜层厚度变化；t 为刻蚀时间。

2. 选择比

选择比（Selectivity）：指被蚀刻膜层相对于衬底或掩模材料的刻蚀速率的比值。高选择比可达到较好的刻蚀掩蔽效果，以及较高的图形保真传递效果。在 RIE 工艺中，通常希望选择比可控制在 10:1～100:1[1]。

$$Sel=\frac{ER_a}{ER_b} \tag{4-5}$$

式中，ER_a 为被刻蚀材料的刻蚀速率；ER_b 为掩模或衬底材料的刻蚀速率。

3. 刻蚀速率的均匀性及负载效应

片内或片间的刻蚀速率均匀性可用式（4-6）来计算：

$$NU(\%)=\frac{ER_{max}-ER_{min}}{2\times ER_{avg}}\times 100\% \tag{4-6}$$

式中，ER_{max} 表示最大刻蚀速率；ER_{min} 表示最小刻蚀速率；ER_{avg} 表示平均刻蚀速率。

在 RIE 工艺中，由于中性粒子被大量消耗，刻蚀速率呈现随刻蚀片数增加而逐渐下降的宏观负载效应。相同圆片上，高图形密度区域与低图形密度区域也因反应物的局部耗尽，呈现不同刻蚀速率的微观负载效应。此外，随结构层深宽比的增加或临界尺寸的减小，刻蚀速率逐渐降低，造成在相同的刻蚀工艺条件和刻蚀时间内，宽槽刻蚀深度大于窄槽刻蚀深度的现象，这种现象被称为刻蚀迟滞（RIE-lag）现象或深宽比依赖刻蚀（Aspect Ratio Dependent Etching，ARDE）现象，这是影响刻蚀均匀性的关键因素。典型的刻蚀迟滞现象试验结果如图 4-4 所示。

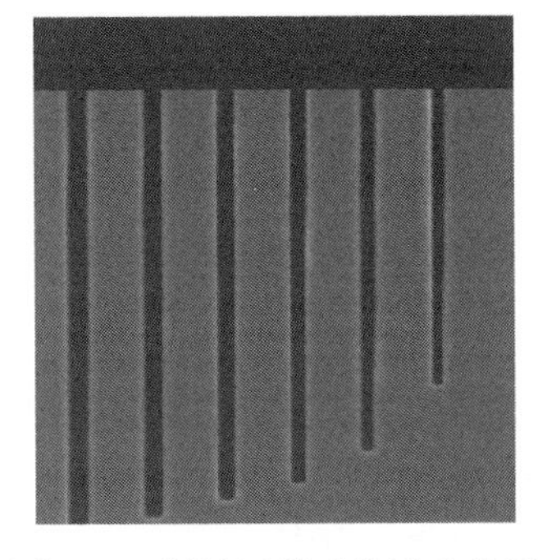

图 4-4　刻蚀迟滞现象试验结果

产生刻蚀迟滞现象的原因较复杂，理论研究表明主要有以下几方面：①克努森输运——刻蚀反应物向刻蚀表面输运及反应生成物逸出刻蚀表面输运时输运困难，此项为主要影响因素；②离子和中性粒子的掩蔽效应——深槽开孔处的孔径效应及离子的入射角散射[1]使得部分离子和中性粒子很难达到结构层底部参与刻蚀过程；③电场在刻蚀表面的分布变化——这使得低能量的离子发生偏转，离子在结构层侧壁消耗。

刻蚀反应物的输运过程可用克努森输运方程[16]来描述。刻蚀速率随深宽比结构的变化可用真空电导模型来说明[1,17]，满足下式[18]：

$$\frac{\mathrm{ER_b}}{\mathrm{ER_t}}=\frac{K}{K+S-KS} \tag{4-7}$$

式中，$\mathrm{ER_b}$为深槽底部的刻蚀速率；$\mathrm{ER_t}$为表面的刻蚀速率；K 为透射系数，主要依赖于结构层的深宽比；S 为反应率。深槽底部刻蚀速率与表面刻蚀速率的比值主要受深宽比影响，且随深宽比的增加而下降，如图 4-5（a）所示[18]。当待刻蚀的结构层深宽比超过临界值时，将出现如图 4-5（b）所示的刻蚀停止现象。

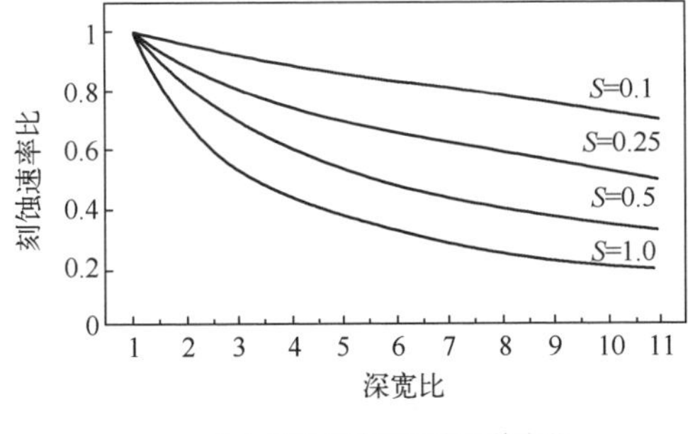

（a）刻蚀速率随深宽比的变化

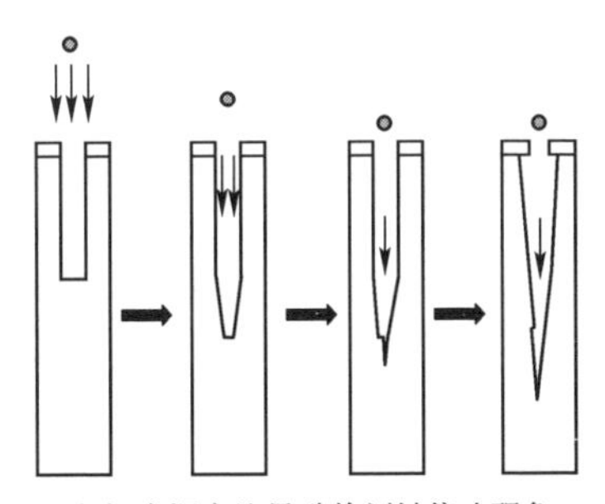

（b）高深宽比导致的刻蚀停止现象

图 4-5　刻蚀速率随深宽比的变化及刻蚀停止现象

4. 垂直度

高深宽比结构层在进行刻蚀角度评价时容易引入量测误差，为尽可能地提高工艺监控的可靠性，引入 CD 差的概念来定义结构层的垂直度[19]。垂直度计算模型如图 4-6（a）所示，计算可得倾角 α：

$$\alpha=\arctan\frac{2(h-c)}{|a-b|} \tag{4-8}$$

高深宽比结构层顶部与底部的 CD 差绝对值越小，表明刻蚀形貌越垂直（Anisotropic）；当槽口宽度大于槽底宽度时，倾槽被定义为锥形（Tapered）；当槽口宽度小于槽底宽度时，通常用倒锥形（Reverse Tapered）表征，如图 4-6（b）所示。

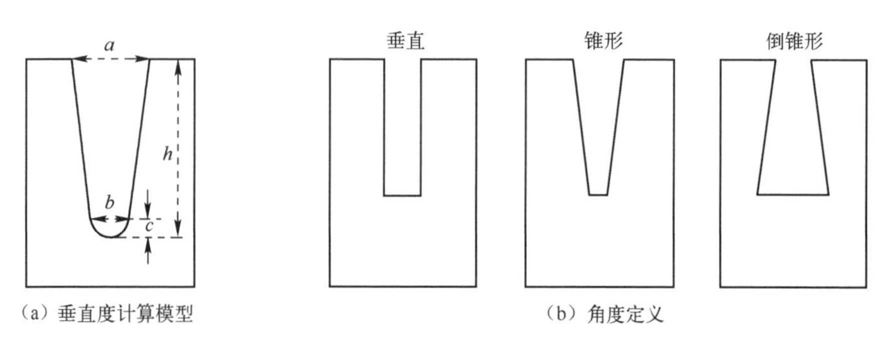

图 4-6　垂直度计算模型及角度定义

5. 常见的刻蚀形貌及其产生机理

弓形（Bowing）：指结构层侧壁弯曲，典型形貌如图 4-7（a）所示，产生机理可用图 4-8 来说明。由于电离产生的正离子在鞘层内被散射，且掩蔽层对离子有散射作用，所以离子运动方向发生改变，轰击结构层侧壁，造成侧壁弯曲。此外，由于聚合物在结构层侧壁顶部的沉积效果良好，所以随着刻蚀深度的增加，侧壁聚合物减少，侧壁保护不足，导致 RIE 过程中的化学刻蚀效果增强，这将加剧弓形形貌的产生。

底脚（Footing）：不对称的底脚是由于 RIE 过程中物理轰击能力减弱，化学刻蚀反应增强而产生的。另外，掩蔽层（光刻胶或氧化层等硬掩模）形貌不佳、侧壁粗糙也可能导致刻蚀过程中形貌被复制，出现底脚形貌，典型形貌如图 4-7（b）所示。

微沟槽（Micro-Trenching）：指结构层侧壁底部由于有较高的刻蚀速率而出现的窄槽[1]，典型形貌如图 4-7（c）所示。此形貌出现的原因主要是在结构层底部刻蚀离子从侧壁反射[20]，以及底部电荷积累产生的电场引起的离子偏转[21]，如图 4-9 所示。在 RIE 过程中，物理刻蚀效果增强，容易在结构层底部边缘出现微沟槽，同时轰击过程也易造成晶格损伤，需要在后续工艺中增加退火等工艺来消除刻蚀损伤。

凹槽（Notching）：表现为导电的结构层与其下层的绝缘材料界面处出现的横向缺口，典型形貌如图 4-7（d）所示，通常出现在过刻蚀时绝缘材料首先露出的地方。该形貌产生的原因是结构层底部电荷积累，绝缘层表面聚集的电荷产生电场，高能离子被电场吸引发生横向偏移[21-22]。

底切（Undercut）：指掩模（包括光刻胶及氧化层等硬掩模）到结构层侧壁的距离，典型形貌如图 4-7（e）所示，是造成线宽损失（CD-Loss）的主要原因。在某些特定的刻蚀条件下，采用氧化层掩蔽进行深槽刻蚀产生的底切会比采用光刻胶掩蔽刻蚀产生的底切更显著，这是氧化层掩模表面电荷积累的作用。在利用 Bosch 工艺进行刻蚀的过程中，前几个循环周期内刻蚀气体 SF_6 的各向同性刻蚀作用使得槽口处容易出现底切，其大小及方向取决于刻蚀/保护气体的通入顺序、压力等工艺参数。

侧壁损伤（Sidewall Breakdown）：表现为深槽侧壁处的缺陷，通常出现在侧壁近表面处，典型形貌如图 4-7（f）所示。在 RIE 过程中，气体比例不佳、硅圆片冷却不足等因素通常会导致侧壁钝化不足，进而出现侧壁损伤。此外，随着刻蚀的进行，掩模被不断消耗，掩模厚度及角度的变化会导致深槽近表面处掩蔽能力不足，深槽侧壁近表面处由于离子的散射形成侧壁损伤。

硅草（Grass）：指结构层底部长草，也称黑硅异常[13]，是 DRIE 工艺中比较常见的现象，其典型形貌如图 4-7（g）所示。硅草的产生机制可分为两种——①掩膜残留在待刻蚀的结构层表面（包括光刻胶底膜和氧化层等硬掩模的刻蚀残留），导致局部区域刻蚀无法进行或使其刻蚀速率降低，形成硅草异常；②刻蚀过程中生成的聚合物再沉积导致该处聚合物未及时抽出，残留的聚合物阻挡了后续刻蚀的进行，进而导致部分区域出现硅草。

倾斜（Tilt）：表现为深槽结构侧壁平行，但与槽底部不垂直，典型形貌如图 4-7（h）所示。倾斜现象主要是刻蚀腔体内等离子体分布及方向性不均匀导致的。随着硅圆片尺寸增大，刻蚀速率发生明显变化，硅圆片边缘易出现倾斜形貌，其倾斜角度可达到 0.5°，严重影响 MEMS 性能。

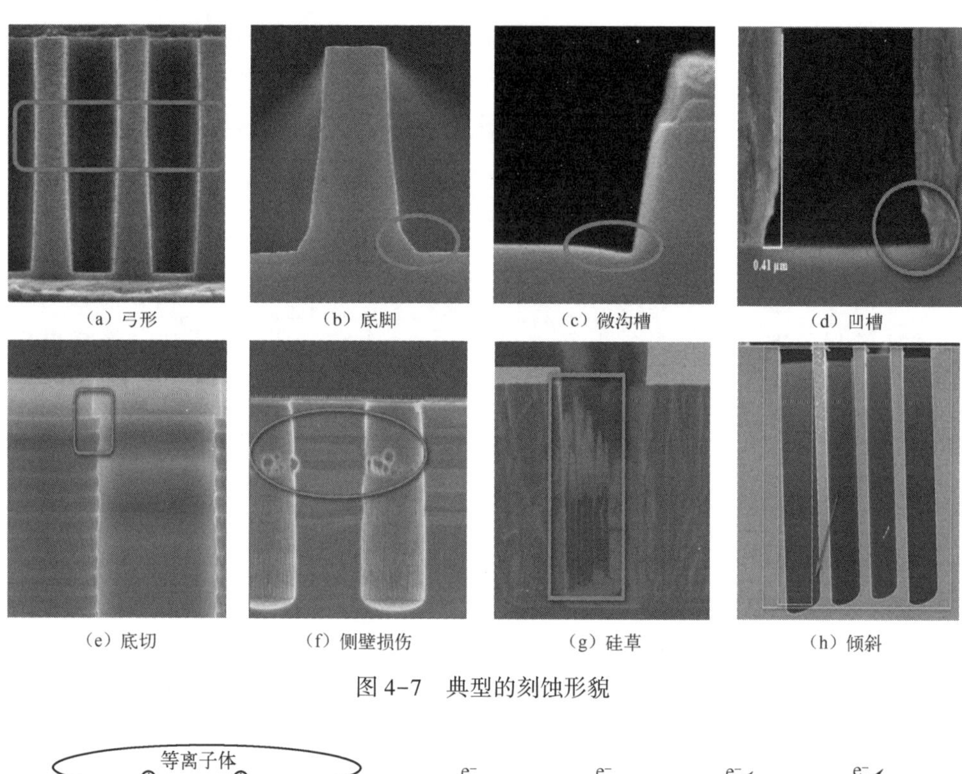

（a）弓形　（b）底脚　（c）微沟槽　（d）凹槽

（e）底切　（f）侧壁损伤　（g）硅草　（h）倾斜

图 4-7　典型的刻蚀形貌

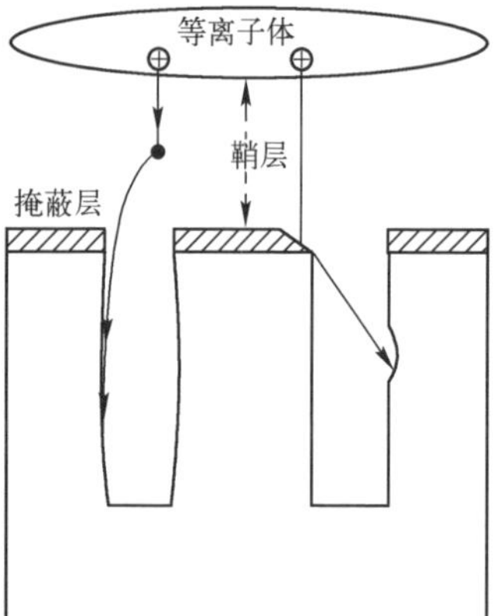

等离子体

鞘层

掩蔽层

图 4-8　弓形形貌的产生机理

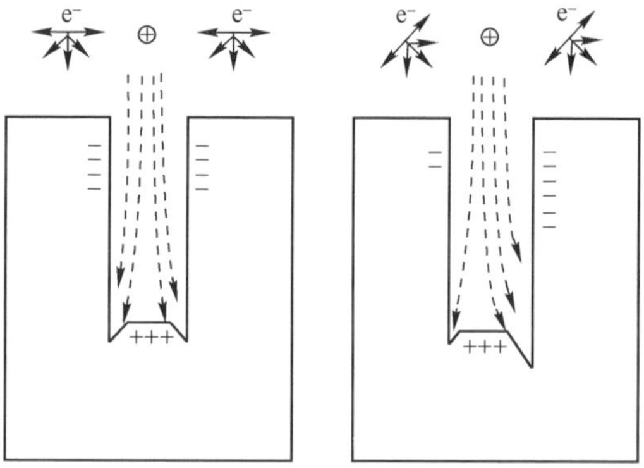

e^-　⊕　e^-

+++

（a）无电场　（b）弱电场

图 4-9　微沟槽效应的产生机理

4.1.3　Bosch 工艺

由 Robert Bosch 公司持有专利的 Bosch 工艺是 MEMS 领域目前应用最广泛、发展最成熟的 DRIE 工艺。Bosch 工艺也称交替复合刻蚀（Time Multiplexed Deep Etching，TMDE）技术，其核心思想是在分时 RIE 时交替加入钝化膜沉积步骤，以防止侧壁横向侵蚀，从而在较大范围内达到垂直侧壁的目的。这种技术可加工深宽比高达 90∶1 的结构，刻蚀速率可达 3～20μm/min[13]，深槽垂直度通常可控制在（90±0.3)°。Bosch 工艺与集成电路工艺具有很高的兼容性，因此其在制造微阀、微流控、高精度惯性传感器等 MEMS 芯片方面有非常大的潜力。实际上，这种利用周期性侧壁保护方案来实现深槽结构的工艺早在 1988 年已有报道[23]，但其真正得到推广应用，得益于 DRIE 设备的推出及普及。

典型的 ICP-Bosch 刻蚀设备结构示意图如图 4-10 所示。射频功率（通常选用 13.56MHz）通过电感线圈耦合到反应气体，使反应气体在高频磁场及感生电场的交互作用下发生辉光放电，产生高密度等离子体[1,17,24]。等离子体的产生及加速由独立的射频源控制，利用射频源相控技术使离子密度及能量可同时达到最优值。此外，由于 Bosch 工艺需要快速交替通入刻蚀/钝化气体，因此此类设备要求具有高效的快速进气切换能力。

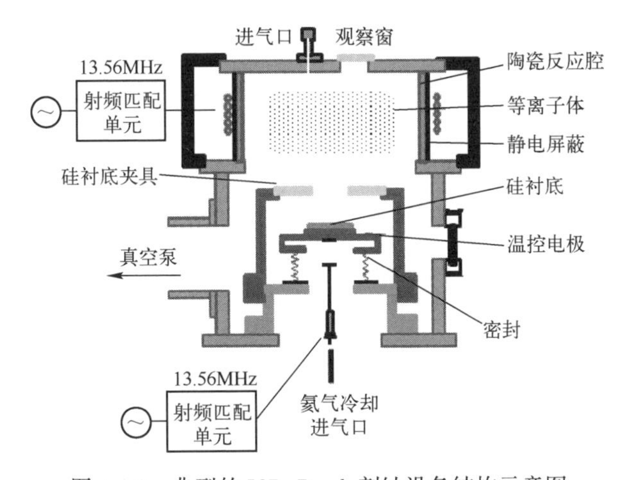

图 4-10　典型的 ICP-Bosch 刻蚀设备结构示意图

1. 刻蚀原理

Bosch 工艺交替进行刻蚀/钝化步骤，通过缩短各向同性刻蚀时间、增加交替循环次数，达到各向异性深槽刻蚀效果。标准 Bosch 工艺原理图如图 4-11 所示[13]。第一步通入 SF_6 刻蚀气体，射频功率耦合到刻蚀气体，使 SF_6 气体电离产生电中性的 F^* 游离基、SF_x^+ 离子等。F^* 游离基与硅衬底发生各向同性刻蚀反应，生成 SiF_4 挥发性反应生成物，反应具体过程如图 4-12 所示[25]。第二步通入 C_4F_8 钝化气体，射频功率使 C_4F_8 气体电离，产生类似聚四氟乙烯的 $(CF_2)_n$ 长链聚合物，沉积在深槽底部、侧壁及掩模层表面，如图 4-11（b）所示，防止裸露的硅被 F^* 游离基刻蚀。第三步继续通入 SF_6 刻蚀气体，等离子体中的 SF_x^+ 离子在底电极偏压的控制下表现出较强的方向性，轰击去除深槽底部聚合物，露出新鲜的硅表面，而深槽侧壁由于$(CF_2)_n$的保护作用未被刻蚀。F^*游离基与深槽底部硅表面重复类似第一步的各向同性刻蚀，形成如图 4-11（c）所示的双层各向同性刻蚀结构的叠加。通过多次刻蚀/钝化循环过程，即可实现高垂直度的深槽结构。

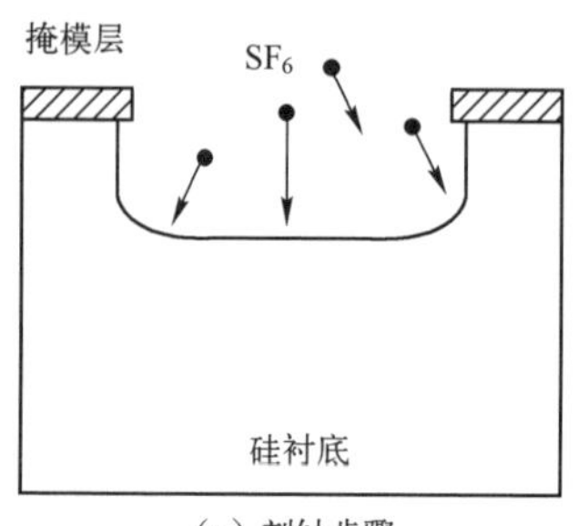

（a）刻蚀步骤

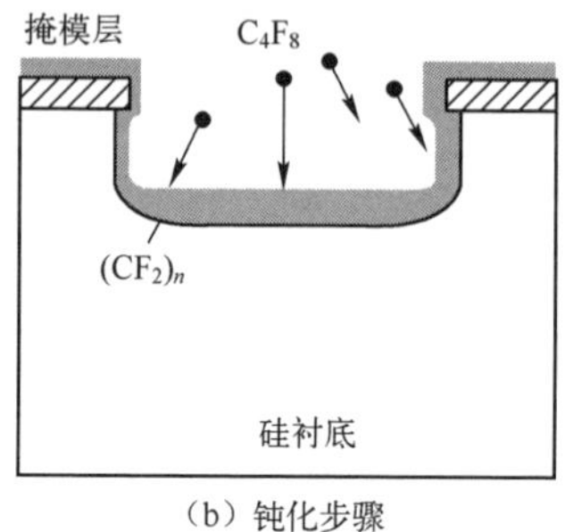

（b）钝化步骤

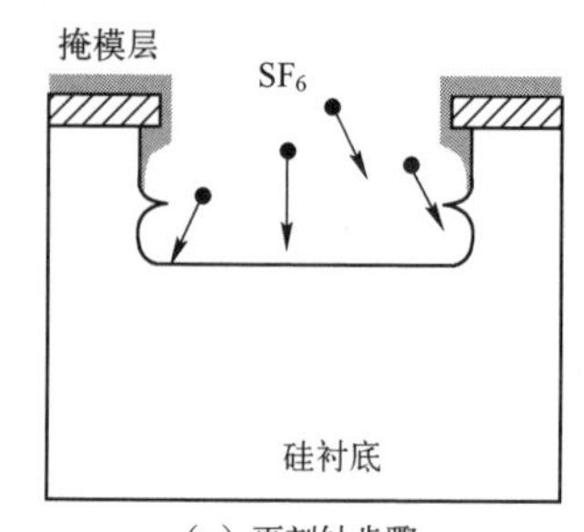

（c）再刻蚀步骤

图 4-11　标准 Bosch 工艺原理图

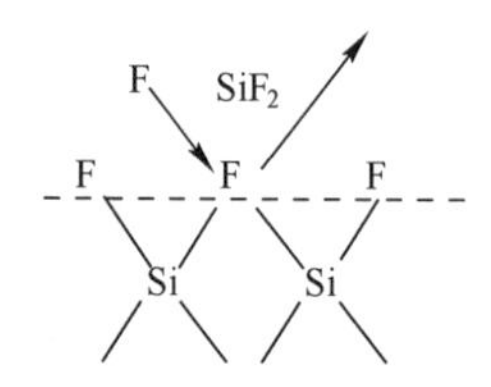

第三个氟原子促使SiF_2解吸附离开硅衬底表面

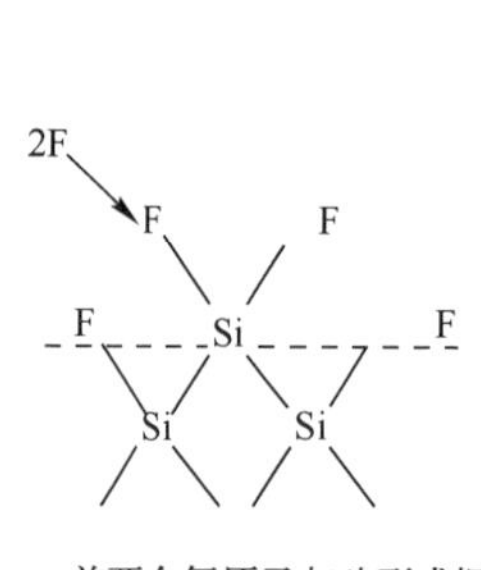

前两个氟原子与硅形成挥发性的SiF_2，但其不能自行解吸附离开硅衬底表面

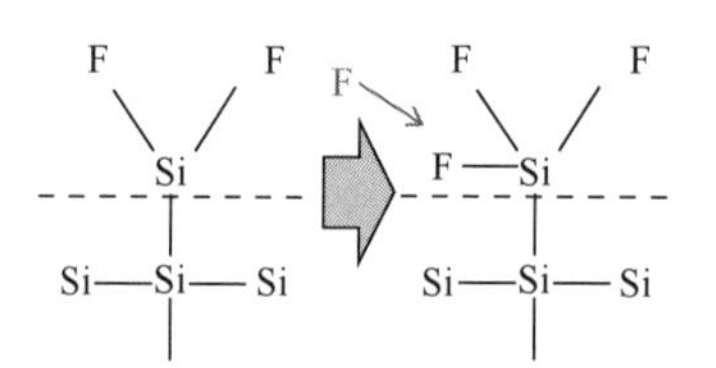

第三个氟原子与SiF_2结合形成SiF_3不挥发性物质

SiF_3与第四个氟原子结合形成挥发性的SiF_4并自行解吸附离开硅衬底表面

图 4-12　F^* 游离基与硅反应机制

第一步刻蚀过程原理：

$$SF_6 \xrightarrow{\text{射频电离}} SF_x^+ + F^* + F^- + SF_6^* \tag{4-9}$$

$$F^* + Si \rightarrow SiF_4 \uparrow$$

第二步钝化过程原理：

$$C_4F_8 \xrightarrow{\text{射频电离}} (CF_2)_n \tag{4-10}$$

第三步刻蚀过程原理：

$$SF_6 \xrightarrow{\text{射频电离}} SF_x^+ + F^* + F^- + SF_6^*$$

$$(CF_2)_n \xrightarrow{\text{正离子轰击}} CF_2 \uparrow \tag{4-11}$$

$$F^* + Si \longrightarrow SiF_4 \uparrow$$

2. 刻蚀特点与挑战

基于 ICP-Bosch 工艺的 DRIE 是刻蚀过程与钝化过程精细平衡的结果，腔体压力、刻蚀/钝化气体的流量、温度、射频功率、偏压等工艺参数都会对 4.1.2 节描述的刻蚀指标及刻蚀形貌产生非常复杂的影响。本节将围绕刻蚀工艺参数及设备方面的限制对刻蚀指标的影响展开讨论。Bosch 工艺参数对刻蚀指标的影响如表 4-3 所示。

表 4-3　Bosch 工艺参数对刻蚀指标的影响

工艺参数	工艺结果							
	刻蚀速率	刻蚀均匀性	刻蚀选择比	扇贝形貌	深槽角度	底切	侧壁损伤	硅草
底电极偏压增加	+	↔	−	+	+	↔	↔	−
腔体压力增加	+	+	+	+	+	+	+	−
电极温度增加	+	↔	−	+	+	+	+	−
刻蚀气体流量增加	+	+	+	+	+	+	+	−
刻蚀时间增加	+	↔	+	+	+	+	+	−
刻蚀射频功率增加	+	↔	+	+	+	↔	+	−
钝化气体流量增加	↔	↔	+	−	↔	−	−	+
钝化时间增加	−	↔	−	−	−	−	−	+
钝化射频功率增加	−	↔	+	−	−	↔	−	+
符号说明：+表示趋势增加；−表示趋势下降；↔表示影响较小，结果基本不变								

Bosch 工艺主要用于加工三维 MEMS 芯片，其刻蚀区宽度在一微米至数百微米，刻蚀深度通常在几微米至几百微米，因此需要有较高的刻蚀速率以便满足实际生产加工的需求。刻蚀速率主要受腔体压力、刻蚀气体（SF_6）流量、射频功率、底电极偏压、单循环内钝化气体（C_4F_8）通入时间，以及待刻蚀图形窗口面积（负载效应）影响。增加射频功率或提高刻蚀气体流量，均可提高腔体内等离子体密度，从而提高刻蚀速率。刻蚀气体浓度及功率对刻蚀速率的影响如图 4-13 所示。腔体压力的变化对刻蚀速率的影响是一个先升高再下降的过程，这是由于在低压力区，压力的增加使得 F^- 离子密度增加，刻蚀速率增加。随着腔体压力增加到一定程度后，F^- 离子的散射增强，离子的能量及中性基团的密度降低，刻蚀速率下降。底电极偏压的增加使得离子的轰击能力及离子的方向性增加，刻蚀速率及刻蚀各向异性增加，但较高的离子轰击能力使得掩模刻蚀速率也被加快，这将导致刻蚀选择比下降。单循环内钝化气体通入时间影响钝化层的生成，槽底部钝化层厚度增大，在接下来的刻蚀循环过程中，F^- 离子被钝化层消耗，整体刻

蚀速率下降。在某些非标准 Bosch 工艺中，会在刻蚀步骤加入适量氧气，以提高 SF_6的电离效率；或在钝化步骤加入适量氧气，以提高底部聚合物的轰击清除效率，从而提升整体刻蚀速率。

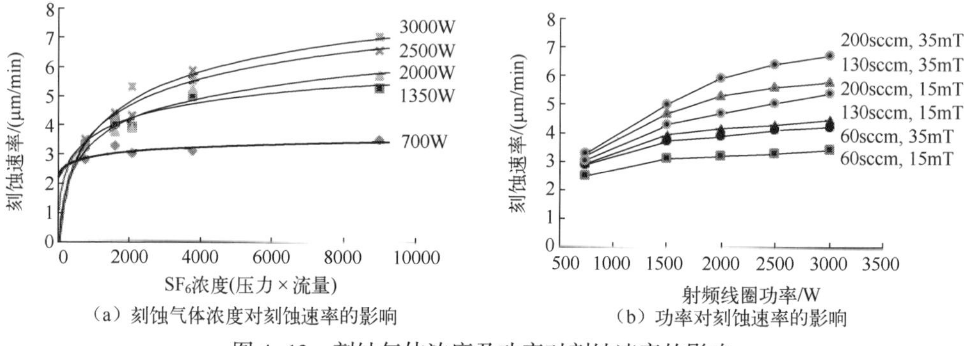

图 4-13　刻蚀气体浓度及功率对刻蚀速率的影响

采用 Bosch 工艺的 DRIE，因待刻蚀区域具有高深宽比的复杂结构，所以也面临着刻蚀迟滞的挑战，且刻蚀与钝化步骤存在不同的刻蚀迟滞效应。在刻蚀步骤，随着结构层深宽比的增大，单位时间内到达结构层底部的 F^* 游离基越少，其 ARDE 效应主要受气态物质的平均自由程影响，即主要依赖于压力。在钝化步骤，宽槽区域沉积的钝化膜$(CF_2)_n$厚于窄槽区域。不同深宽比结构层底部钝化膜厚度存在的差异，可在一定程度上补偿高深宽比导致的刻蚀速率下降问题。通过单独控制刻蚀步骤与钝化步骤的压力，并将钝化步骤的压力提高，甚至高于刻蚀步骤的压力，能够实现在较大深宽比范围内无 ARDE 效应，甚至出现反向 ARDE 效应的情况。然而，通过改变压力来实现 ARDE 的补偿通常是以牺牲宽槽区域的刻蚀速率为代价的，在实际生产应用中应综合考量。有研究表明，通过调整刻蚀/钝化步骤的工艺时间，也可以降低 ARDE 效应，其机理同样是增加宽槽处聚合物的沉积[26]。随着硅衬底温度的降低，沉积在硅衬底表面的钝化膜$(CF_2)_n$更稳定，也可有效降低 Bosch 工艺中整体 ARDE 效应的影响[27]。

如在 4.1.2 节中讨论到的，离子和中性粒子的掩蔽效应及电场在刻蚀表面的分布同样加剧了刻蚀迟滞问题的发生。通过降低腔体压力、提高底电极偏压，可使离子分布角度变窄，降低掩蔽效应对 ARDE 效应的影响。使用脉冲等离子体，可有效避免深槽底部正电荷的积累，从而减小刻蚀表面电场分布对刻蚀迟滞的影响。将 SOI 的氧化层作为刻蚀终止层，也是一种解决 ARDE 效应问题的方法，但该方法易引入凹槽效应。

当刻蚀结构下方存在氧化层时，SF_6电离出的正离子 SF_x^+会在氧化层界面处积累，且由于频率无法响应等原因无法完全释放，这使得过刻蚀（Over Etch）阶段 SF_x^+离子的运动轨迹发生改变[28,29]，从而导致横向刻蚀，即凹槽效应，如图 4-14

所示。对于 MEMS 芯片来说，结构层底部的横向凹槽将导致 MEMS 芯片机械性能下降或功能失效，因此降低凹槽效应是先进的 Bosch 工艺的主要挑战方向。

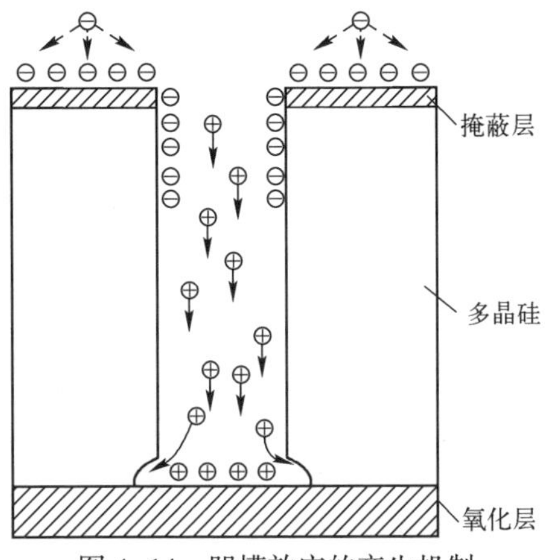

图 4-14　凹槽效应的产生机制

降低凹槽效应的核心思想在于抑制氧化层界面电荷的积累。有研究表明，采用铝等金属层作为刻蚀终止层，即使用 SOM（Silicon on Metal）结构可降低凹槽效应。厚度 1μm 左右的铝层可抑制横向刻蚀的发生，这是利用了铝的导电特性，避免了界面电荷的积累[13]。但由于铝层的引入容易造成杂质沉积，影响刻蚀，且 SOM 结构无法承受器件加工过程中后续可能需要的高温，因此限制了 SOM 结构在实际生产中的应用。提高腔体压力，可在一定程度上缓解横向刻蚀，这是由于较大的压力使得腔体内离子碰撞频率增加，离子的能量和方向性降低，所以减弱了凹槽效应。通过刻蚀过程中工艺参数的匹配，在降低刻蚀迟滞效应的基础上，减少过刻蚀时间，对降低凹槽效应有一定帮助，但其效果通常比较微弱。降低凹槽效应最有效的方法是刻蚀设备的设计优化，如使用低频射频或采用泛林半导体（Lam Research）获得专利的双频技术[20]。

DRIE 时，等离子体的振动频率如下[30]：

$$\omega = \sqrt{\frac{n_{\text{ion}} z^2 e^2}{\varepsilon_0 m_{\text{ion}}}} \tag{4-12}$$

式中，n_{ion}表示离子浓度；m_{ion}表示离子质量；z 表示离子电荷数；e 表示元电荷；ε_0 表示真空介电常数。根据式（4-12）计算得到 SF_6等离子体不同离子频率，如表 4-4 所示。

表 4-4　SF_6等离子体不同离子频率[30]

离子种类	SF^+	SF_2^+	SF_3^+	SF_4^+	SF_5^+	SF_6^+
离子频率/MHz	9.31	7.84	7.05	6.40	5.90	5.50

当外加低频电场时，离子响应速度较快，氧化层界面处无法形成正电势或电势较弱，因此过刻蚀阶段在深槽底部的离子很难发生偏转，从而大大降低凹槽效应的发生。图 4-15 给出了分别使用高频/低频设备进行高深宽比刻蚀的试验结果，当过刻蚀量 OE=20%时，使用高频设备刻蚀的凹槽达到 0.41μm，而使用低频设备几乎观察不到凹槽现象。采用高频偏置电源耦合低频脉冲发射的方式[6,24]，通过控制一定占空比的低频脉冲信号的输入，改变等离子体中高能量离子与低能量离子的能量状态，达到消除凹槽的目的。其中，低频脉冲的切换时间通常为几毫秒到几十毫秒，而其频率一般远低于 380kHz[30]。

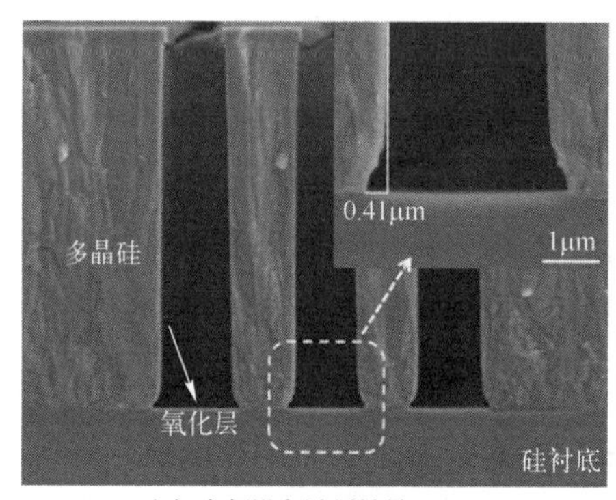

（a）高频设备过刻蚀量20%　　（b）低频设备过刻蚀量20%

图 4-15　CD=2.0μm 的槽在高频/低频设备刻蚀后断面形貌对比

有研究表明，采用分步刻蚀方法也可有效抑制凹槽效应。刻蚀过程中首先使用标准 Bosch 工艺尽可能加深槽深，但需注意不要完全刻穿。接下来采用非标准 Bosch 工艺刻蚀，在通入 SF_6刻蚀气体的同时通入保护气体 C_4F_8，以降低侧壁横向刻蚀[31]。

在 ICP-Bosch 工艺中，因刻蚀/钝化步骤交替进行，因此深槽侧壁不可避免地会存在侧壁起伏，也称扇贝（Scallop）形貌，其尺寸通常在几十纳米至几百纳米，如图 4-16（a）所示。对于 MEMS 惯性传感器来说，深槽侧壁的扇贝可在一定程度上防止悬臂梁发生黏附，但过大的扇贝可能引起结构层 CD（Critical Dimension，关键尺寸）的变化，影响参数性能。扇贝的形貌及大小与工艺周期的时序、刻蚀速率及切换过程密切相关。扇贝形貌大小与刻蚀速率成正比。由于刻蚀负载效应的影响，随着深宽比的增加，刻蚀速率逐渐降低，侧壁扇贝也呈现出随沟槽深度的增加逐渐变小的现象，如图 4-16（b）所示。根据刻蚀机理，降低 SF_6的单次循环刻蚀时间、SF_6气体流量及加载的射频功率等[32]，可获得较小的扇贝，但同时会导致刻蚀速率降低。刻蚀工艺步骤中通入微量的氩气[33]，可提高等离子体密度，这样能够在减少每个单循环刻蚀时间的情况下，在保证刻蚀速率不变的同时，获得较小的扇贝。刻蚀/钝化步骤间的快速切换，有利于减小侧壁扇贝，需要设备硬件方面支持更快的气体切换技术[34]，如目前 SPTS Rapier XT 系列刻蚀机可实现气体切换时间小于 1s 的高要求。

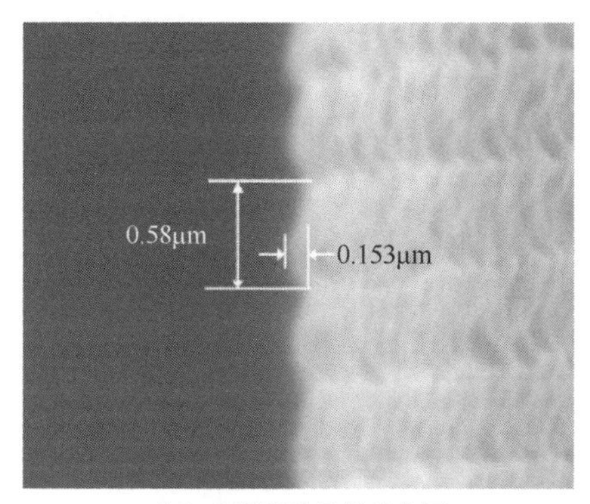

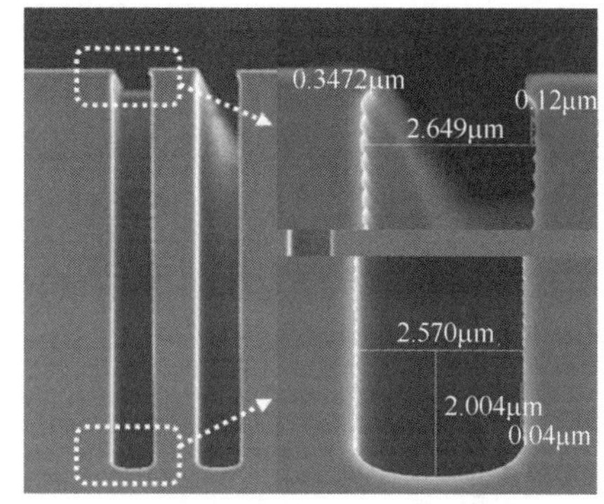

（a）扇贝形貌局部放大图　　（b）高深宽比结构中扇贝形貌变化

图 4-16　典型的扇贝形貌

采用 ICP-Bosch 工艺刻蚀的深槽，通常具有较高的垂直度（88°~95°），其垂直度主要受 SF_6/C_4F_8 流量、压力、偏压等工艺参数影响。降低刻蚀循环时间、提高钝化循环时间，可获得倒锥形形貌；提高刻蚀钝化循环时间、降低钝化循环时间，可获得锥形形貌[35]。当某一深宽比结构的深槽获得较理想的垂直度时，尺寸更大的宽槽区域更易表现出锥形形貌，相反，尺寸更小的窄槽区域更易表现出倒锥形形貌。通过降低腔体压力，可获得垂直度较高的深槽形貌。这是由于低压环境下，离子碰撞概率降低，平均自由程增长，物理刻蚀速率上升，而化学刻蚀速率随离子密度的降低而下降，低压使得物理刻蚀效果更显著，但同时带来选择比的下降。有研究表明，深槽结构的垂直度会随刻蚀深度而变化，其补偿方式为在刻蚀过程中施加一个缓慢增加的偏置电压，如刻蚀深度小于 20μm 时采用 -70V 偏压，刻蚀深度为 20~30μm 时采用-80V 偏压等[36]。

除上述讨论的垂直度外，硅衬底边缘位置深槽结构侧壁出现的同向倾斜形貌也是先进的 Bosch 工艺面临的挑战。倾斜形貌影响 MEMS 惯性传感器的谐振频率，横截面的不对称及倾斜还将引起陀螺仪产品的正交误差失效[25]。有文献表明，降低工艺压力可使鞘层加厚，改善倾斜形貌。一些先进的刻蚀设备中通过增加聚焦环设计[20]来改变硅衬底边缘等离子体的均匀性，及硅衬底边缘离子入射角度。此外，TCCT 双线圈设计提高了硅衬底中心到边缘等离子体的控制能力，有利于改善倾斜形貌。等离子体分布对离子入射角度的影响如图 4-17 所示。

硅草异常也是 Bosch 工艺过程中普遍存在的现象。刻蚀过程中 $(CF_2)_n$ 聚合物未及时清除或腔体内聚合物氛围过浓，都将导致腔体内聚合物出现再沉积，从而产生硅草异常。增加底电极偏压有利于去除槽底聚合物，改善硅草异常。但较高的底电极偏压使得离子对深槽侧壁的轰击能力增强，容易形成 4.1.2 节中讨论的弓形形貌。通过增加刻蚀步骤的单循环时间可消除深槽底部的硅草异常，但此方法将导致侧壁扇贝形貌变化。其他工艺参数，如温度、压力、溅射功率的调整均对硅草异常有一定改善，但同时可能引入其他负面影响，需要在工艺调试过程中精细匹配。此外，结构层深宽比及特征尺寸对硅草的形成也有一定影响。有研究表明，宽槽区域更易出现硅草异常。

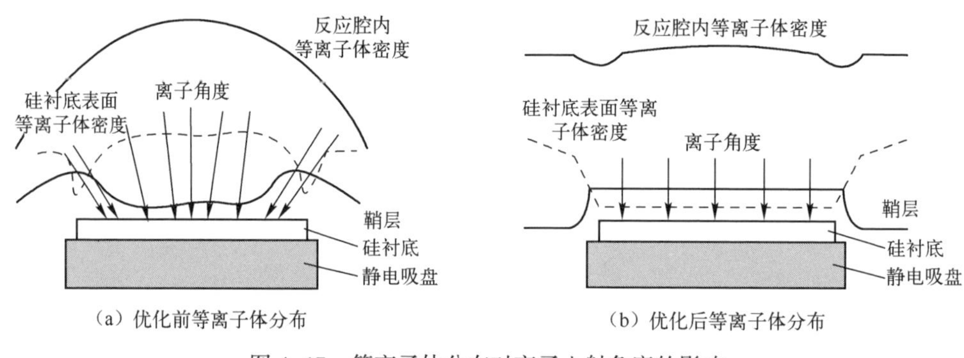

图 4-17　等离子体分布对离子入射角度的影响

4.1.4　低温刻蚀技术

低温刻蚀技术是一种改良的基于表面氧化的侧壁钝化刻蚀技术，于 1988 年由日立公司报道[23]。与 Bosch 工艺不同，低温刻蚀技术是在-100℃（173K）左右低温条件下[1]，通过同时通入刻蚀气体和钝化气体实现各向异性深槽结构的。由于采用此工艺加工的深槽具有光滑的侧壁，故其在一些特殊 MEMS 领域（如微光学器件、硅柱、先进封装等方面）拥有不可替代的作用。

低温刻蚀技术采用低温钝化的方法来提高深槽的垂直度，刻蚀工艺对温度均匀性敏感度较高，需要优化静电吸盘（ESC）的设计，通过将氦气多点喷射到硅衬底背面[37]，来实现良好的温度控制。低温刻蚀过程中，固定硅衬底的夹具与硅衬底之间通常存在温度差，典型值会高于 10℃，由于硅在低温下导热性能较差，因此需要使用高效的夹片装置来提高热传导效率。在低温刻蚀技术中，刻蚀过程对于氧气的流量较敏感，因此需要使用可精确控制进气量的低流量控制器（MFC），且刻蚀腔体及相关备件等需要使用陶瓷材料或铝材料制造，以免在刻蚀过程中微量的氧含量变化导致刻蚀形貌异常。

1. 刻蚀原理

硅的干法刻蚀一般利用卤族气体作为刻蚀气体，刻蚀气体与硅反应形成气态化合物达到刻蚀硅的目的。由于氯基和溴基气体与硅自发反应速率缓慢，一般来说刻蚀速率仅为300~500nm/min，因此在DRIE工艺中很少被使用。氟基气体由于反应产物SiF_4挥发性强，可获得较高的刻蚀速率，目前已成为DRIE工艺的主要刻蚀气体。

与Bosch工艺相同，低温刻蚀技术同样使用SF_6气体作为刻蚀反应气体，SF_6经电离生成电中性的F^*游离基、SF_x^+离子、电子等。由于F^*游离基与硅的反应为各向同性刻蚀，因此需要在刻蚀气体通入的同时通入保护气体O_2，进而在深槽侧壁及底部生成一层SiO_xF_y钝化层。典型的SiO_xF_y钝化层厚度为10~20nm[38]。在低温刻蚀过程中，SF_x^+离子在底电极偏压的作用下获得能量，轰击硅衬底表面及深槽底部，深槽底部的SiO_xF_y钝化层因受到高能离子轰击被去除，而侧壁的SiO_xF_y钝化层由于SF_x^+离子的方向性而刻蚀缓慢。同时，低温使得F^*游离基的化学活性及刻蚀反应生成物SF_4的挥发性降低，增加了对深槽侧壁的保护能力，因此刻蚀过程中侧壁几乎不发生横向刻蚀，从而实现了各向异性深槽结构。低温刻蚀原理图如图4-18所示。

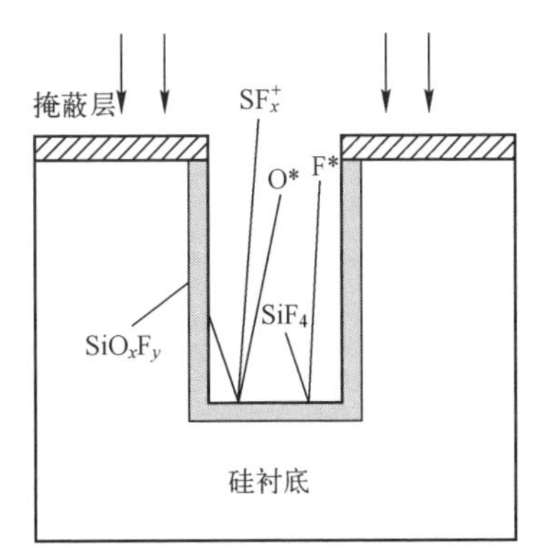

图4-18　低温刻蚀原理图

低温刻蚀技术中涉及的电离反应原理如下[13]：

$$SF_6 \xrightarrow{\text{射频电离}} SF_x^+ + F^* + F^- + SF_6^* \tag{4-13}$$

$$O_2 \xrightarrow{\text{射频电离}} O^+ + O^* + O^-$$

钝化层的形成过程反应原理如下：

$$Si + O^* \longrightarrow SiO_n \tag{4-14}$$

$$SiO_n + F^* \longrightarrow SiO_n—F$$

$$SiO_n—F \longrightarrow SiO_xF_y + SiF_x$$

刻蚀过程原理如下：

$$F^* + Si \longrightarrow SiF_4\uparrow \tag{4-15}$$

2. 刻蚀特点与挑战

由于低温刻蚀技术中的刻蚀/钝化是同步进行的，不存在气体切换过程，因此可得到侧壁光滑的深槽形貌。其工艺过程通常在较低的压力下进行，典型的工艺压力约为10mTorr。低压使得反应离子的平均自由程更高，有利于提高深槽垂直度[13]。低温刻蚀工艺使用O_2作为保护气体，刻蚀过程中形成的SiO_xF_y钝化膜与Bosch工艺中类似聚四氟乙烯的$(CF_2)_n$钝化膜相比更为稳定，因此需要更高的离子轰击能量去除深槽底部表面的钝化膜。

在低温刻蚀工艺中，温度的降低使得 F^* 游离基的化学活性降低，当刻蚀温度降低到-100℃以下时，硅刻蚀速率随温度降低而升高，而掩模（光刻胶或氧化层等）的刻蚀速率迅速降低[39]，从而可获得较高的刻蚀选择比。有文献报道，刻蚀硅与氧化层掩模的选择比可达到 750∶1[38]，对胶的选择比可达到 100∶1。也有文献报道使用铝层金属作 DRIE 掩蔽层，可获得更高的刻蚀选择比，但铝掩模易导致硅草异常[40]，这在一定程度上限制了它的推广应用。需要注意的是，当使用光刻胶进行刻蚀掩蔽时，由于光刻胶材料与硅衬底材料的热膨胀系数（CTE）较大，以及液氮低温冷却导致的硅衬底形变的影响，刻蚀掩蔽光刻胶容易出现开裂问题，需要增加光刻胶（主要指正胶）的高温烘烤工艺，以提高交联程度。

在低温刻蚀工艺中，由于刻蚀与钝化同时进行，SiO_xF_y 钝化膜的形成、结构层底部 SiO_xF_y 膜的刻蚀及 F^* 游离基对硅的刻蚀的平衡，是实现各向异性深硅结构的关键。任何工艺参数的细微变化都可能导致刻蚀速率、刻蚀形貌的改变，甚至出现刻蚀终止。根据上述低温刻蚀原理，影响刻蚀指标的主要工艺参数包括：电极温度、射频功率、底电极偏压、SF_6 与 O_2 流量、腔体压力等，其对刻蚀指标的影响如表 4-5 所示。

表 4-5　低温刻蚀工艺参数对刻蚀指标的影响

工艺参数	工艺结果							
	刻蚀速率	刻蚀均匀性	刻蚀选择比	刻蚀迟滞	深槽垂直度	凹槽	侧壁损伤	硅草
底电极偏压增加	+	-	-	-	+	+	+	-
腔体压力增加	+	+	+	+	-	+	+	-
电极温度增加	+	+	+	+	+	+	+	-
射频功率增加	+	+	+	+	↔	-	-	+
SF_6 气体流量增加	+	↔	-	+	+	+	+	-
O_2 气体流量增加	-	↔	+	-	-	-	-	+
符号说明：+表示趋势增加；-表示趋势下降；↔表示影响较小，结果基本不变								

SF_6/O_2 气体流量是影响刻蚀速率的关键因素，较高的 F/O 比增加了反应气体中刻蚀气体的含量，使得刻蚀速率得到提升，但可能导致刻蚀选择比降低。较高的底电极偏压可增强离子轰击能力，提高刻蚀速率，但这是以损失选择比为代价的。射频功率的高低会影响电离程度，即等离子体密度和射频功率越大，刻蚀速率越快。

低温刻蚀技术成功地平衡了深槽底部与侧壁的刻蚀速率，形成了所需的深槽角度。深槽垂直度主要受电极温度、反应气体中的 F/O 比、腔体压力的影响。

O_2 气体流量减小将导致侧壁钝化效果减弱，增强各向同性刻蚀效果，形成倒锥形形貌。相反地，过大的 O_2 气体流量使得沟槽底部产生非常厚的钝化层，导致深槽底部缩窄，刻蚀速率下降，甚至可能出现刻蚀停止。降低电极温度可使钝化膜更稳定，侧壁保护能力更强，从而提高深槽垂直度。降低腔体压力可提高深槽垂直度。

低温刻蚀过程中同样存在刻蚀迟滞问题，其影响机制与 Bosch 工艺相同，主要受克努森输运、离子和中性粒子的掩蔽效应及电场在刻蚀表面的分布变化影响。通过提高温度、增加腔体压力或降低底电极偏压等工艺参数，可降低 ARDE 效应的影响，但很难彻底消除，这成为 DRIE 工艺中需要长期关注并解决的问题。有研究表明，在 SF_6/O_2 刻蚀气体中加入一定量的 HBr 气体，可在较低的工艺温度下，提高刻蚀速率，同时改善 ARDE 效应[40]。低温刻蚀工艺可用于加工深宽比高达 30:1 的深槽结构，深宽比超过该值的结构的刻蚀较难通过低温刻蚀工艺实现[13]。此外，射频功率的增加可能导致刻蚀停止，这是由于功率的增加加速了硅表面的氧化，这种影响可通过提高 F/O 比或增加底电极偏压来改善[41]。

低温刻蚀过程中，深槽顶部极易出现碗状异常，如图 4-19（a）所示，这也是低温刻蚀工艺的一个应用局限。碗状形貌的产生机理与图 4-8 所示的弓形形貌的产生机理类似，鞘层对正离子的散射及刻蚀掩蔽层对离子的反射，使离子运动方向发生改变，轰击深槽侧壁顶部，造成顶部横向刻蚀。若刻蚀工艺参数设置不合适，则侧壁保护将不足，从而导致刻蚀过程中的各向同性刻蚀效果增强，加剧碗口及弓形形貌的产生。通过增加氧气含量，提高对侧壁的钝化效果，可减少横向刻蚀，但也会导致刻蚀速率下降及深槽垂直度的变化。降低反应温度、降低 SF_6 气体流量、降低底电极偏压，同样可减小深槽顶部碗口异常，但同时可能导致如图 4-19（b）所示的角度倾斜形貌的变化，以及出现如图 4-19（c）所示的硅草异常。一些试验结果显示，在刻蚀气体中加入 HBr 气体，可在保证刻蚀角度基本不变的情况下，有效改善深槽顶部的碗口异常。这主要是因为 HBr 气体与硅反应生成物对深槽侧壁形成了较好的保护。

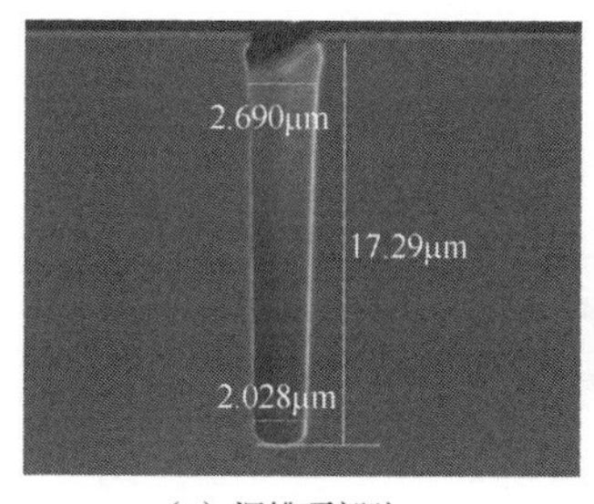

（a）深槽顶部碗口

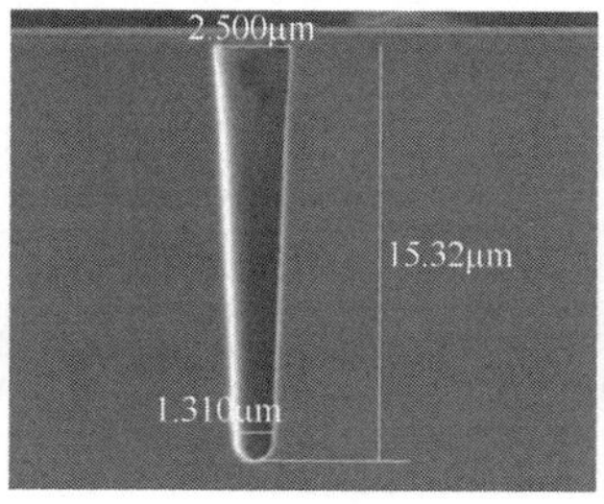

（b）角度倾斜

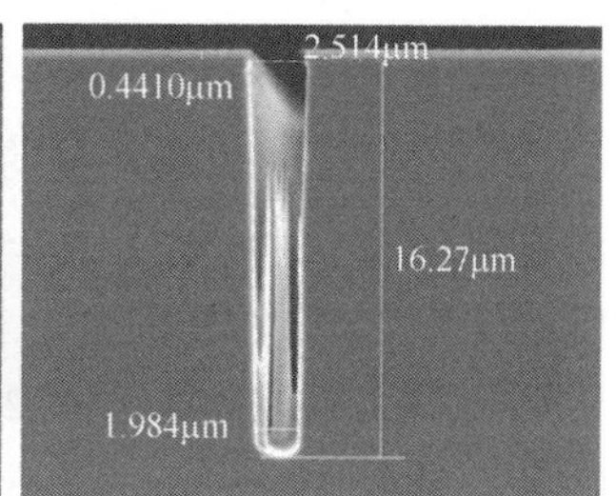

（c）硅草异常

图 4-19　低温刻蚀工艺中的不良形貌

不同的刻蚀方法和刻蚀设备的改进，都是为解决实际生产应用中的 DRIE 异常问题而发展起来的。Bosch 工艺虽然具有刻蚀速率快、垂直度高等优点，但其不可避免的扇贝形貌使得深槽侧壁不够平滑，限制了此工艺在一些特殊领域的应用。此外，Bosch 工艺不适合加工小线宽的深槽，尤其是对于直径小于 1μm[13] 的结构，采用 Bosch 工艺无法实现。低温刻蚀技术可得到平滑的深槽侧壁，且具有操作简单、刻蚀选择比高、所用工艺压力及偏压低（通常 15~20V）等优势，在光感器件等领域得到广泛应用。但低温刻蚀工艺过程对温度极其敏感，通常需要通过复杂的低温控制系统来实现刻蚀，且对硅衬底背面的洁净度提出了更高的要求。

近年来，DRIE 工艺已取得了突破性发展，但挑战依然存在。对于先进的 DRIE 工艺仍需进一步优化工艺及设备设计，以不断提高刻蚀速率及选择比，更好地控制深槽垂直度、刻蚀迟滞效应等，以及避免硅草、凹槽、弓形等一系列异常形貌的出现。

4.1.5 DRIE 工艺应用实例

1. MEMS 惯性传感器

MEMS 惯性传感器包含加速度计（Accelerometer）、角速度传感器（Rotation Sensor）[或称陀螺仪（Gyroscope）]，以及惯性量测单元 IMU（Inertial Measurement Unit），用于检测加速度、振动、倾斜及多自由度运动等。

MEMS 惯性传感器通常采用体硅工艺或表面工艺来实现。体硅工艺具有更低的缺陷和更好的力学性能，能够实现高品质因数器件[13]；表面工艺易于形成结构复杂的多层结构，具有更高的工艺灵活性。无论是采用体硅工艺还是表面加工工艺制造的惯性传感器，都不可避免地会使用 DRIE 技术来形成谐振质量块、激励和检测梳齿等结构。以下以意法半导体公司（ST 公司）开发的厚多晶硅表面微加工（Thick Epitaxial Layer for Microactuators and Accelerators，THELMA）工艺[13] 为例进行说明。

意法半导体公司开发的 THELMA 工艺示意图如图 4-20 所示，先在硅衬底表面以热氧化的方式生长一层绝缘氧化层，如图 4-20（a）所示；然后利用 LPCVD 工艺在绝缘氧化层上沉积一层薄多晶层，并通过光刻刻蚀形成图形，用于后续多晶连接，如图 4-20（b）所示；采用 PECVD 或 LPCVD 工艺沉积一层牺牲层，对牺牲层 SiO_2 图形化，形成后续结构支持的锚点，如图 4-20（c）所示；在牺牲层上外延生长厚多晶层，将其作为微结构层，如图 4-20（d）所示；在外延厚多晶层表面溅射金属，并通过光刻刻蚀形成表面电极，用于结构层上表面的电学连接，如图 4-20（e）所示；对外延厚多晶层表面进行图形化，可用光刻胶或硬掩模进行 DRIE，形成梳齿结构和质量块释放孔等微结构，如图 4-20（f）所示；最后通过气相 HF 熏蒸工艺腐蚀去除外延厚多晶层底部的牺牲层，形成可动结构，如图 4-20（g）所示。

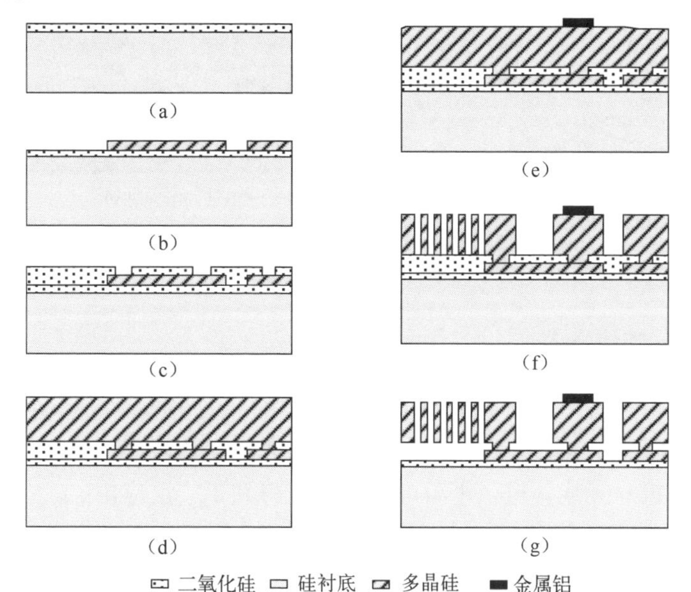

图 4-20　意法半导体公司开发的 THELMA 工艺示意图

DRIE 通常采用上文讨论的 Bosch 工艺完成，这是由于利用 Bosch 工艺刻蚀形成的特有的扇贝状侧壁形貌有利于提高 MEMS 惯性传感器可动梳齿的抗黏附能力，但需要注意的是，扇贝形貌不宜过大，否则将影响微结构层尺寸，导致灵敏度下降或谐振异常。DRIE 过程可使用 SPTS 公司 Rapier 型号刻蚀设备或 Lam Research 公司 2300 Syndion、DSIE 系列等主流刻蚀设备完成。典型的 DRIE 单项工艺结果如图 4-21 所示。

- 刻蚀速率：~3μm/min；
- 刻蚀选择比：~100:1；
- 深度均匀性：<3%；
- CD均匀性：±30nm；
- 侧壁扇贝：~20nm；
- 边缘倾斜（5mm）：<0.2°

图 4-21　典型的 DRIE 单项工艺结果

采用 DRIE 工艺加工的惯性传感器如图 4-22 所示。

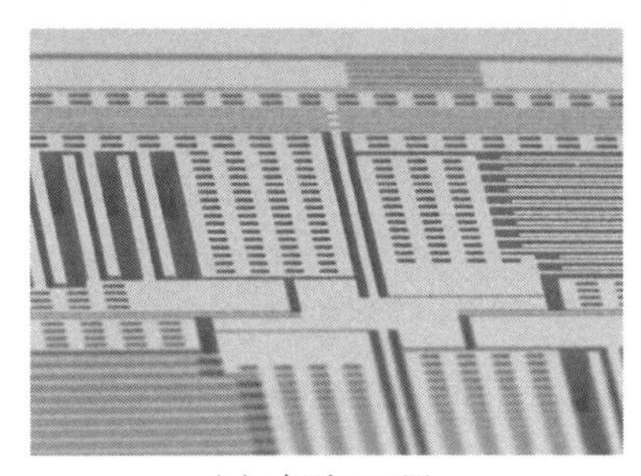
（a）表面SEM图

（b）断面SEM图

图 4-22　采用 DRIE 工艺加工的惯性传感器

2. MEMS 硅传声器

传声器是把声波信号转变成相应的电信号的装置，也称为麦克风、话筒等。MEMS 硅传声器具有参数一致性好、耐冲击能力高、功耗小、体积小等优势，目前已在智能手机、无线耳机及平板电脑等领域得到了广泛应用。

电容式 MEMS 硅传声器结构示意图如图 4-23 所示。刚性穿孔背板和弹性振膜构成可变电容，声波作用在振膜上使其发生形变，进而导致电容间距发生变化，通过测量可变电容的变化量，并经集成电路转换可获得振膜与背板间的电势，实现声压信号与电信号的转换。其制造关键工艺包括低应力的多晶薄膜工艺、低应力耐熏蒸的厚氮化硅工艺、高深宽比背腔刻蚀工艺等。其中高深宽比背腔刻蚀可用各向异性湿法腐蚀工艺（KOH/TMAH 腐蚀）或本章介绍的 DRIE 工艺实现。各向异性湿法腐蚀工艺成本较低，但不适于加工小尺寸结构；DRIE 工艺可精确控制线宽，且具有刻蚀速率快、选择比高等优点，目前已成为电容式 MEMS 硅传声器背腔加工的主流工艺。

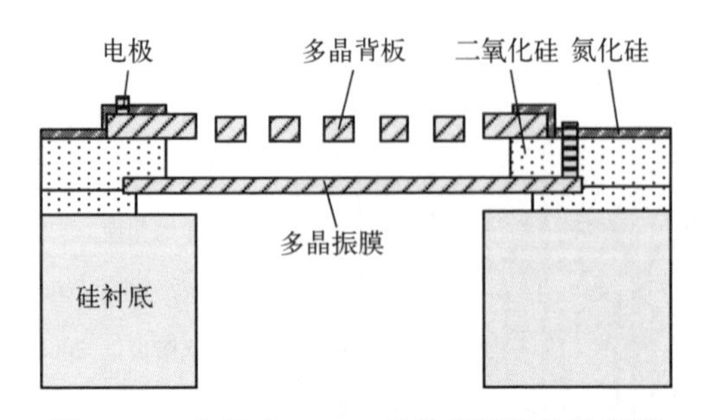

图 4-23　电容式 MEMS 硅传声器结构示意图

将 5μm 厚光刻胶作为刻蚀掩蔽层，利用 4.1.3 节介绍的 Bosch 工艺，使用 AMS200 型 ICP 刻蚀机刻蚀得到的典型的背腔刻蚀单项工艺结果如图 4-24 所示。与上述惯性传感器结构层刻蚀相比，传声器背腔刻蚀需要从硅衬底背面开始刻蚀，实际生产过程中需要配合使用双面光刻机进行背腔图形的加工。

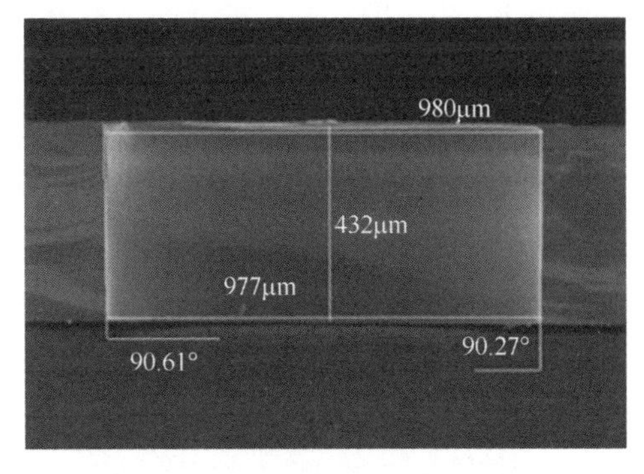

图 4-24　背腔刻蚀单项工艺结果

采用 Bosch DRIE 工艺加工的电容式 MEMS 硅传声器产品实际结果如图 4-25 所示。

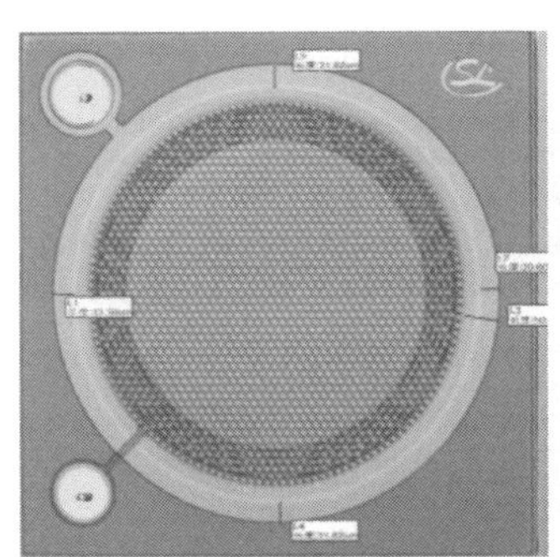

图 4-25　电容式 MEMS 硅传声器产品实际结果

3. 三维垂直互连

三维集成是指将分布在不同芯片上的功能模块（可以是功能、工艺均不同的芯片），通过键合工艺形成三维堆叠结构，并利用 DRIE 工艺刻蚀形成三维垂直互连（Through Silicon Via，TSV）的方法。三维集成使得 SoC 系统（又称混合集成或异质集成）成为可能，并有效地提高了 MEMS 集成系统的性能，减小了封装体积及重量。

三维集成的关键在于 TSV 的形成，可通过 Bosch 工艺或低温刻蚀工艺实现。需要注意的是，采用 Bosch 工艺进行 TSV 刻蚀时，要尽量降低侧壁扇贝形貌的大小，以免影响后续铜电镀工艺的实施。此外，为便于 TSV 通孔后续的回填，通常需要刻蚀角度略倾斜。典型的 TSV 单项工艺结果如图 4-26 所示，其在薄膜体声波谐振器（FBAR）中的应用如图 4-27 所示。

图 4-28 所示为一种采用 Bosch 工艺刻蚀实现的非典型的 TSV 结构，即意法半导体公司提出的 SMERALDO 工艺[13]。器件芯片与封帽芯片进行圆片级键合

后，通过 Bosch DRIE 工艺将器件芯片 PAD 区刻穿，电信号直接从器件芯片背面引出。这种圆片级真空封装同时从硅衬底背面引出电极的方案，可有效提高封装效率，并降低管芯面积。

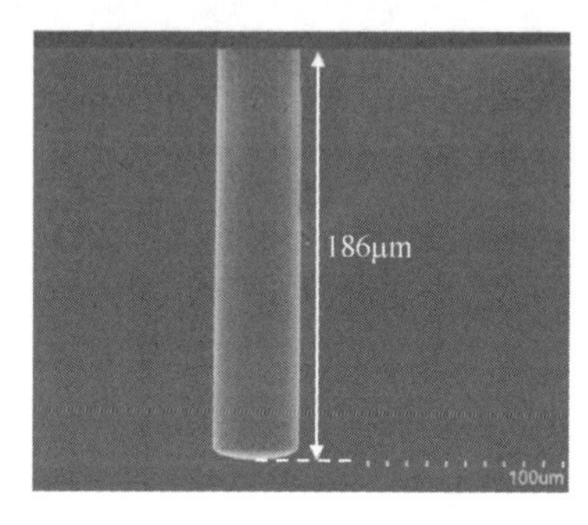

- 刻蚀速率：~12μm/min；
- 刻蚀深度：~186μm；
- 深度均匀性：<3%；
- 垂直度：89.46°；
- 侧壁扇贝：<80nm；
- 角度均匀性：<0.5°

图 4-26　典型的 TSV 单项工艺结果

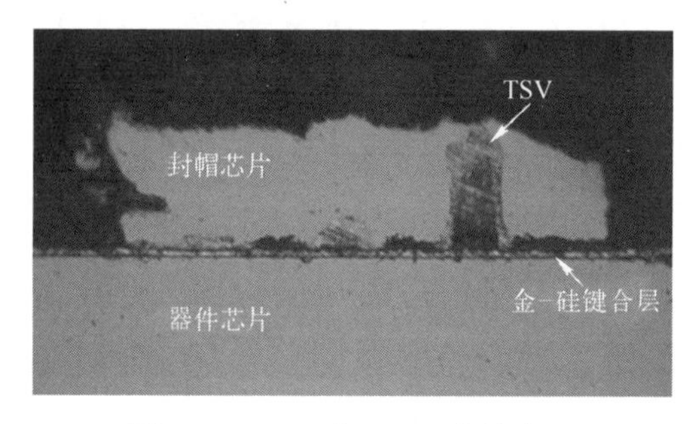

图 4-27　TSV 在 FBAR 中的应用

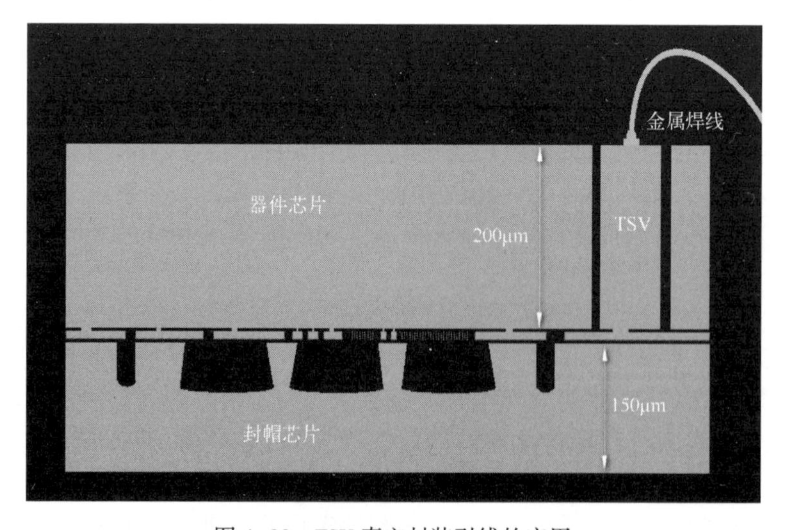

图 4-28　TSV 真空封装引线的应用

4.2　XeF_2 干法各向同性腐蚀技术

4.1 节介绍了 DRIE 技术，其特点是只向下刻蚀，属于选择性刻蚀工艺。在许多场合，还需要应用干法各向同性腐蚀技术对硅衬底进行刻蚀，以释放微机械结构等。干法各向同性腐蚀技术是制造 MEMS 技术的关键技术之一。干法化学各向同性腐蚀技术利用气体和硅发生化学反应进行硅刻蚀，可以避免湿法腐蚀工艺中的黏附问题，并且由于工艺过程不需要外界能量源辅助，因此其工艺成本与 DRIE 技术相比更低。由于 XeF_2 硅腐蚀具有选择比高、工艺简单、无离子损伤、无微机械结构黏附等优点，因此干法各向同性腐蚀技术通常采用 XeF_2 作为刻蚀气体。

4.2.1　XeF_2 硅腐蚀的原理

1979 年，H. F. Winters 发现 XeF_2 在室温环境下能够自发地和硅发生化学反应从而将 Si 腐蚀，并且腐蚀速率非常快[42]。XeF_2 是一种氟基化合物，可以对 Si、Mo、Ge 和 SiGe 等进行各向同性干法腐蚀。XeF_2 气体和被腐蚀基体发生化学反应，实际上是 F 进行蚀刻反应，而 Xe 只是作为载气体。由于 XeF_2 和 Si 的化学反应是自发发生的，因此 XeF_2 硅腐蚀工艺中并不需要利用外界能量来提高 XeF_2 的化学活性，这使得 XeF_2 硅腐蚀工艺具有高选择性和低成本的特点。例如，XeF_2 在与 Si 和 SiO_2 反应时的选择比一般大于 1000∶1，因此在 XeF_2 硅腐蚀工艺中可以采用 SiO_2 作为腐蚀掩模。在 XeF_2 硅腐蚀工艺中，XeF_2 气体直接通过自由扩散和 Si 发生化学反应，所以 XeF_2 硅腐蚀表现出各向同性的特性。

XeF_2 与 Si 的主化学反应方程式如下所示：

$$2XeF_{2(g)} + Si_{(s)} \longrightarrow SiF_{4(g)} + 2Xe_{(g)}$$

式中，下标 g 和 s 分别代表气相和固相。一级反应产物 SiF_4 和二级反应产物 Xe 在室温下均具有挥发性[43]。

XeF_2 和 Si 反应机理示意图如图 4-29 所示，XeF_2 对 Si 腐蚀的过程可细分为以下四步。

（1）如图 4-29（a）所示，通过气体扩散，XeF_2 原子吸附到硅衬底表面，此过程的反应方程式如下：

$$2XeF_{2(g)} + Si_{(s)} \longrightarrow 2XeF_{2(ads)} + Si_{(s)}$$

式中，ads 表示游离态。

（2）如图 4-29（b）所示，吸附在硅衬底表面的 XeF_2 原子游离分解成两个吸附在硅衬底表面的 F 原子并释放出一个 Xe 原子，此过程的反应方程式如下：

$$2XeF_{2(ads)} + Si_{(s)} \longrightarrow 2Xe_{(ads)} + 4F_{(ads)} + Si_{(s)}$$

（3）如图 4-29（c）所示，吸附在硅衬底表面的 F 原子和 Si 原子发生反应，形成 Si—F 键，并生成吸附在硅衬底表面的 SiF_4，此过程的反应方程式如下：

$$2Xe_{(ads)} + 4F_{(ads)} + Si_{(s)} \longrightarrow 2Xe_{(ads)} + SiF_{4(ads)}$$

（4）如图 4-29（d）所示，SiF_4从硅衬底表面解吸附，生成 SiF_4气体，此过程的反应方程式如下：

$$2Xe_{(ads)} + SiF_{4(ads)} \longrightarrow 2Xe_{(g)} + SiF_{4(g)}$$

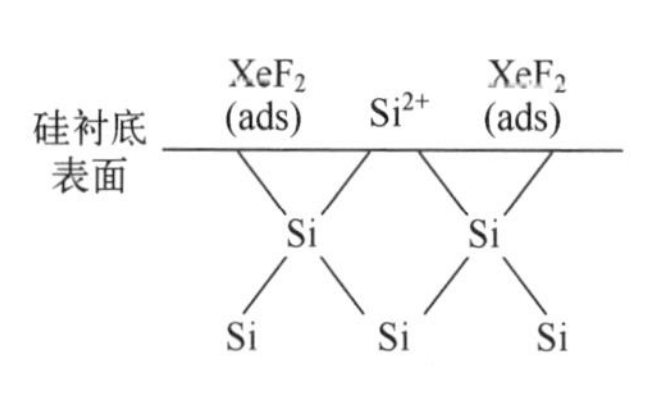

（a）XeF_2原子吸附到硅衬底表面

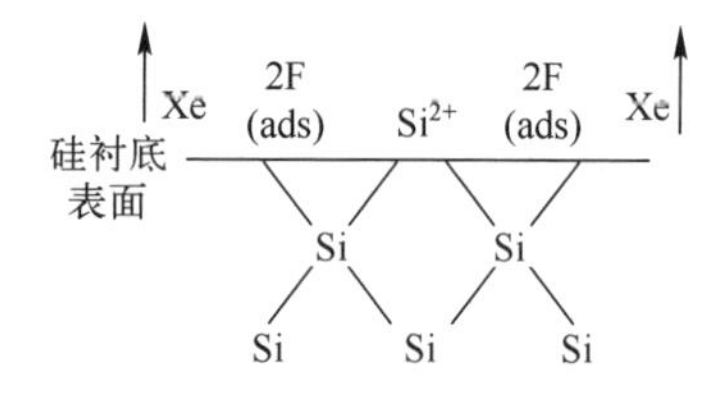

（b）XeF_2原子游离分解成F原子和Xe原子

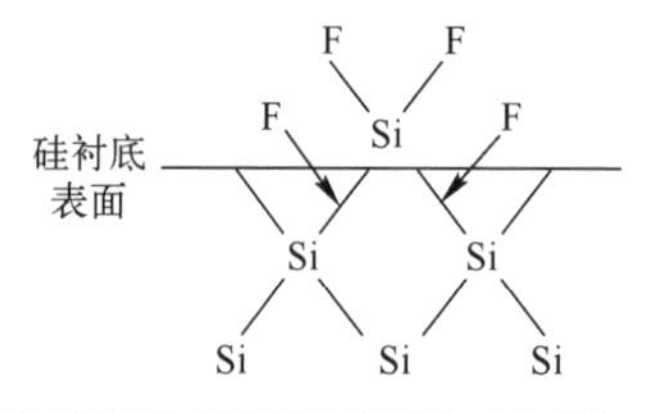

（c）F原子和Si原子发生反应，形成Si—F键，生成吸附在硅衬底表面的SiF_4

（d）SiF_4从硅衬底表面解吸附，生成SiF_4气体

图 4-29　XeF_2和 Si 反应机理示意图

4.2.2　XeF_2硅腐蚀工艺方法

按照 XeF_2引入腐蚀腔体的方法分类，XeF_2硅腐蚀工艺可分为连续 XeF_2腐蚀和脉冲 XeF_2腐蚀[44]。连续 XeF_2腐蚀是将 XeF_2气体以固定流速通过硅腐蚀腔体，XeF_2和 Si 的化学反应是连续进行的；而脉冲 XeF_2腐蚀则是将 XeF_2气体通过脉冲法引入腐蚀腔体。在某些情况下，脉冲 XeF_2腐蚀可以提供更多的性能优势及更好的工艺控制性能，因此 XeF_2硅腐蚀工艺一般都采用脉冲 XeF_2腐蚀[45-46]。

脉冲 XeF_2腐蚀的基本工作原理如下：在刻蚀腔室前有一个隔离的储气腔室，这个隔离的储气腔室中充满了 XeF_2气体或者 XeF_2和 N_2的混合气体。隔离的储气腔室的气体或混合气体保持在一定的预定压力下，以便在隔离的储气腔室和刻蚀腔室之间的阀门迅速打开时，可以允许 XeF_2气体或 XeF_2和 N_2混合气体脉冲进入。当进入刻蚀腔室的 XeF_2气体消耗完会清空刻蚀腔室并且开始下一个 XeF_2气体脉冲循环。

脉冲 XeF_2腐蚀有三个优势：①对刻蚀腔室进行快速脉冲充气和抽气，使得 XeF_2具有较好的穿透力，可反复将 XeF_2推入狭长空间，从而实现更大的深宽比腐蚀；②在每次循环后会去除反应产生的副产物，从而提高刻蚀选择性；③由于 XeF_2气体基本都可以通过反应消耗，因此具有很高的腐蚀效率[47]。

脉冲 XeF_2腐蚀系统框图如图 4-30 所示。首先，XeF_2气体被引入储气腔室，此时 V1 阀开启，其他阀关闭。当膨胀腔室中 XeF_2气体压强达到预设值时，V3 阀开启，其他阀关闭。由于刻蚀腔室为真空状态，V3 阀打开将使 XeF_2气体从膨胀腔室扩散到刻蚀腔室，并立即和刻蚀腔室中的硅衬底发生化学反应，计时器开始计时。当 XeF_2和 Si 反应时间达到预设值时，V3 阀和 V6 阀开启，其他阀关闭。刻蚀腔室中的气体被真空泵抽走，直到刻蚀腔室中压强达到真空预设值。然后 V4 阀开启，其他阀关闭，膨胀腔室的气体被真空泵抽走，直到膨胀腔室中的压强达到真空预设值。至此，一个 XeF_2脉冲腐蚀循环结束。脉冲 XeF_2硅腐蚀就是按照预设的脉冲值重复上述 XeF_2脉冲腐蚀。

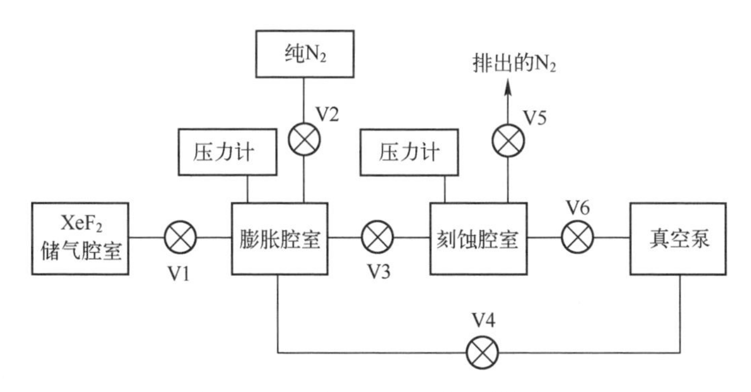

图 4-30　脉冲 XeF_2腐蚀系统框图

4.2.3　XeF_2硅腐蚀的腐蚀速率和尺寸效应

由于 XeF_2硅腐蚀工艺是纯化学反应，XeF_2气体分子只有通过扩散吸附在硅衬底上才能与硅发生反应从而腐蚀硅衬底。当硅衬底表面在最初的 XeF_2腐蚀脉冲被腐蚀后，XeF_2气体只有扩散通过腐蚀掩模下方的腐蚀空腔才能和释放孔下方的硅发生反应。由于释放孔尺寸通常很小，所以 XeF_2吸附在硅衬底表面的概率会下降，腐蚀速率也会迅速减小。XeF_2腐蚀速率与释放孔的尺寸正相关，这说明 XeF_2硅腐蚀具有尺寸效应，并且释放孔尺寸越小，尺寸效应越明显。对于尺寸较小的释放孔，由于其开口面积小，XeF_2很难通过扩散吸附在硅衬底上，并且吸附量非常小，因此硅衬底不容易被腐蚀，其腐蚀速率也就非常低。而对于尺寸大的释放孔，由于其开口面积大，XeF_2更容易通过扩散吸附在硅衬底上，所以硅衬底更容易被腐蚀，其腐蚀速率更大。

如图 4-31 所示，以圆形释放孔和带圆形边缘的长条形释放孔为例研究 XeF_2 硅腐蚀特性[48]。其中 XeF_2 硅腐蚀工艺的压强为 4Torr，每个腐蚀脉冲为 60s，XeF_2腐蚀脉冲数从 15 变化到 120。

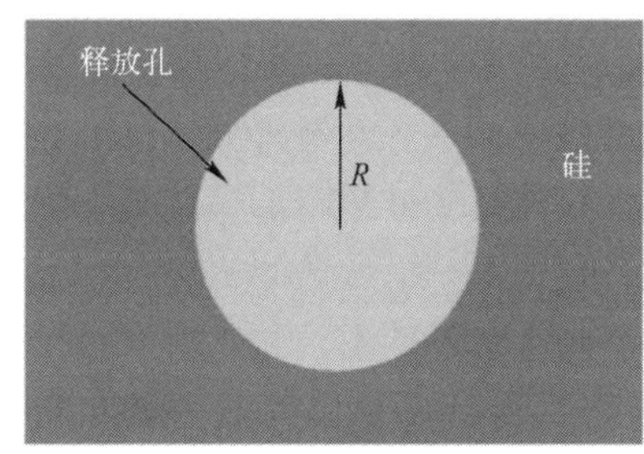

（a）圆形释放孔设计

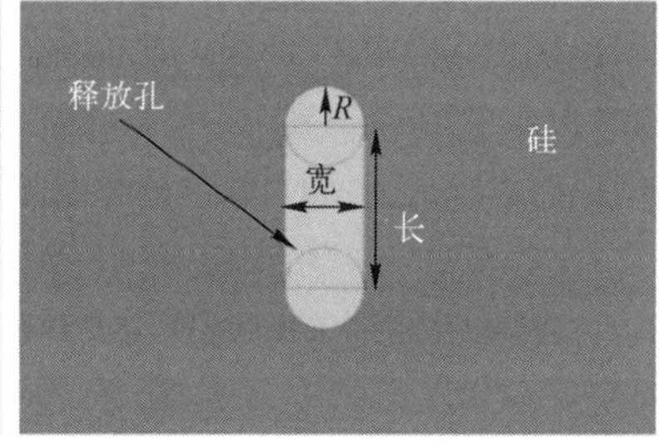

（b）带圆形边缘的长条形释放孔设计

图 4-31　圆形释放孔及带圆形边缘的方形释放孔设计

从图 4-32（a）可以看出，横向腐蚀速率随着腐蚀脉冲数的增加而减小，并且 XeF_2硅腐蚀初期的腐蚀速率远大于后续的腐蚀速率。此外，圆形释放孔纵向腐蚀速率也呈现出相似的特性［见图 4-32（b）］。

从图 4-32（a）和图 4-32（b）可看出，腐蚀速率正比于圆形释放孔的半径，这表明 XeF_2硅腐蚀具有明显的尺寸效应。对于尺寸大的释放孔，由于其开口面积大，XeF_2更容易通过扩散吸附在硅衬底上，所以硅衬底更容易被腐蚀。为了定量描述 XeF_2硅腐蚀的尺寸效应，用半径为 xμm 的圆形释放孔的腐蚀速率除以半径为 2.5μm 的圆形释放孔的腐蚀速率获得腐蚀速率比，横向腐蚀速率比 $R_{\mathrm{LRC}}(x)$ 和纵向腐蚀速率比 $R_{\mathrm{VRC}}(x)$ 分别为

$$R_{\mathrm{LRC}}(x)=\frac{\mathrm{LRC}(x)}{\mathrm{LRC}(2.5)};\quad R_{\mathrm{VRC}}(x)=\frac{\mathrm{VRC}(x)}{\mathrm{VRC}(2.5)}$$

式中，$\mathrm{LRC}(x)$和 $\mathrm{LRC}(2.5)$分别是半径为 xμm 和半径为 2.5μm 的圆形释放孔的横向腐蚀速率；$\mathrm{VRC}(x)$和 $\mathrm{VRC}(2.5)$分别是半径为 xμm 和半径为 2.5μm 的圆形释放孔的纵向腐蚀速率。

图 4-32（c）和图 4-32（d）分别给出了圆形释放孔横向腐蚀速率比和纵向腐蚀速率比与腐蚀脉冲数的关系。释放孔尺寸越小，尺寸效应越明显。横向腐蚀速率比先随着腐蚀脉冲数的增加而增大，但在 90 个 XeF_2腐蚀脉冲腐蚀后随着腐蚀脉冲数的增加而减小；而纵向腐蚀速率比则是一直正比于腐蚀脉冲数。

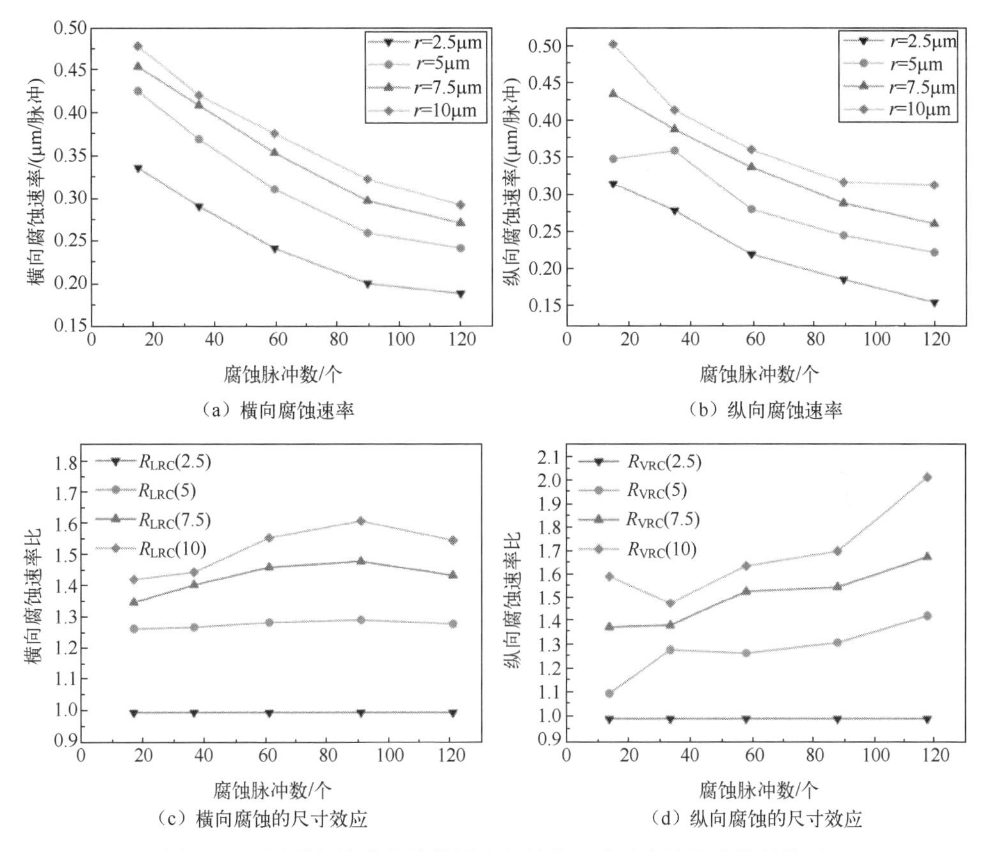

（a）横向腐蚀速率 （b）纵向腐蚀速率

（c）横向腐蚀的尺寸效应 （d）纵向腐蚀的尺寸效应

图 4-32 圆形释放孔腐蚀结果和释放孔尺寸及腐蚀脉冲数的关系

对于带圆形边缘的长条形释放孔，XeF_2腐蚀结果如图 4-33 所示。和圆形释放孔一样，带圆形边缘的长条形释放孔的横向腐蚀速率和纵向腐蚀速率与腐蚀脉冲数成反比，并且尺寸效应也很明显。为了进一步研究带圆形边缘的长条形释放孔 XeF_2硅腐蚀的尺寸效应，也定义其横向腐蚀速率比 $R_{LRR}(x)$ 和纵向腐蚀速率比 $R_{VRR}(x)$分别为

$$R_{LRR}(x)=\frac{LRR(x)}{LRR(2.5)};\quad R_{VRR}(x)=\frac{VRR(x)}{VRR(2.5)}$$

式中，LRR(x)和 LRR(2.5)分别是宽度为 xμm 和宽度为 2.5μm 的带圆形边缘的长条形释放孔的横向腐蚀速率；VRR(x)和 VRR(2.5)分别是宽度为 xμm 和宽度为 2.5μm 的带圆形边缘的长条形释放孔的纵向腐蚀速率。

图 4-33（c）和图 4-33（d）分别给出了带圆形边缘的长条形释放孔横向腐蚀速率比和纵向腐蚀速率比与腐蚀脉冲数的关系。带圆形边缘的长条形释放孔 XeF_2硅腐蚀的尺寸效应对小尺寸释放孔非常明显。XeF_2硅腐蚀的尺寸效应本质上

还是释放孔尺寸对 XeF_2 扩散吸附的影响。由于 XeF_2 的横向腐蚀，XeF_2 在横向方向上扩散时会吸附在腐蚀掩模的下方。当腐蚀脉冲数比较小时，XeF_2 的横向腐蚀长度也比较小，故 XeF_2 气体在腐蚀掩模下方的吸附量也较少，并不影响 XeF_2 气体在横向方向上吸附在硅衬底上，释放孔尺寸对 XeF_2 横向腐蚀的影响起主要作用，所以横向腐蚀速率比与腐蚀脉冲数正相关。当腐蚀脉冲数较大时，XeF_2 的横向腐蚀长度也较大，此时 XeF_2 在腐蚀掩模下方的吸附量变多，腐蚀掩模对 XeF_2 的吸附降低了 XeF_2 在横向方向上吸附在硅衬底表面的概率，释放孔尺寸对 XeF_2 横向腐蚀的影响不起主要作用，腐蚀掩模上 XeF_2 的吸附量对 XeF_2 横向腐蚀的影响起主要作用，所以横向腐蚀速率比与腐蚀脉冲数成反比。在纵向方向上，由于无 XeF_2 在腐蚀掩模上的吸附，所以一直都是释放孔尺寸对 XeF_2 纵向腐蚀的影响起主要作用，纵向腐蚀速率比也一直正比于腐蚀脉冲数。

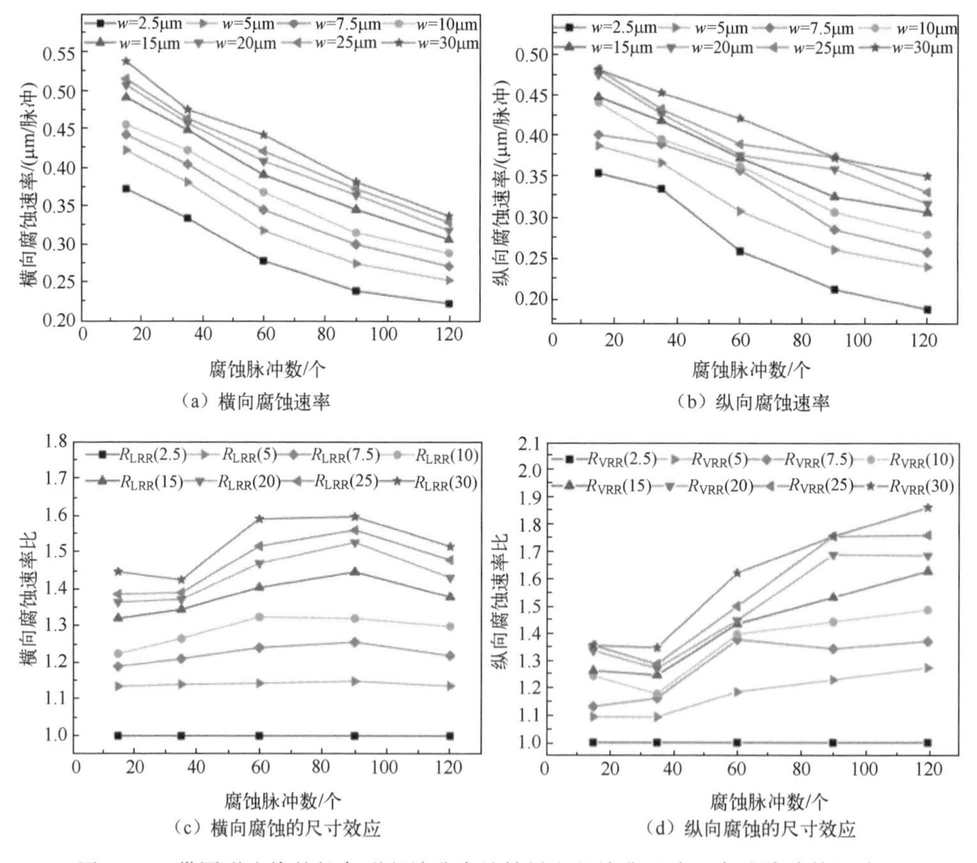

图 4-33　带圆形边缘的长条形释放孔腐蚀结果和释放孔尺寸及腐蚀脉冲数的关系

4.2.4　XeF_2硅腐蚀的选择比

XeF_2腐蚀不同材料的速率存在很大的差异。表 4-6 为不同材料对应的 XeF_2腐蚀选择比，与硅相比，LPCVD-TEOS-SiO_2和 LTO-SiO_2 具有最好的选择比，因此在腐蚀硅时一般选用 SiO_2作为掩模材料。XeF_2不能与用作压电功能材料的 AlN 发生反应，因此其对于压电器件具有很好的兼容性，常应用于压电器件的制造中。

表 4-6　不同材料对应的 XeF_2腐蚀选择比

材　料	最高选择比	最低选择比
LPCVD-Si_3N_4	∞ : 1	90 : 1
LPCVD-TEOS-SiO_2	∞ : 1	700 : 1
LTO-SiO_2	∞ : 1	700 : 1
PECVD-Si_3N_4	∞ : 1	90 : 1
Poly-Si	1:1	1:1
Ti/Mo	2:1	2:1
TiW/W	6 : 1	非常低
AlN	不反应	不反应
Al_2O_3	不反应	不反应

注：选择比的比率是指 XeF_2 腐蚀硅的腐蚀值和 XeF_2 腐蚀对应材料的腐蚀值之比。

4.2.5　XeF_2硅腐蚀的典型工艺和应用

XeF_2腐蚀具有许多优点，以至于在某些情况下 XeF_2比 HF 更受青睐，因此 XeF_2被广泛应用于硅的腐蚀。XeF_2与压电材料的兼容性更好，并且对氧化物的腐蚀率非常低。目前 XeF_2硅腐蚀的应用领域包括光学 MEMS、谐振器、传声器、辐射热测量计和射频开关等。XeF_2硅腐蚀的广泛应用得益于 XeF_2对通常用作电极的金属、压电材料和其他用于调优性能的材料具有较低的腐蚀能力。对于压电 MEMS 芯片的制造工艺，可通过 XeF_2硅腐蚀工艺刻蚀硅衬底来取代背面刻蚀空腔的过程，从而简化制造工艺。另外，由于 XeF_2硅腐蚀对 AL、SiO_2、Si_3N_4 和光刻胶具有很高的选择性，因此 XeF_2被认为是对 CMOS 集成电路的后处理非常有用的刻蚀工具。例如，XeF_2硅腐蚀工艺最初被用于蚀刻底层硅基板以暴露 MOS 晶体管的底面。

图 4-34 所示为采用 XeF_2硅腐蚀工艺制备压电 MEMS 谐振器的典型流程示意图。首先在硅上利用热氧的方法生长 SiO_2；然后沉积 Al/AlN/Al 并图形化形成谐

振器结构层；接着刻蚀 SiO_2 形成释放孔；最后通过 XeF_2 硅腐蚀工艺刻蚀硅释放压电薄膜谐振器。

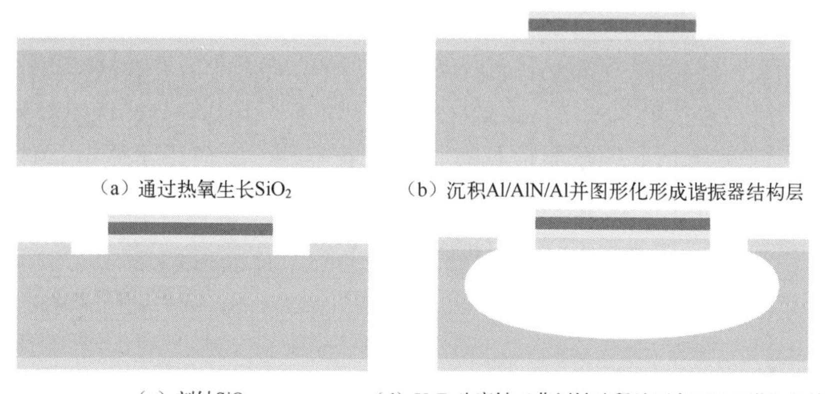

（a）通过热氧生长SiO_2　（b）沉积Al/AlN/Al并图形化形成谐振器结构层

（c）刻蚀SiO_2　（d）XeF_2硅腐蚀工艺刻蚀硅释放压电MEMS谐振器结构

图 4-34　采用 XeF_2 硅腐蚀工艺制备压电 MEMS 谐振器的典型流程示意图

此外，XeF_2 硅腐蚀工艺还被应用于刻蚀许多其他微结构和 MEMS 芯片。图 4-35 列举了典型的采用 XeF_2 硅腐蚀工艺制备的热电堆和热式真空计微传感器 SEM 图[49]。

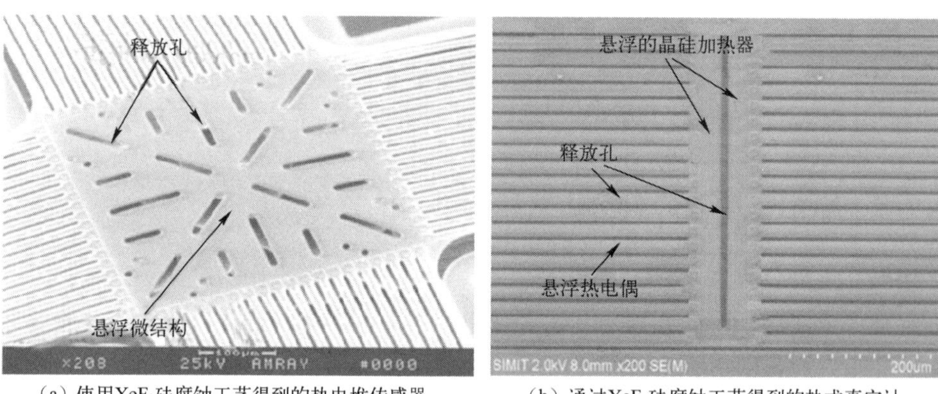

（a）使用XeF_2硅腐蚀工艺得到的热电堆传感器　（b）通过XeF_2硅腐蚀工艺得到的热式真空计

图 4-35　采用 XeF_2 硅腐蚀工艺制备 MEMS 芯片的典型应用

4.3　气相 HF 腐蚀

牺牲层、结构层和具有一定选择比的腐蚀工艺相结合可以形成很多悬空微机械结构。牺牲层被腐蚀时会选择性地去除薄膜或者结构层下的部分硅衬底，使得结构层变得独立支撑，仅在预先定义的位置与硅衬底相连。大部分器件采用沉积多晶硅薄膜作为结构层，SiO_2薄膜作为牺牲层。这是因为多晶硅膜/SiO_2膜与集成电路兼容而且在结构上能和硅衬底很好地匹配，另外部分原因是气相 HF 腐蚀在多晶硅膜上对 SiO_2膜具有很高的选择比。气相 HF 腐蚀工艺已有较长的应用历史。1966 年，P. J. Holmes 等人提出利用 HF 与 H_2O 以蒸气形态腐蚀 SiO_2。该方法被认为是一种湿法腐蚀工艺的替换方法，很快受到了研究者们的重视[50]。1992 年，B. Witowski 等人提出在低压状态下利用气相 HF 腐蚀 SiO_2的方法[51]。1995 年，K. Tork 和 K. Torek 等人发现采用 CH_3OH 替代 H_2O 可以有效抑制固体残渣的形成，进一步解决了 HF/H_2O 反应产物在 SiO_2表面冷凝的问题，改进了 HF 气相腐蚀工艺[52]。20 世纪 90 年代开始，气相 HF 腐蚀工艺因拥有湿法腐蚀和干法刻蚀的双重优点，被广泛应用于 MEMS 芯片结构的制作。

4.3.1　气相 HF 腐蚀原理

气体输运系统、真空排气、扩散器、质谱仪等部分共同构成了气相 HF 腐蚀的装置[53]，如图 4-36 所示，气体 HF、N_2 通过质量流量计控制通入的反应量；醇类气体以 N_2 为载气，通过质量流量计控制通入的反应量；反应气体混合后通过喷头进入反应腔。图 4-36 中的粗线部分有保温加热功能，可以降低气体的冷凝程度。HF 气体的流量由质量流量计控制，其他气体通过控制通入的 N_2载体进入量来控制，N_2载气的流量也由质量流量计控制。扩散器的气压用针阀控制，反应腔内腐蚀气体通过干泵置换，定量分析气体含量及刻蚀过程的副产物通过质谱仪进行监控。下面描述 HF/M（CH_3OH、CH_3CH_2OH 等）气体腐蚀 SiO_2的反应过程。

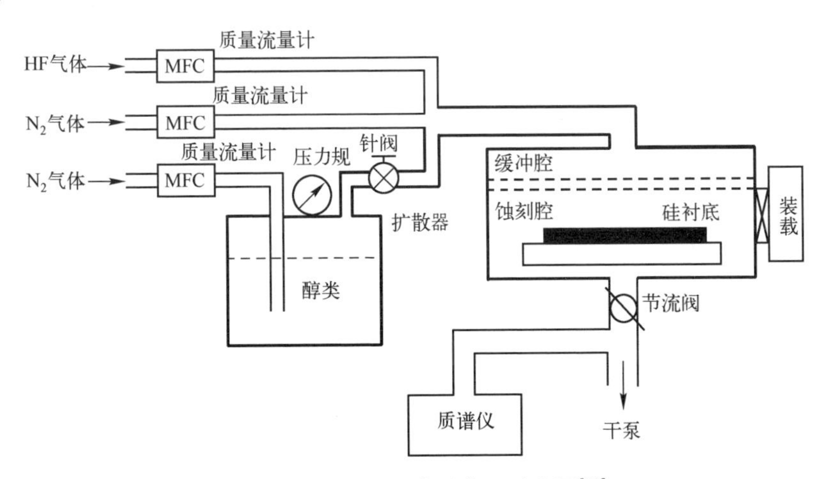

图 4-36　气相 HF 腐蚀装置示意图[53]

HF/M（CH_3OH、CH_3CH_2OH）被吸附至 SiO_2 表面，吸附过程如下：

$$HF_{(g)} \rightleftharpoons HF_{(ads)}$$

$$M_{(g)} \rightleftharpoons M_{(ads)}$$

吸附的 HF/M（CH_3OH、CH_3CH_2OH）产生离子化的 HF_2^-，离子化过程如下：

$$2HF_{(ads)}+M_{(ads)} \longrightarrow HF_2^-(ads)+MH^+_{(ads)}$$

HF_2^- 取代 SiO_2 中的 O 原子，整个反应式如下：

$$SiO_{2(s)}+2HF^-_{2(ads)}+2MH^+_{(ads)} \longrightarrow SiF_{4(ads)}+2H_2O_{(ads)}+2M_{(ads)}$$

式中，M 为可选为 CH_3OH 或者 CH_3CH_2OH；s 为固态；ads 为吸附状态。整个过程中 M 没有发生变化，但是参与了化学反应，促进了 HF_2^- 的产生，是催化剂。

反应产物 SiF_4、H_2O、M（CH_3OH、CH_3CH2OH 等）从 SiO_2 表面解吸，解吸过程如下：

$$SiF_{4(ads)} \rightleftharpoons SiF_{4(g)}$$

$$M_{(ads)} \rightleftharpoons M_{(g)}$$

$$H_2O_{(ads)} \rightleftharpoons H_2O_{(g)}$$

在反应过程中会产生中间反应产物 H_2SiF_6：

$$SiO_{2(s)}+6HF_{(ads)} \longrightarrow H_2SiF_{6(ads)}+2H_2O_{(ads)}$$

H_2SiF_6 分解为 HF、SiF_4 气体：

$$H_2SiF_{6(ads)} \longrightarrow 2HF_{(g)}+SiF_{4(g)}$$

H_2SiF_6 也会分解为 H_2SiO_3、HF 气体：

$$H_2SiF_{6(ads)}+3H_2O_{(ads)} \longrightarrow H_2SiO_{3(ads)}+6HF_{(g)}$$

从上述反应式可以看出，使用 HF/醇类混合气体，避免了 HF 溶液腐蚀时大量溶液浸没对器件结构造成的破坏，同时醇类气体易于挥发，可以携带水蒸气一起离开表面反应层，减弱了水蒸气在反应层表面的冷凝。上述反应中，硅衬底温度对 HF 刻蚀速率和刻蚀效果有重要影响。提高气相腐蚀温度、降低气相腐蚀压力能有效缓解气相 HF 腐蚀在 SiO_2 表面生成冷凝的水；但是同时气相腐蚀速率也将降低。

气相 HF 腐蚀速率取决于多个因素，包括腐蚀温度、压力、P_M/P_{HF} 比。图 4-37绘制了气相 HF 腐蚀 TEOS（四乙氧基硅烷）膜的腐蚀速率随腐蚀温度、压力（P_{HF}）、P_M/P_{HF} 的变化曲线，其中，P_{HF} 表示 HF 气体压力，P_M 表示醇类气体压力。从图 4-37 可知，在 P_{HF}、P_M/P_{HF} 一定的情况下，随着 HF 气相腐蚀温度的提高，腐蚀速率逐渐降低，25℃下腐蚀速率是 45℃下腐蚀速率的 3~5 倍，且 P_{HF} 越大，温度对腐蚀速率的影响越大；当腐蚀温度相同时（小于 45℃时），P_{HF}、P_M/P_{HF} 值越大，腐蚀速率越大；当腐蚀温度大于 45℃时，P_{HF}、P_M/P_{HF} 值对腐蚀速率几乎无影响。这是因为吸附在 SiO_2 表面的反应离子浓度随着温度的升高、压力的降低而降低，降低了腐蚀速率。图 4-38 描述了 P_{HF}对腐蚀速率的影响。从图 4-38 可知，P_{HF}为 40Torr 时比 P_{HF}为 20Torr 时腐蚀速率提高了一倍以上，腐蚀速率随着 P_{HF}的增加而显著增加。

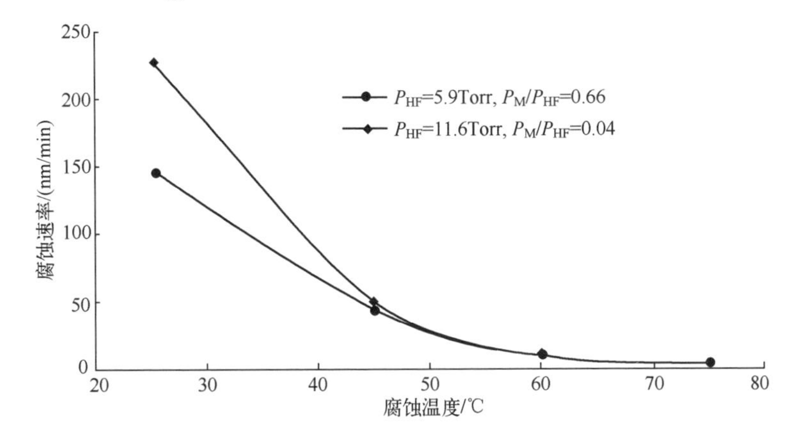

图 4-37　腐蚀温度对腐蚀速率的影响

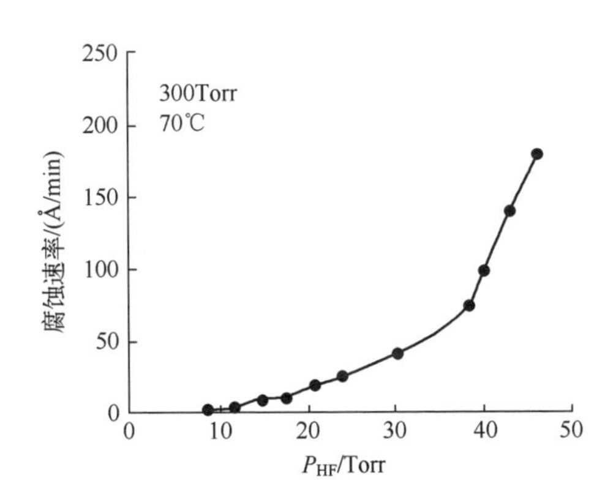

图 4-38　P_{HF}对腐蚀速率的影响

图 4-39（a）描述了热氧化 SiO_2膜、TEOS 膜、TEOS 膜（退火）、PSG（退火）的腐蚀膜厚与腐蚀时间的关系。从图 4-39（a）可知，热氧化 SiO_2膜的腐蚀速率最慢；PSG 膜腐蚀速率最快；未退火 TEOS 膜的腐蚀速率大于 TEOS 膜（退火）腐蚀速率。同时，PSG SiO_2膜由于存在 P 元素，在气相腐蚀的硅表面容易形成沾污，如图 4-39（b）所示。这是因为 PSG 气相腐蚀后在硅衬底表面产生了 H_3PO_4残留，所以 PSG 不是一种理想的气相 HF 腐蚀 SiO_2膜。PSG 在气相 HF 腐蚀时产生 H_3PO_4的反应方程式如下：

$$SiO_2 + P_2O_5 + 3H_2O + 2HF^-_{2\,(ads)} + 2MH^+_{(ads)} \longrightarrow SiF_4 + 2H_3PO_4(H_2O) + 2M$$

气相 HF 腐蚀工艺一般被用于制造悬浮结构，横向腐蚀量与腐蚀时间是值得关注的。图 4-40 所示为多晶硅悬臂梁的一维微通道中横向腐蚀现象的横截面图[54]。由图 4-40 可以看到，刻蚀角（θ）上多晶硅的底部和蚀刻的轮廓大约为 60°。图 4-41 描述了 0.1～2μm TEOS 膜厚情况下，横向腐蚀量与腐蚀时间的关系[55]。从图中可知，多晶硅层下 TEOS 厚度（THK）是 2.0μm 时，腐蚀速率最慢；多晶层下 TEOS 层厚度是 0.1μm 时，腐蚀速率最快；整体而言，牺牲层 SiO_2 膜厚度对腐蚀速率影响不大。

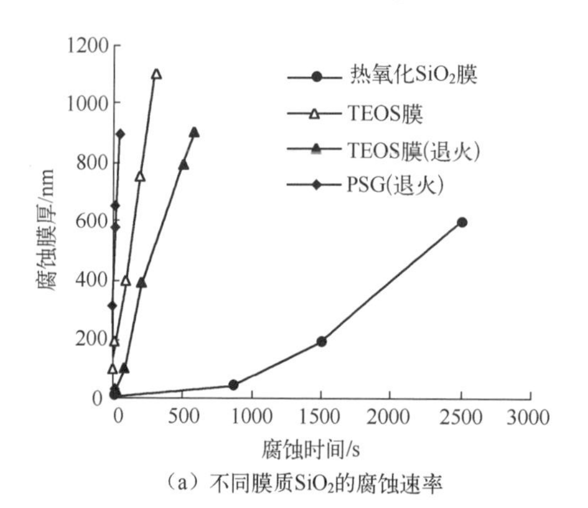

（a）不同膜质 SiO_2 的腐蚀速率

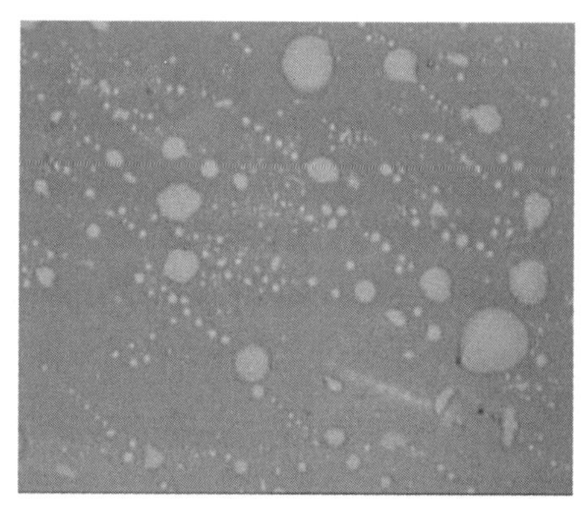

（b）PSG气相腐蚀后形成的沾污表面

图 4-39　不同膜质 SiO_2 的腐蚀速率和 PSG 气相腐蚀后形成的沾污表面

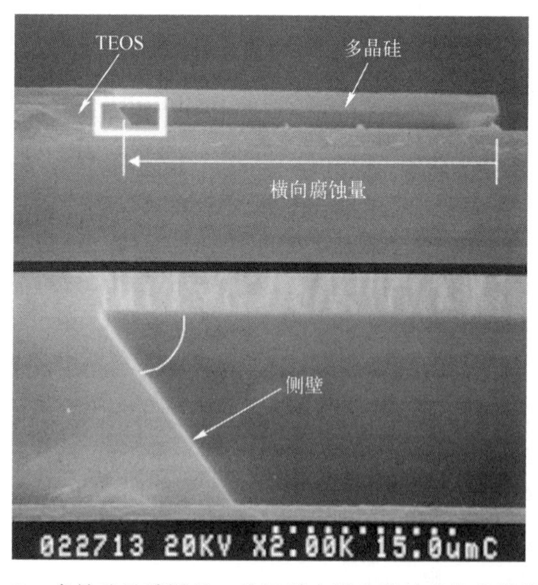

图 4-40　多晶硅悬臂梁的一维通道中横向腐蚀现象的横截面图

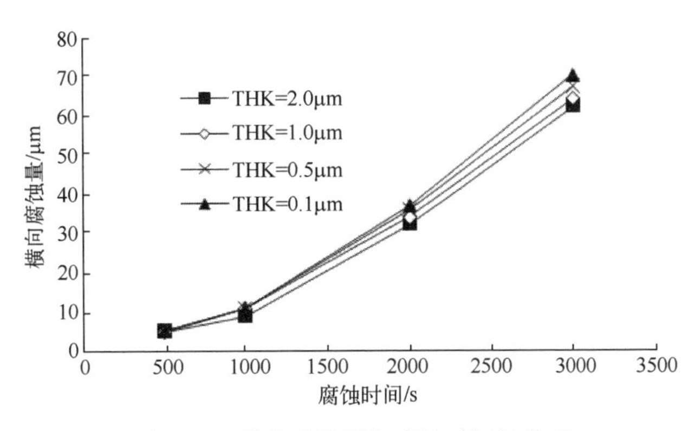

图 4-41　横向腐蚀量与腐蚀时间的关系

均匀性是气相 HF 腐蚀工艺关注的参数。图 4-42 所示为刻蚀速率与均匀性的关系。从图中可知，在反应温度为 45℃和在腐蚀速率小于 400Å/min 时，均匀性在 5%以内；当腐蚀速率达到 900Å/min，均匀性仅能达到 10%左右；整体规律是随着腐蚀速率增大，均匀性逐步变差。在 HF 气体中添加醇类气体，可以解决 HF/H_2O 反应产物在 SiO_2表面冷凝导致的黏附问题。从图 4-42 可知，在将工艺条件调整至同一腐蚀速率的情况下，添加 MeOH 反而会导致均匀性变差。出现这一现象的原因可能是 SiO_2表面不同区域吸附 MeOH 的能力不同。

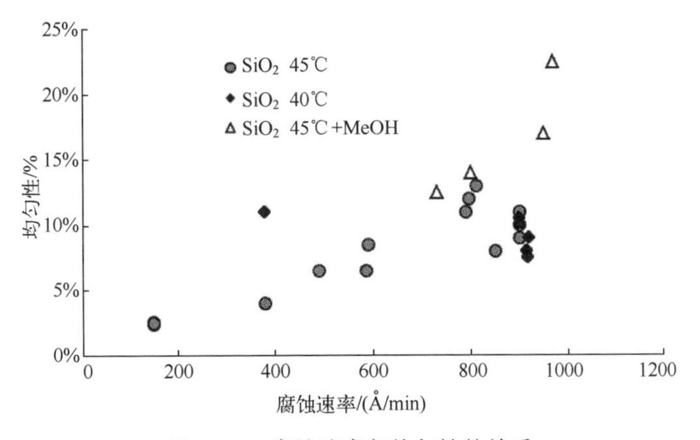

图 4-42　腐蚀速率与均匀性的关系

图 4-43 所示为 HF 气相腐蚀形成的长悬臂梁结构。从图 4-43 中可知，悬臂梁为悬浮状，未见黏附等工艺异常现象。

Si_3N_4薄膜在气相 HF 腐蚀工艺中常被用作耐 HF 腐蚀保护层，保护不需要气相 HF 腐蚀区域。在气相 HF 腐蚀过程中，HF 与 Si_3N_4反应产生聚合物。Si_3N_4在气相 HF 环境下的反应方程式如下：

$$Si_3N_{4(s)}+16HF_{(g)} \longrightarrow 2(NH_4)_2SiF_{6(s)}+SiF_{4(g)}$$

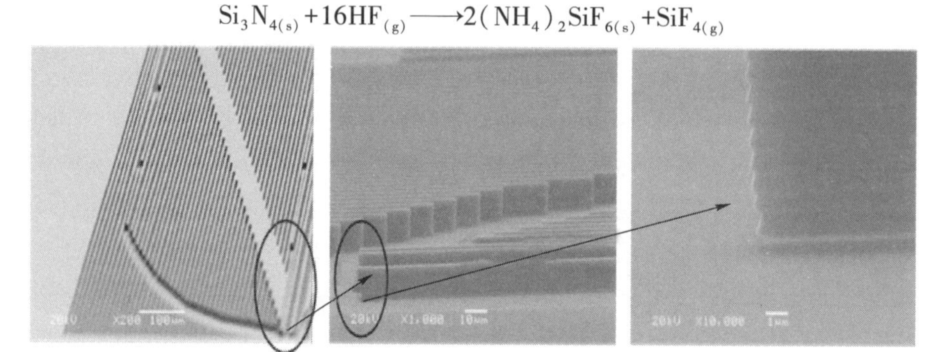

图 4-43　气相 HF 腐蚀形成的长悬臂梁结构

图 4-44 所示为不同介质结构气相腐蚀后的 SEM 图。其中：图 4-44（a）~图 4-44（c）所示分别为在 Si_3N_4层上沉积 TEOS、PSG、LTO；图 4-44（d）所示为在多晶硅层上沉积 TEOS。从图 4-44（a）和图 4-44（c）中可分别观察到划痕状的 Si_xO_y和蘑菇状的 Si_xO_y残留物。这是因为 Si_3N_4与 HF 反应产生了聚合物 $(NH_4)_2SiF_6$：

$$(NH_4)_2SiF_{6(s)} \longrightarrow NH_4HF_{2(s)}+SiF_{4(g)}+NH_{3(g)}$$

聚合物$(NH_4)_2SiF_6$可以通过超过 100℃的烘烤方式去除[56]。从图 4-44（b）中可观察到气泡状的 H_3PO_4，这是因为 PSG 气相腐蚀后在硅表面产生了 H_3PO_4，其原因在前文已经阐述。

Si_3N_4:SiO_2的气相腐蚀的选择比是一项需要关注的参数，Si_3N_4的沉积方式、Si_3N_4膜是否退火等因素影响着 Si_3N_4:SiO_2的气相腐蚀的选择比。图 4-45 绘制了不同方式沉积/处理的 Si_3N_4与热氧化 SiO_2在不同腐蚀速率下的选择比。从图 4-45 可知，LPCVD 退火方式沉积的富硅 Si_3N_4比 PECVD 方式沉积的 Si_3N_4具有更高的选择比，约为两倍。退火处理后，LPCVD、PECVD 方式沉积的 Si_3N_4的选择比均提高一倍。经过退火的 LPCVD 方式沉积的 Si_3N_4具有最高的选择比；未退火的 LPCVD 方式沉积的 Si_3N_4次之；接着是经过退火的 PECVD 方式沉积的 Si_3N_4；选择比最差的是未退火的 PECVD 方式沉积的 Si_3N_4。

除 Si_3N_4材料外，可作为 HF 气相腐蚀的耐腐蚀材料还有 Al_2O_3、Al、SiC 等。表 4-7 进一步阐述了各种材料与 HF 气相腐蚀工艺的兼容性[54]。热氧化的 SiO_2、TEOS、石英、SOI SiO_2是理想的牺牲层材料；PECVD 方式沉积的 SiO_2、SOG 可作为牺牲层材料；掺杂 BPSG/PSG、掺杂玻璃/耐热玻璃、低温 SOG、PECVD 方式沉积的 $SiO_2(SiH_4+N_2O)$不适合作为牺牲层材料。多晶硅、Al_2O_3（厚）、ALD 方式沉积的 Al_2O_3(1000Å)、Al、SiC 是较为理想的保护层材料。Au、TiW、Ni 可以作为金属电极，Cu 是可用的金属电极材料，而 Ti、TiO_2在气相 HF 腐蚀过程中易被腐蚀，不适合作为电极材料。

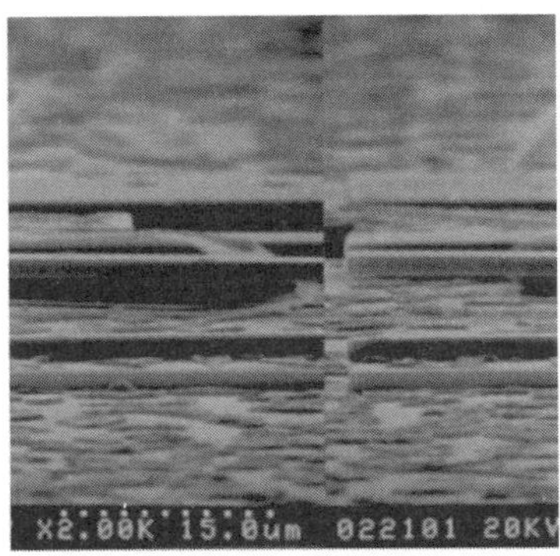

（a）Si_3N_4层上沉积TEOS

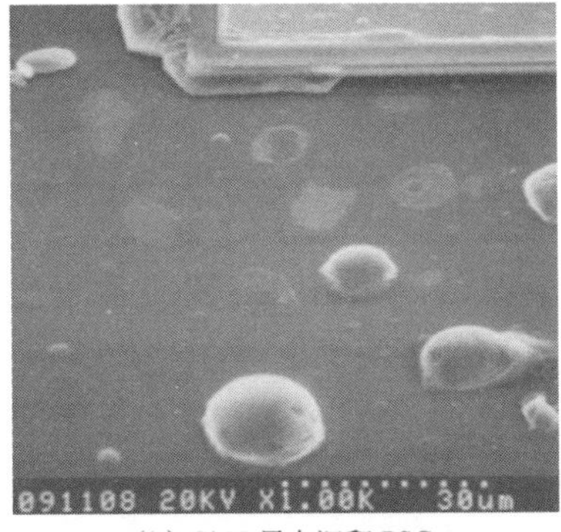

（b）Si_3N_4层上沉积 PSG

（c）Si_3N_4层上沉积LTO

（d）多晶硅层上沉积TEOS

图 4-44　不同介质结构气相腐蚀后的 SEM 图[54]

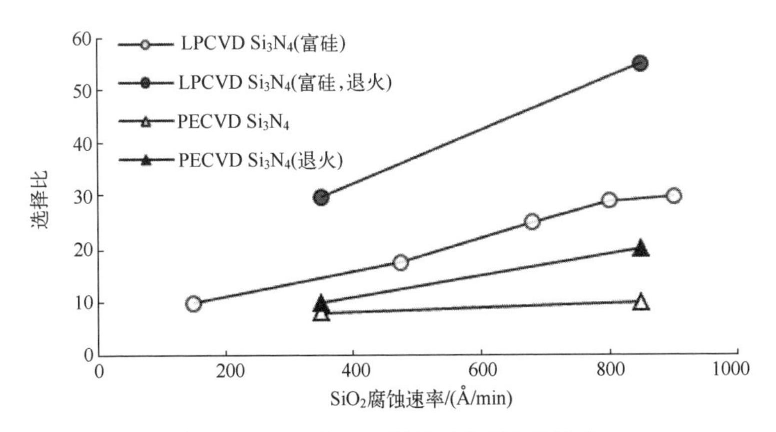

图 4-45　不同 Si_3N_4膜质对选择比的影响

表 4-7 各种材料与 HF 气相腐蚀工艺的兼容性

材 料	牺 性 层	保 护 层	金属电极
热氧化 SiO_2/TEOS	★		
石英	★		
SOI SiO_2	★		
PECVD 方式沉积的 SiO_2	☆		
SOG	☆		
掺杂 BPSG/PSG	▼		
掺杂玻璃/耐热玻璃	▼		
低温 SOG	▼		
PECVD 方式沉积的 SiO_2（SiH_4+N_2O）	▼		
多晶硅		★	
Al_2O_3（厚）		★	
ALD 方式沉积的 Al_2O_3（1000Å）		★	
Al		★	★
SiC		★	
富硅 Si_3N_4		☆	
PECVD Si_3N_4		▼	
光刻胶		▼	
Au			★
Cu			☆
Ti			▼
TiO_2			▼
TiW			★
Ni			★
符号说明：★非常适合；☆可用；▼不可用			

4.3.2 气相 HF 腐蚀在加速度计中的应用

气相 HF 腐蚀工艺在基于表面工艺加工的电容式加速度计中有着广泛应用。

一般用于制造多晶硅梳状结构构筑电容。气相 HF 腐蚀工艺可用于去除多晶硅层下的 SiO_2牺牲层，使之形成可动结构。

XY 轴加速度计结构由可动框架结构和固定梳齿结构组成，固定梳齿结构位于可动框架结构的间隙位置并交替布局，如图 4-46（a）所示。

Z 轴加速度计由一对扭摆梁、不对称的多晶硅活动质量块及位于活动质量块下方的敏感电极、施力电极构成，位于固定锚点上的扭摆梁支撑着活动质量块极板转动，如图 4-46（b）所示。当外界有加速度作用于活动质量块时，活动质量块将使扭摆梁产生偏转，引起角位移。在活动质量块的下方埋置有两对固定电极（一般采用多晶硅材料），分别称为施力电极、敏感电极。角位移引起活动质量块与敏感电极之间的电容发生变化。当位移很小时，输出信号与输入加速度成正比。施力电极用来形成反馈力矩，以使活动质量块恢复到零位位置。

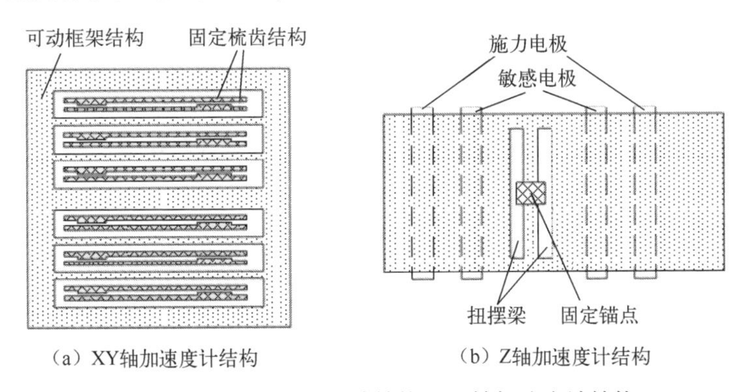

（a）XY轴加速度计结构　（b）Z轴加速度计结构

图 4-46　XY 轴加速度计结构和 Z 轴加速度计结构

意法半导体公司开发的厚多晶硅表面微加工工艺（THELMA 工艺），将 XY 轴加速度计、Z 轴加速度计集成在同一芯片内，开发了三轴电容式加速度计，详细制造工艺如图 4-20 所示。总之，气相 HF 腐蚀工艺是 MEMS 传感器中常用的干法刻蚀技术之一。

参考文献

[1] 格迪斯，林斌彦. MEMS 材料与工艺手册［M］. 南京：东南大学出版社，2014.

[2] RANGELOW I W. Dry etching-based silicon micro-machining for MEMS［J］. Vacuum，2001，62（2-3）：279-291.

[3] MARTY A F，ROUSSEAU A L，SAADANY A B，et al. Advanced etching of silicon based on deep reactive ion etching for silicon high aspect ratio microstructures and three-dimensional micro- and nanostructures［J］. Microelectronics Journal，2005，36（7）：673-677.

[4] AACHBOUN S, RANSON P, HILBERT C, et al. Cryogenic etching of deep narrow trenches in silicon [J]. Journal of Vacuum Science & Technology A Vacuum Surfaces & Films, 2000, 18 (4): 1848-1852.

[5] BOUFNICHEL M, AACHBOUN S, GRANGEON F, et al. Profile control of high aspect ratio trenches of silicon. I. Effect of process parameters on local bowing [J]. Journal of vacuum science & technology. B, Microelectronics and nanometer structures: processing, measurement, and phenomena: an official journal of the American Vacuum Society, 2002, 20 (4): 1508-1513.

[6] LAERMER F, URBAN A. Challenges, developments and applications of silicon deep reactive ion etching [J]. Microelectronic Engineering, 2003, 67 (Jun): 349-355.

[7] PARASURAMAN J, SUMMANWAR A, MARTY F, et al. Deep reactive ion etching of submicrometer trenches with ultra high aspect ratio [J]. Microelectronic Engineering, 2014, 113 (jan.): 35-39.

[8] LAERME F, SCHILP A, FUNK K, et al. Bosch deep silicon etching: improving uniformity and etch rate for advanced MEMS applications [C] // Micro Electro Mechanical Systems, 1999. MEMS '99. Twelfth IEEE International Conference on. IEEE, 1999.

[9] 张鉴，黄庆安，李伟华．MEMS 工艺中反应离子深刻蚀硅片的数值模型研究 [J] 传感技术学报，2006，19 (5)：1426-1429.

[10] 关旭东．硅集成电路工艺基础 [M]．北京：北京大学出版社，2014.

[11] 菅井秀郎．等离子体电子工程学 [M]．张海波，张丹，译．北京：科学出版社，2002.

[12] BOYLE W S, KISLIUK P. Departure from Paschen's Law of Breakdown in Gases [J]. Physical Review, 1955, 97 (2): 255-259.

[13] 王喆垚．微系统设计与制造 [M]．北京：清华大学出版社，2008.

[14] 施敏，李明逵．半导体器件物理与工艺 [M]．3 版．苏州：苏州大学出版社，2014.

[15] EFFENHAUSER C S, BRUIN G J M, PAULUS A. Integrated chip-based capillary electrophoresis [J]. Electrophoresis, 2010, 18 (12-13): 2203-2213.

[16] BLAUW M A, ZIJLSTRA T, BAKKER R A, et al. Kinetics and crystal orientation dependence in high aspect ratio silicon dry etching [J]. Journal of Vacuum Science & Technology B Microelectronics & Nanometer Structures, 2000, 18 (6): 3453-3461.

[17] KIIHAMÄKI J. Deceleration of silicon etch rate at high aspect ratios [J]. Journal of Vacuum Science & Technology A: Vacuum, Surfaces, and Films. 2000 Jul; 18 (4): 1385-1389.

[18] COBURN J W, WINTERS H F. Conductance considerations in the reactive ion etching of high aspect ratio features [J]. Applied Physics Letters, 1989, 55 (26): 2730-2732.

[19] 周浩，罗燕飞，高周妙，等．深槽刻蚀工艺参数及干法清洗工艺的研究 [J]．中国集成电路，2018.

[20] 张汝京．纳米集成电路制造工艺 [M]．北京：清华大学出版社，2014.

[21] HWANG G S, GIAPIS K P. On the origin of the notching effect during etching in uniform high density plasmas [J]. Journal of Vacuum Science & Technology B Microelectronics & Nanometer Structures, 1998, 15 (1): 70-87.

[22] GIAPIS K P. Fundamentals of plasma process-induced charging and damage [M]. Berlin: Springer Berlin Heidelberg, 2000.

[23] TACHI S, TSUJIMOTO K, OKUDAIRA S. Low-temperature reactive ion etching and microwave plasma etching of silicon [J]. Applied Physics Letters, 1988, 52 (8): 616-618.

[24] WASILIK M, PISANO A P. Low-frequency process for silicon-on-insulator deep reactive ion etching; proceedings of the Device and Process Technologies for MEMS and Microelectronics II, F, 2001 [C]. International Society for Optics and Photonics, 2001.

[25] 肯普．惯性 MEMS 器件原理与实践 [M]．张新国，译．北京：国防工业出版社，2016.

[26] LAI S L, JOHNSON D, WESTERMAN R. Aspect ratio dependent etching lag reduction in deep silicon etch processes [J]. Journal of Vacuum Science & Technology A Vacuum Surfaces & Films, 2006, 24 (4): 1283-1288.

[27] BECKER V, LAERMER F, SCHILP A. Anisotropic plasma etching of trenches in silicon by control of substrate temperature [J]. Patent DE, 2000, 19841964 (Germany).

[28] SUMMANWAR A, NEUILLY F, BOUROUINA T. Elimination of notching phenomenon which occurs while performing deep silicon etching and stopping on an insulating layer [C]. IEEE, 2008.

[29] GHODSSI R, LIN P. MEMS materials and processes handbook [M]. New York: Springer Science & Business Media, 2011.

[30] 於广军，闻永祥，方佼，等．SOI 深槽刻蚀 Notching 效应的研究 [J]．中国集成电路，2015，24 (10)：61-64.

[31] VILLARROYA M. Research in microelectronics and electronics [J]. Cantilever Based MEMS for Multiple Mass Sensing, 2005, 1: 197-200.

[32] 杨小兵，王传敏，孙金池．工艺参数对 Si 深槽刻蚀的影响 [J]．微纳电子技术，2009，46 (7)：424-427.

[33] LIU H C, LIN Y H, HSU W. Sidewall roughness control in advanced silicon etch process [J]. Microsystem Technologies, 2003, 10 (1): 29-34.

[34] RAMASWAMI S, DUKOVIC J, EATON B, et al. Process integration considerations for 300mm TSV manufacturing [J]. IEEE Transactions on Device & Materials Reliability, 2009, 9 (4): 524-528.

[35] CHEN K S, AYON A A, ZHANG X, et al. Effect of process parameters on the surface morphology and mechanical performance of silicon structures after deep reactive ion etching (DRIE) [J]. Journal of Microelectromechanical Systems, 2002, 11 (3): 264-275.

[36] JO S B, LEE M W, LEE S G, et al. Characterization of a modified Bosch-type process for silicon mold fabrication [J]. Journal of Vacuum Science & Technology A Vacuum Surfaces & Films, 2005, 23 (4): 905-910.

[37] WALKER M J. Comparison of bosch and cryogenic processes for patterning high-aspect-ratio features in silicon [J]. Proceedings of SPIE - The International Society for Optical Engineering, 2001. 4407 (6): 642-643.

[38] PRUESSNER M W, RABINOVICH W S, STIEVATER T H, et al. Cryogenic etch process development for profile control of high aspect-ratio submicron silicon trenches [J]. Journal of Vacuum Science & Technology B Microelectronics & Nanometer Structures, 2007, 25 (1): 21-28.

[39] WU B, KUMAR A, PAMARTHY S. High aspect ratio silicon etch: A review [J]. Journal of Applied Physics, 2010, 108 (5): 1101-1102.

[40] 欧益宏，周明来，张正元．硅的深槽刻蚀技术研究 [J]. 微电子学，2004，(01): 45-47.

[41] AMERI F, GUTIERREZ D, PAMARTHY S, et al. Innovative chamber design and excellent process performance and stability for ultra high aspect ratio deep trench etch; proceedings of the proceedings of international symposium on dry process, F, 2006 [C]. Mentor Communications, 2006.

[42] WINTERS H F, COBURN J W. The etching of silicon with XeF_2 vapor [J]. Appl. phys. lett, 1979, 34 (1): 70-73.

[43] SUGANO K, TABATA O. Reduction of surface roughness and aperture size effect for etching of Si with XeF_2 [J]. Journal of Micromechanics & Microengineering, 2002, 12 (6): 911-916.

[44] SUGANO K, TABATA O. Effects of aperture size and pressure on XeF_2 etching of silicon [J]. Microsystem Technologies, 2002, 9 (1): 11-16.

[45] BAHREYNI B. Deep etching of silicon with xenon difluoride [D]. University of Manitoba, 2001.

[46] Bahreyni B, Shafai C. Investigation and simulation of XeF_2 isotropic etching of silicon [J]. Journal of Vacuum Science & Technology A Vacuum Surfaces and Films, 2002, 20 (6): 1850-1854.

[47] TILLI M, PAULASTO-KRÖCKEL M, PETZOLD M, et al. Handbook of silicon based MEMS materials and technologies [M]. Amsterdam: Elsevier, 2020.

[48] XU D, XIONG B, WU G, et al. Isotropic silicon etching with Xef_2 gas for wafer-level micromachining applications [J]. Journal of Microelectromechanical Systems, 2012, 21 (6): 1436-1444.

[49] Sun X, Xu D, Xiong B, et al. A wide measurement pressure range CMOS-MEMS based integrated thermopile vacuum gauge with an XeF_2 dry-etching process [J]. Sensors and Actuators A: Physical, 2013, 201: 428-433

[50] HOLMES P, SNELL J. A vapour etching technique for the photolithography of silicon dioxide [J]. Microelectronics Reliability, 1966, 5 (4): 337-341.

[51] HELMS C R. Mechanisms of the HF/H_2O vapor phase etching of SiO_2 [J]. Journal of Vacuum Science & Technology A Vacuum Surfaces & Films, 1998, 10 (4): 806-811.

[52] TOREK K, RUZYLLO J, GRANT R, et al. Reduced pressure etching of thermal oxides in anhydrous HF/alcoholic gas mixtures [J]. Journal of the Electrochemical Society, 1995, 142 (4): 1322.

[53] CHUNG H H, JANG W I, LEE C S, et al. Gas-phase etching of TEOS and PSG sacrifice lay-

ers using anhydrous HF and CH3OH [J]. Journal- Korean Physical Society, 1997, 30 (3): 628-631.

[54] JANG W I, CHOI C A, LEE M L, et al. Fabrication of MEMS devices by using anhydrous HF gas-phase etching with alcoholic vapor [J]. Journal of Micromechanics and Microengineering, 2002, 12 (3): 297.

[55] LINDROOS V, TILLI M, LEHTO A, et al. Handbook of silicon based MEMS materials and technologies [M]. British: William Andrew Applied Science Publishers, 2010.

[56] DU BOIS B, VEREECKE G, WITVROUW A, et al. HF etching of Si-oxides and Si-nitrides for surface micromachining [M]. Netherlands: Springer, 2001.

第5章

键合技术

第3章和第4章介绍的腐蚀和刻蚀工艺主要是通过对同一硅圆片进行腐蚀得到相应结构的，类似于机械加工中的在同一工件上进行加工成形。显然同一硅圆片的腐蚀成形能力有限，往往难以制造出更复杂的微机械结构。传统机械加工方法是先通过车、磨、抛等工艺将机械零件加工出来，再通过机械装配来实现更复杂的机械结构或系统。MEMS制造也有类似于传统机械装配的概念，但装配方法完全不同。MEMS制造是通过键合将制造的不同机械结构的圆片批量组装在一起，从而实现更复杂的三维微机械结构的。本章主要介绍MEMS制造中的批量机械装配方法——键合技术。根据键合圆片的不同，本章将介绍常用的硅-硅、硅-玻璃、X-硅等圆片键合方法。

5.1 硅-硅直接键合技术

硅-硅直接键合技术又称硅熔融键合（Silicon Fusion Bonding，SFB）技术，是一种不利用任何中间黏合剂，无须施加电场，在高温条件下直接将两块或多块清洁的硅圆片键合在一起的技术。该技术最早由Lasky于1985年提出[1]，起初用来制造SOI，1987年开始人们用该技术来制造压力传感器。该技术由于工艺过程简单、键合强度高，已成为MEMS制造的关键工艺，在MEMS领域得到广泛应用。

5.1.1 键合工艺特性

1. 表面平整度及表面处理

用于硅-硅键合的硅圆片对键合面的平整度有要求，即硅圆片需要进行抛光处理，但是抛光处理后的硅圆片表面仍存在一定起伏和表面粗糙度，并不是理想的平面。现代工艺加工的硅圆片 RMS（均方根）粗糙度一般小于 1nm。但键合前的 MEMS 工艺过程，如湿法腐蚀、干法刻蚀等工艺都有可能使硅圆片表面粗糙度增加，而表面太粗糙的硅圆片在键合后键合面会形成孔洞，因此为了实现完整的硅-硅键合，键合表面须满足一定要求。当硅圆片表面起伏高度 h 和宽度 a 满足式（5-1）的要求时，键合后键合面不会形成孔洞：

$$\frac{h^2}{a^4} \leqslant \frac{\sigma}{64D} \tag{5-1}$$

式中，σ 为键合界面能；D 为弯曲刚度，$D=EH^3/(1-v^2)$，其中，硅的杨氏模量 E 和泊松比 v 分别为 1.66×10^{11}Pa 和 0.23，H 为硅圆片的厚度。

MEMS 工艺过程除了会增加硅圆片的表面粗糙度，还常常会使硅圆片翘曲变形，图 5-1 所示为薄膜沉积工艺后硅圆片表面形变情况，最大形变量为微米级[2]，严重的翘曲会导致无法键合。为了实现硅-硅键合，应尽可能降低工艺过程带来的翘曲，一般要求最大翘曲小于 2μm。

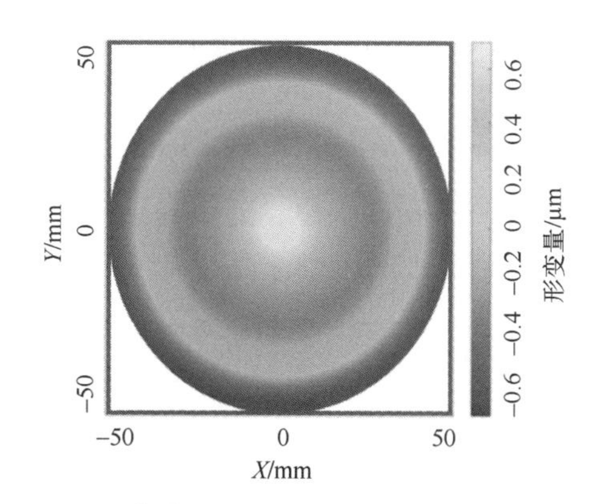

图 5-1　薄膜沉积工艺后硅圆片表面形变情况

除了表面粗糙度、平整度会影响硅-硅键合质量，对键合硅圆片进行亲水处理对提高键合质量也很重要。这主要是因为在低温阶段的硅-硅键合主要是源于界面处的—OH 基团或水分子之间形成的氢键，而对硅圆片表面进行亲水处理可提高其表面的—OH 基团密度。常用的表面处理方法有很多种[3]，其中，湿法包括用氨水、硫酸或者煮沸的硝酸清洗，干法包括等离子体处理等。大量的实验证实，采用上述表面处理方法有利于提高硅-硅键合的质量。

2. 温度影响

温度是影响硅-硅键合质量的关键因素之一。当温度升高到 200～800℃ 时，键合面会产生大量空洞[4]，研究表明这主要是由硅圆片表面存在碳氢化合物污染，当温度升高到一定程度时，碳氢化合物从硅圆片表面解吸附引起的[5]。但是当温度升高到900℃以上后，这些空洞就会消失，其原因主要是在高温下空洞中的碳、氢扩散进入体硅中（这也是目前已获得实验支持的一种解释）。在实际键合过程中，一般采用高于1100℃的高温可完全消除键合引起的空洞。

一般而言，键合温度越高，硅-硅键合强度越大。这可从硅-硅键合原理得到解释：从室温至200℃，硅-硅键合主要是源于界面处的—OH 基团之间形成的氢键，随着温度升高，—OH 基团的迁移率进一步增大，更多的氢键跨越界面间隙，增强了键合强度。而随着温度进一步升高，键合面处的 Si—O—Si 键逐渐取代氢键并在300℃时占据主导地位，在未键合的微间隙区域，硅圆片因发生弹性形变而发生键合，键合强度进一步增强。在高温下，氧化硅的黏滞流动及塑性形变进一步消除了键合的微间隙区域并形成共价键，进一步增强了键合强度。硅-硅键合强度在键合温度大于1100℃时达到饱和。

5.1.2 键合装置

图5-2所示为德国 Karl Suss 公司生产的键合机，用于在硅-硅键合时进行对准，精度达±5μm，可获得大于95%的键合面积，且键合界面的气密性和稳定性良好，15min 内可完成单次键合。图5-3所示为键合机键合腔体内部，键合腔体内部有上下两个加热台提供键合所需温度，还可提供键合压力[6]，另外键合腔体内部可以抽真空或者充键合保护气体（如氮气、氩气、氦气等）。

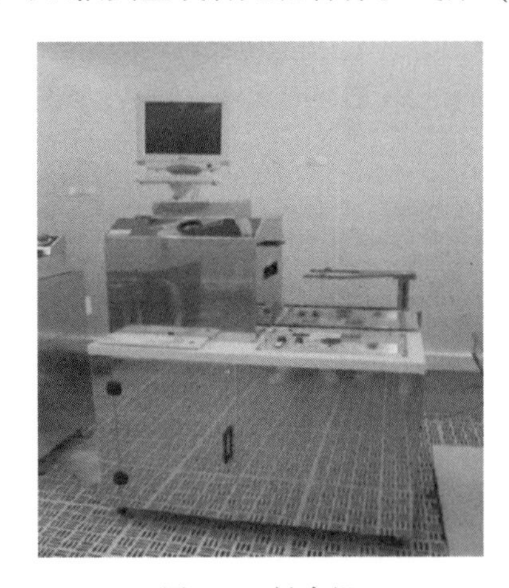

图5-2　键合机

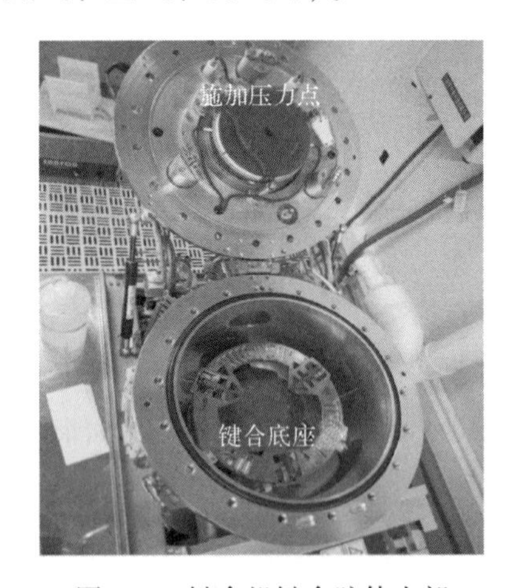

图5-3　键合机键合腔体内部

键合机所能提供的键合温度一般不超过400℃，而硅-硅键合强度要达到饱和一般要求键合温度大于1100℃，因此在键合机中完成初步键合后，还需要将硅圆片送入如图5-4所示的高温退火炉内，在高温下进一步键合。

图 5-4　高温退火炉

5.1.3　键合工艺

硅-硅直接键合的主要工艺步骤如下。

（1）硅圆片表面处理：首先是硅圆片表面清洁处理，如果硅圆片表面沾污有直径为 1μm 的颗粒，那么在硅-硅键合时将会引起直径为毫米量级的孔洞；其次是硅圆片表面活化处理，采用含 OH^- 溶液浸泡或等离子体活化处理，使得硅圆片表面悬挂大量—OH 基团，增强其亲水性。

（2）预键合：在室温下将经过表面处理的两块硅圆片对准贴合，两块硅圆片接触面吸附的分子膜就可形成氢键，此时会发生模型为 Si—OH…(HOH…HOH…HOH)…OH—Si 的自发键合。在氢键连接中两个氧原子相距 0.276nm，表面粗糙度达 1nm 的硅圆片完全可以通过多个水分子之间形成的氢键“桥”将两块硅圆片连接起来。

（3）高温键合可分为三个阶段：

① 温度从室温至 400℃左右。在温度从室温升至 200℃时，由于硅圆片表面的—OH 基团的内能随温度的升高而增加，其迁移率增大，—OH 基团之间相互接触的机会增加，因此能形成更多氢键。此时，硅圆片的弹性形变会进一步增大键合面积，提高键合强度。当温度达到 200℃时，Si—OH 键之间发生聚合反应形成比氢键更牢固的硅氧键，硅-硅键合强度迅速增大。当温度达到 400℃左右时，聚合反应基本完成。

② 温度从 500℃上升到 800℃。上一阶段生成的水停留在键合界面上，因此有人认为键合过程中键合面的气泡孔洞是由键合面的水引起的[7-8]。在这个阶段，上一阶段产生的水中的 OH^- 可破坏上一阶段产生的硅氧键，从而使氧原子变成非桥接氧原子。

③ 温度超过 800℃直至超过 1000℃。当温度超过 800℃时，水开始在 SiO_2 中显著扩散，且扩散随着温度升高呈指数增强。此时，键合界面上在较低温度时形成的孔洞和水分子扩散进入 SiO_2 层，孔洞逐渐消失。而且在高温下，SiO_2 会产生黏滞流动，所以一些微小间隙会被 SiO_2 填充，从而消失。当温度超过 1000℃时，邻近原子之间产生共价键。至此，键合完成。

硅-硅键合界面处发生的反应如图 5-5 所示[9]。

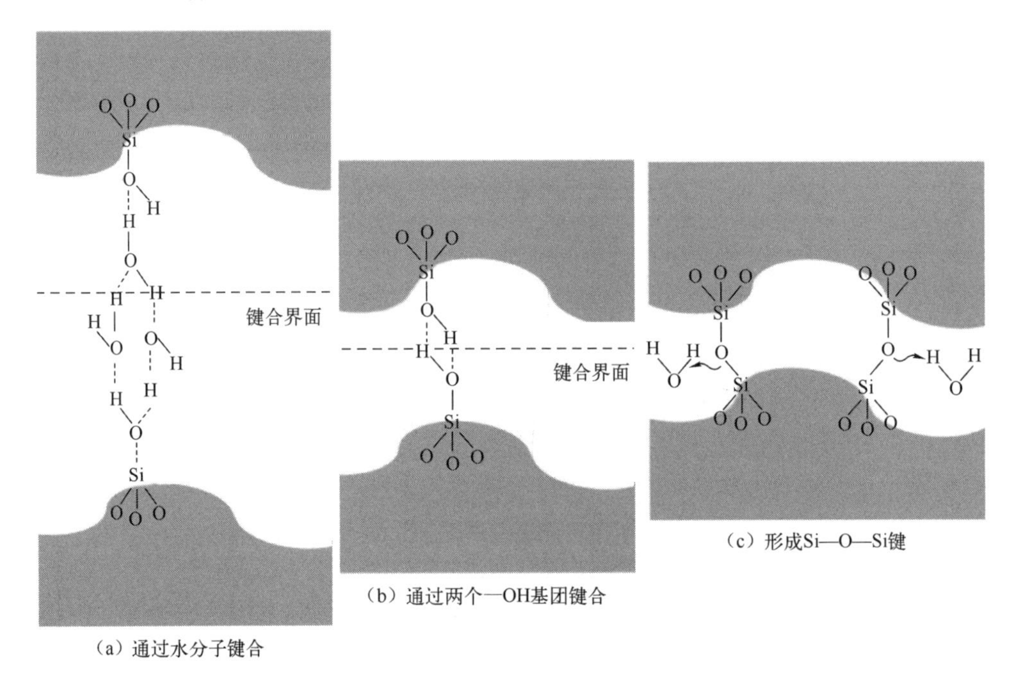

图 5-5　在硅-硅键合界面上发生的反应

5.1.4　应用场合

硅-硅键合技术既可以用于 MEMS 芯片的结构制作，也可以用来进行器件封装。

硅-硅键合技术为加速度计的设计和制作提供了极大的自由度。1988 年，Kurt Petersen 等人采用硅-硅键合工艺设计了一种基于微型悬臂梁的加速度计[10]，如图 5-6 所示，其结构的独特之处是在一硅圆片上设计制作惯性质量块，并在硅圆片表面腐蚀一浅槽，随后和一块预先腐蚀有空腔的玻璃片键合，玻璃空腔底面形成了悬臂梁向下的过载保护；将制作有惯性质量块和浅槽的硅圆片与另一硅圆片进行硅-硅直接键合，顶层的硅圆片形成了悬臂梁向上的过载保护。1996 年，Kurt Petersen 等人利用硅-硅直接键合技术制作了含有空腔结构的 SOI 圆片[11]：选择两块 P 型硅圆片，其电阻率均为 3～7Ω·cm，一块用作 SOI 衬底，另一块则用作器件层的承载片。SOI 衬底要通过热氧化制备 1μm 厚的氧化层作为埋氧层，此氧化层厚度可自行设定；若 SOI 衬底上需要预埋空腔结构，则需在此氧化层上进行光刻并将其图形化，基于刻蚀工艺并控制刻蚀时间在衬底上形成所需深度的凹槽。随后，在承载片表面外延生长 2～30μm 厚的 N 型外延层，外延层的厚度及电阻率即最终器件层的厚度及电阻率。然后，此外延层与之前制备的衬底带凹槽的表面进行硅-硅直接键合，键合完成后通过研磨去除承载片及抛光等工艺步骤，最终制备获得带空腔的 SOI 圆片。这种带空腔的 SOI 圆片为传感器、执行器的制作提供了新的圆片。

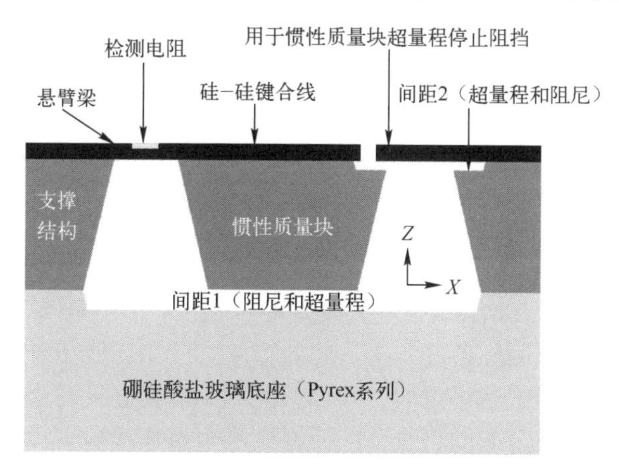

图 5-6　硅-硅键合的悬臂梁加速度计剖面图

2000 年，Amit Mehra 等人采用硅-硅键合技术设计制作了微型燃气涡轮发动机[12]。发动机结构复杂，无法由单块硅圆片实现，因此设计团队采用了六层硅圆片键合的设计方案。该方案采用的是自上而下的设计方法，将所需设计总厚度为 3.8mm 的发动机拆分成厚度为 400～1000μm 的六层结构，每层结构由一块硅圆片基于 DRIE 制作而成，最后基于硅-硅对准直接键合技术将六层硅圆片组装在一起从而实现六层结构的发动机，其六层圆片结构剖面图如图 5-7 所示。整个器件尺寸为 21mm×21mm×3.8mm。得益于硅-硅键合的强度及密度，0.195cm^3燃烧室内可保持一定稳定的氢火焰，且出口处气体温度可高达 1600K。

无独有偶，2001 年，A. A. Ayon 等人设计了基于 MEMS 工艺的高压双推进剂火箭发动机[13]，设计思路与上文一致，也采用了自上而下的设计方法，将发动机结构解拆分为六层结构，每层结构由一块硅圆片制作而成，通过对准硅-硅键合将六层硅圆片键合在一起形成发动机结构。

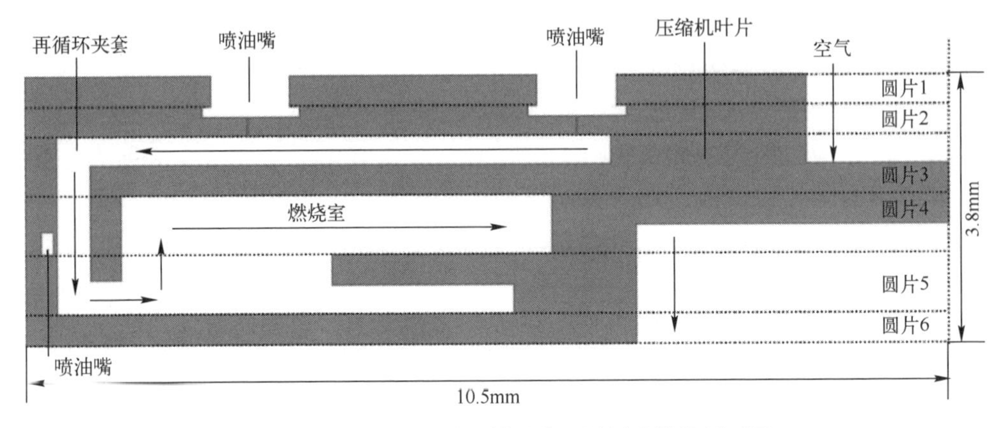

图 5-7　微型涡轮发动机轴对称六层圆片结构剖面图

5.2　硅-玻璃直接键合技术

5.1 节介绍的硅-硅键合技术为了提高键合强度，往往需要高温工艺，因此不适用于有工艺温度限制的器件制造。此外，某些应用还希望硅键合在绝缘衬底上，以降低寄生效应的影响。这时，可以使用硅-玻璃直接键合技术，这一技术的工艺温度远低于铝等金属的熔点，即使制作了金属连线也可以进行键合，而且玻璃是绝缘材料，可以大大减少寄生电容。1969 年，Wallis 和 Pomerantz 提出了硅-玻璃直接键合技术（又称阳极键合技术或静电键合技术）[14]，该技术还可用于玻璃-金属、玻璃-合金键合场合。

5.2.1　键合原理

在硅-玻璃直接键合中，硅圆片和玻璃圆片分别与电源正极、负极相连接。当将硅圆片、玻璃圆片加热至较高温度时（300~400℃），硅圆片由于本征激发，电阻率大大减小，其特性类似金属。此时玻璃圆片中的 Na^+在电场力的作用下向负极移动，玻璃键合面上会形成宽约几微米的带负电的耗尽层，硅键合面上产生相应的镜像电荷，在玻璃的耗尽层中形成强电场，耗尽层附近的电场强度可达 10^6V/cm，在玻璃与硅键合界面处产生较大的静电吸引力。如果硅圆片、玻璃圆片表面平整、粗糙度低，静电力就会使玻璃发生形变，从而与硅的键合面紧密接触，并形成 Si—O—Si 键，最终完成键合。

采用扫描电子显微镜观察键合后硅-玻璃界面处的结构可发现[15]，硅圆片、玻璃圆片之间形成了厚度为 0.5~1μm 的中间过渡层，这也是硅圆片与玻璃圆片能够实现牢固键合的原因。采用能谱技术对过渡层构成物质进行分析可知，过渡层主要由复合氧化物构成，且 Si、O、Na、Al 等元素浓度呈明显的梯度分布。硅是一种阻滞性阳极（Blocking Anodic），一般而言，Si 元素在键合过程中不能向玻璃中扩散，但 Si 元素在键合界面处浓度呈梯度分布说明了 Si 元素有向玻璃界面迁移的可能性。玻璃中的碱金属离子（如 Na^+）在键合温度下受热离解，在电场作用下 Na^+等碱金属离子向阴极移动，因此玻璃键合界面上形成了耗尽层，在强电场的作用下耗尽层中的氧负离子向硅界面迁移，氧负离子与硅发生氧化反应生成了中间过渡层的复合氧化物，从而使硅与玻璃永久键合。

5.2.2　键合工艺特性

1. 玻璃的导电性

在玻璃键合面上形成带负电的耗尽层是实现硅-玻璃直接键合的关键，因此在键合温度下，玻璃圆片内的 Na^+等碱金属离子应能够在外加电场作用下漂移到与负电极相连接的玻璃圆片表面。常用的 Pyrex7740 和 Pyrex7070 玻璃成分对比如表 5-1 所示[16]。

表 5-1　Pyrex 玻璃成分对比　　单位：wt. %

成　分	玻璃片种类	
	7070	7740
SiO_2	70	80. 5
B_2O_3	28	12. 9
Li_2O	1. 2	—
Al_2O_3	1. 1	2. 2
K_2O	0. 5	0. 4
Na_2O	—	3. 8

硅-玻璃直接键合时，玻璃圆片中 Na^+等碱金属离子在键合温度下离解后在键合电压作用下向负电极移动，而在正电极接触面上留下裸露的负的固定电荷，此时电路中有电流产生。随着 Na^+的不断漂移，正电极接触面上逐渐形成耗尽层，且耗尽层厚度会不断增大，此时外加电压逐渐落在耗尽层的两端，即电流逐渐减小。当耗尽层厚度大到足以将全部的外加电势都降落在耗尽层上时，玻璃片内部电流消失。关于电场作用下玻璃片的电流特性，至今已经有了较为系统的研究[17,18]。图 5-8 所示为在不同电压、不同温度下的键合电流随键合时间的变化曲线[17]。由该曲线可以推断出硅-玻璃直接键合完成的标志为电路中电流降为零。

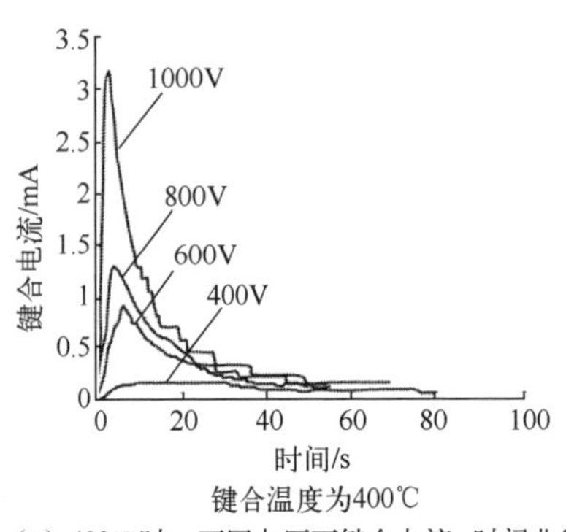

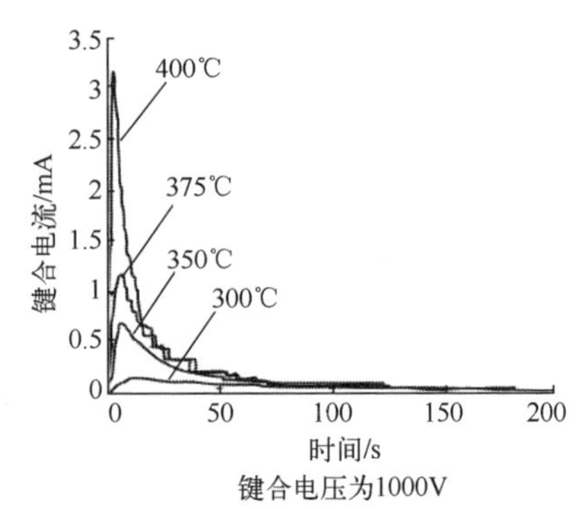

（a）400℃时，不同电压下键合电流–时间曲线　（b）电压为1000V时，不同温度下键合电流–时间曲线

图 5-8　键合电流随键合时间的变化曲线

由图 5-8 可知，一方面，键合电流上升快，下降也快，且其随施加的键合电压的增大而增大。另一方面，键合电流随键合温度的升高而增大，其主要原因是温度升高时玻璃圆片内部的活动 Na^+等碱金属数目呈指数上升，导电性增强。当撤掉施加在玻璃圆片两端的电压之后，部分 Na^+会发生复位，其中一部分 Na^+在重新施加电压后会再次发生漂移，但大部分 Na^+都不能发生复位。

2. 键合温度的影响

温度是硅-玻璃直接键合的主要参数之一。一方面随着温度的升高，键合表面的—OH 基团更容易在表面迁移，从而使更多的氢键跨越界面间隙，在硅-玻璃界面处形成 Si—O—Si 键的概率变大，有利于提高键合强度；另一方面，从图 5-8（b）中可以看出，随着温度的升高键合电流会增大，这意味着更多 Na^+移动到阴极表面，玻璃耗尽层厚度增加，向硅表面移动的氧负离子更多，因此与硅发生反应形成的 Si—O—Si 键更多，有利于提高键合强度。

但是键合温度也不是越高越好，这主要是因为在停止加热之后，键合片在冷却至室温的过程中，玻璃圆片与硅圆片的热膨胀系数间的差异必然会导致热应力产生，当残余热应力过大时，甚至会导致键合片破碎。图 5-9 所示为硅圆片与 Pyrex7740 的热膨胀系数[17]，当温度低于 300℃时，硅圆片与 Pyrex7740 的热膨胀系数基本一致，而当温度大于 300℃以至大于 450℃时，两者热膨胀特性产生较大偏差。因此为了兼顾较大的键合强度和较低的残余热应力，一般将键合温度设置在 300℃左右。

3. 键合面的影响

硅-玻璃键合表面太粗糙或不平整会导致键合失败。一般而言，当键合圆片表面粗糙度小于 10nm、不平整度小于 8μm 时不会影响最后的硅-玻璃键合效果，但硅-玻璃直接键合的硅圆片与玻璃圆片表面不可避免会有一定起伏。图5-10所示为键合接触界面局部示意图[17]。当表面起伏间隙小于8μm时，由于键合面之间存在较大的静电力作用，玻璃片会产生弹性或塑性形变，使硅-玻璃键合面之间相互紧密接触，最终硅-玻璃之间形成牢固键合，即这种小的表面起伏并不影响最后的键合效果。

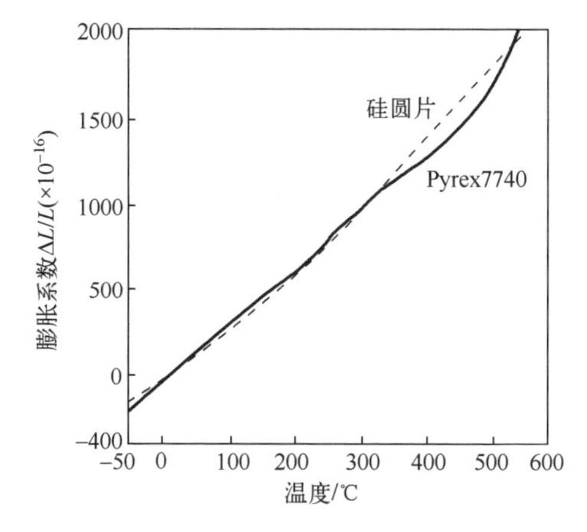

图5-9 硅圆片与Pyrex7740的热膨胀系数

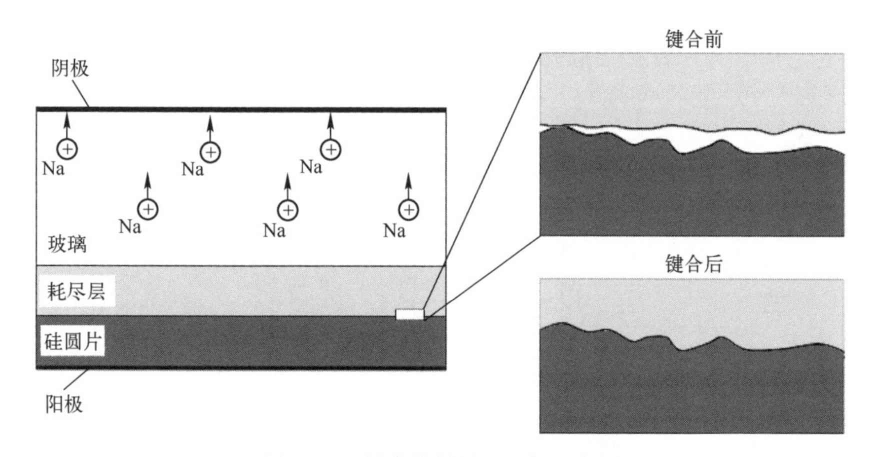

图5-10 键合接触界面局部示意图

对键合面进行清洁处理和活化处理可改善硅-玻璃的键合效果。有研究表明，键合面上即使存在直径只有1μm的颗粒或污染物，都会造成直径达4.4mm的未键合区，这主要是由于键合面处的颗粒或污染物增大了该处的静电力作用距离，因此硅-玻璃键合面之间相互作用的静电力急剧减小。因此，键合前对键合圆片进行清洗是完全必要的，可最大限度降低颗粒或污染物对键合效果的影响。而且，对键合面进行活化处理增大其表面能可获得更好的键合效果。表面活化处理方法有两种：一种是湿化学法，如采用混合溶液 RCA1（H_2O_2∶NH_4OH∶H_2O=1∶1∶5）和 RCA2（H_2O_2∶HCl∶H_2O=1∶1∶6）对键合面进行表面活化处理；另一种是干法活化，最常用的干法活化方法是等离子体活化，常见的用于产生等离子体的气体包括 O_2、N_2、NH_3等，等离子轰击提高了键合面的表面能，使其表面具有更高的吸附能力，如采用氧等离子体一方面可清洁键合面；另一方面可形成大量悬挂键，提高键合面的表面能，采用等离子体处理后的硅-玻璃键合强度可达 30MPa。

5.2.3　键合装置

硅-玻璃直接键合装置的原理示意图见图 5-11（a），电源的正极、负极分别与硅、玻璃一侧的电极相连，由于键合需要一定温度，温控系统是必不可少的，为了实现均匀加热，通常在硅圆片底部和玻璃圆片上面各设置一个加热板（为了简便，图中只画了一个加热板）。由于硅-玻璃直接键合温度一般不高于 400℃，因此不需要退火炉进行高温处理。图 5-11（b）所示为硅-玻璃直接键合装置腔体内部照片，腔体提供键合电压和键合压力，加热板及温控系统提供键合所需温度，腔体内部可以抽真空或者充键合保护气体（如氮气、氩气、氦气等）。通过软件可设置键合电压、压力、真空度等参数，以满足不同的键合需求。特别值得注意的是与玻璃圆片直接接触的阳极形状对键合有一定影响[6]。

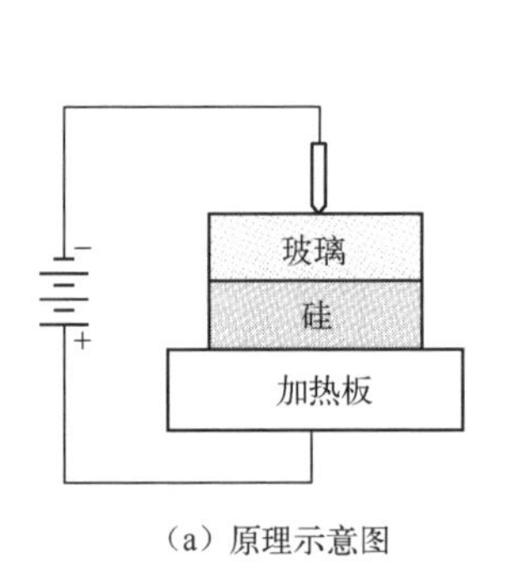

（a）原理示意图

（b）腔体内部照片

图 5-11　硅-玻璃直接键合装置

硅-玻璃直接键合装置中的电极一般为点接触电极或者平行板电极。图 5-12 所示为点接触电极的等效电路，距离点电极越远的位置串联电阻的阻值越大，而点电极正下方的串联电阻的阻值最小。距离点电极越远，静电吸引力越小，即距离点电极最近的位置首先键合上，然后键合从此点开始向周围传播。因此采用点电极进行键合时一般不会产生孔洞，但键合过程耗时较长，且圆片边沿键合效果较差。而采用平行板电极，加快了键合过程，但由于平行板电极与玻璃之间并不是完全紧密接触的，因此可能会导致某些键合面处的空气无法排出，最后形成孔洞。

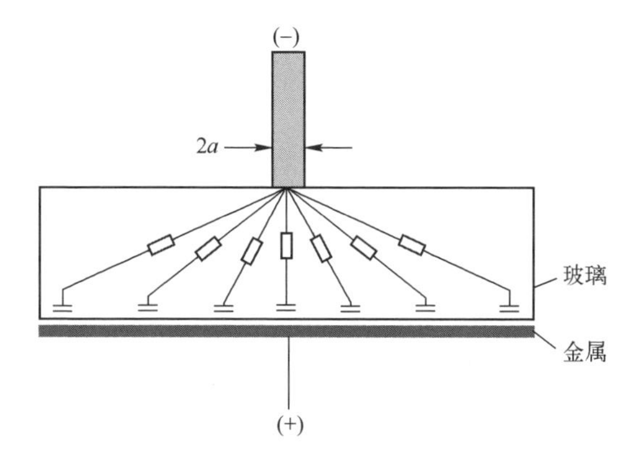

图 5-12　点接触电极的等效电路

5.2.4　键合工艺

典型的硅-玻璃直接键合过程中的压力、电压、电流和电荷量随时间的变化曲线如图 5-13 所示[18]。

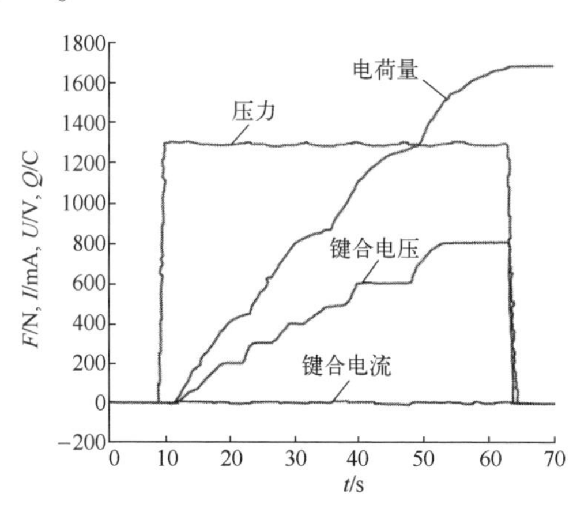

图 5-13　典型的硅-玻璃直接键合过程中的压力、电压、电流和电荷量随时间的变化曲线

硅-玻璃直接键合工艺步骤如下[19]。

（1）对待键合硅、玻璃圆片进行清洗、活化处理，将两块圆片对准后送入键合机，升温至设定的键合温度（300～350℃）。在键合温度下，硅圆片中的本征载流子浓度增大，导电性能增强；同时玻璃圆片中的 Na^+ 等碱金属离子受热离

解成能自由移动的离子。

(2) 键合机腔体内抽真空。一方面，保持键合机内较高的真空度，可使玻璃与硅圆片键合面接触更加紧密，有利于键合面形成氢键和发生反应；另一方面，在一些器件制备过程中需要真空，如基于硅-玻璃键合实现一个真空腔体。

(3) 施加压力。施加压力可使玻璃与硅圆片接触得更加紧密，使得氢键更容易形成和氧化反应更容易发生。

(4) 施加电压。压力稳定之后施加键合电压，与电源负极相连的玻璃圆片中 Na^+向负极移动，在硅、玻璃接触面玻璃侧形成耗尽层。耗尽层中的氧负离子在强电场的作用下向硅界面移动，与硅发生氧化反应，形成键合界面处的中间复合氧化物过渡层，硅和玻璃被键合在一起。显然，如果将硅圆片连接至负极，则硅和玻璃之间将不能发生键合，这也是该键合方式又称阳极键合的原因。施加电压的一瞬间，外电路会产生一个电流脉冲，这是由于高温下硅圆片导电性几乎接近于金属，玻璃圆片中的 Na^+充当了载流子，流向负极，从而产生电流。随后电流会快速下降。

(5) 键合完成。外电路电流降低为零，说明硅-玻璃界面上已经形成耗尽层，此时玻璃圆片中不再有自由移动的 Na^+，这标志着键合过程已经结束，此时可停止施加电压，提高气压至常压，并降低系统温度至室温，完成键合。

上述工艺完成之后，键合面上形成的 Si—O—Si 键使得硅-玻璃界面形成了良好的键合，具有一定的键合强度。

5.2.5 应用场合

硅-玻璃直接键合是 MEMS 传感器制作中常用的一种工艺技术，如用于电容式和压阻式的传感器制作[20]。图 5-6 所示的带有过载保护的加速度计也是基于硅-玻璃键合制作而成的[9]，在一块硅圆片上设计制作惯性质量块和浅槽，随后将此硅圆片和一块预先腐蚀有空腔的玻璃圆片键合，玻璃空腔底面形成了悬臂梁向下的过载保护。

2005 年，Bryan Fonslow 等人基于硅-玻璃直接键合工艺设计制备了的一种全玻璃结构微流控芯片[21]，虽然现在常用聚二甲基硅氧烷（PDMS）与玻璃键合来制作微流控芯片，但 PDMS 与玻璃基座之间的附着力弱，因此无法通过加压方式驱动流体流动，而采用真空方式驱动流体流动。利用玻璃刻蚀制作出全玻璃结构的微流控芯片则能避免这一点。微流控芯片制作工艺流程如图 5-14 所示：首先在玻璃圆片两面分别沉积 Cr/Au 金属层，然后保护背面金属层，对正面金属层进行图形化，进而以 Cr/Au 和光刻胶为掩模用 HF 腐蚀玻璃形成沟道，去胶，去除 Cr/Au 金属层，随后在腐蚀后的玻璃圆片上沉积 Ti/Au 并图形化，只保留微流道壁上的金属作为电极结构，至此底层圆片结构制作完成；在另一块玻璃圆片上，以载玻片为掩模进行超声打孔，并在其表面利用等离子增强化学气相沉积（PECVD）工艺沉积 90nm 非晶硅，至此顶层圆片结构制作完成；利用硅-玻璃直接键合技术键合两块圆片，形成闭合的微流道，微流控芯片制备完成。

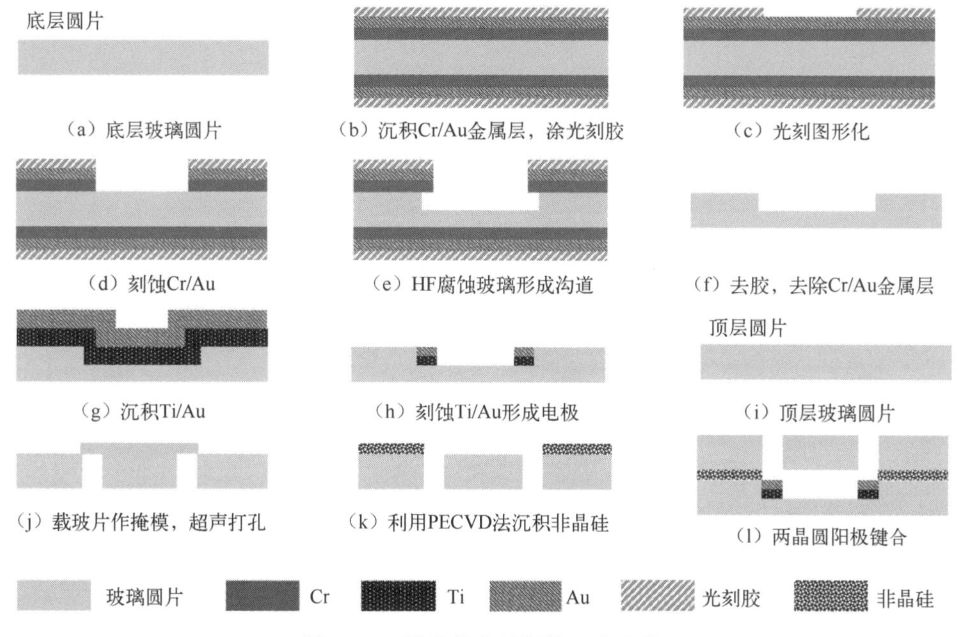

图 5-14　微流控芯片制作工艺流程

2017 年，冯飞等人[22]利用 SOI 圆片使用两次硅-玻璃直接键合技术制作了用于气相色谱分析的微型热导检测器。首先在硅圆片上沉积介质薄膜和金属层，并图形化，形成热敏电阻及其支撑层结构；在玻璃圆片上腐蚀沟槽；将硅和玻璃圆片对准后进行硅-玻璃直接键合；在键合片的硅表面涂胶光刻图形化，利用 RIE 技术刻蚀硅，释放微结构；最后将另一块玻璃圆片和键合片的硅表面进行第二次硅-玻璃直接键合，形成所需器件结构。

5.3　带金属中间层的键合技术

除了硅-硅直接键合与硅-玻璃直接键合，在两个键合面中加入中间层材料可使键合时所需的最高温度更低一些、键合后腔体结构的气密性更好一些等，从而在某种程度上降低键合难度、提高键合质量。金属及金属化合物是常用的中间层材料，带金属中间层的键合技术包括如图 5-15所示的四种基本类型[23]，分别为焊料键合（Solder Bonding）、共晶键合（Eutectic Bonding）、TLP（瞬态液相）键合（Transient Liquid-Phase Bonding，TLP Bonding）与热压键合。表 5-2 列举了六种带金属中间层的键合技术类型及其相关材料体系与键合温度[23]。

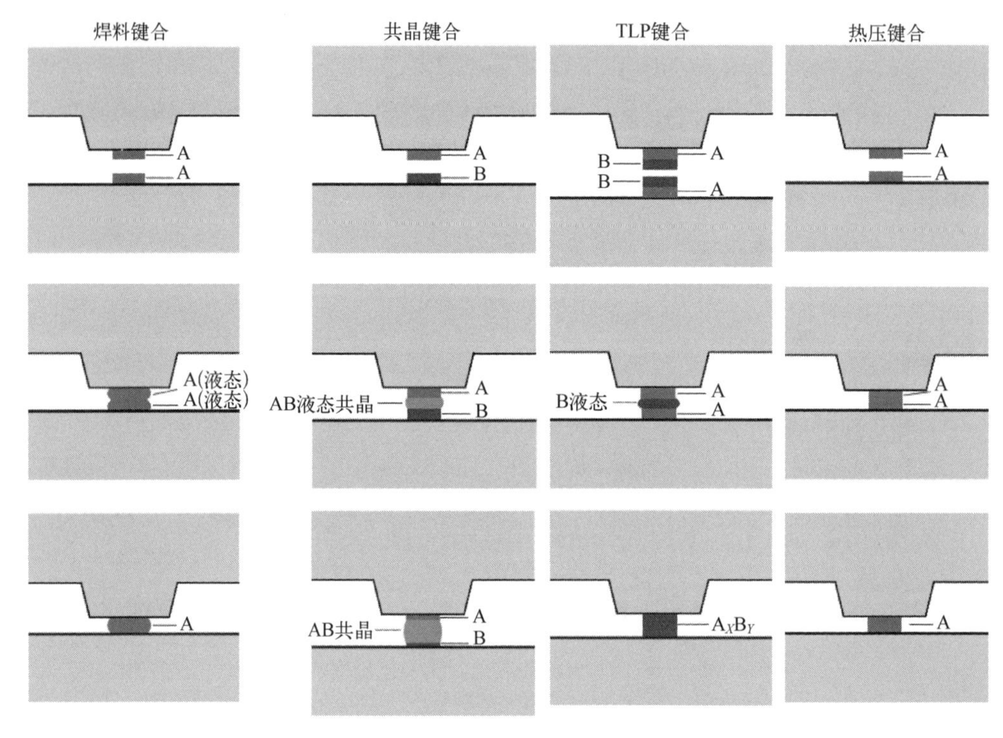

图 5-15　基本的带金属中间层键合技术类型

表 5-2　带金属中间层的键合技术类型及其相关材料体系和键合温度

键合技术	材料体系	键合温度/℃
软焊料键合	Sn-Ag 与 Cu/Ni/Au	240
	Sn-Pb 与 Cu/Ni/Au	210
	Sn-Bi 与 Cu/Ni/Au	160
共晶键合	Au 与 Si	400
	Au 与 SiGe	400
	Au 与 Ge	400
	Al 与 Ge	425
	Au-Sn 与 Au	300
	Au-In 与 Au	160

续表

键 合 技 术	材 料 体 系	键合温度/℃
TLP 键合	Cu-Sn 与 Cu	280
	Ag-Sn 与 Ag	250
	Ag-In 与 Ag	250
	Au-Sn 与 Au	260
	Ni-Sn 与 Ni	300
	Au-In 与 In	175
热压键合	Au 与 Au	380
	Cu 与 Cu	350
	Al-Al	450
	Al-Al	100~150[24,25]
超薄金属薄膜	SiO_2/Ti 与 Si	400
反应键合	Ni/Al RMS（Reactive Metal Layer Stack）+Sn 与 Au	射频
	AlPd RMS 与 Al	射频

下面对共晶键合、热压键合和反应键合进行详细介绍。

5.3.1　共晶键合

1. 键合原理

共晶键合（共晶焊接）是指采用两种（或两种以上）金属，在特定温度下不经过两相平衡，就可以直接从固态转化为液态，反之亦然。键合面在高温下实现再结晶，在键合面上形成一层多金属的共晶相[26-28]。共晶键合温度比键合过程中涉及的材料的熔化温度要低得多。共晶键合过程中的出气量非常低，可以实现理想的高真空封装，因此在 MEMS 芯片制造中共晶键合常被用于气密或真空封装。Al、Au、Au-Sn 和 Au-In 等是常用的金属材料，除此之外，Au-Si、Au-Ge、Au-SiGe、Al-Ge 等也可以产生共晶结合体系。

李正国等人[26]采用共晶键合对器件中央的微镜进行封装，通过金属沉积并图形化，在微镜四周的键合区域形成了一个键合金属环，因此可选择局部直接加热方式（如激光加热或者微热电阻加热等）来实现金属区域升温共晶键合而器件区域保持较低温度，这对于温度敏感的微型传感器而言尤为重要。键合后的 X 射线照片表明，键合金属环结构清晰可见，键合界面连续无断裂等情况。

2. 键合工艺

共晶键合需要在键合面上制作金属层，电镀、溅射、丝网印刷等是制作金属层常用的技术。

要实现共晶键合，首先要在衬底圆片和盖板圆片上分别制备键合金属材料并图形化。图 5-16 所示为在衬底圆片和盖板圆片上分别制备的 Ag-In 共晶键合金属材料示意图[26]，In 和 Ag 的熔点分别为 156.7℃和 961.9℃，而其共晶温度为 144℃，该温度远低于硅-玻璃直接键合温度。

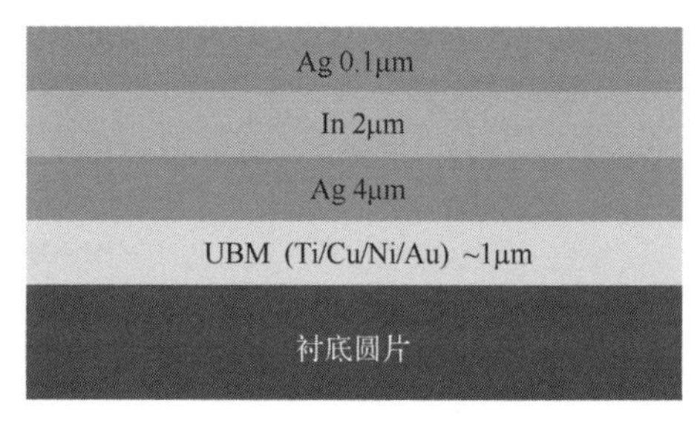

图 5-16　Ag-In 共晶键合金属材料示意图

共晶键合具体工艺如下：

首先在衬底圆片和盖板圆片表面制作厚度为 1μm 左右的凸点下金属层（Under Bump Metallization，UBM）[Ti（30nm）/Cu（300nm）/Ni（500nm）/Au（100nm）] 作黏附层。

然后交替沉积 Ag 和 In 金属层，Ag 和 In 金属层厚度分别为 4μm 和 2μm，基于金属剥离（Lift-Off）工艺形成环形金属图案，将待键合器件围绕起来，以便键合密封。

最后加热键合，温度视键合材料而定，经过高温后，键合界面上的金属互溶，最终形成共晶相，完成键合。

3. 应用场合

2009 年，李正国等人利用 Ag/In 金属层实现了微型反射镜与玻璃盖板的封装工艺[26]，具体是利用 SOI 圆片加工制备了微镜器件，同时在微镜的四周制作了 Ag/In 金属环。该金属环由 2μm 的 In 与 4μm 的 Ag 组成，通过金属剥离工艺完成图形化，而在 Ag/In 金属层和衬底材料之间沉积了 30nm 的 Ti、300nm 的 Cu、500nm 的 Ni 和 100nm 的 Au 作 UBM，同时在键合玻璃盖板表面也制作了同样形状的 UBM 和 Ag/In 金属层，最终在 180℃的条件下完成键合封装，键合后键合面上形成 Ag_xIn_y 合金。

基于共晶键合可实现器件内外的引线连接。如图 5-17 所示，S. Kuhne 等人利用 Au/Sn 共晶键合与硅-硅直接键合技术实现了器件的密封封装，同时实现了器件引线的相互连接[28-29]。

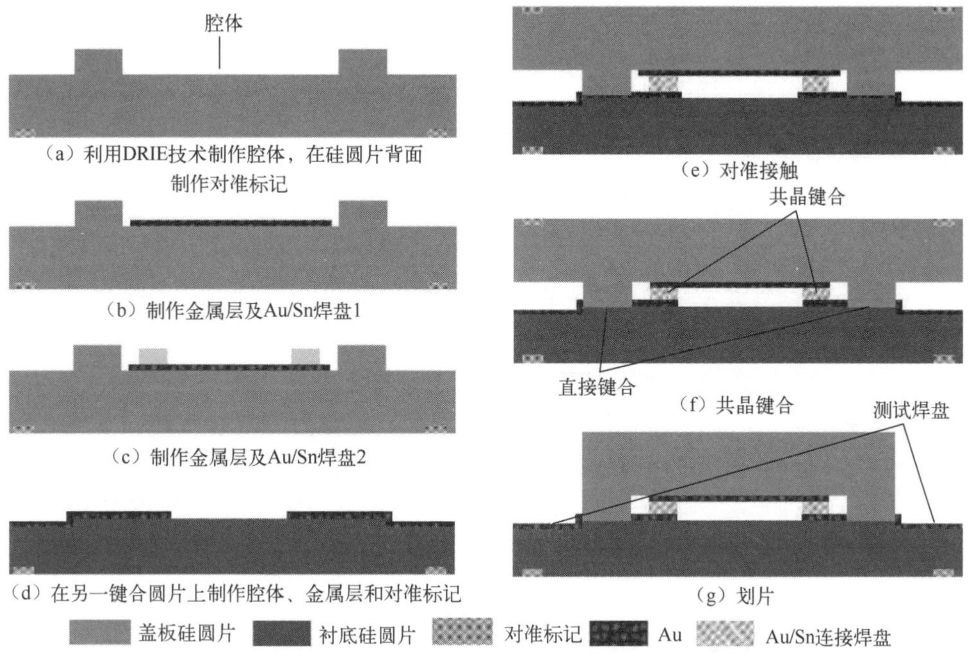

图 5-17 基于 Au/Sn 共晶键合实现器件内外的引线连接

盖板硅圆片的制备：首先利用干法刻蚀硅，在硅圆片上制作出一个深 300nm 的空腔，在空腔内部电子束蒸发一层 100nm 的 Au 并图形化，随后电子束蒸发交替沉积 10 层 9nm 的 Au 和 6nm 的 Sn 作电学连接的焊盘结构。

衬底硅圆片的制备：在硅衬底上形成一个腔体结构，基于金属剥离工艺制作厚度为 100nm 的金属引线。

键合：将两块硅圆片进行对准接触，在硅-硅接触区域实现硅-硅直接键合，在引线区域则采用 Au/Sn 共晶键合，完成腔室密封键合的同时实现了两块圆片上引线的相互连接。

5.3.2 热压键合

1. 键合原理

热压键合又称扩散键合（Diffusion Bonding），是一种基于原子接触的直接固态扩散键合工艺。热压键合技术通过同时加热和施加压力的方式使两种金属接触，此时原子扩散形成键合界面。在射频 MEMS、发光二极管、激光二极管及功率器件的设计及制作中常会用到热压键合技术。

热压键合常用的金属材料包括 Au[30]、Al 和 Cu[31]，这几种材料具有高扩散速率，因此被广泛用于热压键合过程中。而 Au 与 Al 和 Cu 相比较，扩散温度更低，且不易被氧化，性能更稳定。

2. 键合工艺

热压键合与共晶键合工艺过程基本一致，都是先通过沉积、溅射等手段，在键合面上制作键合金属层，两者区别在于共晶键合涉及多种金属的互溶与再结晶，而热压键合只涉及一种金属。在图形化后加热时，热压键合面上存在原子的扩散，最终在键合面上形成一层金属。

如图 5-18 所示，Cu 热压键合的主要工艺步骤包括[31]：在硅圆片上沉积 Cu（Ti/TiN/Ti/Cu，厚度为 5nm/20nm/5nm/800nm）薄膜，作为电镀的种子层；涂胶光刻，以光刻胶图形为模板电镀 Cu，形成键合金属环；键合 Cu 金属环平坦化，去胶，去种子层；另取一块 SOI 圆片，光刻并图形化，利用 DRIE 技术刻蚀硅圆片并自停止于埋氧层，进一步刻蚀埋氧层；沉积金属 Cu；将两块键合圆片的 Cu 金属层对准，加热加压完成键合。

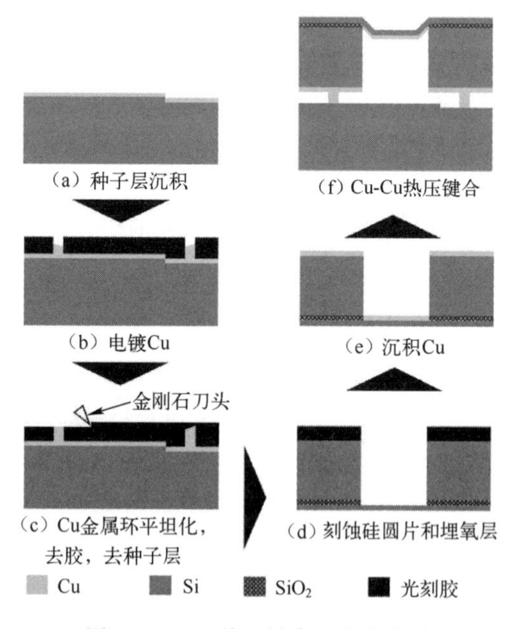

图 5-18　Cu 热压键合工艺流程图

3. 键合应用场合

2011 年，S. Ishizuka 等人[30]利用丝网印刷技术实现了 50μm 亚微米级 Au 颗粒密封线的制作，首先在硅圆片上沉积 50nm 的 Ti 与 200nm 的 Au，作为硅圆片与亚微米级 Au 颗粒的中间介质，图形化之后形成键合所需的密封线。随后利用丝网印刷技术在金属层上印刷 Au 浆料，待浆料烘干之后即可完成亚微米 Au 颗粒的附着。在另一块硅圆片上沉积 50nm 的 Ti 与 200nm 的 Au，最后将两块键合圆片的图形面对准后进行热压键合。

2017 年，Hinterreiter 等人[24]通过表面预处理改进了 Al-Al 热压键合工艺。传统的标准 Al 热压键合使用的 Al 金属颗粒尺寸为 300~700nm，而改进 Al 沉积工艺后，沉积的 Al 金属颗粒尺寸为 200~300nm。改进的 Al-Al 热压键合工艺在键合前，通过表面预处理除掉了 Al 层上的自然氧化层，将 Al-Al 热压键合温度从 450℃降到了 150℃，实现了低温热压键合。

2018 年，Al Farisi 等人[31]设计制作了基于 Cu 热压键合的硅基空腔。采用 DRIE 技术在硅衬底上刻蚀出腔室结构，该腔室主要是为了测试键合后的密封性。在一块硅圆片上连续沉积 5nm/20nm/5nm/800nm 厚的 Ti/TiN/Ti/Cu 金属层，Ti 金属层起黏附层作用，TiN 层被用作扩散阻挡层，Cu 金属层是下一步电镀 Cu 时的种子层；光刻图形化并电镀形成 Cu 的键合金属环结构；在另一块带空腔的硅圆片表面连续沉积 5nm/20nm/5nm/800nm 厚的 Ti/TiN/Ti/Cu 金属层；最后利用热压键合技术完成两块硅圆片的键合，即可完成空腔的制备。

5.3.3 反应键合

1. 键合原理

反应键合是一种基于纳米多层膜中自蔓延反应的高放热实现内部加热的键合技术[32]。与前两种键合技术的主要区别在于反应键合需要制备多层复合金属膜，反应键合过程实质上是化学反应过程。

多层复合金属膜中的自蔓延反应如图 5-19 所示[32]，首先在键合面上交替生长 A、B 两种金属，制备得到 A/B/A/…/B/A 多层金属膜，制备完成后，通过点火等方式启动反应，反应从左端开始，向右蔓延，交替的多层薄膜层中的元素混合发生在反应区域内。

2. 键合工艺

反应键合的主要工艺步骤如图 5-20 所示[32]。反应键合工艺基于硅圆片；在硅圆片上沉积黏附层，如 500nm 的 SiO_2、500nm 的多晶硅，20nm/300nm 的 Ti/Au 等；交替沉积多层金属层，如 Al/Ti、Al/Pd 或 Ti/a-Si 等；图形化形成键合金属环；沉积 Sn 并图形化，形成集成反应系统；在盖板硅圆片上沉积 Ti/Au；对准两块键合圆片并加压；点火启动放热反应；完成键合。其关键技术在于制作集成反应系统，实现反应键合。

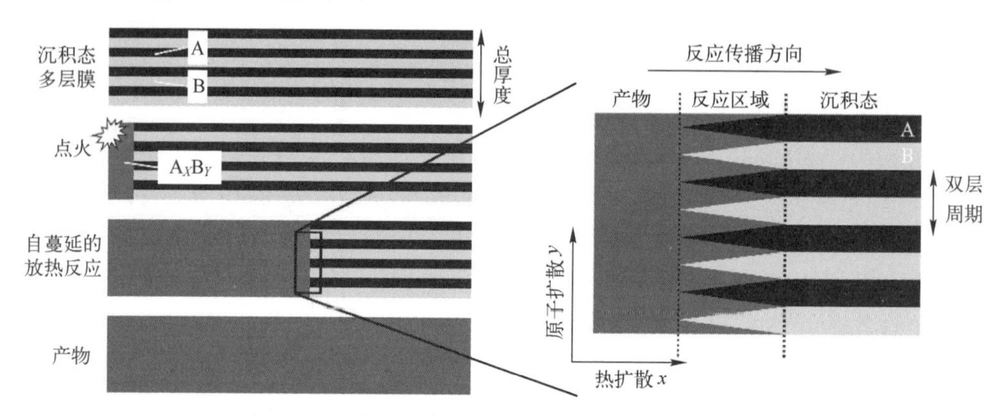

图 5-19　多层复合金属膜中的自蔓延反应示意图

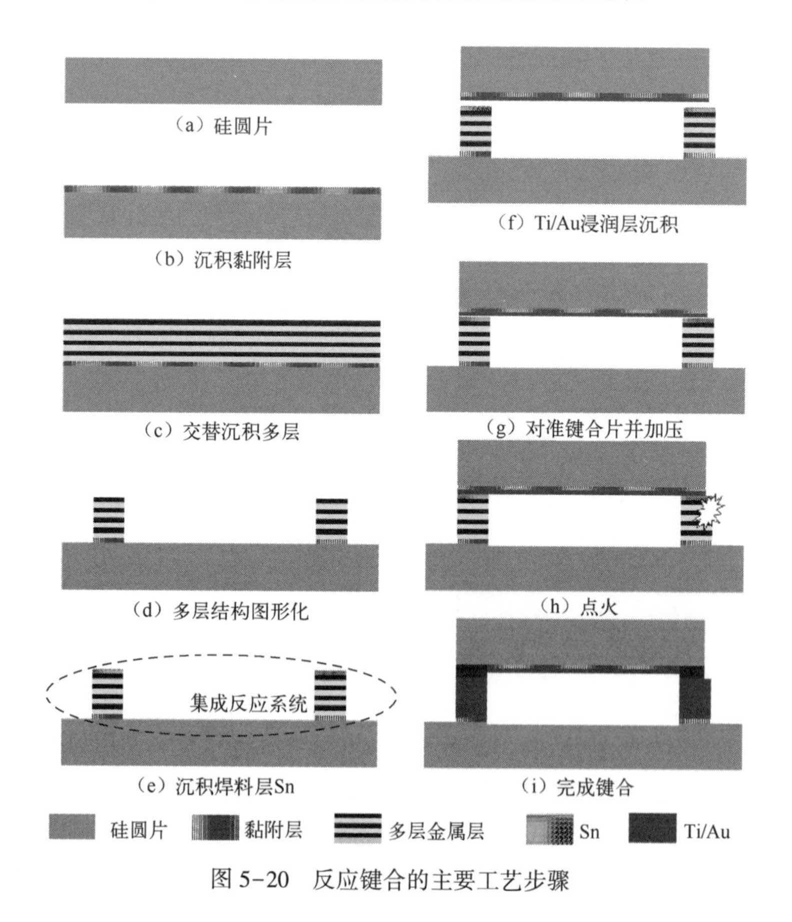

（a）硅圆片

（b）沉积黏附层

（c）交替沉积多层

（d）多层结构图形化

（e）沉积焊料层Sn

（f）Ti/Au浸润层沉积

（g）对准键合片并加压

（h）点火

（i）完成键合

图 5-20　反应键合的主要工艺步骤

3. 键合应用场合

2012 年，Braeuer 等人[32]开发了可用于 MEMS 封装的反应键合技术，制备了 Al/Pd 或 Ti/a-Si 两种集成反应系统，其工艺流程相似。先在硅圆片上沉积一层黏附层，很多材料都可用作黏附层，如 500nm 的 SiO_2、利用 LPCVD 法沉积的 500nm 的多晶硅或者 20nm/300nm 厚的 Ti/Au 等。然后在黏附层之上沉积多层金属（多层 Al/Pd 结构或 Ti/a-Si 结构）作反应材料层。之后取一块硅圆片作为盖板，在其键合面上溅射制作 Ti/Au 金属层。最后将两块硅圆片的键合面对准并启动反应完成键合。

5.4　黏附层键合

黏附层键合（Adhesive Bonding）不同于金属键合，中间键合介质层采用的是玻璃、聚合物等。黏附层键合可以实现高的表面能，因此低温下（最高温度低于 450℃）能够实现高的键合强度，可以缓解失配材料间热应力导致的解键合。此外，黏附层的存在会增加圆片级键合工艺对表面颗粒、沾污及表面缺陷的容忍度，可以实现不完美圆片表面间的键合。聚合物由于制备工艺简单高效且成本较低，因此是黏附层的主要材料之一。在 MEMS 中聚合物黏附层键合主要应用于制备射频 MEMS 芯片[33]、生物 MEMS 系统[34]、MEMS 系统与集成电路集成[35-38]等。

聚合物按照性质差异可以分为四类，分别为热塑性聚合物、热固性聚合物、弹性聚合物及混合聚合物。热塑性聚合物具有可再熔性，通过冷却可以实现固化，具有好的剥离强度，但抗蠕变性较弱[39]。热固性聚合物需要通过加热实现固化，具有比热塑性聚合物更高的硬度及更好的化学稳定性，但剥离强度较弱[39]。弹性聚合物能够在相对低的应力下承受较大的形变，并且在不断裂的情况下可以恢复原状，但是其整体强度较低[39]。混合聚合物是通过混合其他三种聚合物形成的新聚合物，其性质与组分配比相关。

在聚合物黏附层键合中，应针对不同的应用条件选取不同性质的聚合物材料作为键合介质层。首选微电子工艺中已经兼容的聚合物，并且聚合物中的溶剂及溶质要与圆片表面材料和器件兼容，同时要充分考虑聚合物本身的热学、机械及化学等方面的稳定性。在实际应用中，当聚合物黏附层作为器件的功能材料时，其化学稳定性及抗老化能力就显得尤为重要；当聚合物键合只作为临时键合工艺时，键合界面的聚合物黏附层应具有易腐蚀和溶解的特性。一些微流体及生物 MEMS 等应用，要求聚合物黏附层具有可植入的生物兼容性。表 5-3 列出了黏附层键合中常用作键合介质层的聚合物。

表 5-3　黏附层键合中常用作键合介质层的聚合物

聚合物黏附层	特　点	参考文献
环氧树脂	1. 热固型材料 2. 热固化 3. 具有强而稳定的化学键	[40，41]
紫外固化环氧树脂（SU8 等）	1. 热固型材料 2. 紫外固化 3. 具有强而稳定的化学键 4. 同图形化薄膜键合	[40，42]
纳米压印抗蚀剂	1. 热固型材料或热塑型材料 2. 优化后对表面结构具有很好的回流，适于圆片键合	[43]
正光刻胶	1. 热塑型材料 2. 热熔化 3. 键合界面出现未键合孔洞，键合强度弱	[40，44]
负光刻胶	1. 热固型材料 2. 热固化或紫外固化 3. 键合力弱，热稳定性差 4. 同图形化薄膜键合	[40，44]
苯并环丁烯（BCB）	1. 热固型材料 2. 热固化 3. 圆片级高产量 4. 形成化学和热学稳定的强化学键 5. 同图形化薄膜键合	[40-48]
甲基丙烯酸甲酯（PMMA）	1. 热塑型材料 2. 热熔化	[40]
聚二甲硅氧烷（PDMS）	1. 弹性型材料 2. 热固化 3. 适用于等离子体辅助键合 4. 具有生物兼容性	[40]
含氟多聚体（铁氟龙等）	1. 热塑型和热固型材料 2. 热固化或热熔化 3. 稳定的化学键 4. 同图形化薄膜键合	[40]
聚酰亚胺（热固型）	1. 热固型材料 2. 热固化 3. 常在亚胺化过程中产生气泡 4. 同图形化薄膜键合 5. 主要用于芯片级	[40，44]
聚酰亚胺（热塑型）	1. 热塑型材料 2. 热熔化 3. 高温稳定性 4. 用于临时键合	[38]

续表

聚合物黏附层	特　　点	参 考 文 献
聚醚醚酮（PEEK）	1. 热塑型材料 2. 热熔化	[40，49]
热固型共聚酯	1. 热固型材料 2. 热固化	[40，50]
聚对二甲苯	1. 热塑型材料 2. 热熔化	[40，51]
液晶聚合物	1. 热塑型材料 2. 热熔化 3. 具有良好的防潮性	[40，52]
蜡	1. 热塑性材料 2. 热熔化 3. 温度稳定性差 4. 主要用于临时键合	[40，53]

在传统的键合工艺中，聚合物黏附层键合工艺步骤如下所示[40,43-45]。

（1）清洁并干燥圆片。采用通用的圆片清洗工艺，如超声清洗、兆声清洗等，去除圆片表面颗粒、污染物，并甩干去除残留水分。

（2）使用增黏剂处理圆片表面。增黏剂是辅助试剂，能够在不影响聚合物性质的同时，增强聚合物与圆片表面的黏附力。

（3）在一块或两块圆片表面形成聚合物层。形成聚合物层的方法主要有物理方法（旋涂法、喷涂法）和化学方法（沉积法）等。

（4）依据聚合物种类进行软烘或实现部分聚合物交联。从聚合物层中移除溶剂和挥发性物质，其中热固型黏附剂保持部分交联可黏附性。

（5）将软烘后的两块圆片置入键合腔中，建立真空环境。真空环境有利于键合界面气体的释放，避免键合界面束缚气体形成气泡而降低键合质量。

（6）在键合腔中，将两块圆片相互靠近并对准叠放后，施加一定大小的垂直于圆片表面的键合压力。在压力的作用下，两块圆片表面通过聚合物黏附层紧密接触。对于热固型聚合物，为避免黏附力降低，键合压力应在聚合物交联凝固前施加。而热塑型聚合物应在达到其可流动的熔点时施加键合压力。

（7）在施加键合压力的同时，对键合圆片进行一定温度的加热处理。聚合物的交联或者复联通常是通过加热触发的，所需加热温度取决于聚合物的种类，交联也可能发生在室温条件下。

（8）冷却释放键合压力。对于热塑型聚合物，在确保聚合物完全冷却固化后再释放键合压力。

在使用聚合物作为键合的介质层时，聚合物的材料种类、圆片表面形貌、键合压力、键合温度、键合气压及温度变化曲线等对键合质量有直接影响，具体如下所示[40,43-44]。

(1) 聚合物黏附剂的性质决定键合参数。选取的聚合物一定要与圆片材料兼容并对圆片材料具有足够的浸润性。同时，聚合物黏附剂的固化过程决定了键合压力、键合温度、键合气压及温度变化曲线。

(2) 圆片表面几何形貌是影响键合质量的直接因素。虽然聚合物黏附剂具有表面平坦化作用，但是当圆片表面存在较大颗粒或存在大的表面起伏时，聚合物黏附剂无法完全平坦化圆片表面，从而影响键合质量。

(3) 聚合物黏附层的厚度会影响键合时对键合表面形貌的容忍度。厚的聚合物层具有更好的圆片表面平坦化能力，同时能够有效降低大失配材料间的应力。

(4) 键合界面及圆片完整性受键合压力大小的影响。合适的键合压力会降低键合界面的孔洞形成的概率，但过度的键合力可能造成圆片碎裂或键合结构损坏。

(5) 键合温度及温度变化曲线取决于聚合物黏附剂的种类。对于热固型聚合物，只有保证足够的键合温度、固化温度及固化时间，才能实现聚合物充分的交联。聚合物的回流温度低于聚合物的交联温度，因此，在升温过程中，应在回流温度保持一定时间，使得聚合物交联之前实现充分回流，从而提升键合强度。对于热塑型聚合物，必须选择合适的键合温度，以保证低黏度的聚合物可以充分回流，在键合界面实现聚合物重新分布。在升温过程中，要控制升温速率，使键合对得到充分加热，同时避免引入大的热应力造成圆片碎裂。

虽然黏附层键合可以提升键合对圆片表面形貌的容忍度，通过简单的键合工艺可以实现低温高强度键合，但是大部分黏附层受限于低的热导率，以及低的长期化学稳定性，对器件的寿命和可靠性不利。

5.5 X-硅键合

虽然硅材料奠定了微电子学发展的基石，但是化合物半导体材料具有更丰富的多元体系及相对更优越的光学、电学性能，如第二代半导体材料 InP，压电材料 $LiTaO_3$，第三代半导体材料 SiC、GaN 及宽禁带氧化物 Ga_2O_3等。因此，将硅基 MEMS 芯片与化合物功能器件异质集成，可以实现功能卓越的片上集成微系统，以满足 5G、物联网及人工智能时代的需求。发展异质集成技术首先要解决不同半导体材料功能薄膜的异质融合问题，这将为今后器件及系统的集成提供重要基础。目前，对于失配材料间集成，传统的异质外延的方法受限于材料间的失配问题（晶格失配、晶型失配、热膨胀系数差异），无法通过直接在硅圆片外延得到高质量的异质单晶薄膜。对比异质外延方法，键合无疑是更简单、更直接的方法。然而，失配材料间的键合受材料本身性质影响较大，呈现与硅-硅及硅-玻璃直接键合不同的键合行为。因此不同失配材料间的高质量键合的键合方法因材而异。常用的键合技术包括等离子体辅助键合（Plasma Assisted Wafer Bonding）及表面激活键合（Surface Activated Bonding，SAB）等直接键合技术。本节将主要介绍应用于不同失配材料与硅圆片的键合技术。

5.5.1　等离子体辅助键合

直接键合是通过将洁净、平整的两块圆片表面进行原子级接触，经过高温退火工艺形成共价键实现圆片键合（对于硅-硅直接键合，退火温度≥800℃），不需要介质层[54]。但是，高温退火工艺限制了其在系统及器件集成方面的应用。通过等离子体处理圆片表面，圆片表面达到激活态，此时可实现低温高强度的直接键合，这种方法被称为等离子体辅助键合。等离子体辅助键合属于直接键合，对圆片表面质量有着严格要求，如表面粗糙度、平坦度及表面污染等。对于 4～6in 的圆片，一般要求表面粗糙度小于 0.5nm，平坦度小于 10μm 及整体厚度变化小于 2μm[55-57]。直接键合按反应方式可以分为亲水性键合和疏水性键合两类，等离子体辅助键合属于亲水性键合。亲水性键合是指在键合过程中发生脱水亲水性反应，可通过室温预键合和高温退火两步实现键合。

在室温条件下，直接将满足键合需求的一对圆片对准叠放，同时在垂直于圆片表面方向施加一定的额外压力，使两圆片表面达到原子级接触，通过圆片表面吸附的水分子与羟基形成氢键，实现预键合[55-56]。氢键的数量决定了成键的强度，因此，表面水分子与羟基的数量直接决定了键合强度的强弱。在后续高温退火加固过程中，高温会促进圆片间的羟基脱水，使氢键转变为更为牢固的共价键，键合强度得到显著提升。以 InP 与 Si 键合为例，退火过程中发生如式（5-2）所示反应[58]：

$$\mathrm{Si{-}OH+OH{-}InP \longrightarrow Si{-}O{-}InP + H_2O} \tag{5-2}$$

产生的水分子扩散到硅层时，在高温条件下会继续与硅发生如式（5-3）所示反应[58]：

$$\mathrm{Si+2H_2O \longrightarrow SiO_2+2H_2} \tag{5-3}$$

基于亲水性键合基础，等离子体辅助键合通过引入等离子体处理圆片表面来实现室温强键合。等离子体是在交变电场中，由高速电子与气体分子碰撞产生的电离气体，整体呈现电中性，通常由电子、离子、未电离的中性粒子集团组成。在电场的作用下，形成的一定能量的等离子体与圆片表面发生相互作用，打破圆片表面的平衡态，使得圆片表面呈现高激活态。常用的等离子气体包括氧气、氮气、氩气等。

引入等离子体辐照圆片表面实现低温强键合的原因如下。

（1）等离子体辐照溅射去除圆片表面残留污染物。圆片表面存在的污染物会增加表面势垒，阻止共价键的形成。等离子体辐照表面能够通过低能溅射去除圆片表面部分污染物，从而降低表面势垒。

（2）增加羟基数量。等离子体辐照圆片表面，通过一定能量的等离子体与表面原子相互作用，可以打破圆片表面平衡态，促进不稳定的表面悬挂键的生成。产生的悬挂键会吸附空气中的水分子，进而使表面羟基的数量增加，促进反应式（5-2）的进行。

等离子体辅助键合的工艺流程与清洗后未处理表面的直接键合相比，仅在键合前圆片表面处理及键合后退火温度方面存在差异。首先，对圆片进行标准圆片清洗工艺处理，去除圆片表面残存的有机污染物和无机污染物，并对圆片进行甩干处理。然后，在真空腔中对圆片表面进行一定时间的等离子体激活处理。随后在大气或者真空环境下将两圆片表面对准叠放，同时施加垂直于圆片表面的键合压力，使两圆片表面达到原子级接触，实现预键合。最后，对键合圆片进行低温退火处理，促进亲水性键合反应的发生，增强键合强度，完成等离子体辅助键合。等离子体激活能够打破圆片表面的平衡态，促进圆片表面的悬挂键的形成，进而增加表面羟基数量，因此在较低的退火温度下即可形成高密度的共价键，实现高强度的直接键合。等离子体辅助键合由于具有低温高强度特性，因此被应用于部分较大失配材料与硅圆片间键合。

InP 是第二代半导体，与硅相比，具有直接带隙、高的电子迁移率等优点，被广泛应用于射频领域和光子集成领域。InP 是重要的全光子集成平台，它允许单片集成所有有源器件，包括激光器、放大器、调制器及传感器等；也允许单片集成无源器件，包括波导互联、滤波器及耦合器等。高性能的 InP 光子集成电路已经被广泛应用于相干发射器、接收器、波长转换器及分组交换等。硅基 InP 不仅可以解决硅基光源的问题，还可以继承 InP 的全光子集成能力，实现单片全光子集成。通过离子束剥离和转移技术及等离子体辅助键合方法，可以实现高质量 2~4in 硅基 InP 薄膜异质集成[59]，如图 5-21（a）所示。

SiC 具有优异的光子学特性。与硅材料相比，SiC 继承了硅材料的一些优异特性，如 SiC 的光电性能调控可以通过 P、N 型的掺杂工艺实现等。此外，SiC 还具有许多独特的优秀性能。如 SiC 的带隙为 2.4~3.2eV，对应于足够光子学应用的透光窗口 0.2~2mm。SiC 的二阶（30pm/V）和三阶（10~18m^2/W）线性系数也十分优异。而作为第三代宽禁带半导体，SiC 的高临界击穿电场（2.2MV/cm）、高电子迁移率（950cm^2/V · s）、高物理强度（莫氏硬度 9.5）、高热导率（480W/m · K）等物质的极限特性更是可以达到与“完美材料”金刚石相同的水平。然而，SiC 的高化学稳定性的优势也给 SiC 带来了加工极其困难的问题，目前无论是干法刻蚀工艺还是湿法腐蚀工艺都很难对 SiC 材料进行深度刻蚀。利用 SiC 体材料制备的平面电学、光学器件，由于器件层和 SiC 圆片相连，会造成严重的漏电，损耗光性能，而且器件工艺与主流硅基工艺不兼容，难以集成。因此，高性能的 SiC 薄膜材料制备是突破目前 SiC 基器件应用瓶颈的方法之一。相比于 SiC 体材料，硅基 SiC 薄膜在满足 CMOS 集成的基础上，由于中间存在低折射率介质层，更适合非线性光学、量子光学及混合集成光学等光增强、光调制系统。通过离子束剥离和转移技术及等离子体辅助键合方法，可以实现高质量 4in 硅基 SiC 薄膜异质集成，如图 5-21（b）所示[60]。

$LiTaO_3$具有优良的压电和热释电性能，尤其是具有较高的声速，可作为 3~5GHz 滤波器的制备材料。传统基于压电单晶体衬底的 SAW 滤波器技术主要应用于低频段（f<1.5GHz）场合，表面声波能量泄漏严重，SAW 滤波器的品质因数不高，很难满足目前 5G 移动通信技术对高性能滤波器的要求，而基于硅基 $LiTaO_3$压电单晶薄膜异质衬底的 SAW 滤波器有望实现较高的品质因数、超低的频率温度系数（TCF），并且基于硅圆片的多层膜结构具备良好的散热性能，可以保证变温条件下的频率响应稳定性，因此有望满足现有 5G 通信频段 2.5~3.5GHz 对声表面波滤波器的需求。通过离子束剥离与转移技术及等离子体辅助键合，可以实现高质量 4in 硅基 $LiTaO_3$薄膜异质集成，如图 5-21（c）所示，为高性能滤波器提供制备平台[61]。

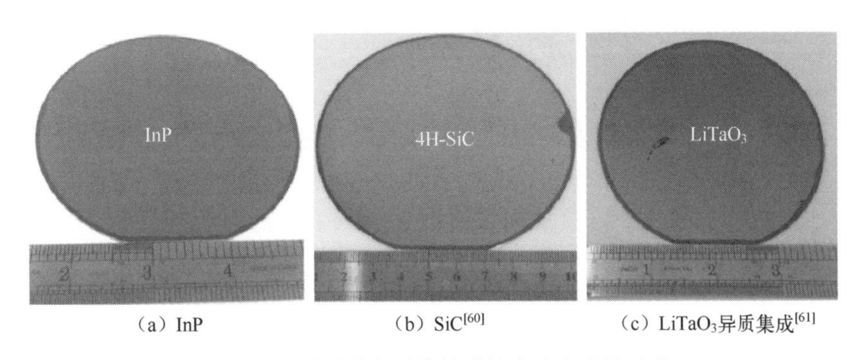

（a）InP　　（b）SiC[60]　　（c）$LiTaO_3$异质集成[61]

图 5-21　采用等离子体辅助键合法实现的硅基

虽然等离子体辅助键合可以实现部分失配材料与硅的键合，但键合界面仍存在气泡问题。在退火过程中，由于键合界面会封闭少量圆片表面吸附及亲水性键合反应产生的 H_2O 分子和 H_2分子，因此这些气态分子会在键合界面发生聚集，形成气泡。当气泡内部气压大于键合压力时，气泡局部会发生解键合，降低键合质量[62]。在硅-硅直接键合过程中，小分子气体可以在 800℃ 以上退火过程中，通过键合界面逐渐扩散到外界或者进入疏松介质（如 SiO_2），消除键合界面气体[63]。但是，对于大的热失配材料间的键合，如 InP 与硅键合，大的热膨胀系数差异会在高温退火过程中引入巨大的热应力，可能造成解键合甚至裂片。此外，在温度超过 300℃时，InP 组分会发生分解[64]。因此高温退火去除键合界面气体的方法并不适合 InP 这种大失配、低分解温度的材料与硅的键合。为了消除 InP 与硅键合界面的气体，透气沟道被引入，其包括纵向沟道和横向沟道[59,62]。垂直和水平是指沟道相对于圆片表面的方向。在垂直沟道中，在 SOI 圆片上将顶层硅沿着垂直于圆片表面的方向刻蚀出一定尺寸的方形沟道，其沟道穿过顶层硅延伸至中间的氧化层，再将 InP 与此图形化 SOI 圆片键合，如图 5-22（a）所示[62]。此时键合界面产生的气体分子可以经纵向沟道扩散到疏松的氧化层中，从而有效降低键合界面气体对键合质量的影响。对于横向沟道，在 SiO_2/Si 圆片上沿着平行于圆片表面的方向刻蚀一定尺寸的横向沟道，沟道延伸至圆片边缘，与大气连通，此时将 InP 与此图形化 SiO_2/Si 圆片进行键合，如图 5-22（b）所示[58]。此时，键合界面的气体通过横向沟道扩散到大气和氧化层中，实现高质量键合。只有严格控制纵向沟道和横向沟道的尺寸，才能达到高效的透气作用。虽然透气沟道的引入会消除等离子体辅助键合中键合界面的气体，但图形化的圆片会降低异质圆片的有效利用面积，并对阵列化器件的应用产生限制。

（a）纵向沟道实现InP/SOI键合

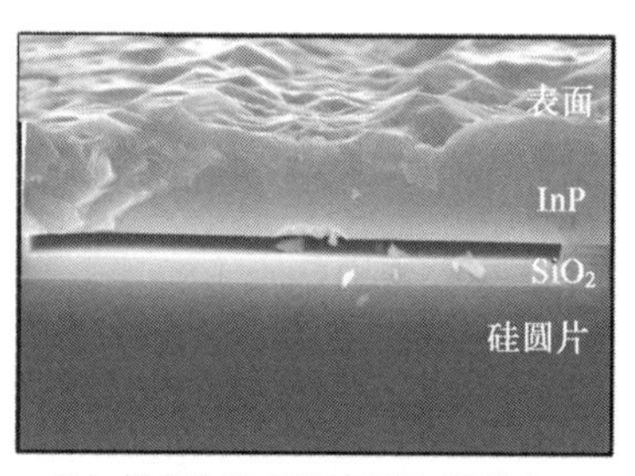

（b）横向沟道实现InP/SiO_2/Si键合

图 5-22　InP 与硅键合界面 SEM 图

5.5.2　表面激活键合

虽然等离子体辅助键合可以在低的退火温度条件下实现较大失配材料间的强键合，但是无法在室温下实现大失配材料间的强键合。不同于等离子体辅助键合，表面激活键合是基于疏水性的键合反应，能够在室温下实现高强度大失配材料间的键合，不需要在键合后进行退火处理。

表面激活键合与等离子体辅助键合相似，都是采用等离子体处理圆片表面，但其原理迥异，其键合流程图如图 5-23 所示[65]。在表面激活键合工艺中，整个表面等离子体处理及键合工艺都要在高真空条件下完成（真空度$\leq 1\times10^{-5}$Pa）。

键合前，在真空条件下对圆片表面进行等离子体溅射刻蚀，刻蚀深度在 2nm 左右，常用的等离子体为氩离子[66-68]。通过溅射去除圆片表面钝化层，表面原子达到激活态，然后在室温和真空条件下，立即将两块圆片键合。此时，表面活性原子可以在室温下直接成键，实现室温高强度键合。整个键合过程在高真空及无气体分子参与下完成，同时钝化层被完全移除，键合界面无气泡产生，因此可以真正实现低温、高强度及高质量大失配材料间的键合。目前，此种方法被广泛应用于大失配材料间的键合。

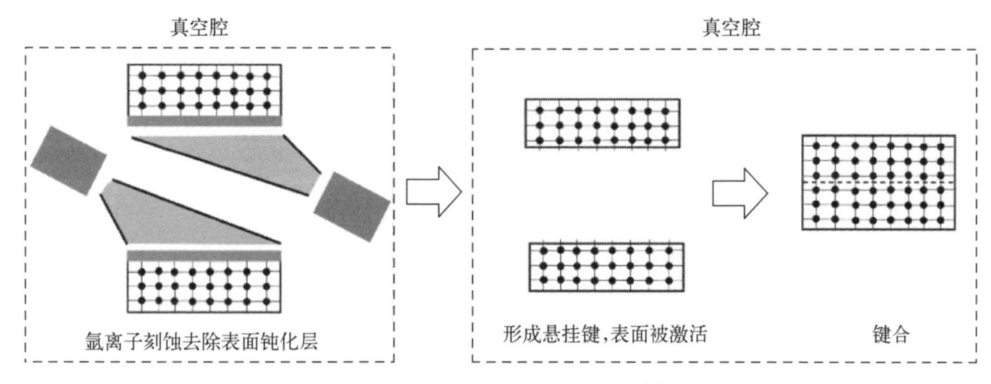

图 5-23　表面激活键合流程图[65]

GaN 是第三代半导体，具有较大的禁带宽度、高的抗辐照特性，也是迄今理论上电光、光电转换效率最高的材料体系，主要应用于微波射频器件、电力电子器件及光电器件等领域，并在 5G 无线通信、光通信等方面展现出宽广的应用前景。将 GaN 与硅异质集成，可为下一代高性能光电芯片的应用提供可能性，包括高功率集成无线发射器、功率转换电路及芯片内光学互联等。通过离子束剥离与转移技术及表面激活键合，可以实现高质量 2in 硅基 GaN 薄膜异质集成，如图 5-24（a）所示，将为 GaN 材料在硅基微电子、光电子领域的应用提供高质量的材料平台[69]。

Ga_2O_3是一种宽禁带半导体材料，但同其他宽禁带半导体材料（如 SiC 和 GaN）相比，具有更大的禁带宽度、更高的击穿场强、更高的低损失性指标——Baliga 优值（Baliga 优值与击穿电场强度的三次方成正比，与迁移率的一次方成正比，该值越大，材料的低损失性能越好）等优势，因此 Ga_2O_3在大功率电力电子器件、高频装备等方面具有广阔的应用前景。理论模型预测，未来 Ga_2O_3的成本只是 SiC 的 1/3，这使得 Ga_2O_3为未来功率器件的发展提供了更广阔的视野。然而 Ga_2O_3热导率约为 0.27W/cm · K，仅为硅热导率的 1/5，为 SiC 热导率的 1/10。弱的导热能力是限制 Ga_2O_3功率器件应用的最大障碍。通过离子束剥离与转移技术及表面激活键合，可实现 2in Ga_2O_3/SiC 异质集成，如图 5-24（b）所示。通过与高热导率的 SiC 集成，可以弥补 Ga_2O_3低热导率的缺点，促进高性能 Ga_2O_3器件的研究及应用[70]。

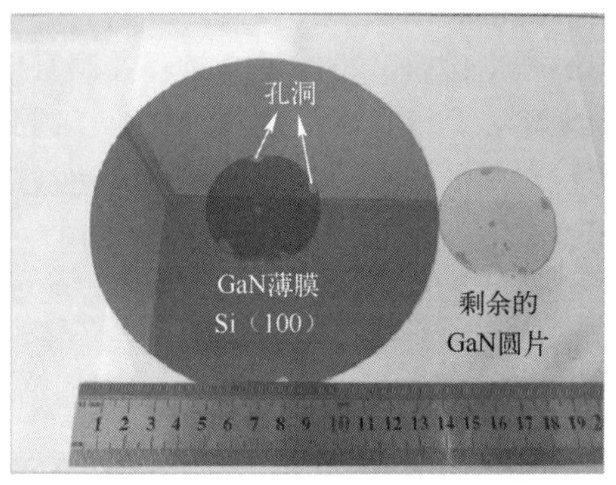

（a）GaN/硅

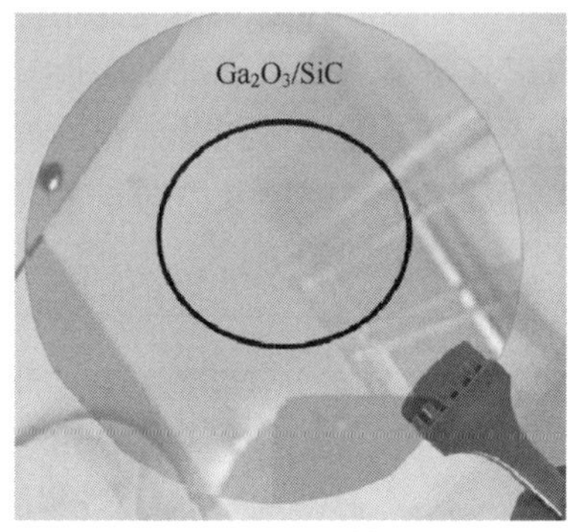

（b）Ga_2O_3/SiC异质集成

图 5-24　表面激活键合和离子束剥离与转移技术实现

5.6　键合强度检测

5.6.1　键合面键合质量

键合完成后，对硅-玻璃直接键合而言，直接观察键合界面有无气泡、空鼓等现象即可获得键合面键合质量的直观结果；而对硅-硅直接键合而言，则需要在红外相机或显微镜下才能对键合面键合质量进行观察。Mitani 等人[5]借助红外相机观察到随着退火温度的升高，硅-硅键合界面处的气泡数量逐渐减少，当退火温度上升到 1100°C 时，硅-硅键合界面处的气泡完全消失。另外，还可借助透射电镜直接观测键合界面以获取键合质量信息，Arturo 等人[4]获得了硅-硅直接键合界面处的透射电镜照片，观察到键合界面处形成了 20Å 的 SiO_2 层；Tang Jiali 等人[71]获得了硅-玻璃直接键合界面处的透射电镜照片，观察到在键合界面处形成了 6.31nm 的 SiO_2 层。

无论用可见光显微镜放大观察、红外显微镜观察还是用透射电镜观察，都只能用于判断键合界面是否已经键合及键合界面的尺寸信息，并不能表征其键合强度。因此，表征键合强度需要使用其他技术手段。

5.6.2　键合强度的表征

键合质量可用键合强度来表征，测试键合强度的方法可分为破坏性测试和非破坏测试性两种。破坏性测试时，需向键合片上施加某一物理量并逐渐增大，键合片的键合强度就是刚好能破坏键合面处该物理量的值，常用来表征键合强度的物理量有功和力。非破坏性键合强度测试的主要技术是声学技术。

1. 破坏性测试

1）用功来表征的方法

键合强度常采用键合片被部分分开时两个键合面的比表面能（Specific Surface Energy）平均值来表征[72]。

1988 年，Maszara 等人[73]提出表面能的测量方法——裂纹传播扩散法（Crack-Opening Method），如图 5-25 所示，将一薄片（刀片）插入键合界面，将已键合在一起的两块键合片分开，测量此时的各项物理参数，进而计算表面能，该方法也因此被形象地称为刀片插入法。

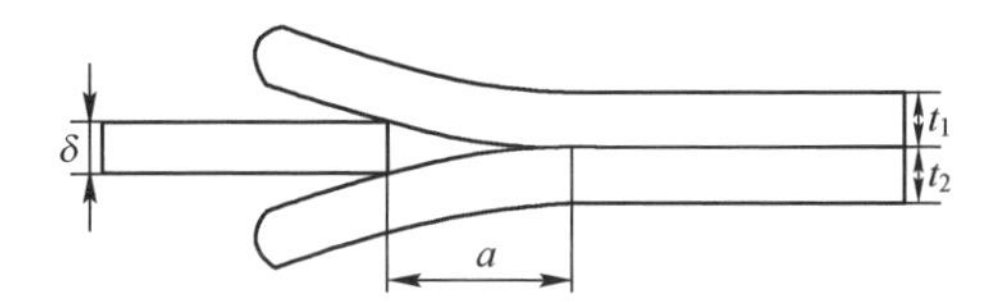

图 5-25　裂纹传播扩散法测试结构

图 5-25 中的 δ 为薄片（刀片）厚度；a 为裂纹长度；两块键合片的厚度、杨氏模量分别为 t_1 和 t_2、E_1 和 E_2。键合片分开部分的弹性力和开裂顶端的键合力相等，据此可得平均比表面能 γ 为[74]

$$\gamma=\frac{3\delta^2 E_1 t_1^3 E_2 t_2^3}{16a^4(E_1 t_1^3+E_2 t_2^3)} \tag{5-4}$$

当两块键合片的厚度和杨氏模量相同时，即 $t=t_1=t_2$，$E=E_1=E_2$，式（5-4）可化简为

$$\gamma=\frac{3E\delta^2 t^3}{32a^4} \tag{5-5}$$

由式（5-5）可以看出，只需要测量裂纹长度 a 即可求得比表面能，而 a 可由红外显微系统直接测得。

这种测量方法简单，不需要复杂的仪器。但受限于红外显微测量系统的测量精度，实际裂纹长度的测量精度较低，因此最后测得的比表面能会有较大误差，且键合强度越大，测量误差越大，最大可达 80%左右[75]。刀片一般由人工操作，操作方式的不同也会带来测量误差[76]；测量环境也会带来测量误差。另外，该方法在键合强度很高时还会面临刀片无法插入的问题。

1986 年，Shimbo 提出了测量键合强度的静态液体油压法[7]，其测试结构示意图如图 5-26 所示。在其中一块键合圆片上预置一个孔，油压通过此孔施加给另一块圆片直至此圆片开裂，开裂时刻所对应的油压即临界压强 P_f，键合强度可用该值来表示。

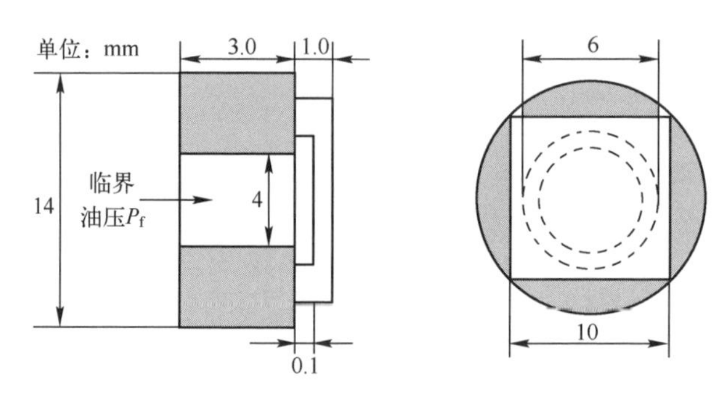

图 5-26　静态液体油压法测试结构示意图

若孔半径为 a，受压圆片的杨氏模量和厚度分别为 E 和 t_w，根据实验结果，比表面能 γ 与临界压强 P_f的关系为[77]

$$\gamma = \frac{0.088 P_f^2 a^4}{E t_w^3} \tag{5-6}$$

MC（Micro - Chevron）测试方法由 Bagdahn 等人于 1999 年提出[78]，是由裂纹传播扩散法发展而来的，其测试结构示意图如图 5-27 所示。该方法要求在键合前在其中一块键合片上基于各向异性腐蚀工艺制作一个"V"形结构，测试时将键合片的两面分别与拉力手柄黏合。当向键合片施加拉力时，"V"形结构尖端处会出现裂纹，且裂纹会随着拉力的增大而稳定扩展；裂纹突然加速扩展时的裂纹长度称为临界长度，此时对应的拉力称为临界拉力 F_{max}。

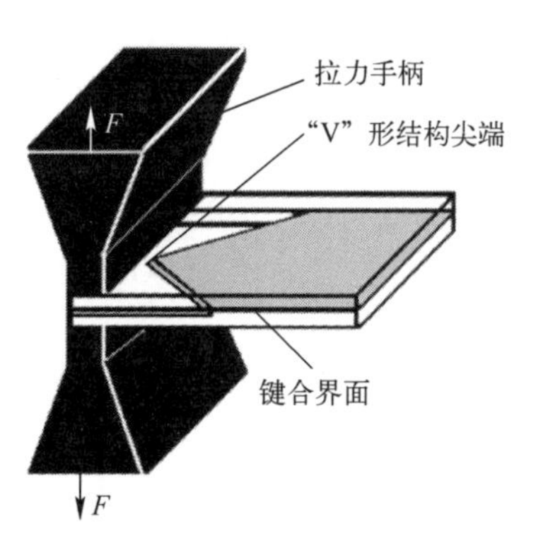

图 5-27　MC 测试结构示意图

与前述两种方法不同的是，MC 测试方法测得的键合强度用断裂韧度 K_{Ic}表示，若键合样品长度和宽度分别为 w 和 B，键合片厚度为 t，"V"形结构尖端和拉力手柄边缘的距离与样品长度 w 的比值为 α_0，则 K_{Ic}与 F_{max}之间的关系由下式表达[78]：

$$K_{Ic} = \frac{F_{max}}{B\sqrt{w}} \frac{5.805 \times \alpha_0 + 0.725}{t^{\frac{3}{2}}} \tag{5-7}$$

MC测试方法源于裂纹传播扩散法，但精度高于裂纹传播扩散法，误差范围可控制在±3%以内。

四点弯曲分层法最初由Charalambides提出[79]，其测试结构示意图如图5-28所示[4]。该方法用裂纹扩散单位面积的应变能G_{Ic}表征键合强度，设键合片宽度、厚度分别为b、$2h$，泊松比为ν，杨氏模量为E，则

$$G_{\mathrm{Ic}}=\frac{21}{4}\frac{M^2}{b^2h^3}\frac{(1-\nu^2)}{E} \tag{5-8}$$

式中，M为力矩，其表达式如下：

$$M=\frac{PL}{2} \tag{5-9}$$

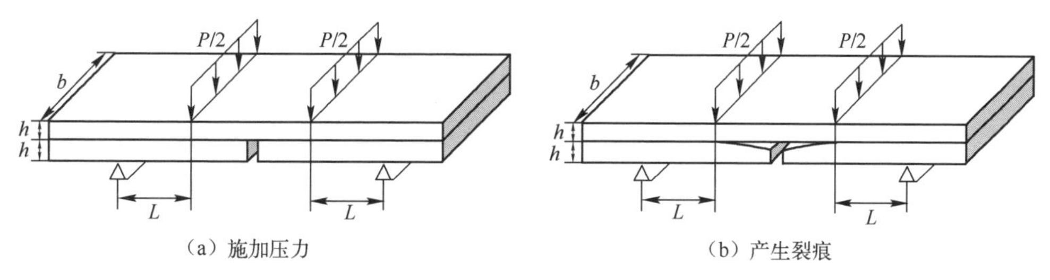

（a）施加压力　（b）产生裂痕

图5-28　四点弯曲分层法测试结构示意图

四点弯曲分层法测量精确性较高，主要是因为该方法无须测量裂纹长度。但是该方法测量范围不宽，如退火温度大于900℃的硅-硅键合片的键合强度就可能会超出此方法的测量范围。

2）用力来表征的方法

用力来表征的方法与用功来表征的方法的最大区别在于，在测量过程中无法测出施加力的变化过程，因此无法通过计算外力做功来表征；也无法通过其他方式测量表面能，因此只能用拉开键合片的最大临界力的大小来表征。

直拉法测试结构如图5-29所示。直拉法测量方式有两种：一种是同时在两块键合片上施加相反的拉力直至键合片分开，如图5-29（a）所示；另一种是在薄键合片上施加拉力，将其从厚键合片上拉开，如图5-29（b）所示。由于一般采用划片后的单个器件进行测试，而图5-29（a）所示方法对于划片带来的残余损伤十分敏感，因此一般会将键合片中的一块减薄至微米甚至纳米量级，再采用图5-29（b）所示方法进行测量[80]。

由于不用将刀片等测试物品插入键合面，因此直拉法可用于测试具有较高键合强度的键合片，其能测量的最大键合强度主要受拉力手柄与键合片之间黏合剂的黏合强度限制，当黏合剂为环氧树脂时能测到的最大键合强度为80MPa[80]。

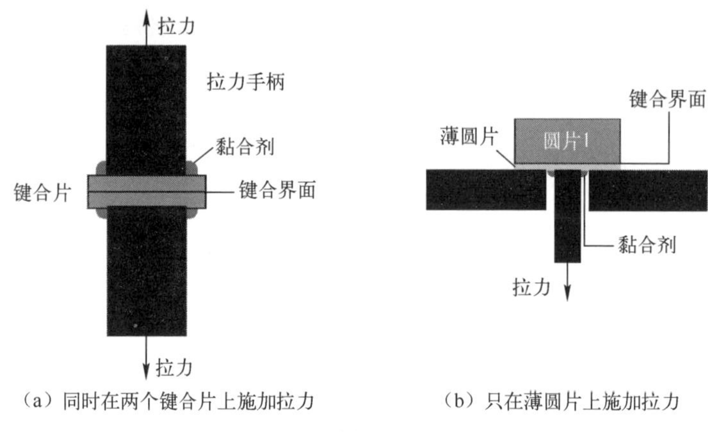

（a）同时在两个键合片上施加拉力　（b）只在薄圆片上施加拉力

图 5-29　直拉法测试结构

2. 非破坏性测试

声学技术测试法是主要的非破坏性键合强度测试方法。1994 年，Farrens 等人[81]利用超声波探针对键合强度进行了测试，其原理图如图 5-30 所示。接收器将接收到的键合界面发射回来的弹性响应信号进行快速傅里叶变换，键合强度可用傅里叶分项的最大值来表示。这种声学方法不但可检测键合后的键合强度，还可实时检测键合强度的变化，但要注意该方法只适用于弱键合情形。

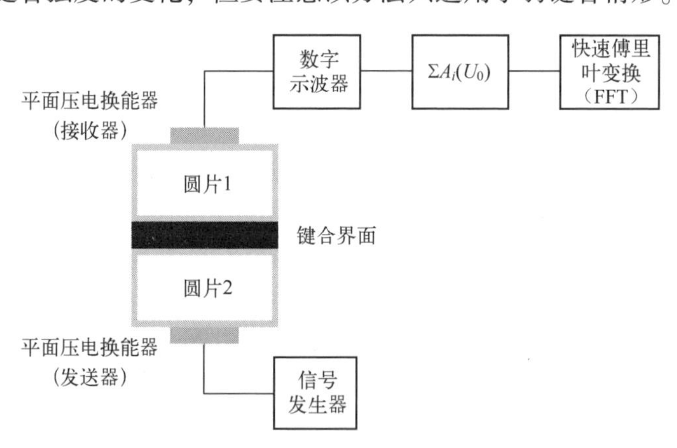

图 5-30　声学技术测试法原理图

2000 年，Pasquariello 等人[82]将一个 SiO_2颗粒引入键合界面，此颗粒在键合界面上将键合片顶开一定的空隙，如图 5-31 所示，若颗粒高度为 2Δ，平衡时圆形空隙区域的半径为 R，键合片厚度为 d，键合片杨氏模量和泊松比分别为 E 和 ν，则表面能 γ 为

$$\gamma=\frac{8Ed^3}{12(1-\nu^2)R^4}\Delta^2 \tag{5-10}$$

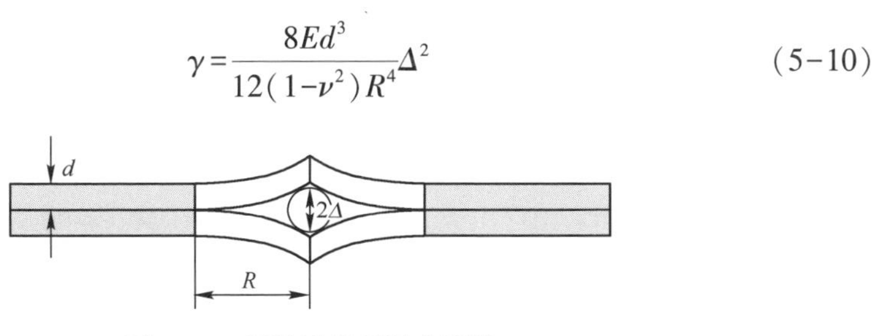

图 5-31　颗粒法测量键合强度

参 考 文 献

[1] MASZARA W P, GOETZ G, CAVIGLIA A, et al. Silicon-on-insulator by wafer bonding and etch-back [C] //Proceedings. SOS/SOI Technology Workshop. IEEE, 1988: 15.

[2] CHALIFOUX B D, YAO Y, WOLLER K B, et al. Compensating film stress in thin silicon substrates using ion implantation [J]. Optics Express, 2019, 27 (8): 11182-11195.

[3] MASZARA W P. Silicon-on-insulator by wafer bonding: a review [J]. Journal of the Electrochemical Society, 1991, 138 (1): 341-347.

[4] ARTURO A AYÓN, ZHANG X, TURNER K T, et al. Characterization of silicon wafer bonding for Power MEMS applications [J]. Sensors & Actuators A Physical, 2003, 103 (1-2): 1-8.

[5] MITANI K, LEHMANN V, STENGL R, et al. Causes and prevention of temperature-dependent bubbles in silicon wafer bonding [J]. Journal of Applied Physics, 1991, 30 (4R): 615-622.

[6] 冯恒振, 秦丽, 石云波, 等. 阳极键合强度对高 g 加速度传感器输出特性影响 [J]. 微纳电子技术, 2016, 53 (11): 763-772.

[7] SHIMBO M, FURUKAWA K, FUKUDA K, et al. Silicon-to-silicon direct bonding method [J]. Journal of Applied Physics, 1986, 60 (8): 2987-2989.

[8] ABE T, TAKEI T, UCHIYAMA A, et al. Silicon wafer bonding mechanism for silicon-on-insulator structures [J]. Japanese Journal of Applied Physics, 1990, 29 (12): 2311-2314.

[9] PLACH T, HENTTINEN K, SUNI T, et al. Silicon direct bonding [M]. // TILLI M, PAULASTO-KROCKEL M, PETZOLD M, et al. Handbook of Silicon Based MEMS Materials and Technologies (Third Edition). Amsterdam: Elsevier, 2020: 567-579.

[10] BARTH P W, POURAHMADI F, MAYER R, et al. A monolithic silicon accelerometer with integral air damping and overrange protection [C]. IEEE Solid-state Sensor & Actuator Workshop. IEEE, 1988: 35-38.

[11] NOWOROLSKI J M, KLAASSEN E, LOGAN J, et al. Fabrication of SOI wafers with buried cavities using silicon fusion bonding and electrochemical etchback [J]. Sensors & Actuators A Physical, 1996, 54 (1-3): 709-713.

[12] MEHRA A, ZHANG X, AYON A A, et al. A six-wafer combustion system for a silicon micro gas turbine engine [J]. Journal of Microelectromechanical Systems, 2000, 9 (4): 517-527.

[13] LONDON A P, AYÓN A A, EPSTEIN A H, et al. Microfabrication of a high pressure bipropellant rocket engine [J]. Sensors & Actuators A Physical, 2001, 92 (1-3): 351-357.

[14] WALLIS G, POMERANTZ D I. Field assisted glass-metal sealing [J]. Journal of Applied Physics, 1969, 40 (10): 3946-3949.

[15] 秦会峰，孟庆森，宋永刚，等．硼硅玻璃与硅阳极键合界面形成机理分析 [J]．功能材料，2006，37 (9)：1369-1371.

[16] WALLIS G. Direct-current polarization during field-assisted glass-metal sealing [J]. Journal of the American Ceramic Society, 1970, 53 (10): 563-567.

[17] COZMA A, JAKOBSEN H. Anodic bonding [M]// Handbook of silicon based MEMS materials and technologies (Third Edition). New Jersey: Wiley & Sons, 2020: 581-592.

[18] 埃尔温斯波克，扬森．硅微机械加工技术 [M]．姜岩峰，译．北京：化学工业出版社，2007.

[19] WANG L, HE Y, ZHAN Z, et al. A novel sacrificial-layer process based on anodic bonding and its application in an accelerometer [J]. AIP Advances, 2015, 5 (4): 41323.

[20] PETERSEN K E. Silicon as a mechanical material [J]. Proceedings of the IEEE, 1982, 70 (5): 420-457.

[21] FONSLOW B, BOWSER M T. Free-flow electrophoresis on an anodic bonded glass microchip [J]. Analytical Chemistry, 2005, 77 (17): 5706-5710.

[22] FENG F, TIAN B, HOU L, et al. High sensitive micro thermal conductivity detector with sandwich structure [C]. IEEE Transducers, 2017: 1433-1436.

[23] REINERT W, KULKARNI A, VUORINEN V, et al. Metallic alloy seal bonding [M]// Handbook of Silicon Based MEMS Materials and Technologies (Third Edition). New Jersey: Wiley & Sons, 2020: 609-625

[24] HINTERREITER A P, REBHAN B, FLÖTGEN C, et al. Surface pretreated low-temperature aluminum-aluminum wafer bonding [J]. Microsystem Technologies, 2018, 24 (1): 773-777.

[25] REBHAN B, HINTERREITER A, MALIK N, et al. Low-temperature aluminum-aluminum wafer bonding [J]. ECS Transactions, 2016, 75 (9): 15-24.

[26] CHENGKUO LEE, AIBIN YU, LILING YAN, et al. Characterization of intermediate In/Ag layers of low temperature fluxless solder based wafer bonding for MEMS packaging [J]. Sensors and Actuators A: Physical, 2009, 154 (1): 85-91.

[27] LIN L, CHENG Y T, NAJAFI K. Formation of silicon-gold eutectic bond using localized heating method [J]. Journal of Applied Physics, 1998, 37 (11): 1412-1414.

[28] KÜHNE S, HIEROLD C. Hybrid low temperature wafer bonding and direct electrical interconnection of 3D MEMS [J]. Procedia Engineering, 2010, 5: 902-905.

[29] KÜHNE S, HIEROLD C. Wafer-level bonding and direct electrical interconnection of stacked 3D MEMS by a hybrid low temperature process [J]. Sensors & Actuators A Physical, 2011,

172 (1): 341-346.

[30] ISHIZUKA S, AKIYAMA N, OGASHIWA T, et al. Low-temperature wafer bonding for MEMS packaging utilizing screen-printed sub-micron size Au particle patterns [J]. Microelectronic Engineering, 2011, 88 (8): 2275-2277.

[31] AL FARISI M S, HIRANO H, TANAKA S. Low-temperature hermetic thermo-compression bonding using electroplated copper sealing frame planarized by fly-cutting for wafer-level MEMS packaging [J]. Sensors and Actuators A: Physical, 2018, 279: 671-679.

[32] BRAEUER J, BESSER J, WIEMER M, et al. A novel technique for MEMS packaging: Reactive bonding with integrated material systems [J]. Sensors & Actuators A Physical, 2012, 188 (188): 212-219.

[33] LAPISA M, STEMME G, NIKLAUS F. Wafer-level heterogeneous integration for MOEMS, MEMS, and NEMS [J]. IEEE Journal of Selected Topics in Quantum Electronics, 2011, 17 (3): 629-644.

[34] JACKMAN R J, FLOYD T M, GHODSSI R, et al. Microfluidic systems with on-line UV detection fabricated in photodefinable epoxy [J]. Journal of Micromechanics and Microengineering, 2001, 11 (3): 263.

[35] NIKLAUS F, ENOKSSON P, GRISS P, et al. Low-temperature wafer-level transfer bonding [J]. Journal of microelectromechanical systems, 2001, 10 (4): 525-531.

[36] NIKLAUS F, KÄLVESTEN E, STEMME G. Wafer-level membrane transfer bonding of polycrystalline silicon bolometers for use in infrared focal plane arrays [J]. Journal of Micromechanics and Microengineering, 2001, 11 (5): 509.

[37] NIKLAUS F, HAASL S, STEMME G. Arrays of monocrystalline silicon micromirrors fabricated using CMOS compatible transfer bonding [J]. Journal of Microelectromechanical Systems, 2003, 12 (4): 465-469.

[38] DESPONT M, DRECHSLER U, YU R, et al. Wafer-scale microdevice transfer/interconnect: From a new integration method to its application in an AFM-based data-storage system [C] // TRANSDUCERS'03. 12th International Conference on Solid-State Sensors, Actuators and Microsystems. Digest of Technical Papers (Cat. No. 03TH8664) . IEEE, 2003, 2: 1907-1910.

[39] RAMM P, LU J J. Handbook of wafer bonding [M]. Berlin: Wiley-Vch, 2011.

[40] NIKLAUS F, STEMME G, LU J Q, et al. Adhesive wafer bonding [J]. Journal of Applied Physics, 2006, 99 (3): 2.

[41] VAN DER GROEN S, ROSMEULEN M, BAERT K, et al. Substrate bonding techniques for CMOS processed wafers [J]. Journal of Micromechanics and Microengineering, 1997, 7 (3): 108.

[42] ZOBERBIER M, HANSEN S. Wafer level cameras-novel fabrication and packaging technologies [J]. International Image Sensor Workshop, 2009.

[43] NIKLAUS F, DECHARAT A, FORSBERG F, et al. Wafer bonding with nano-imprint resists as sacrificial adhesive for fabrication of silicon-on-integrated-circuit (SOIC) wafers in 3D integra-

tion of MEMS and ICs [J]. Sensors and Actuators A: Physical, 2009, 154 (1): 180-186.
[44] NIKLAUS F, ENOKSSON P, KÄLVESTEN E, et al. Low-temperature full wafer adhesive bonding [J]. Journal of Micromechanics and Microengineering, 2001, 11 (2): 100.
[45] NIKLAUS F, KUMAR R J, MCMAHON J J, et al. Adhesive wafer bonding using partially cured benzocyclobutene for three-dimensional integration [J]. Journal of The Electrochemical Society, 2006, 153 (4): 291.
[46] CHRISTIAENS I, VAN THOURHOUT D, BAETS R. Low-power thermo-optic tuning of vertically coupled microring resonators [J]. Electronics Letters, 2004, 40 (9): 560-561.
[47] OBERHAMMER J, NIKLAUS F, STEMME G. Selective wafer-level adhesive bonding with benzocyclobutene for fabrication of cavities [J]. Sensors and Actuators A: Physical, 2003, 105 (3): 297-304.
[48] OBERHAMMER J, NIKLAUS F, STEMME G. Sealing of adhesive bonded devices on wafer level [J]. Sensors and Actuators A: Physical, 2004, 110 (1-3): 407-412.
[49] SHORES A A. Thermoplastic films for adhesive bonding: hybrid microcircuit substrates [C] //Proceedings, 39th Electronic Components Conference. IEEE, 1969: 891-895.
[50] SELBY J C, SHANNON M A, XU K, et al. Sub-micrometer solid-state adhesive bonding with aromatic thermosetting copolyesters for the assembly of polyimide membranes in silicon-based devices [J]. Journal of Micromechanics and Microengineering, 2001, 11 (6): 672.
[51] NOH H, MOON K, CANNON A, et al. Wafer bonding using microwave heating of parylene intermediate layers [J]. Journal of Micromechanics and Microengineering, 2004, 14 (4): 625.
[52] WANG X, LU L H, LIU C. Micromachining techniques for liquid crystal polymer [C] // Technical Digest. MEMS 2001. 14th IEEE International Conference on Micro Electro Mechanical Systems (Cat. No. 01CH37090) . IEEE, 2001: 126-130.
[53] NGUYEN H, PATTERSON P, TOSHIYOSHI H, et al. A substrate-independent wafer transfertechnique for surface-micromachined devices [C] //Proceedings IEEE Thirteenth Annual International Conference on Micro Electro Mechanical Systems (Cat. No. 00CH36308). IEEE, 2000: 628-632.
[54] STENGL R, TAN T, GÖSELE U. A model for the silicon wafer bonding process [J]. Journal of Applied Physics, 1989, 28 (10): 1735-1741.
[55] TONG Q Y, GÖSELE U. Semiconductor wafer bonding: science and technology [M]. New Jersey: Wiley & Sons, 1999.
[56] WIEMER M, OTTO T, GESSNER T, et al. Implementation of a low temperature wafer bonding process for acceleration sensors [J]. MRS Online Proceedings Library (OPL), 2001, 628 (1): 1-6.
[57] P PLÖßL A, KRÄUTER G. Wafer direct bonding: tailoring adhesion between brittle materials [J]. Materials Science and Engineering R-Reports, 1999, 25 (1): 1-88.
[58] LIN J, YOU T, JIN T, et al. Wafer-scale heterogeneous integration InP on trenched Si with a bubble-free interface [J]. APL Materials, 2020, 8 (5): 051110.

[59] LIN J, YOU T, WANG M, et al. Efficient ion-slicing of InP thin film for Si-based hetero-integration [J]. Nanotechnology, 2018, 29 (50): 504002.

[60] YI A, ZHENG Y, HUANG H, et al. Wafer-scale 4H-silicon carbide-on-insulator (4H-SiCOI) platform for nonlinear integrated optical devices [J]. Optical Materials, 2020, 107: 109990.

[61] YAN Y, HUANG K, ZHOU H, et al. Wafer-Scale fabrication of 42° rotated Y-Cut $LiTaO_3$-on-Insulator (LTOI) substrate for a SAW resonator [J]. ACS Applied Electronic Materials, 2019, 1 (8): 1660-1666.

[62] LIANG D, BOWERS J E. Highly efficient vertical outgassing channels for low-temperature InP-to-silicon direct wafer bonding on the silicon-on-insulator substrate [J]. Journal of Vacuum Science & Technology B: Microelectronics and Nanometer Structures Processing, Measurement, and Phenomena, 2008, 26 (4): 1560-1568.

[63] IRENE E A, TIERNEY E, ANGILELLO J. A viscous flow model to explain the appearance of high density thermal SiO_2 at low oxidation temperatures [J]. Journal of the Electrochemical Society, 1982, 129 (11): 2594.

[64] CHU S N G, JODLAUK C M, JOHNSTON JR W D. Morphological study of thermal decomposition of InP surfaces [J]. Journal of The Electrochemical Society, 1983, 130 (12): 2398.

[65] TAKAGI H, MAEDA R. Direct bonding of two crystal substrates at room temperature by Ar-beam surface activation [J]. Journal of Crystal Growth, 2006, 292 (2): 429-432.

[66] TAKAGI H, KIKUCHI K, MAEDA R, et al. Surface activated bonding of silicon wafers at room temperature [J]. Applied Physics Letters, 1996, 68 (16): 2222-2224.

[67] TAKAGI H, MAEDA R, HOSODA N, et al. Room-temperature bonding of lithium niobate and silicon wafers by argon-beam surface activation [J]. Applied Physics Letters, 1999, 74 (16): 2387-2389.

[68] TAKAGI H, MAEDA R, SUGA T. Wafer-scale spontaneous bonding of silicon wafers by argon-beam surface activation at room temperature [J]. Sensors and Actuators A: Physical, 2003, 105 (1): 98-102.

[69] SHI H, HUANG K, MU F, et al. Realization of wafer-scale single-crystalline GaN film on CMOS-compatible Si (100) substrate by ion-cutting technique [J]. Semiconductor Science and Technology, 2020, 35 (12): 125004.

[70] XU W, WANG Y, YOU T, et al. First demonstration of waferscale heterogeneous integration of Ga_2O_3 MOSFETs on SiC and Si substrates by ion-cutting process [C]//2019 IEEE International Electron Devices Meeting (IEDM). IEEE, 2019.

[71] TANG J L, CAI C, MING X X, et al. Morphology and stress at silicon-glass interface in anodic bonding [J]. Applied Surface Science 2016, 387: 139-148.

[72] TONG Q Y. Wafer bonding for integrated materials [J]. Materials Science & Engineering B, 2001, 87 (3): 323-328.

[73] MASZARA W P, GOETZ G, et al. Bonding of silicon wafer for silicon-on-insulator [J]. J. Appl. Phys., 1988, 64 (10): 4943-4950.

[74] HJORT K, ERICSON F, SCHWEITZ J A, et al. GaAs low temperature fusion bonding [J]. Journal of the Electrochemical Society, 1994, 141 (141): 3242-3245.

[75] BAGDAHN J, PETZOLD M, REICHE M, et al. On semiconductor wafer bonding: science, technology, and applications [M]. Pennington: Electrochemical Society, 1998, 97 (36): 291-298.

[76] BERTHOLET Y, IKER F, RASKIN J P, et al. Steady-state measurement of wafer bonding cracking resistance [J]. Sensors & Actuators A Physical, 2004, 110 (1-3): 157-163.

[77] TONG Q Y, GOSELE U. Semiconductor wafer bonding: science and technology [M]. New York: Wiley, 1999.

[78] BAGDAHN J, PETZOLD M, PLÖβL A, et al. Measurement of the local strength distribution of directly bonded silicon wafers using the Micro - Chevron - Test [C]. 5thInt. Symp. on Semicond. Wafer Bonding, Honolulu, Hawaii, 1999, 17 (22).

[79] CHARALAMBIDES P G, CAO H C, LUND J, et al. Development of a test method for measuring the mixed mode fracture resistance of bimaterial interfaces [J]. Mechanics of Materials, 1990, 8 (4): 269-283.

[80] ABE T, TAKEI T, UCHIYAMA A, et al. Silicon wafer bonding mechanism for silicon-on-insulator structures [J]. Journal of Applied Physics, 1990, 29 (12): 2311-2314.

[81] FARRENS S N. Kinetics study of the bond strength of direct bonded wafers [J]. Journal of the Electrochemical Society, 1994, 141 (11): 3225-3230.

[82] PASQUARIELLO D, HJORT K. Mesa-Spacers: Enabling non-destructive measurement of surface energy in room temperature wafer bonding [J]. Journal of the Electrochemical Society, 2000, 147 (6): 2343-2346.

第6章

低应力薄膜制造技术

薄膜是集成电路中常用的材料，主要用于制造电阻、电学连接和电绝缘等，主要关注的是薄膜的电学性能。在MEMS领域，薄膜除了用来制造敏感电阻、电学连接及电绝缘等电子元件，更多地被用来当作结构薄膜、功能薄膜和牺牲层薄膜等。结构薄膜起微机械结构支撑作用，是微机械结构的主体；功能薄膜用于制造压阻、压电等功能器件；牺牲层薄膜作为牺牲层先起结构支撑作用，然后被腐蚀去除从而释放微机械结构。因此，MEMS薄膜除关注薄膜材料的电学特性外，也关注薄膜的机械特性。MEMS薄膜要求应力低、厚度高、复合成膜等，与集成电路的要求大为不同。本章主要介绍多晶硅薄膜、氮化硅薄膜、二氧化硅薄膜和压电薄膜的制造技术，对于常规集成电路薄膜制造工艺不进行重点介绍。

6.1　多晶硅薄膜

多晶硅（Poly-Silicon）是指一定尺寸的单晶硅晶粒的集合体，这些晶粒的取向是随机的。多晶硅薄膜是由许多不同尺寸和不同取向的微小颗粒组成的晶体硅薄膜。多晶硅在MEMS中常常用作结构薄膜，用来构成微机械结构，与集成电路薄膜要求的最大不同是薄膜厚（往往为微米量级）且应力低。

6.1.1　薄膜沉积工艺介绍

研究者们已经采用不同的制备方法，如等离子体增强化学气相沉积（Plasma Enhanced Chemical Vapor Deposition，PECVD）、常压化学气相沉积（Atmospheric Pressure Chemical Vapor Deposition，APCVD）和低压化学气相沉积（Low Pressure Chemical Vapor Deposition，LPCVD）等，在圆片表面制备出了多晶硅薄膜。

1. PECVD

PECVD 是利用高频等离子体促进反应进行，使一些只能在高温下进行的反应在低温下也能进行，并采用射频辉光放电使其沉积的方法。PECVD 可在低温下制备均匀性好、面积大的薄膜，但制备的薄膜中存在少量氢，需要通过退火来降低氢含量。此外，采用 PECVD 方法沉积薄膜的生长速率低，一般为 0.02～0.05nm/s。

2. APCVD

APCVD 是最早的常压沉积方法之一，其薄膜沉积速率可达 100nm/min 以上，沉积温度为 400～800℃。沉积速率由质量输运机制控制。APCVD 可以通过精确控制单位时间内到达每个圆片表面和同一圆片表面上相同位置的反应物的量，来获得厚度均匀的薄膜。但 APCVD 装取圆片麻烦，且圆片容易被微粒污染。

3. LPCVD

LPCVD 技术是通过在低压下加热气态硅烷分子（SiH_4），促进化学反应发生进而形成薄膜的。LPCVD 具有台阶覆盖均匀、薄膜成分可控、沉积温度低、可批量制备和生产成本低等优点。此外，与 APCVD 相比，LPCVD 制备的薄膜具有较高的一致性。因此，在 MEMS 领域，通常采用 LPCVD 来制备低应力、高均一性、高致密性的多晶硅薄膜。

6.1.2 LPCVD 制备多晶硅薄膜的基本原理

LPCVD 技术在低压下加热气态硅烷分子，使其在圆片表面发生反应形成薄膜，其化学反应如式（6-1）所示：

$$SiH_4 \xrightarrow{\text{加热}} Si_{(s)} + 2H_{2(g)} \tag{6-1}$$

LPCVD 制备多晶硅薄膜的典型工艺条件是：采用纯硅烷气体，沉积温度为 580～650℃，压力为 100～400mTorr，沉积速率为 5～20nm/min。根据物理学知识可知，沉积过程中分子的平均自由程 λ 可用式（6-2）表示：

$$\lambda = \frac{k_s T}{\sqrt{2}\pi d^2 P} \tag{6-2}$$

式中，k_s 为表面化学反应系数；T 为温度；d 为气体分子直径；P 为系统压力，λ 和 P 为反比例关系。由于 LPCVD 技术采用的工作压力较低，故气体分子的 λ 和扩散系数较大，气体反应物的传质速度较快，形成薄膜的速度较快。此外，λ 越大，薄膜沉积的均匀性越高，可以节省反应气体。

LPCVD 制备多晶硅薄膜的过程是在气相中生长晶体的复杂的物理和化学过程，具体如下：

① 硅烷分子被输运到沉积区；

② 硅烷分子扩散并吸附在圆片表面；

③ 吸附的硅烷分子之间或硅烷分子与气相分子发生化学反应，产生硅原子及副产物；

④ 反应产生的副产物从表面解析；

⑤ 副产物沿出气口排出。

图 6-1 所示为薄膜沉积过程示意图。

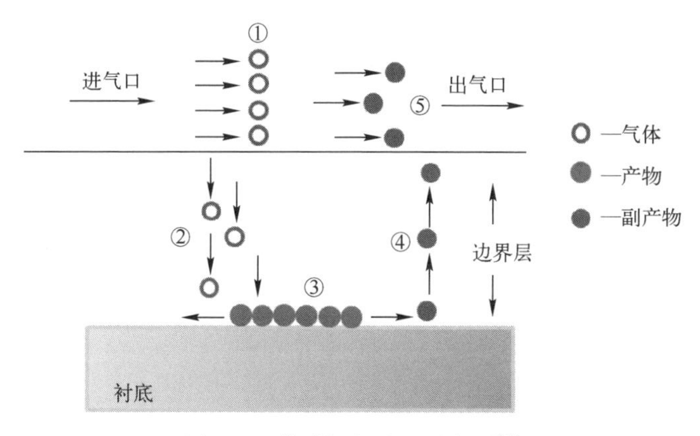

图 6-1　薄膜沉积过程示意图[1]

6.1.3　LPCVD 成膜装置

LPCVD 成膜装置常用的立式炉系统示意图如图 6-2 所示，该系统包括圆片存储与传输、温控、反应炉和气体控制等部分。

反应炉由电阻丝、炉管、石英管和石英舟组成，圆片在反应炉内进行薄膜沉积。炉管和石英舟均由耐高温的非晶石英制成。反应炉由炉管外的电阻丝进行加热，加热区可以控制炉体中心附近的温度，从而使反应区域恒温。通过优化升、降温过程的工艺温度，可提高薄膜的制备质量。通过匀速旋转石英舟，可提高加热的均匀性。反应炉结构示意图如图 6-3 所示。

LPCVD 制备多晶硅薄膜包含一系列过程，首先将圆片放入炉内，然后抽真空并检查是否漏气，之后充 N_2并升温到沉积温度，抽真空并保持压力不变，通硅烷气体沉积，沉积完成后断开硅烷气体，充 N_2吹扫微粒，抽真空，充 N_2回到大气压，圆片即可出炉。LPCVD 制备多晶硅薄膜的过程示意图如图 6-4 所示。

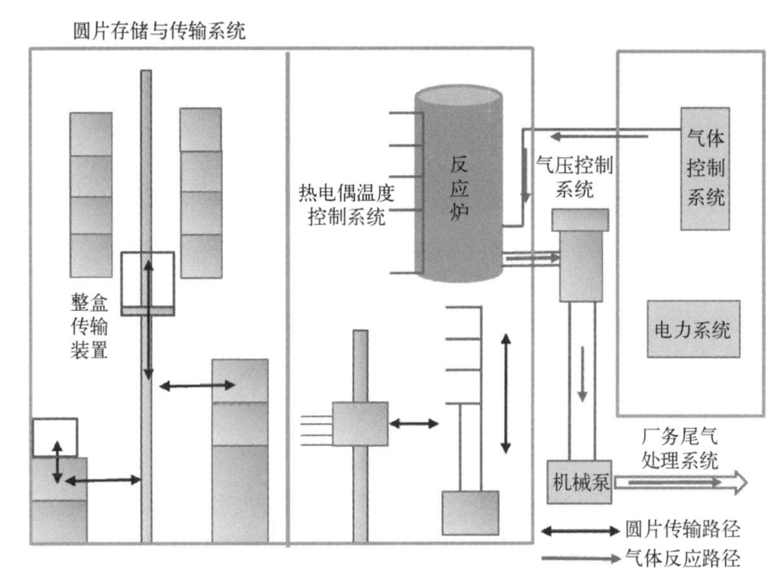

图 6-2　立式炉系统示意图[2]

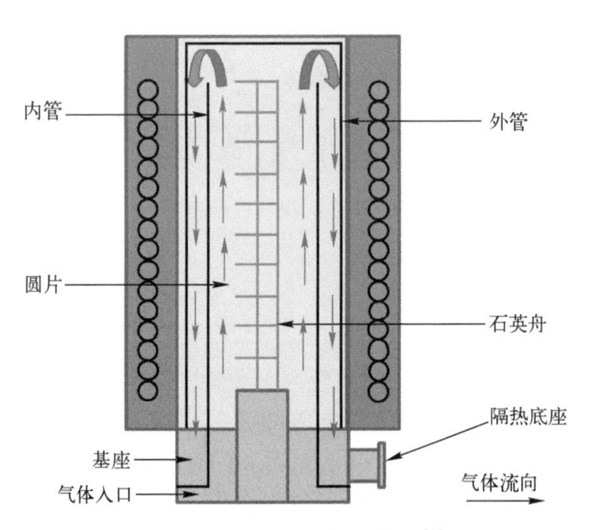

图 6-3　反应炉结构示意图[2]

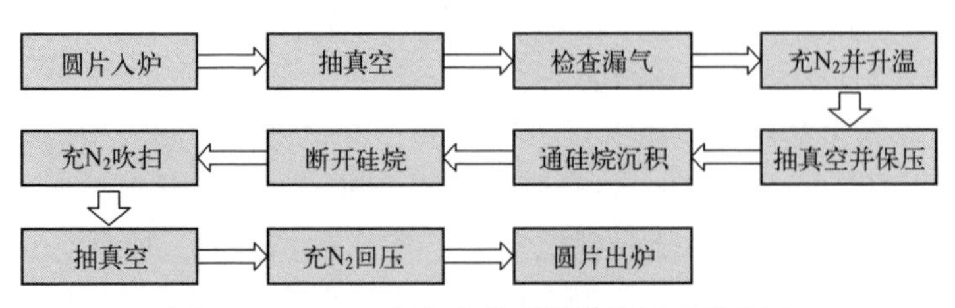

图 6-4　LPCVD 制备多晶硅薄膜的过程示意图

6.1.4　LPCVD 多晶硅薄膜及其工艺特性

在半导体制造业，LPCVD 常用来制备多晶硅薄膜及掺杂的薄膜。虽然多晶硅可以通过固态源扩散和离子注入的方法掺杂，但 LPCVD 工艺过程中的原位掺杂是一种调整薄膜电性能的更高效方法，该方法为在 LPCVD 工艺过程中，将含杂质元素的掺杂剂，如磷烷（PH_3）、砷烷（AsH_3）、硼烷（B_2H_6）等气体与硅源气体混合后通入反应器进行掺杂。

LPCVD 制备多晶硅薄膜的主要问题是薄膜内部的应力使硅圆片经化学机械抛光后翘曲度发生较大变化。这不仅难以满足器件加工对圆片几何参数的要求，而且对后续器件制造不利。例如，翘曲的硅圆片会导致光刻对准时出现偏差，降低器件制造的可靠性。多晶硅薄膜的应力是由于内部存在很多缺陷，而在退火时会发生缺陷减少、重结晶和晶粒长大的现象，因此可利用退火使多晶硅薄膜内部的缺陷减少，并使其晶粒结构发生改变，从而改变其内部的应力分布。根据已有的报道，沉积后退火可以改善多晶硅薄膜中的应力。625℃沉积的多晶硅薄膜表现为压应力，在 900～1150℃的 N_2气氛下退火可有效降低该压应力[3]。在 1050℃对多晶硅薄膜进行快速热退火可以使应力减小到接近零的水平[4]。未退火和退火后的 LPCVD 多晶硅薄膜的残余应力如表 6-1 和表 6-2 所示。

表 6-1　沉积后未退火的 LPCVD 多晶硅薄膜的残余应力

沉积温度/℃	反应气体	压强/mTorr	薄膜厚度/μm	残余应力/MPa	参考文献
630	SiH_4	200	0.2～4	−340～1750	[5]
560～610	SiH_4/PH_3	375～800	2	−195～310	[6]
570	SiH_4	150	1.3	82	[7]
570	SiH_4	300	2	270	[8]
620	SiH_4	100	0.46	−350±12	[9]

表 6-2　沉积后退火的 LPCVD 多晶硅薄膜的残余应力

沉积温度/℃	压强/mTorr	退火条件	薄膜厚度/μm	残余应力/MPa	参考文献
565	—	1050℃，10s RTA	1	142	[10]
580	—	1000℃，1h	3.5	12±5	[11]
570	150	1200℃，6h	1.3	17	[7]
570	300	1100℃，30min	2	30	[8]
615	300	1100℃，30min	2	−20	[8]

6.1.5　适合应用的场合

伴随 MEMS 技术的飞速发展，多晶硅薄膜在压阻式压力传感器中得到广泛应用。此外，由于多晶硅与单晶硅有相近的敏感特性、机械特性，多晶硅也被用于敏感领域中的力学传感器、热电器件、化学敏感器件等。特别是，热电堆作为一种典型的热电器件，是耳温枪、测温仪等热式测温装置的核心元器件。市场中，一般将热电堆红外传感器中的热电偶条进行上下布置，上下两层热电偶条之间采用二氧化硅隔离，热电偶条顶端留有电学连接孔以便相邻两个热电偶条的两种材料实现电学串行连接。热电堆红外传感器中的热电偶条下层热电材料一般采用 P 型多晶硅，而上层热电材料一般采用铝或者 N 型多晶硅。关于热电堆传感器的更多细节和讨论详见本书第 11 章。最后，多晶硅薄膜也可以被当作牺牲层材料，用来制备一些悬空薄膜或者微结构，如数字微镜器件、压电谐振器等。

6.2　氮化硅薄膜

氮化硅（Si_3N_4）薄膜在 MEMS 芯片设计中常常作为薄膜结构或电学钝化层。氮化硅薄膜在 MEMS 芯片中的应用需求与在集成电路中的应用需求的最大不同是氮化硅薄膜需要有较低的应力和较大的厚度（一般在微米级别）。

6.2.1　基本原理与工艺特性分析

氮化硅因其独特的物理特性，常被用作 MEMS 芯片的圆片隔离、表面钝化、刻蚀掩模，以及悬梁、桥相关结构的电绝缘材料。氮化硅极耐化学腐蚀，在 HF 中的腐蚀速率每分钟只有 1nm 左右。因此，在微机械加工工艺中，氮化硅通常被用作二氧化硅（SiO_2）牺牲层的复合材料。

氮化硅在原子形态上是非晶态的，且氮化硅的密度约为 3.1g/cm^3。氮化硅薄膜的典型沉积温度和压力范围分别为 700～900℃和 27～67kPa。使用的标准源气体是二氯硅烷（SiH_2Cl_2）和氨气（NH_3）。氮化硅的化学计量比具有较大的残余拉应力，约为 1GPa[12]，可使数百纳米厚的薄膜断裂。氮化硅薄膜已被广泛用作压阻式传感器中的机械支撑结构和电绝缘层[13]。

为了获得应用所需的微米厚的耐用和耐化学腐蚀的薄膜结构，可以通过 LPCVD 技术沉积非化学计量比的 Si_3N_x 薄膜。这种薄膜通常被称为低应力氮化物，其过量硅可通过在沉积过程中增加 Si 和 N 的比值来实现。如果 SiH_2Cl_2 和 NH_3 分子比为 6:1，沉积温度为 850℃，压力为 500 mTorr，那么沉积出的薄膜几乎没有应力[14]。文献［15］和文献［16］中详细研究了 Si_3N_x 薄膜 Si 原子和 N 原子的比例对残余应力的影响。

氮化硅薄膜沉积基本原理

利用 LPCVD 技术沉积氮化硅薄膜，通用的反应气体为 SiH_2Cl_2 和 NH_3，其实验温度一般为 600~900℃，化学反应式为

$$3SiH_2Cl_2+4NH_3 \longrightarrow Si_3N_4+6HCl+6H_2 \tag{6-3}$$

用 LPCVD 技术沉积氮化硅薄膜过程的实验温度较高，而在高温下 Si—H 键和 N—H 键容易断裂，使 Si—H 键和 N—H 键中的 H 从氮化硅薄膜中分解出来，因此 LPCVD 技术沉积的氮化硅薄膜的 H 含量非常少。

6.2.2　不同工艺特性分析

低应力氮化硅薄膜的广泛应用引起了国内外学者对制备氮化硅薄膜的重视。氮化硅薄膜在 MEMS 芯片中的制备方式主要分为物理气相沉积（Physical Vapor Deposition，PVD）和化学气相沉积（Chemical Vapor Deposition，CVD）两大类。

1. LPCVD 技术制备氮化硅薄膜

LPCVD 技术制备氮化硅薄膜是一种传统的化学气相沉积方法。LPCVD 反应室采用管式炉，其示意图如图 6-5 所示，该设备构造主要包括石英管式炉、石英舟、真空系统和排气管道等。氮化硅薄膜的沉积温度一般为 700~800℃，沉积室的压力一般低于 1Torr。LPCVD 技术沉积的氮化硅薄膜具有密度高、均匀性好、电性能好、氢含量低（小于 5%）等特点。因此 LPCVD 技术沉积的氮化硅薄膜可作为波导材料、MIS 功率器件的栅介质层或局部氧化物掩模。但是，利用 LPCVD 技术沉积氮化硅薄膜的过程需要在高温下进行，对圆片和器件的耐热性要求很高，很难与低温制造工艺兼容。氮化硅独特的物理性能使得其作为基板隔离表面钝化、刻蚀掩模和悬梁、电桥及相关结构的电气绝缘材料广泛运用于 MEMS 芯片的设计和制造中。LPCVD 技术沉积的氮化硅薄膜在 HF 溶液中的刻蚀速率约为 1nm/min，可以用作表面微加工 SiO_2 牺牲层复合材料。由于氮化硅薄膜电阻率约为 $10^{14}\Omega\cdot cm$，介电强度为 $10^7V/cm$，通常也被用作绝缘层材料。氮化硅的导带隙约为 5eV，远低于热氧化物。氮化硅微观结构为非晶态，质量密度为 $3.1g/cm^3$。

SiH_2Cl_2 和 NH_3 具有较高的化学活性，是 LPCVD 制备氮化硅薄膜的工艺气体。LPCVD 技术制备的氮化硅薄膜的力学、光学和组分性能主要受两种气体配比的影响。增加 SiH_2Cl_2 和 NH_3 的比例，可以降低薄膜的残余应力，增加 NH_3 的

占比可以使 Si 原子和 N 原子的原子比接近 1∶1.33。LPCVD 技术沉积低应力氮化硅薄膜的工艺具有工艺成熟、生产效率高，并且易于实现沉积过程自动化的优点，所以是半导体工业领域制备氮化硅薄膜的主要方法之一。

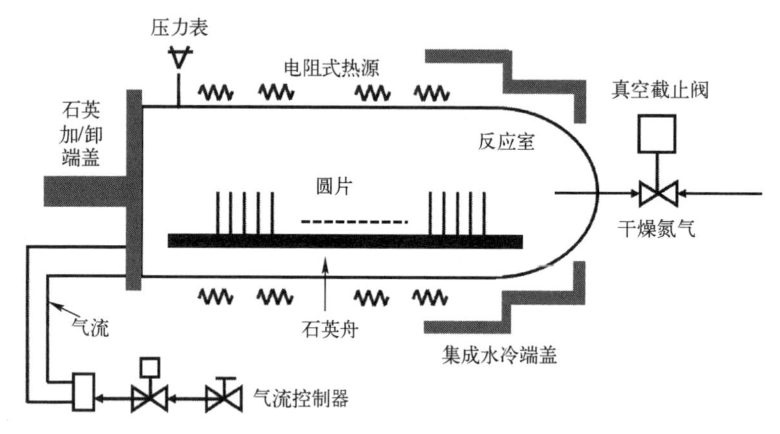

图 6-5　LPCVD 反应室示意图

2. ALD 法制备氮化硅薄膜

原子层沉积（Atomic Layer Deposition，ALD）是指交替通入反应腔室的气相前驱物在硅圆片表面发生气固相化学吸附反应从而形成薄膜的一种方法。ALD 薄膜沉积方式具有致密性、保型性良好，以及控制沉积厚度的准确性较高等特点。

近年来，半导体器件向微型化发展，器件特征尺寸越来越小，因此通过 ALD 法制备氮化硅薄膜的技术备受关注。目前，ALD 法制备氮化硅薄膜主要运用于两个方向：纳米器件的栅隔层和栅极绝缘层。

ALD 法制备氮化硅薄膜基于自限制的二元循环反应，在沉积氮化硅薄膜时包含硅前驱物和氮反应物两个半反应过程，如图 6-6 所示。

一个 ALD 周期的步骤分为：

（1）在硅半反应过程中，通过使硅前驱物化学吸附在硅圆片表面，在硅圆片表面留下含硅配体，并吹扫去除多余的反应物和副产物。

（2）在氮半反应过程中，氮反应物与硅圆片表面的含硅配体结合形成氮化硅，并在新的表面形成含氮配体。

这两个半反应互为铺垫，使沉积过程持续进行。

目前 ALD 法制备氮化硅薄膜包含 TALD（Thermal ALD）、PEALD（Plasma-Enhanced ALD）两种方式。在 TALD 法制备氮化硅的过程中，$SiCl_4$、SiH_2Cl_2 和 Si_2Cl_6 可提供硅源，NH_3 可提供氮源。TALD 法制备氮化硅薄膜需要较高的温度（大于 400℃），在一次循环周期内，氮化硅薄膜沉积厚度在不同的工艺情况下在零点几埃到数埃浮动。但是，由于沉积温度较高，难与VLSI的低温工艺兼容，TALD的发展受到了限制。相比而言，PEALD不仅工艺气体选择面更广，而且可在较低温度下（小于400℃）沉积，受到越来越多的青睐。在PEALD法制备氮化硅薄膜的过程中，等离子体的产生方式有容性耦合等离子体（Capacitively Coupled Plasma，CCP）、ICP和微波等离子体。

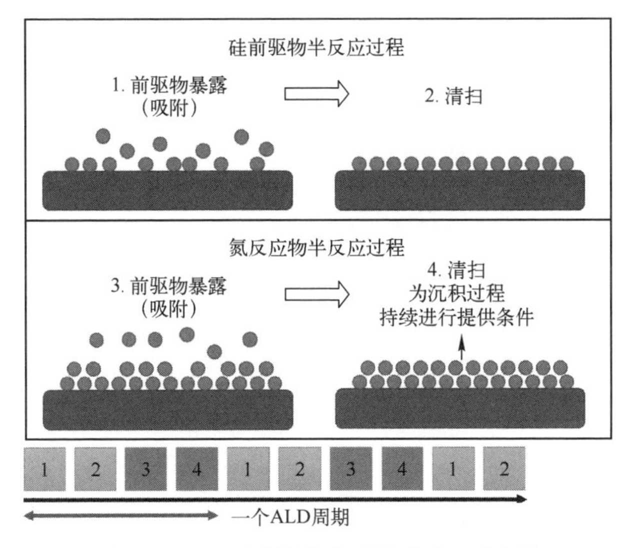

图6-6 ALD法制备氮化硅薄膜过程示意图

3. 磁控反应溅射法制备氮化硅薄膜

磁控反应溅射法制备氮化硅薄膜是一种物理气相沉积方法，它集成了磁控溅射和反应溅射的优点。在真空室中，磁场被引入靶的阴极表面，并且利用磁场对带电粒子的约束增加等离子体密度进而增加电离速率。等离子体可以通过应用射频源或DC源对工艺气体进行辉光放电来产生。图6-7所示为射频磁控反应溅射制备氮化硅示意图。射频磁控反应溅射系统主要包括射频电源、真空系统、气体供应系统、靶座等。溅射过程中，氩气碰撞电离产生大量的电子和氩离子，使辉光放电持续进行，而N_2主要用作反应气体，电离产生的N原子为制备氮化硅薄膜提供了N源。提供硅源的靶材料可以采用单晶硅或氮化硅晶体。通过磁控反应溅射法可以实现在较低的温度（小于200℃）下制备氮化硅。磁控反应溅射法制备的氮化硅薄膜密度高、含氢量低（小于5%），可作为MEMS芯片中的阻挡层、钝化层和刻蚀停止层，也可作为NVM器件的层压介质层。

用直流或射频磁控反应溅射制备的氮化硅薄膜多为富硅薄膜，而通过调节工艺参数，如氮气比例、射频功率等，可以得到氮原子和硅原子比例不同的氮化硅薄膜。直流和射频磁控反应溅射制备的氮化硅薄膜表现出优异的电学性能，相比之下，直流磁控反应溅射速率要更高。

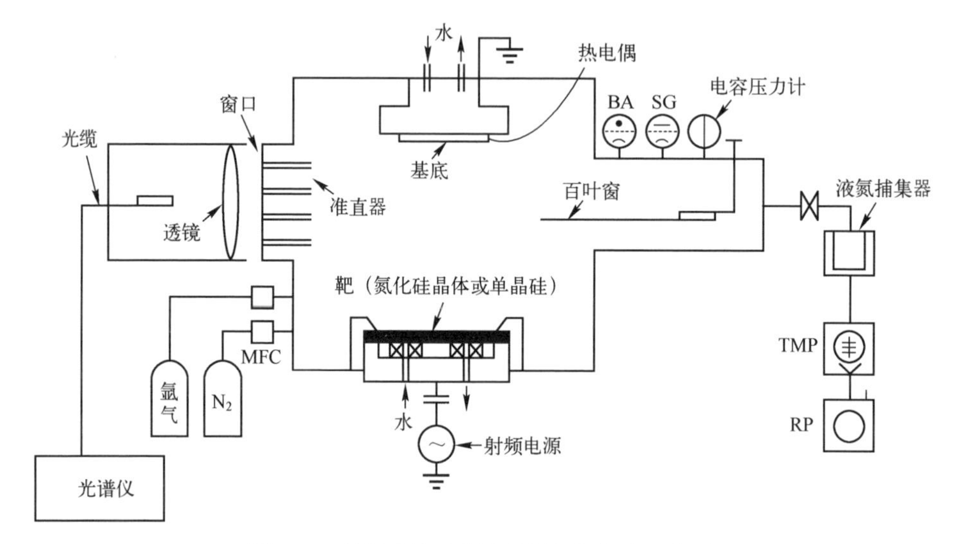

图 6-7　射频磁控反应溅射制备氮化硅示意图

4. PECVD 法制备氮化硅薄膜

PECVD 是一种等离子体放电和化学气相沉积相结合的薄膜沉积方法。在强电场或磁场作用下，含有薄膜组分的工艺气体被电离，从而产生化学活性等离子体，促进了气相反应和表面吸附过程，进而提高了薄膜沉积速率。整个沉积过程可以在较低的温度（低于 400℃）下进行。PECVD 薄膜沉积过程可分为等离子体产生、本体化学反应和表面反应三部分。工艺过程中气体放电形成的等离子体是整个沉积过程的开端，为后续的本体化学反应和表面反应提供了必要的物质成分。PECVD 系统的典型结构示意图如图 6-8 所示。PECVD 系统主要由激励源系统、平板电极和喷淋板等组成。按等离子体的产生方式，图 6-8 所示系统是一种典型的 CCP 系统。用 ICP 和电子回旋共振等离子体（ECR）沉积氮化硅薄膜时，氮化硅和 NH_3、SiH_4 和 N_2 通常用作提供硅和氮源的工艺气体，但制备生成的氮化硅薄膜质量不如 CCP 沉积的氮化硅薄膜。一些研究表明，引入惰性气体可以改善氮化硅薄膜的性能。SiH_4 和 NH_3 放电等离子体中有多种粒子，包括原子、分子、离子、基团粒子、纳米团簇等，也涉及许多化学反应。PECVD 法制备的氮化硅薄膜具有优异的力学和电学性能，并且可以在较低的温度下制备，因此在 MEMS 领域有着广泛应用。通过改变 PECVD 工艺参数，可以控制氮化硅薄膜的许多性能，包括电学、光学和机械性能等。随着对 PECVD 工艺中等离子体放电、薄膜沉积机理、反应室等因素研究的深入，利用 PECVD 法沉积氮化硅薄膜的方法将得到更广泛的应用。

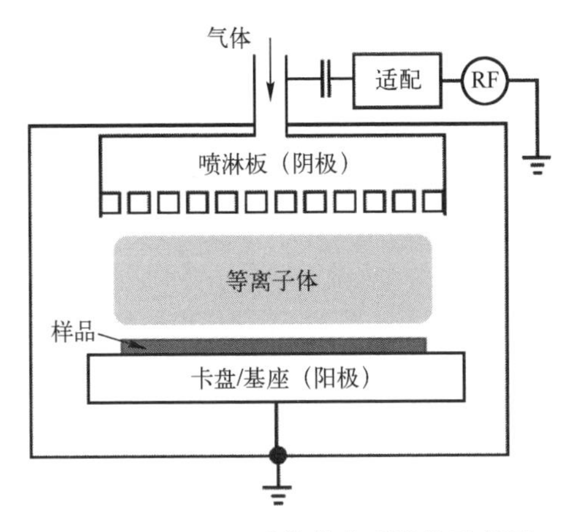

图 6-8　PECVD 系统的典型结构示意图

6.2.3　高温退火工艺的影响

针对 MEMS 芯片中常用的 LPCVD 法制备的氮化硅薄膜，建立氮化硅薄膜残余应力模型及其黏性流动模型，以研究退火温度对氮化硅薄膜残余应力的影响。针对 CMOS-MEMS 集成工艺中常用的 PECVD 二氧化硅和氮化硅复合薄膜的低应力要求，研究高温退火对复合薄膜残余应力的影响。

LPCVD 法制备的氮化硅薄膜残余应力 σ_f 主要由热应力 σ_{th} 与本征应力 σ_i 组成：

$$\sigma_f = \sigma_{th} + \sigma_i \tag{6-4}$$

式中，热应力 σ_{th} 主要是由于薄膜热膨胀系数与圆片热膨胀系数不一致造成的；本征应力 σ_i 主要是在薄膜生长过程中由于原子沉积过程中的相互作用而产生的。

由于 LPCVD 工艺的工艺温度一般是在 800℃左右，因此在低于 800℃的工艺条件下，LPCVD 法制备的薄膜只有热应力发生变化，其本征应力并不发生改变。LPCVD 法制备的氮化硅薄膜在 25~350℃条件下的薄膜应力随温度的变化关系曲线如图 6-9 所示，薄膜应力随环境温度的升高而增加，并且薄膜应力和温度呈线性关系。环境温度升高，薄膜中的热应力将因工艺温度和测量温度之间的温度差的减小而减小。因此，LPCVD 法制备的氮化硅薄膜的热应力为压应力，本征应力为拉应力。根据图 6-9 中的拟合公式，代入氮化硅薄膜沉积温度可求解出氮化硅薄膜的本征应力，为 1445.3MPa。而常温下，氮化硅薄膜的热应力为 -332MPa。计算结果表明，LPCVD 法制备的氮化硅薄膜残余应力中，本征应力占主导地位。根据图 6-9 所示的测试结果，氮化硅薄膜在低温下退火，虽然能够减小薄膜热应力，但由于薄膜热应力和薄膜本征应力方向相反，其薄膜残余应力是增加的，因此氮化硅薄膜的低温退火工艺并不适合制作低应力氮化硅薄膜，只有在高温退火工艺下，才有可能减小氮化硅薄膜残余应力。

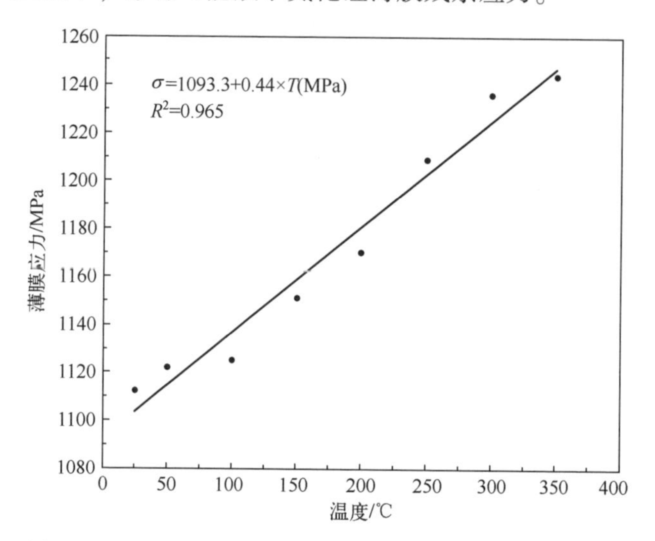

图 6-9　LPCVD 法制备的氮化硅薄膜在 25~350℃条件下的薄膜应力随温度的变化关系曲线

6.2.4　适合应用的场合

氮化硅由于具有优异的材料性能，常被用于制作 MEMS 芯片的绝缘层、腐蚀掩模层和功能结构层等。LPCVD 法制备的氮化硅薄膜具有密度高、材料性能优异等优势。因此，通过 LPCVD 法制备的氮化硅薄膜非常适用于制作压力传感器的压敏薄膜。LPCVD 法制备氮化硅的反应方程式如下：

$$3SiH_2Cl_2+4NH_3 \longrightarrow Si_3N_4+6HCl+6H_2 \tag{6-5}$$

LPCVD 法制备氮化硅薄膜通常在 800~900℃ 和 250~600 mTorr 的环境中进行。当 SiH_2Cl_2和 NH_3的流量比为 1∶3~1∶4 时，制备得到的氮化硅薄膜中的氮原子和硅原子的数量满足化学计量比（硅原子和氮原子的原子比为 3∶4）。基于这种方法制备的氮化硅薄膜中的残余应力很大，为 1~2GPa，并且为拉应力。当工艺温度为 835℃，SiH_2Cl_2与 NH_3的流量比为 4∶1 时，氮化硅薄膜的残余应力将大大降低，约为 50MPa，并且为拉应力。但是，此时制备的氮化硅中的硅原子数和氮原子数不符合氮化硅的化学计量比。当硅原子数与氮原子数之比从 0.75 增加到 0.95 时，氮化硅薄膜中的残余应力会急剧减小，当硅原子数与氮原子数比值足够大时，氮化硅薄膜中的应力将由拉应力转为压应力，而压力敏感膜中的压应力会使压力传感器的迟滞和非线性增加。因此，在设计悬臂梁结构时，应尽量避免出现压应力。另外，当LPCVD法制备的氮化硅为低应力薄膜时，其厚度不宜过厚，一般应小于1μm。

压力传感器的体积主要由压力传感器膜片的尺寸决定，因此压力传感器膜片的设计不能太大。除了体积因素限制膜片的尺寸，实际的加工工艺也要求薄膜的尺寸要尽可能小。一方面是因为压力传感器膜片的尺寸越大，越容易黏附；另一方面是因为当牺牲层被腐蚀时，压力传感膜片会出现黏附现象。但是，压力传感器的压敏膜片的尺寸设计不宜太小，否则很难在压敏膜片上制作多晶硅压敏条。因此，压敏传感器的压敏膜片尺寸应在合理范围内，即50~100μm，厚度范围应为0.5~1μm。

6.3 二氧化硅薄膜

二氧化硅（SiO_2）由于透光率高、抗侵蚀能力强、绝热性高、硬度较高、耐磨性好和介电性能好，被广泛应用在电子器件、集成器件、光学薄膜器件、传感器等相关器件中。本节主要介绍二氧化硅薄膜的制备方法。

6.3.1 不同工艺特性分析

不同的应用领域对二氧化硅薄膜提出了不同的要求，这也推动了二氧化硅薄膜制备方法的发展与应用。二氧化硅薄膜制备方法主要包括热氧化法、物理气相沉积法和化学气相沉积法。

1. 热氧化法制备二氧化硅薄膜

热氧化法制备二氧化硅薄膜的原理是：在高温（900~1200℃）条件下使硅圆片表面发生氧化反应生成二氧化硅薄膜，主要包括干氧氧化、湿氧氧化和水汽氧化[17,18]。干氧氧化是利用高温下的氧分子与硅圆片表面的硅原子反应，生成氧化硅起始氧化层，其反应式为：$Si+O_2 = SiO_2$。之后，由于起始氧化层阻止氧与硅圆片表面直接接触，氧分子只能以扩散的方式通过氧化硅层，到达二氧化硅-硅界面和硅原子发生反应，生成新的氧化硅层，使氧化硅层继续增厚。对于湿氧氧化，氧气通过装有高纯去离子水的氧化瓶，通过气泡的形式进入石英管，因此，进入石英管的氧气带有水汽，其水汽的含量由氧化瓶的温度和氧气流速决定。由于参与氧化的物质是水和氧的混合物，所以湿氧氧化的氧化速率比干氧氧化快得多，反应方程式如下：

$$Si+O_2 \xlongequal{} SiO_2;\ Si+2H_2O \xlongequal{} SiO_2+2H_2 \tag{6-6}$$

另外，为了生长厚度约为 10nm 的二氧化硅薄膜，需要在干氧气氛下进行高温氧化，这样的工艺过程需要的氧化时间极短，利用常规的电阻丝加热氧化炉根本无法控制该时间。如果选择在高温下进行低压氧化操作，那么氧化时间会变长，这样常规的氧化炉就可以控制该氧化时间。但是，高温处理的时间过长会引起掺入杂质的重新分布，在超大规模集成电路制作工艺中这会造成很大影响。为了解决上述问题，研究出了一种制备超薄二氧化硅薄膜的新方法——快速热氧化法（Rapid Thermal Oxidation）[19-20]。这种二氧化硅薄膜制备方法利用快速热处理，可以精准地控制高温短时间的氧化过程，从而得到性能优异的超薄二氧化硅薄膜。

2. 化学气相沉积（CVD）法制备二氧化硅薄膜

常用的 CVD 法有常压化学气相沉积（APCVD）、低压化学气相沉积（LPCVD）、等离子增强化学气相沉积（PECVD）等。不同的制备方法和反应体系生长二氧化硅薄膜需要不同的设备和工艺条件，其用途和优缺点各不相同。表 6-3 比较了三种主要 CVD 工序。采用 LPCVD 制备的二氧化硅薄膜具有致密性好、台阶覆盖性好等优点，在 MEMS 领域具有极其广泛的应用。因此这里主要介绍 LPCVD。

表 6-3　三种主要 CVD 工序比较

CVD 工艺	温度/℃	特　点
APCVD	350~400	工艺成熟，台阶覆盖性差
LPCVD	450~900	制得的二氧化硅薄膜致密性好，台阶覆盖性好
PECVD	300~400	制得的二氧化硅薄膜应力小，不易开裂，保形性好

6.3.2　LPCVD 法制备二氧化硅薄膜基本原理

LPCVD 法制备二氧化硅薄膜时，可以在相对较低的温度（约 450℃）下使硅烷与氧气发生反应，其反应方程式如下：

$$SiH_4+O_2 \xlongequal{} SiO_2+2H_2 \tag{6-7}$$

如果反应过程中不引入任何附加气体，那么二氧化硅就不会被掺杂，此时称为低温氧化硅（LTO）。附加的磷化氢（PH_3）气体与硅烷和氧气同时反应，从而可以将磷原子掺入 LTO。这种特殊的磷掺杂二氧化硅被称作 PSG，掺入磷原子的目的主要是加快二氧化硅在 HF 溶液中的腐蚀速率，有文献证实含磷 4% 的

PSG 在浓 HF（40%）中的腐蚀速率可以达 1μm/min。PSG 在高温（高于 900℃）下会软化回流，使阶梯的边缘更光滑和圆润[21]。

上述方法的反应速率是由扩散速率控制的，即气体的浓度决定沉积速率。在沉积过程中，反应物的浓度降低，很难在整个反应器内创造相同的沉积条件。因此，在整个过程中，必须确保反应气体在炉膛内均匀分布。只有这样该批次加工的所有硅圆片才能均匀地沉积薄膜。该方法较为成熟，但孔隙填充性和台阶覆盖特性较差。

在高温（700℃）下，也可以通过正硅酸乙酯（TEOS）热分解得到二氧化硅薄膜，其反应方程式如下：

$$Si(OC_2H_5)_4 \longrightarrow SiO_2+4C_2H_4+2H_2O \tag{6-8}$$

用这种方法制备的氧化硅薄膜中含有水蒸气，针孔密度高，通常需要高温退火去除水分，提高薄膜致密度，其台阶覆盖性良好，填充孔隙能力强。

6.3.3　LPCVD 法制备二氧化硅薄膜工艺特性

LPCVD 法制备的二氧化硅薄膜是一种电绝缘体，相比于热氧化法制备的氯化硅薄膜，LPCVD 法制备的 LTO 薄膜沉积温度低，其介质常数为 4.3。LTO 的介电强度约为热氧化物介电强度的 80%[22]。与热氧化物不同的是，LTO 的残余应力是由沉积工艺决定的，在沉积的薄膜中往往是压应力。

LTO 薄膜是 MEMS 制造过程中使用最广泛的材料之一。在多晶硅表面微加工中，LTO 薄膜具有以下作用：

（1）由于 LTO 薄膜有易被腐蚀剂溶解且腐蚀剂不损害多晶硅的特点，因此常被用作牺牲材料。

（2）由于 LTO 薄膜在多晶硅干法刻蚀过程中耐化学腐蚀，因此被广泛应用作较厚多晶硅薄膜干法刻蚀的掩模。

（3）环境敏感器件表面上的钝化层也多采用 LTO 薄膜。

LTO 薄膜可以沉积在硅、多晶硅、氮化硅、碳化硅和具有耐温金属的金属化圆片等种类繁多的圆片材料上。一般来说，LPCVD 能够提供一种在低于热氧化温度条件下沉积厚度大于 2μm 氧化硅薄膜的方法，由于 LTO 薄膜在 HF 溶液中的刻蚀速率高于热氧化物，因此在其作为牺牲层时，释放时间会被大大缩短。PSG 薄膜的形成可采用与制备 LTO 薄膜几乎相同的沉积工艺，在类似于原位多晶硅掺杂的原位掺杂过程中，含磷气体被添加到前驱气流中。PSG 薄膜在 HF 溶液中的刻蚀速率一般高于 LTO 薄膜，故 PSG 薄膜可作为牺牲层，PSG 与 LPCVD 多晶硅沉积条件兼容，可用于多层多晶硅表面微加工工艺。在 605℃ 温度条件下，沉积在 PSG 牺牲层上的多晶硅薄膜具有高织构的〈111〉晶向和极低的残余应变（$<5\times10^{-5}$）[23]，这与沉积在热氧化物和 LTO 薄膜具有的高残余应变（约 -3×10^{-2}）和高织构〈110〉晶向的薄膜形成鲜明对比。这种差异可能受磷对多晶硅成核和晶粒生长的种种影响。

PSG 薄膜还可用作 LPCVD 多晶硅薄膜的掺杂源。该工艺为两层 PSG 薄膜之间覆盖一层未掺杂的多晶硅，并在 1050℃ 的 N_2 氛围中对该结构进行退火。为了掺杂薄膜和平衡残余应力，通过退火驱动磷原子从顶部和底部同时进入多晶硅中。另外，文献记载厚度为 300nm 的 PSG 层可用于磷掺杂 1.5μm 厚的多晶硅，掺杂后的电阻率约为 0.02Ω · cm[24]。为了实现掺杂，退火可在 1100℃以上进行，但高温会导致 PSG 与氮化硅之间分层，为防止这种情况出现，应在 1050℃下退火。

6.3.4 适合应用的场合

在微电子技术中，由于二氧化硅薄膜具有优异的电绝缘性和工艺可行性，因此得到广泛应用。在半导体器件中，二氧化硅由于禁带宽度可变，所以可以用作非晶硅太阳电池的薄膜光吸收层，从而提高光吸收效率。二氧化硅也可以用作半导体存储器件中的电荷存储层，集成电路中 CMOS 器件、SiGeMOS 器件及薄膜晶体管（TFT）中的栅介质层等。

二氧化硅薄膜被广泛用于硅基集成电路和 MEMS 的制造过程。在 MEMS 中，二氧化硅薄膜主要用作刻蚀掩模、结构层和牺牲层。与硅和氮化硅[25]相比，二氧化硅具有较低的弹性模量，因此二氧化硅薄膜的沉积是 MEMS 中用于实现悬臂梁、微桥、薄膜等悬浮微结构的重要技术。微悬臂梁和微桥是 MEMS 中的基本构件，可用于各种传感器和执行器，如化学传感器、生物传感器、流量传感器、湿度传感器等[26-29]。

6.4 压电薄膜

1880 年，Cuire 兄弟发现，石英晶体表面在受到外力时会出现电荷；1881 年，Lippmann 利用热力学基本定律预测了逆压电效应的存在[30]。当材料沿特定方向发生应变时，材料表面会有电荷富集，如果一个表面的电荷为正电荷，则与之相对的表面将出现负电荷，形成一定的电势差，这种现象被称为正压电效应；同时，在该方向施加电场时，材料会发生形变，这就是逆压电效应。压电薄膜在 MEMS 中主要用作功能薄膜，利用压电效应可以制造各类传感器和执行器。

6.4.1　压电薄膜简介

常用的适用于 MEMS 加工的压电薄膜材料有氧化锌（ZnO）、氮化铝（AlN）及锆钛酸铅（PZT）。

ZnO 是纤锌矿结构，是重要的半导体材料之一。ZnO 材料在发光器件、紫外传感器方面具有重要作用，除此之外，ZnO 材料还具有较高的压电性，并且和硅圆片材料有良好的匹配，能有效降低晶格失配对材料质量的影响。具有良好结晶度的 ZnO 压电薄膜的生长技术已经十分成熟，并被广泛应用于 MEMS 芯片，如基于 ZnO 压电薄膜表面声波器件的紫外传感器、气体传感器、生物传感器等。ZnO 是两性氧化物，其不足之处在于抗腐蚀性能较弱，很难适应恶劣的工作环境。

PZT 具有较高的压电性能，是应用最多的压电材料之一，被广泛用于扩音器、超声换能器和超声成像探头等电子器件中。利用溶胶-凝胶制备的 PZT 压电薄膜在 MEMS 器件中的应用已较为广泛，但 PZT 压电薄膜制造工艺复杂且难与 MEMS 工艺兼容。虽然 PZT 压电薄膜具有较高的压电性，但是其压电性受温度的影响较大，高温环境会使 PZT 的压电性发生退化。大多数 PZT 压电薄膜材料含有重金属物质铅，这限制了该材料在生物传感器方面的应用。

AlN 属于Ⅲ-Ⅴ族氮化物，具有稳定的纤锌矿结构。AlN 材料与其他Ⅲ-Ⅴ族化合物晶格失配度较小，所以可以作为其他Ⅲ-Ⅴ族化合物的缓冲层，以降低晶格失配对薄膜质量的影响。表 6-4 所示为 ZnO、AlN 及 PZT 压电薄膜的参数对比，与 ZnO 压电薄膜和 PZT 压电薄膜相比，AlN 压电薄膜的压电性比较低，但是 AlN 压电薄膜具有声波速高的优势（纵波速可达 11050m/s，横波速可达 6090m/s），这使得 AlN 压电薄膜可以用来制作高频器件，如工作频率高达数 GHz 的谐振器、滤波器等。而且，AlN 压电薄膜与 MEMS 工艺的兼容性良好，不仅可以在硅圆片上择优生长，还可以在各种金属底电极材料上择优生长。不仅如此，AlN 压电薄膜能够在 1200℃的高温下保持良好的压电性。AlN 压电薄膜具有良好的化学稳定性，因此该薄膜具有良好的抗腐蚀性能。AlN 压电薄膜的热传导特性良好，降低了工作产热对器件寿命的影响。综合以上优点，AlN 压电薄膜在 MEMS 技术中有广泛应用前景。

表 6-4　ZnO、AlN 及 PZT 压电薄膜的参数对比[31]

材　料	ZnO	PZT	AlN
密度/（g/cm^3）	5.61	7.8	3.3
弹性模量/GPa	110~140	61	300~500
硬度/GPa	4~5	7~18	15
压电系数/(pC/N)	12	289~380，117	4.5，6.4

续表

材　　料	ZnO	PZT	AlN
机电耦合系数/%	1.5~1.7	20~35	3.1~8
纵向（横向）波速/(m/s)	6336（2650）	4500（2200）	11050（6090）
相对介电常数	8.66	380	8.65
热膨胀系数/℃$^{-1}$	4	175	4

由于压电效应本身就是一种机电效应，所以基于压电薄膜的器件一直是 MEMS 技术的研究热点之一。基于压电薄膜的超声波发生器和谐振器是首批问世的 MEMS 芯片。对于压电薄膜的研究有助于发掘 MEMS 芯片的更多应用和更广泛的市场。

6.4.2 PZT 压电薄膜

锆钛酸铅（$PbZr_xTi_{1-x}O_3$，PZT）铁电材料在压电薄膜 MEMS 应用中占主导地位。基于 PZT 的 MEMS 技术已经被广泛应用于各种执行器[32]，但在射频微机电谐振器和滤波器中应用较少。虽然 PZT 谐振器的应用具有很长且成功的历史[33]，但是工艺的复杂性、有限的兼容性及高机械损耗阻碍了高压电 PZT 材料的应用。由于 PZT 压电薄膜具有较高的机电耦合系数、介电常数、压电系数且这些特征对直流偏置电场具有依赖性，因此 PZT 压电薄膜在微机电谐振器和滤波器方面取得了重大的进展。

PZT 属于钙钛矿类氧化物，钙钛矿晶体结构示意图如图 6-10 所示，化学通式为 ABO_3。对于 PZT 来说，晶胞的顶点位置被半径较大的 Pb^{2+} 离子占据，晶胞的中心位置被半径较小的 Ti^{4+} 或 Zr^{4+} 离子占据，面心分别被六个 O^{2-} 离子占据。由于 Zr^{4+} 和 Ti^{4+} 离子半径相近，分别为 0.72Å 和 0.61Å，均小于八面体的空位，且这两种离子的化学性能相似，所以 $PbZrO_3$ 和 $PbTiO_3$ 能形成连续的固溶体，即 $PbZr_{1-x}Ti_xO_3$（$0 \leqslant x \leqslant 1$）。

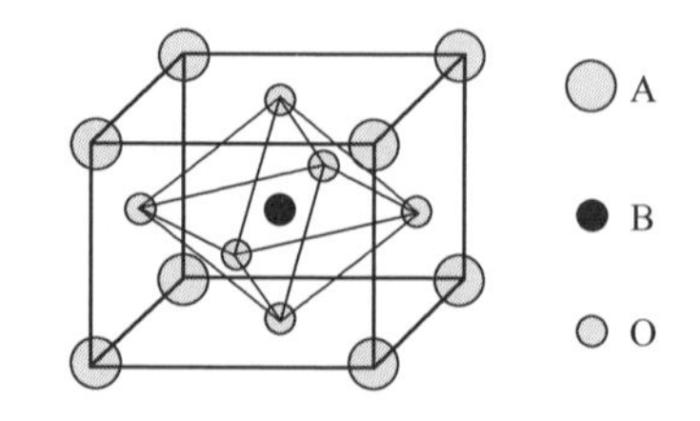

图 6-10　钙钛矿晶体结构示意图[34]

1. PZT 压电薄膜的沉积工艺

通过早期各种溅射技术的尝试，PZT 压电薄膜已经成功通过多种工艺实现了沉积，主要集中在利用体材料陶瓷靶材进行射频或离子束沉积[35-36]，目前的研究方向主要有金属有机物化学气相沉积（MOCVD）、溅射工艺[37]和化学溶液沉积（CSD）工艺[38]。PZT 压电薄膜的沉积要求严格控制化学计量比，以防非铁电萤石和烧绿石结构的成核[39]。此外因为氧化铅（PbO）在 500℃以上具有很高的挥发性，所以在任何高温处理和退火中要注意提供过量的铅，以补偿 PbO 挥发导致的铅损失[40]。制备 PZT 压电薄膜的方法主要分为三大类：化学气相沉积、物理沉积和化学溶液法。表 6-5 所示为 PZT 压电薄膜沉积技术的分类及其特点。

表 6-5　PZT 压电薄膜沉积技术的分类及其特点

制备方法		主要优点	主要缺点
化学气相沉积	MOCVD	沉积速率高； 能很好地控制化学计量比； 沉积温度低，可得到高纯度晶态薄膜	有机源难以制备且有毒，对环境有污染
	PECVD		
物理沉积	蒸发（电子束、电阻式）	在真空中进行，纯度和清洁度高； 与半导体集成电路工艺兼容； 容易得到外延、单晶薄膜	薄膜组分难以控制（除 PLD 法外）； 沉积速率低； 设备成本高
	溅射（磁控、离子束）		
	分子束外延（MBE）		
	脉冲激光沉积（PLD）		
化学溶液法	溶胶-凝胶（Sol-Gel）	沉积温度低，沉积速率高； 能很好地控制化学计量比； 能沉积大面积且形状不同的薄膜； 设备成本低； 溶胶-凝胶法和 MOD 法易于掺杂	厚度难以精确控制； 难与集成电路工艺兼容
	金属有机物热分解（MOD）		
	丝网印刷		

下面介绍四种比较有代表性的方法。

1）射频溅射法

射频溅射法的基本原理是利用交变的高频电场形成的等离子体轰击靶材，使靶材上的原子或原子团脱靶沉积在圆片上形成薄膜。2006 年，日本学者[41]采用射频溅射法，利用 $Pb_{1.2}(Zr_{0.52},Ti_{0.48})_{0.8}O_3$ 靶材，在 $Si/SiO_2/Ti/Pt$ 圆片上制备了厚度为 0.75μm，晶向为〈111〉的 PZT 压电薄膜，溅射功率为 100W，溅射速度为 0.2nm/s，溅射时间为 80min，成品 PZT 压电薄膜的压电系数 $d_{31}=-28$pm/V。

2）MOCVD 法

MOCVD 法的基本原理是，利用运载气体携带金属有机物的蒸气进入反应室，金属有机物在高温的作用下受热分解后沉积到加热的圆片上形成薄膜。2009 年，日本学者[42]采用该方法在 $Si/SiO_2/TiO_2/Pt$ 圆片上制备了厚度为 60nm，晶向为〈100〉和〈001〉的 PZT 压电薄膜。

3）丝网印刷法

丝网印刷法的基本原理是把 PZT 粉末和 $Pb/P/Si/SiO_2$ 等成分混合、烘干，然后加入一定量的粘连剂和分散剂等有机载体，制成 PZT 膜浆料，然后将浆料经过网孔转移，沉积到圆片上，形成湿膜，然后根据自己需要的厚度来确定印刷次数，后经干燥后在 1000℃左右的环境下烧结成瓷。丝网印刷法具有成本低、制作薄膜厚的优点；同时其缺点也比较显著，如组分难以混合均匀，有 SiO_2 成分，需高温烧结，与硅半导体工艺不兼容，难以得到高纯度、组分均匀和性能优良的 PZT 薄膜。有学者研究出在 LTCC 圆片上，制备厚度约 30μm 的 PZT 压电薄膜，其压电系数 d_{33} 约为 140pC/N[43]。

4）溶胶-凝胶法

溶胶-凝胶法的基本原理是将含有所需元素的化合物加到有机溶剂中形成均匀溶胶，溶胶通过水解和缩聚反应形成凝胶，然后将凝胶均匀涂覆在圆片上，经过热处理（干燥、预烧、退火）后除去凝胶中剩余的有机成分，并使其结晶形成薄膜。随着人们对溶胶-凝胶法制备 PZT 压电薄膜研究的深入，在传统工艺基础上又发展出了溶胶-凝胶掺杂法制备 PZT 压电薄膜技术和掺杂纳米粉末的溶胶-凝胶法制备 PZT 压电薄膜的技术。2007 年，Yutaka Ohya[44]等人利用该方法制备了浓度为 0.37mol/L 和 0.75mol/L 的溶液，并利用它们制成了厚度分别为 0.8μm、1.4μm 的 PZT 压电薄膜，PZT 压电薄膜中 Pb∶Zr∶Ti 为 1∶0.52∶0.48。

2. PZT 微结构的表征与分析

1）X 射线衍射分析

由于在薄膜制造过程中会在不同于薄膜本身材料的圆片上生长薄膜，并进行高温退火等处理，所以加工后的薄膜难免会产生残余应力。当多晶材料中存在残余应力时，不同晶粒中同族晶面间距随晶面方位发生规则变化，所以只要设法测出不同方位上的同族晶面间距，再引用弹性力学的基本关系就可以求得多晶体中的残余应力。可以用 X 射线衍射仪（XRD）测晶面间距[45]。当一束 X 射线投射到晶体中时，会受到晶体中原子的散射，散射波可以视为从原子中心发出的，每个原子中心发出的散射波类似于球面波，不同原子散射的波相互干涉。由于原子在晶体中是周期排列的，因此在某些散射方向上的球面波相互加强，而在某些散射方向上的球面波相互抵消。如图 6-11（a）所示，布拉格方程（$2d\sin\theta = n\lambda$）揭示了衍射角与晶面间距和射线波长的关系。通过改变入射角大小，可以得到一系列晶面取向的衍射峰（该材料的该晶面取向在此衍射角衍射值最大）。XRD 分析不仅可以用来表征薄膜的残余应力，还可以用来分析薄膜的生长取向，进而分析出薄膜的质量。

图 6-11（b）是一个 X 射线衍射表征 PZT 压电薄膜的例子。XRD 显示出〈100〉晶向成核速度最快，〈110〉〈210〉〈111〉晶向次之。所以在该生长条件下，PZT 压电薄膜是以〈100〉晶向为主导的。

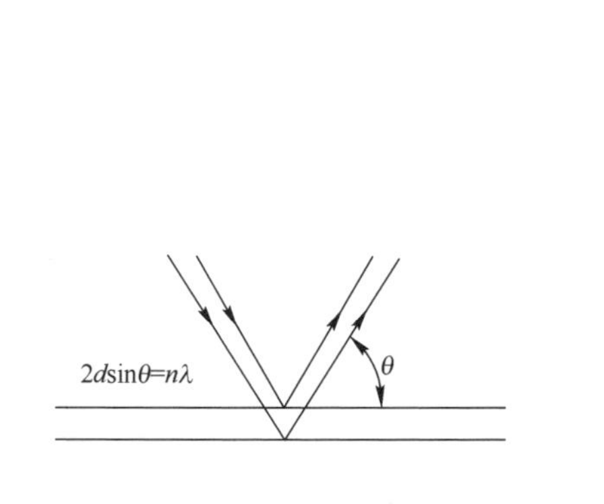

（a）在一点处的布拉格衍射

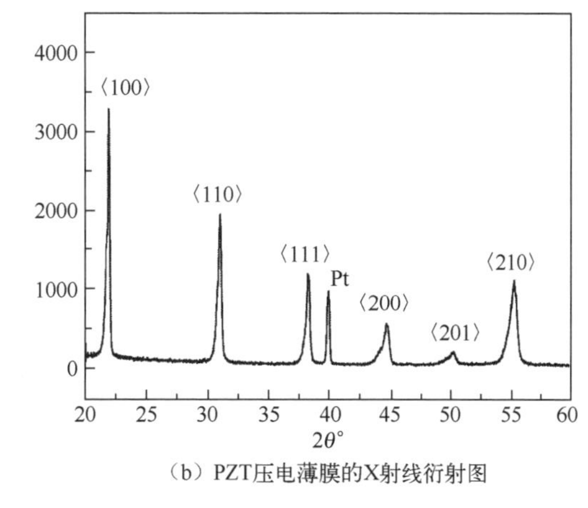

（b）PZT压电薄膜的X射线衍射图

图 6-11　布拉格衍射及 PIT 薄膜的 X 射线衍射图

2）压电系数和压电测试

薄膜的压电性是一个非常重要的性质，它直接影响压电器件的性能，因此薄膜压电系数的测量是薄膜表征的重要方面。薄膜的纵向压电常数是衡量薄膜压电性的一个重要参数[46,47]。在薄膜的厚度方向施加电场时，薄膜沿厚度方向的位移量 Δt 与施加电场之间的关系可表示为

$$\Delta t/t=d_{33}E \tag{6-9}$$

式中，t 为薄膜厚度；E 为电场强度，$E=U/t$，U 为施加在底电极与顶电极之间的电压；d_{33}为薄膜的纵向压电系数，所以式（6-9）还可以改写为

$$\Delta t=d_{33}U \tag{6-10}$$

根据式（6-10）可知，要想计算出薄膜的压电系数，只需要精确测量压电薄膜在已知电压下的厚度形变量即可。然而这种形变量通常很小（不足 1nm），需要借助特殊仪器才能测出。一般测量手段有光学干涉仪法及基于原子力显微镜（AFM）的压电响应力显微镜（PFM）测量法。下面主要介绍基于原子力显微镜的 PFM 的原理和测量方法。

原子力显微镜的成像原理是用一端装有纳米级针尖的弹性微米级悬臂梁检测样品的形貌。原子力显微镜有三种工作模式[48-51]，分别为接触模式（Contact Mode）、非接触模式（Non-Contact Mode）和轻敲模式（Tapping Mode）。当针尖在样品上扫描时，针尖和样品表面细微之处的相互作用会引起微悬臂梁的形变。通过测量形变

量，就可以求出样品与针尖间的相互作用力。在原子力显微镜中，微悬臂梁的形变是利用照射在悬臂尖端的激光束来检测的，激光束反射到光传感器然后转化为电信号。杠杆原理的作用使得即使小于 0.1nm 的形变量也可以在光传感器上产生数十纳米的位移。光传感器产生的变化的电压信号与微悬臂梁的形变量对应，通过特定的函数变换可以得出实际位移值[52]。图 6-12（a）所示为原子力显微镜成像原理图，图 6-12（b）所示为 PZT 压电薄膜的三维表面形貌图。由图 6-12（b）可知 PZT 薄膜表面均匀光滑，晶粒呈锥形，可以清楚地看到薄膜晶粒的形状和大小，颗粒界限分明、大小均匀，颗粒大小为十几纳米，薄膜表面平整、致密。该区域测量的薄膜表面粗糙度（定义为表面高度差的 RMS）不超过 15nm。

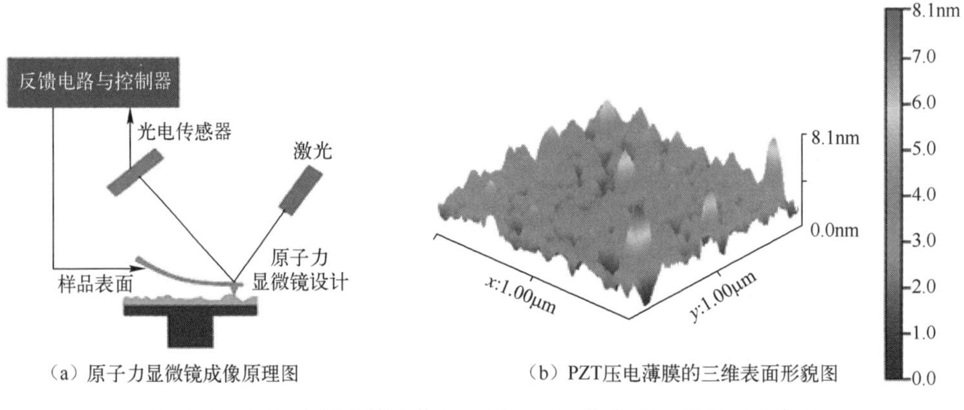

（a）原子力显微镜成像原理图　（b）PZT压电薄膜的三维表面形貌图

图 6-12　原子力显微镜成像原理图和 PZT 薄膜的三维表面形貌图

PFM 利用原子力显微镜的基本原理，在底电极与悬臂梁导电探针之间施加一定频率的交变电压，逆压电效应会使与导电原子力显微镜探针接触的样品表面局域产生一个同频率的机械振动响应。PFM 是原子力显微镜的一个功能，不需要额外配件，使用普通样品台和导电探针即可。PFM 基于接触模式，系统会在探针上施加一个用户自定义的 AC 电压，在扫图过程中若材料具有压电性，其会随着 AC 电压“振荡”，并带动探针随之振动。原子力显微镜将检测探针振动的振幅和相位，以表征材料的压电特性。其中，振幅可用来判断样品的压电系数 d_{33}，相位可用来判断样品的极化方向。如当样品的极化方向和所加电场指向一致时，压电效应会导致样品伸展。在实际测试中，PZT 压电薄膜的压电响应会引起悬臂梁探针弯曲变形。PFM 工作示意图如图 6-13（a）所示，悬臂梁探针的弯曲变形由原子力显微镜附带的高精度光学干涉仪进行探测，从而得到 PZT 压电薄膜的压电位移。由于 PFM 是在原子力显微镜的基础上进行测试的，所以 PFM 具有原子力显微镜的测试灵敏度；由于探针针尖的曲率半径在纳米尺度，所以 PFM 能够探测 PZT 压电薄膜内单个晶粒的压电响应，可以对 PZT 压电薄膜的微观区域进行压电性测试[53]。

在针尖施加一个足够高的台阶电压（最大电场要大于样品的矫顽电场），观察针尖下方半径为 30nm 的压电响应。在图 6-13（b）所示的相位曲线中，PZT 压电薄膜的相位在所加电压的作用下翻转 180°，这说明偶极子的极化取向被所加电压翻转。图 6-13（c）所示为 PZT 压电薄膜压电位移曲线，表示了表面振动幅值与所加电压的关系，两个峰值对应的电压间距表明了样品的矫顽电场。在样品的不同区域，蝶形曲线的形状略有不同，峰值大小、位置及反映压电系数大小的压电曲线斜率也会随着测量点的不同发生变化。蝶形曲线特征说明了 PZT 压电薄膜具有铁电性。

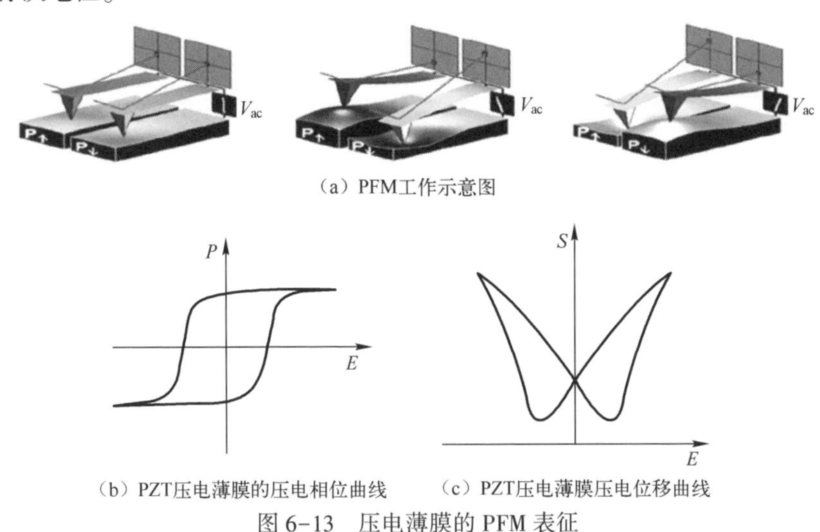

（a）PFM工作示意图

（b）PZT压电薄膜的压电相位曲线　（c）PZT压电薄膜压电位移曲线

图 6-13　压电薄膜的 PFM 表征

3. 基于 PZT 的 MEMS 芯片

PZT 压电薄膜的特点是具有高机电耦合系数、介电常数、压电系数，目前已成为压电微系统中备受关注的材料[54]。因 PZT 压电薄膜具有高压电系数，所以即便在相对较大的介电常数条件下，也能实现强机电耦合。因此设计的滤波器非常紧凑，便于设计合适的端口阻抗滤波器，还能避免匹配网络损耗、寄生电容和大的电压波动。即使没有任何外部匹配电路，直接连上终端，滤波器也可以工作。基于 PZT 压电薄膜的 MEMS 芯片多种多样，有微传感器，如微加速度计、微声呐阵列等；有微驱动器，如超声微马达、微镜驱动器和微悬臂梁执行器等。

21 世纪初，研究人员对应用于手机射频滤波的 SAW 和 FBAR 的 PZT 材料进行了研究。研究结果显示，基于 PZT 压电薄膜的 FBAR 的 k_t^2 值高达 35%，但是这种类型器件的品质因数较低，从而影响了滤波性能。表 6-6 给出了自 1997—2016 年发表的有关 PZT MEMS 谐振器的性能参数。

表 6-6 PZT MEMS 谐振器的性能参数

参考文献	年份	型号	f_e/MHz	k_{eff}^2	Max|S_{21}|/dB	Q_m	R_m/Ω	制备工艺和材料比例	材料结构	FOM
[55,56]	2016 年	Z 挠性	22	1.41%	1.4	1856	3.3	溶胶-凝胶 52/48	0.5μmPZT/10μm Si	26.5
[55,56]	2016 年	Z 挠性	22	2.10%	1	815	9	溶胶-凝胶 52/48	0.5μm PZT/10μmSi	17.5
[55]	2016 年	轮廓	56	8.15%	2.7	289	8.5	溶胶-凝胶 52/48	0.5μm PZT/1μm Si	25.6
[55]	2016 年	轮廓	10.7	0.05%	8	6575	143	溶胶-凝胶 52/48	0.5μm PZT/10μm Si	3.3
[57]	2016 年	轮廓	10.7	0.48%	1.7	3000	16	溶胶-凝胶 52/48	0.5μm PZT/10μmSi	14.5
[58]	2012 年	轮廓	15	3%	2.1	541	11	溶胶-凝胶 52/48	0.5μm PZT/2μm Si	16.7
[58]	2012 年	轮廓	15.9	0.85%	5.1	738	101	溶胶-凝胶 52/48	0.5μm PZT/4μm Si	6.3
[58]	2012 年	轮廓	18.9	0.38%	3.7	2850	23	溶胶-凝胶 52/48	0.5μm PZT/10μmSi	10.9
[59]	2013 年	轮廓	382	–	–	–	542	激光脉冲	0.5μm PZT/3μm Si	–
[60]	2010 年	轮廓	834	–	12	314	296	溶胶-凝胶 52/48	0.5μm PZT/3μm Si	–
[61]	2008 年	FBAR	790	$10\%k_t^2$	–	52	8.2	溶胶-凝胶 53/47	2μmPZT	4.0
[62]	2008 年	轮廓	21	–	5	2023	50	溶胶-凝胶 52/48	0.5μmPZT/10μmSi	–
[62]	2008 年	轮廓	20	–	10	148	207	溶胶-凝胶 52/48	0.5μmPZT/10μmSi	–
[63]	2008 年	FBAR	3724	$52.7\%k_t^2$	–	114	–	溅射制备 45/55	–	68.8
[64]	2008 年	轮廓	15.9	–	–	5040	167	CSD:溶胶-凝胶	0.5μmPZT/10μmSi	–
[65]	2004 年	FBAR	2000	$9\%k_t^2$	–	220	–	溅射制备 58/42	0.35~0.43μmPZT	15.1
[66]	2004 年	FBAR	600	$35\%k_t^2$	–	45	–	溶胶-凝胶 30/70	2.3μmPZT	15.0
[66]	2004 年	FBAR	1100	$17\%k_t^2$	–	125	–	溅射制备 40/60	1.4μmPZT	17.3
[66]	2004 年	FBAR	2100	$22\%k_t^2$	–	30	–	MOCVD30/70	0.4μmPZT	5.6
[67]	2001 年	FBAR	1581	$19.1\%k_t^2$	–	53	–	溶胶-凝胶 30/70	0.8μmPZT	8.4
[68]	2001 年	SMR	900	$25\%k_t^2$	–	67	–	溶胶-凝胶 35/65	1.3μmPZT	14.6
[69]	1997 年	FBAR	1700	$9.6\%k_t^2$	4	237	–	溶胶-凝胶 52/48	0.8μmPZT	17.4

6.4.3　氮化铝压电薄膜

氮化铝（AlN）几乎成为所有基于压电薄膜的射频器件的首选材料[70-72]。首先，氮化铝压电薄膜的沉积工艺过程有非常好的可重复性，从而降低了生产制造的门槛；其次，就物理性质来讲，氮化铝压电薄膜的高热导率和高绝缘性决定了它非常适合传输线滤波器；最后，在 FBAR 中，氮化铝压电薄膜的压电系数只有 PZT 压电薄膜的 1/10，但是其介电常数却不到 PZT 压电薄膜的 1/100，这使其在厚度振动模式下表现出较大的耦合系数：$k_t^2=6.5\%$。此外，氮化铝是一种轻原子硬质材料，能够在非常高的微波频率下保持较大的品质因数。氮化铝还具有高声速这一特殊性质，这意味着在给定频率下，厚度振动模式下的谐振器可以由更厚的薄膜制成，当频率达到 3GHz 时该性质将为其带来显著优势。结果表明，不考虑压电性能，氮化铝压电薄膜沉积过程的稳定性、热漂移、功率容量、半导体工艺和化学兼容性对所有 MEMS 应用都是一个优秀的选择。

氮化铝具有两种晶格结构，分别是六方纤锌矿（Wurtzite）结构和立方闪锌矿（Zincblende）结构，其中，六方纤锌矿结构[73]（见图 6-14）是氮化铝晶体的热力学稳定结构，立方闪锌矿结构则是氮化铝晶体的亚稳态结构，只能存在于高压下。纤锌矿氮化铝的晶格常数 $a=3.11$Å，$c=4.98$Å。该结构是由两套六角密堆积的铝原子和氮原子沿（0001）方向套构而成的，可以理解为，利用较大的氮离子与占据了一半四面体配位间隙位置的铝离子构成了六方密堆积层，全部上层间隙位置或下层间隙位置都会按照六方密堆积层形式排列[74]。这种排列规则的结果是，同一类型的四面体都沿着 c 轴方向转 120°后指向同一方向。这个方向被定义为 c 轴方向。值得注意的是，这个方向没有反转中心，即没有对称平面，也不可以将向量沿 c 轴转向。这意味着该极性结构具有压电和热电特性。因为外加电场无法通过改变离子的位移翻转四面体的极性，所以氮化铝不具有铁电性，不能通过外加电场来改变其极性的方向。

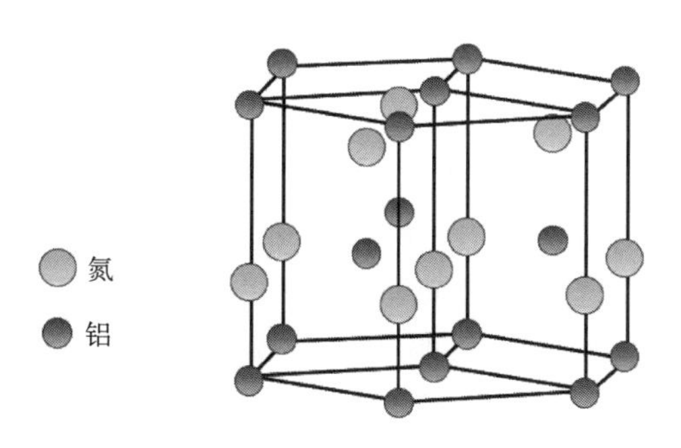

图 6-14　氮化铝六方纤锌矿晶体结构

1. 通过反应磁控溅射法沉积氮化铝压电薄膜

原则上，氮化铝压电薄膜可以在保证无氧的状态下通过所有主流薄膜工艺来沉积，但只有磁控溅射法才能在较低的温度下进行沉积。因此，该技术目前已经成为射频 MEMS 应用中沉积氮化铝压电薄膜的标准工艺。高质量氮化铝压电薄膜可以使用反应磁控溅射在 300℃以下进行沉积，这是氮化铝材料与其他压电材料相比的重要优势。利用反应磁控溅射可以沉积高质量的氮化铝压电薄膜。此外，此工艺还可以通过改变参数调整氮化铝压电薄膜的应力。虽然通过反应磁控溅射法沉积的氮化铝压电薄膜为多晶结构，但是，实验表明，利用磁控溅射生长的（0002）取向的、质密的多晶氮化铝压电薄膜结构性质与理论上的单晶氮化铝压电薄膜相同，且与在蓝宝石圆片上使用外延生长方式沉积的单晶氮化铝压电薄膜相同。只要结构致密，沿 c 轴方向生长的（0002）取向的晶粒在平面内的方向就不会改变平面的性质。

图 6-15（a）所示为反应磁控溅射原理图。铝靶被固定在阴极上，为了获得更好的均匀性，靶材通常比圆片大。固定在卡盘上的圆片位于靶材下方。放电区域被阳极和挡板控制在靶材和圆片之间。在阳极、挡板和其他可能因电子轰击而带电的结构上都沉积有绝缘层。当绝缘层被击穿时，就会形成颗粒。为了避免形成颗粒，将靶材后方的功率源替换为脉冲 DC 源。圆片卡盘可以将圆片加热至 300℃。同时，它也是一个与射频功率源相连的电极，可以控制圆片的自给偏压（电压远小于阴极偏压）。在沉积时，氮气和氩气被引入腔内，阴极开启，引起辉光放电。阳离子是因氩气与电子发生碰撞而形成的，这些电子更多是由阴极发射的二次电子，其在阴极鞘中被加速（阴极附近的暗区，在放电中具有最大的电场）。产生的阳离子填充了等离子体内部，使其成为放电中带正电最高的区域。在接近阴极处，即阴极鞘的边缘，离子加速向阴极运动并与阴极碰撞，从而溅射靶原子，同时激发了二次电子。这样，等离子体就能自我维持。溅射出的原子在碰撞过程中获得足够多的动能，一般为几 eV，比其由温度升高获得的热能高出两个数量级。之后靶材原子从靶材离开，向圆片运动，在圆片处形成氮化铝压电薄膜。

通过调节气压、溅射功率、射频功率和圆片到靶材距离等工艺参数，可以实现高结晶取向、应力可控、均一性好的氮化铝压电薄膜，并有助于理解溅射过程，还可以此为基础进行钪掺杂氮化铝工艺的开发。图 6-15（b）展示了生长状况（c 轴方向）较好的氮化铝压电薄膜的 XRD 图，AlN（0002）和 AlN（0004）处有陡直的峰，在其他处没有出现较明显峰值，这说明氮化铝压电薄膜的生长质量较好。

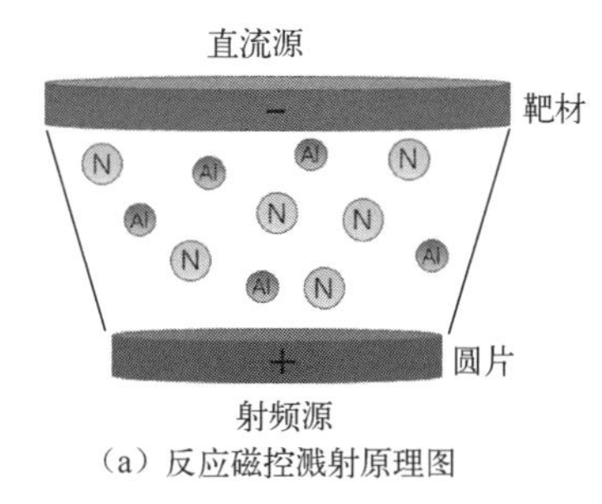

（a）反应磁控溅射原理图

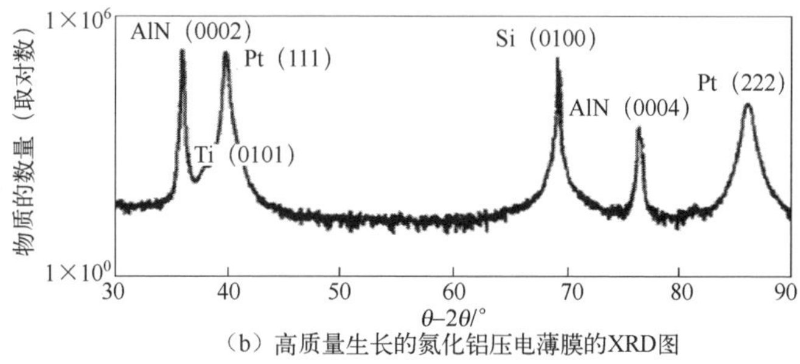

（b）高质量生长的氮化铝压电薄膜的XRD图

图 6-15 磁控溅射原理图和高质量生长的氮化铝压电薄膜的 XRD 图

2. 通过溅射生长低应力氮化铝压电薄膜

在利用反应磁控溅射制备氮化铝压电薄膜的过程中，会向腔体中通入氩气和氮气两种气体。腔体的气压作为重要的工艺参数会影响薄膜应力、生长速率、晶体质量等特性。氮气在混合气中的比例将沉积过程分为两种状态：在低氮比例中，等离子体中没有氮离子，整个溅射过程是基于氩离子的撞击进行的，而氮离子没有出现是因为它几乎完全被靶材吸收，腔体内有大量的铝离子；继续增加氮气比例，铝离子会大幅减少同时会出现氮离子，该现象发生是由于靶材表面的氮饱和，表面已接近氮化铝，随后出现氮化铝离子，这意味着部分溅射物质以氮化铝分子的形式离开靶材，溅射速率也会明显下降。为了获得稳定的溅射工艺，在调试过程中，通常从氮气比例高侧接近工作点。此时，靶材表面接近完全氮化，薄膜中的氮和铝大部分以原子的形式到达圆片，小部分以氮化铝分子形式到达圆片。

在溅射功率相同的条件下，改变氮气流量比，对薄膜生长速度进行测量，两者曲线如图 6-16（a）所示。在相同的沉积时间下，随着氮气流量比增加，腔体内气压增加，氮化铝压电薄膜的生长速率逐渐减小。在溅射沉积的过程中，气压越大，参与电离和反应的气体分子越多，气体离子在腔体内的平均自由程越小，碰撞概率越大，气体离子到达靶材时的动能越低，且到达靶材的数量越少，这意味着被溅射物质被碰撞出靶材的概率降低。另外，被溅射的原子在碰撞中会损失动能，从而导致薄膜生长速率下降。同时，由于被溅射原子获得的动能减小，且在运动过程中与等离子体发生碰撞的概率会增加，因此在到达圆片时，生长出的晶粒排列会更疏松，从而导致薄膜应力向拉伸应力变化。疏松的薄膜会导致晶粒密度降低，当气压过大时，晶粒不会垂直生长，从而导致薄膜不会产生高品质（0002）取向。气压越小，晶粒排列越致密，越容易生成垂直生长的 c 轴结构，薄膜越平滑。

在气体环境相同、圆片距靶材距离相等、沉积时间相同的情况下，改变溅射功率，对薄膜的厚度和应力进行测量。溅射功率对薄膜生长速率和薄膜应力的影响如图 6-16（b）和图 6-16（c）所示，与工艺气压对两者的影响机理类似，溅射功率增加使得腔体内阴极和阳极间电场增强，气体分子和被溅射原子在电场中被加速，获得更大动能，这使得生长速率随溅射功率显著增加，此时应力也会被影响。由于单位时间内被溅射原子的数量和动能都增加，在圆片上形成的氮化铝晶粒的排列被改变，使得应力被影响。

溅射功率对应力的影响可以通过改变工艺气压来调整，较小的工艺气压可以获得更均匀、结晶质量更好的薄膜。而圆片到靶材的距离也会对晶体结构产生影响。相比对生长速率的影响，溅射功率对薄膜均一性的影响更加显著，溅射气压、溅射功率和氮气流量比会在不同程度影响薄膜的均一性。更大的圆片到靶材距离导致电场和磁场对等离子体的控制能力变弱，一方面会影响薄膜生长厚度和均一性，尤其在圆片边缘上薄膜厚度均一性会更差；另一方面会影响晶体质量，在其他工艺参数不变的前提下，更大的圆片到靶材距离会导致薄膜的摇摆曲线测试结果变差，同时摇摆曲线半峰宽在中心和边缘的差距也会变大，这意味着晶体质量和生长速率都不均一。

几乎所有工艺参数都会对薄膜应力造成影响，如图 6-16（c）所示，在保证生长速率和晶体质量的同时，实现对应力的控制十分困难。在圆片下方安装射频源成为对应力进行调节的有效手段。施加在圆片卡盘上的射频功率可以影响卡盘上的自偏压。薄膜应力受与放电相关的所有参数的影响：压力、气体组成和圆片射频偏置功率。向圆片加速的离子的能量是等离子体电势与薄膜表面电势（近似圆片电势）的差值，其中等离子体电势为正，离子能量比圆片偏压所表示的要高。更大的负电势会导致更大的圆片压缩应力，因此具有更高能量的离子会更强力地撞击薄膜，甚至嵌入薄膜。但是，由于除射频功率外的其他参数对生长速率等其他薄膜特性会有较大影响，因此射频功率是调整薄膜应力的最佳手段。

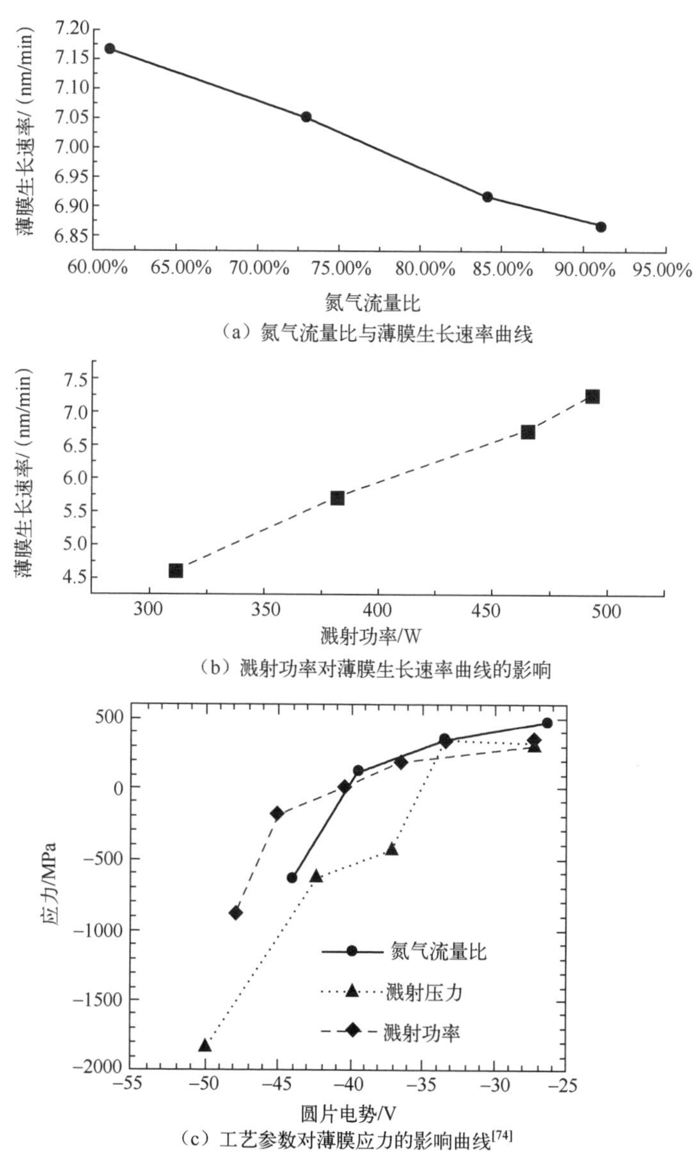

（a）氮气流量比与薄膜生长速率曲线

（b）溅射功率对薄膜生长速率曲线的影响

（c）工艺参数对薄膜应力的影响曲线[74]

图 6-16　磁控溅射制备低应力薄膜

3. 通过掺钪元素增加氮化铝压电薄膜的压电系数

近年来，人们发现利用钪（Sc）元素替代铝（Al）可以增加压电响应[75]。由于氮化铝压电薄膜的横向有效机电耦合系数相对较小，其应用受到了限制。为了改善氮化铝压电薄膜机电耦合系数，同时保留其他特性，人们尝试向氮化铝压电薄膜中掺杂产生一种新的三元氮化物。墨西哥国立自治大学的 Takeuchi 利用第一性原理计算发现 ScAlN 合金生长成六方纤锌矿结构而非纤锌矿结构的立方晶系结构是可能的[76]。美国阿肯色大学的 Farrer 给出了亚稳定五层堆叠结构的六方晶系的相位。之后，国际上的学者开始尝试在氮化铝压电薄膜中掺入钪元素，2009 年，日本产业技术综合研究所的 Akiyama 等人与电装集团合作，首次通过磁控溅射法证实了 Takeuchi 等人的计算，通过对溅射得到的薄膜进行表征可以得到，氮化铝压电薄膜的压电系数会随掺杂的钪元素浓度的增加而变大，并且当掺杂的摩尔浓度为 43%时，氮化铝压电薄膜的压电系数最大，此时压电系数 d_{33} 为 27.6pC/N，是无掺杂氮化铝压电薄膜的压电系数的 4 倍[77]。

磁控溅射法沉积 ScAlN 薄膜和用该方法沉积氮化铝压电薄膜类似，只不过这里靶材被换成了 Sc/Al 双靶或者 Sc_xAl_{1-x} 合金靶。和生长氮化铝压电薄膜类似，ScAlN 薄膜生长过程受较多因子的影响，如圆片材料、结构特性、溅射环境参数(如气压、气体成分、圆片变压、功率等)。人们采用多靶材共溅射的方法来研究靶材功率对薄膜内钪掺杂浓度的影响、钪掺杂对氮化铝压电薄膜的压电常数的影响，以及工艺气体和气压对薄膜应力和晶体质量的影响。腔体内安装铝靶和钪靶，两靶材的功率可以独立调节，在氩气和氮气的环境下进行反应溅射。钪以替位的形式参与氮化铝晶体的生长。图 6-17 所示为反应磁控溅射设备结构示意图与压电效应受影响曲线。

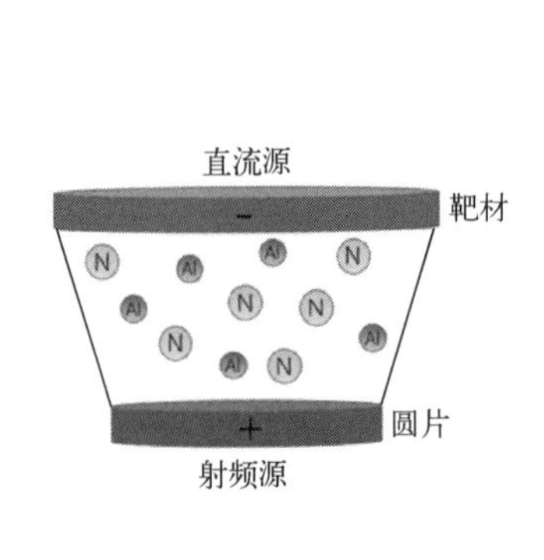

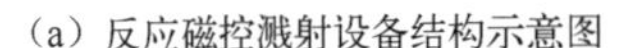
(a) 反应磁控溅射设备结构示意图

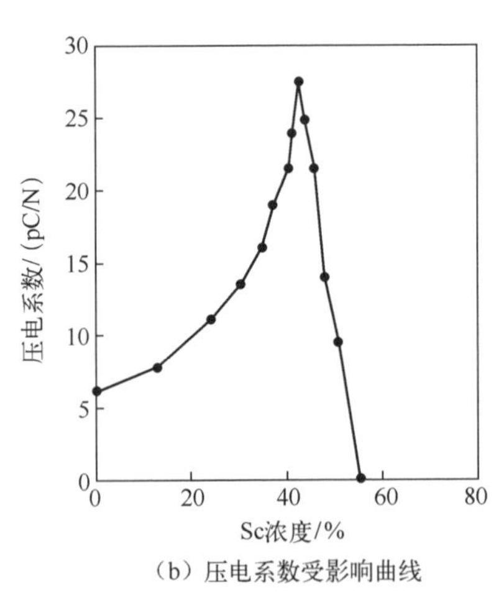

(b) 压电系数受影响曲线

图 6-17　反应磁控溅射设备结构示意图与压电系数受影响曲线

针对钪掺杂氮化铝薄膜的沉积工艺，消除异相晶粒，提高晶体质量是最关键的问题。通过扫描电子显微镜或原子力显微镜检测薄膜表面是否存在异相晶粒，来确定晶体质量。通过对薄膜表面的检测可以确定异相晶粒的数量和薄膜表面的平整度。在薄膜表面平整无异相晶粒的前提下，采用 XRD 进一步检测。对异常相进行检查，进行宽范围为 2θ 的扫描。然后，对摇摆曲线的半峰宽进行分析，以进行精确比较。最后，在薄膜上沉积金属电极，进行压电常数测试，比较纯氮化铝压电薄膜的压电常数，判断压电常数是否有提升。采用这样的手段的原因为，XRD 尖峰的角度和半峰宽不能直接决定薄膜的质量。在一定数量范围内变化的异相晶粒数量无法通过半峰宽进行判断。用有 XRD 测试 c 轴取向的薄膜的结果显示，异相晶粒的数量不会对半峰宽产生很大影响。因此，扫描电子显微镜或原子力显微镜是更有效的优先检测手段。

钪掺杂使得氮化铝压电薄膜晶体系统的不稳定性增高，从而使生长过程中出现异相晶粒。图 6-18（a）所示为钪掺杂薄膜表面的 SEM 图，图中的三角形颗粒为异相晶粒。异相晶粒的产生原因为在某浓度薄膜的生长过程中，当功率、气压和气体比例等条件不合适时，六方晶粒间将产生富含钪的区域，从而在该区域产生闪锌矿结构的氮化钪晶粒，该晶粒拥有比六方晶粒更快的生长速度，当富钪条件无法满足时，闪锌矿结构又会回到纤锌矿结构继续生长，但该晶粒的生长方向已不再垂直。更高的钪掺杂浓度使得氮化铝压电薄膜晶体系统的不稳定性进一步增高，更容易产生异相晶粒。

固定铝靶的功率，通过改变钪靶的功率来调节氮化铝压电薄膜的钪浓度，工艺参数为：氮气流量为 20sccm，圆片到靶材距离为 38mm，温度为 300℃，铝靶功率固定为 1000W，钪靶功率为 150~450W。在相同的气体环境下，薄膜的钪浓度随功率呈线性增加。然而，由于溅射生长的总功率也在增加，所以生长速率和薄膜应力也随之变化。薄膜的应力随着功率增加而向压应力方向变化，如图 6-18（b）所示，不同浓度薄膜在同样的气体环境下显示出不同的摇摆曲线半峰宽角度。钪掺杂使氮化铝晶体系统不稳定，不同浓度的薄膜所需的气体环境不同，如图 6-18（c）所示，在该气体环境下，靶材功率为 300W 时的薄膜显示出最好的晶体质量。

固定铝靶的功率，通过改变钪靶的功率来调节氮化铝压电薄膜的浓度，工艺参数为：氮气流量为 20sccm，圆片到靶材距离为 38mm，温度为 300℃，铝靶功率固定为 1000W，钪靶功率为 150~450W，通过 EDS 对薄膜的钪浓度进行测定。图 6-18（c）为钪掺杂浓度随着钪靶功率变化的曲线图。当钪靶功率达到 600W 后，薄膜中的钪浓度达到 30%。钪浓度随着钪靶功率线性增加。随后使用 PM300 对不同浓度的薄膜进行压电常数测试，为进行测试，在薄膜表面沉积圆形金属作为接触电极。如图 6-18（d）所示，在钪浓度为 22%时，钪掺杂氮化铝压电薄膜的压电常数达到-11.95pC/N，达到纯氮化铝压电薄膜的 2 倍，薄膜的压电常数得到显著提升。

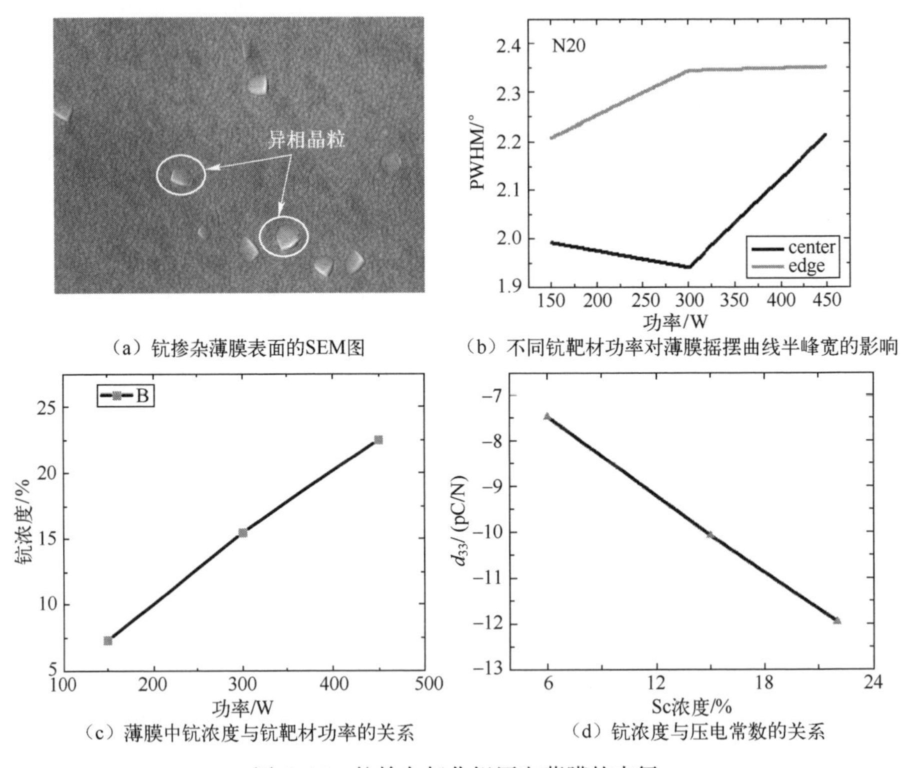

（a）钪掺杂薄膜表面的SEM图

（b）不同钪靶材功率对薄膜摇摆曲线半峰宽的影响

（c）薄膜中钪浓度与钪靶材功率的关系

（d）钪浓度与压电常数的关系

图 6-18　钪掺杂氮化铝压电薄膜的表征

6.5　非晶硅薄膜

氢化非晶硅（a-Si:H）薄膜是晶体硅（c-Si）的一种衍生材料，被广泛应用于现代电子工业。与 c-Si 相比，a-Si:H 的原子排列呈“短程有序，长程无序”状态，降低了薄膜的电学特性，但其具有高电阻温度系数（TCR）、高光学吸收率、可控禁带宽度、低温制备、薄膜形状易控制、与半导体工艺兼容性高和可在柔性圆片材料上制备等独特的优良性质，因此 a-Si:H 薄膜在光电子领域中被广泛应用[78-81]，如红外传感器的敏感元件、薄膜太阳能电池、打印机中的感光鼓和液晶显示器中的电路控制元件等。

6.5.1　基本原理

组成晶态物质的粒子（原子或分子），在三维空间的排布具有理想的周期性和平移对称性。即使组成粒子的热振动和晶格缺陷在一定程度上会破坏其理想的周期性，但在一般情况下，组成粒子仍能保持整体结构的有序性，可以采用理想周期模型对晶体进行描述。但非晶态物质与晶态物质不同，其组成粒子在空间中的排布是无序的。但实验证明这类物质并不是完全杂乱无章的，在几个原子的间距范围内，其组成粒子仍具有一定排布规律，可以表达为“短程有序，长程无序”。在无掺杂非晶硅（a-Si）薄膜中，匹配位Si原子构成无规律网络，这种无规律网络内应力很高，所以其中弱Si—Si键易发生自发断裂，从而形成悬挂键缺陷和三配位的Si原子[82]。因此，a-Si薄膜中的悬挂键密度可达到$10^{18}cm^{-3}$或更高，从而导致薄膜性能差，无法应用于多数光电子器件。a-Si薄膜中的悬挂键（DB）缺陷态被a-Si:H中引入的H原子饱和或部分饱和，使其悬挂键密度降低至$1\times10^{15}\sim5\times10^{15}cm^{-3}$，大大提高了其电学性能。然而，H原子的存在也会带来负面影响：H原子在薄膜中的扩散会造成H原子的聚集和弱Si—Si键的断裂，从而增加了悬挂键密度。实际上，要大幅度降低悬挂键密度，需要达到10atm%的H原子密度（约$5\times10^{21}cm^{-3}$），比实际中a-Si:H薄膜的悬挂键密度大一个到两个数量级，因此H在a-Si:H薄膜中的利用率很低。在a-Si薄膜中，H还会形成分子氢（H_2）、$(SiHHSi)_n$和双原子氢化合物等，而只有Si—H键合方式的H才能增强薄膜的红外吸收。除此之外，在受到光照后，薄膜中的H还会发生氢扩散、氢逸出，产生新的陷阱中心、复合中心，使薄膜中H的键合方式、分布状态发生变化，使悬挂键密度发生改变，从而改变a-Si:H薄膜的光电特性。

6.5.2　不同工艺特性分析

1. 等离子体增强化学气相沉积（PECVD）法

根据沉积腔室等离子源与样品之间的关系，PECVD法可以分为两种：①直接法，即样品作为电极的一部分直接接触等离子体；②间接法（离域法），即等离子体不直接打到样品表面，待沉积的样品不作为电极的一部分，而是在等离子区域之外。

直接法又可以分成管式PECVD系统和板式PECVD系统：①管式PECVD系统使用石英管作为沉积腔室，在腔室中插入一个可放置多块硅圆片的石墨舟进行沉积，并利用电阻炉进行加热；②板式PECVD系统使用金属的沉积腔室，在腔室中放入一个可放置多块硅圆片的石墨或碳纤维支架，样品支架与腔室中的平板电极形成一个电学回路，在两个板极之间产生交流电场，使腔室中的工艺气体形成等离子体，促使SiH_4发生分解，最后与NH_3中的N形成SiN_x沉积到硅表面。

间接法又可以分成微波法和直流法两种方法：①微波法即等离子体由微波源激发，将微波源置于样品区域外，先离化氨气，再轰击硅烷气，从而在样品表面产生SiN_x沉积；②直流法即等离子体由直流源激发，离化氨气和轰击硅烷气，其等离子体同样不接触样品。

PECVD 的工作原理为：在保持所需真空度和温度的情况下，在射频电场的作用下，反应室气体发生辉光放电，以获得大量电子。这些电子在电场的作用下获得充分的能量，碰撞并活化气体分子，发生激活沉积反应，在圆片表面形成一层硅膜沉积，并利用真空泵抽走反应的副产物气体。硅烷（SiH_4）是用 PECVD 法制备硅薄膜最常用的气体原料，其在整个沉积过程中发挥作用的化学反应为

$$SiH_{4(g)} \longrightarrow Si_{(s)} + \frac{4}{m} H_{m(g)} \tag{6-11}$$

反应生成的固体硅沉积到圆片表面，而反应生产的气体 H_m 由真空泵抽出反应腔。等离子可以明显加快硅烷的分解速度，进而大幅度缩短沉积过程的时间。

与其他化学气相沉积方法相比，PECVD 方法中的等离子体含有大量高能量电子，可以用来提供沉积过程所需的激活能；电子与气体分子碰撞，使气体分子发生分解、化合、激发和电离等过程，生成高活性化学基团，从而使薄膜沉积的温度范围显著降低，实现低温下的化学气相沉积过程。

PECVD 法是制备非晶硅薄膜的主流技术之一，其基本原理如图 6-19 所示。将混合后的反应源气体充入真空腔室，在电场的作用下，一部分反应源气体发生辉光放电，形成低温的等离子体；另一部反应源气体在扩散后吸附于圆片表面，沉积产生薄膜。产生的低温等离子体中包含电子与离子，这些粒子的质量很小，在电场的作用下加速获得很高的动能，高速电子与气体分子碰撞，导致气体分子发生电离或分解，从而产生中性基团。这些中性基团扩散到管壁和圆片表面，与被吸附的化学活性物发生表面反应；而高能量离子不断地刻蚀表面，即解吸附作用。吸附和解吸附过程反复交替进行，最终达到沉积生长薄膜的目的。

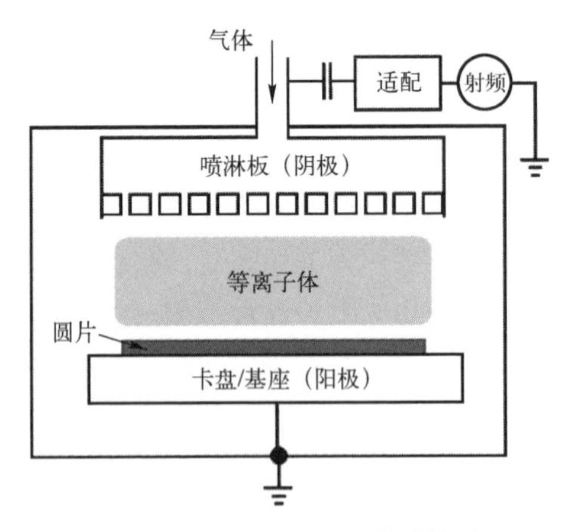

图 6-19　PECVD 法沉积薄膜的原理

PECVD 法具有突出的优点，即可以制备均匀的大面积薄膜，制备所需温度低，薄膜沉积速度快、效率高、质量好等。但其也有明显的缺点，如设备价格高，制备的薄膜纯度不足，高能量离子的轰击可能会破坏脆性圆片或薄膜材料，内应力可能导致薄膜在频率较低时产生裂纹等。

2. 电子束物理气相沉积法

电子束物理气相沉积法（EB-PVD，也称电子束蒸发法）是半导体工艺中常用的一种镀膜技术，其特点是沉积速率高、沉积面积大。该技术属于交叉技术，是电子束技术与物理气相沉积技术相结合产生的，电子束技术与物理气相沉积技术在各自领域内的发展进步共同影响该技术。使用电子束物理气相沉积法来沉积非晶硅薄膜的工艺过程大致如下：①将真空室抽真空，直到达到指定真空度；②使用电子枪加热圆片，至圆片温度上升至预定值；③采用聚焦的高速电子束轰击的方法使单晶硅表面熔化，随后汽化（特别注意单晶硅需要水冷处理），硅蒸气中存在能量较高的部分和能量不足的部分，能量较高的部分会沿指定方向沉积到温度相对较低的圆片上，形成硅薄膜，能量不足和方向偏离的部分会沉积失败。

以上传统方法存在两个严重的缺点：①薄膜膜层质量差，主要原因在于轰击用的电子束流和硅蒸气中的粒子之间存在相互作用力，电子将在此过程中散失能量、轨道将偏移，从而激发和电离蒸气及残余气体，影响成膜的质量；②成本和难度高，工艺过程的设备结构复杂，价格昂贵。

3. 微波等离子体化学气相沉积（MPCVD）法

微波等离子体化学气相沉积法是一种应用领域广泛的镀膜方法，可以用来制备非晶硅薄膜。此项技术主要是利用微波放电产生等离子体进行气相沉积的。该技术的优点在于放电气压范围大、没有放电电极、能量转换率高、能产生密度高的等离子体。在微波等离子体中，离子活性强，通过激发产生的亚稳态原子多，其电子和离子的密度不仅比射频等离子体更高，而且还存在各种活性粒子（基团），这有利于提高沉积离子活性，从而降低该方法的反应温度。该方法在部分领域属于新兴技术，如制备非晶硅薄膜太阳能电池；在部分领域属于先进技术，如现代表面技术。

4. 磁控溅射法

磁控溅射法是一种通过溅射形成薄膜的技术。在大部分情况下，高能粒子中的正离子通过电场加速，借助离子之间的碰撞实现能量或动量交换，使原子或分子从固体表面飞出，这一现象称为溅射。溅射出来的物质，再沉积到圆片表面形成薄膜的方法，即磁控溅射法。在该方法中，大部分溅射物质的状态是溅射原子或溅射原子团。磁控溅射法具有两大优点：低温、高速。其具有这两个优点的原因可以从这个工艺技术的原理和过程来分析。被电场加速的电子飞向圆片并在此过程中与原子发生撞击，高速电子的高能量使原子电离出带正电的离子和带负电的电子，在电场的持续作用之下，电子飞向圆片，离子加速飞向阴极，以极高的速度轰击靶材进行溅射。溅射粒子形成于溅射之后，溅射粒子中不带电的原子或分子沉积在圆片上形成薄膜。同时溅射出来的二次电子会继续飞向圆片。与此前的电子不同的是，二次电子同时受到库仑力和洛伦兹力的作用，将在圆片表面做圆周运动，运动轨迹是摆和螺旋线状的复合形式。由于环形磁场中存在洛伦兹力，电子的运动路径增大，只能在近圆片表面的等离子体区域内运动。此区域内有大量被电离出的用来轰击靶材的离子，大量的离子使磁控溅射沉积的速率变高。在多次碰撞的过程中，电子的能量大量损失，速度逐渐降低，运动的轨迹逐渐规范在磁力线上震荡，电子能量进一步消耗，在库仑力的作用下沉积在圆片表面。由于电子的能量在碰撞过程中被大量损耗，沉积时能量低，不会使圆片明显温升。对于磁极轴线处直接飞向圆片的电子，由于数量很少，也不会使圆片明显温升。磁控溅射虽然有明显的优点，但工艺过程必须具备两个条件：①磁场与电场正交；②磁场方向与阴极表面平行。磁控溅射工作原理示意图如图 6-20 所示。

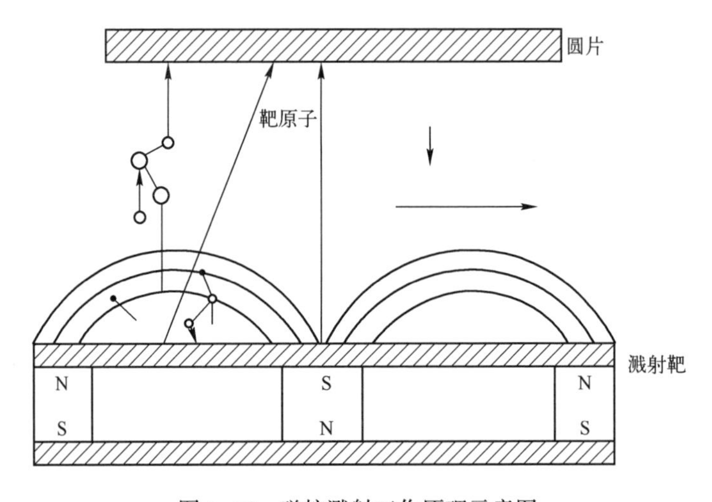

图 6-20　磁控溅射工作原理示意图

6.5.3　适合应用的场合

a-Si:H 薄膜通常应用于制备各种 MEMS 芯片的结构层，如非制冷红外焦平面阵列、光电二极管[83]，红外感应薄膜的晶体管[84]，基于柔性膜压力传感器的压敏电阻[85]和 MEMS 芯片的微机械梁[86]等。

另外，由于 a-Si:H 在高浓度的 HF 溶液中具有良好的抗腐蚀特性[87]，因此在微流体制备中 a-Si:H 薄膜通常用作玻璃刻蚀的掩模层[88-89]。同时，在湿法腐蚀中，由于 a-Si:H 容易被碱性溶液（TMAH 或 KOH）腐蚀，因此在 MEMS 芯片的微加工中可作为牺牲层材料[90]。此外，a-Si:H 薄膜是高效廉价光伏太阳电池的理想材料，利用 PECVD 技术生长 a-Si:H 薄膜对制备高效薄膜电池材料、对新能源的高效利用具有重要的意义。

6.6　工 艺 检 测

MEMS 芯片的制造通常需要使用低应力薄膜，且对于薄膜的力学性能有一定要求，因此对于各种方法制备出的薄膜应进行工艺检测，以了解其厚度、厚度均一性、应力等参数。薄膜的厚度可以通过椭圆偏振光谱仪测量，厚度均一性可以通过原子力显微镜进行测试，应力可以通过圆片曲率法、XRD 法和纳米压痕（Nanoindentation）等方法测试。

6.6.1　椭圆偏振光谱仪

椭圆偏振光谱仪具有高精度、对样品无破坏性等特点，可用于测量薄膜厚度和折射率等光学参数。Sentech 公司生产的 SE850 椭圆偏振光谱仪结构示意图如图 6-21 所示，主要由光源、补偿器、分析仪、偏光片、传感器等构成。椭圆偏振光谱仪通过将偏振光入射到样品表面，观察反射光振幅 ψ 和相位 Δ 的变化，进而得出薄膜样品厚度及光学参数。根据偏振状态，入射到样品表面的光波可分解为 p 波和 s 波，这两种光波的复反射率比值为

$$\rho=\frac{r_{\mathrm{p}}}{r_{\mathrm{s}}}=\tan\psi\cdot \mathrm{e}^{i\Delta} \tag{6-12}$$

椭圆偏振光谱仪测量复反射率比值中的振幅 ψ 和相位 Δ，根据色散模型对测得的 ψ 和 Δ 进行拟合，最终得到薄膜的厚度和折射率。

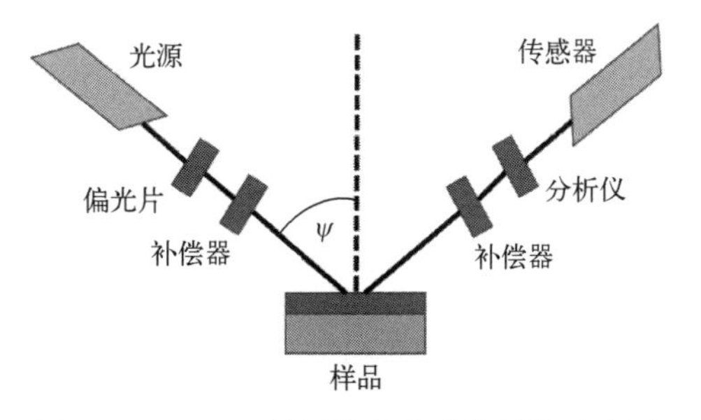

图 6-21　SE850 椭圆偏振光谱仪结构示意图

6.6.2 原子力显微镜

原子力显微镜主要由微悬臂梁和显微探针组成，其成像原理是当原子间距离减小到一定程度后，原子间的作用力将迅速上升，因此，通过显微探针受力的大小就可以直接换算出样品表面的高度，从而以纳米级分辨率获得表面形貌结构信息及表面粗糙度信息。原子力显微镜有三种工作模式，分别为接触模式、非接触模式和轻敲模式。当针尖在样品上扫描时，针尖和样品表面的相互作用会引起微悬臂梁形变。通过测量形变量，就可以求出样品与针尖间的相互作用力。在原子力显微镜中，微悬臂梁的形变是利用照射在悬臂尖端的激光束来检测的，激光束反射到光电检测器上，然后转化为电信号。由于杠杆原理的作用，即使小于 0.1nm 的形变量也可以在光传感器上产生数十纳米的位移。光传感器产生的变化的电压信号与微悬臂梁的形变量对应，通过特定的函数变换即可得出实际的位移值。图 6-22 所示为原子力显微镜成像原理图。

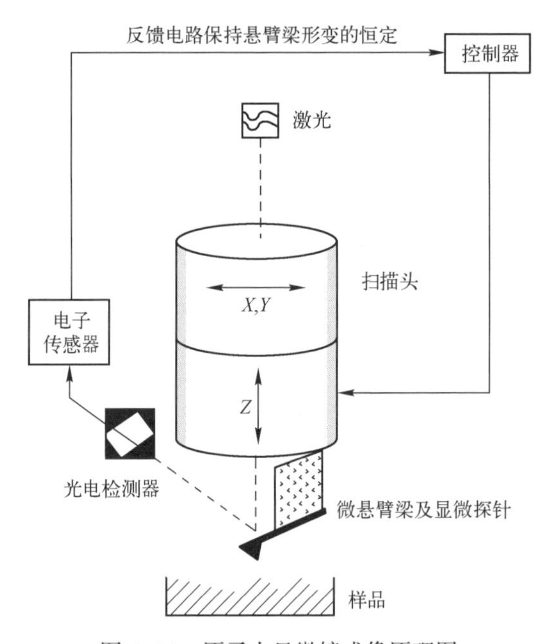

图 6-22　原子力显微镜成像原理图

6.6.3 薄膜应力分析

薄膜应力可分为拉应力（也称为张应力）和压应力，拉应力是指薄膜拉伸时，圆片向内收缩，薄膜表面凹陷，由于薄膜存在张力，薄膜本身趋于收缩，如果薄膜的拉应力超过薄膜的弹性极限，那么薄膜将会从圆片上断裂甚至剥落。压应力情况相反，在压应力的作用下，薄膜往往呈现向表面膨胀的趋势，如果压应力达到极限，则薄膜凸起。数学上拉应力表示为正，压应力表示为负。

无论薄膜中的压应力还是拉应力，都主要来源于外应力、热应力和内应力等。外应力是由作用在薄膜上的外力引起的；热应力是由圆片和薄膜热膨胀系数之间的巨大差异引起的；内应力是由薄膜本身和圆片材料的性质引起的，关键影响因素是薄膜的微观结构和分子沉积的缺陷。因此，薄膜间的界面及薄膜与圆片间的相互作用非常重要，其完全受制备参数和工艺的控制，是产生应力的主要原因。

薄膜应力测量方法

1）圆片曲率法

圆片曲率法是表征薄膜应力最常用的方法。该方法通过测量薄膜应力引起的圆片变形，结合斯托尼公式计算应力。圆片曲率法中的曲率包括多种类型，其中一种是用轮廓仪专用探头跟踪被测样品的表面曲率，这种方法简便易行，但在操作中容易产生较大误差，或者在曲率变化不大时测量不准确。悬臂梁法是一种比较灵敏、准确的测量方法。其原理是当一束光线照射到样品表面时，样品本身的微小形变会改变光线的反射方向，通过测量反射光点在一定距离上的位置偏移，可以得到圆片的曲率变化。

2）XRD 法

XRD 通常用于检测半导体和晶体薄膜中的残余应力。XRD 是一种半无损检测方法，结果非常可靠。根据 XRD 效应，材料中存在三种残余应力，分别为 I 型残余应力、II 型残余应力、III 型残余应力。采用掠射、侧倾和内标组合方式作为 XRD 测量应力的最佳方法，并使用 $2\theta-\sin2\psi$ 方法处理得到应力结果。

3）纳米压痕法

纳米压痕（Nanoindentation）法也可以测量薄膜应力，它是一种局部损害方法。当压针被压入薄膜时，局部区域会产生外部应力，这样会造成薄膜局部应变。由于薄膜应力与薄膜硬度及弹性模量无明显关系，主要与压痕接触面积相关，因此可以通过测量被测试样品对应的压痕接触面积来计算残余应力。

参 考 文 献

[1] REINERS G. Corrosion books：chemical vapor deposition. by Jong-Hee Park und T. S. sudarshan-materials and corrosion 2/2003 [J]. Materials and Corrosion，2003，54 (2)：127.

[2] 门小云．LPCVD 法制备多晶硅薄膜工艺的研究 [D]. 天津：河北工业大学，2016.

[3] GUCKEL H, BURNS D W, VISSER C C G, et al. Fine-grained polysilicon films with built-in tensile strain [J]. IEEE Transactions on Electron Devices, 1988, 35 (6): 800-801.

[4] BIEBL M, PHILIPSBORN H V. Fracture strength of doped and undoped polysilicon; proceedings of the International Solid-State Sensors and Actuators Conference [C]. TRANSDUCERS 95, F, 2002.

[5] CHEN L, MIAO J, GUO L, et al. Control of stress in highly doped polysilicon multi-layer diaphragm structure [J]. Surface & Coatings Technology, 2001, 141 (1): 96-102.

[6] BIEBL M, MULHERN G T, HOWE R T. In situ phosphorus-doped polysilicon for integrated MEMS; proceedings of the Solid-State Sensors and Actuators [C]. 1995 and Eurosensors IX Transducers '95 The 8th International Conference on, 1995.

[7] GIANCHANDANI Y B, SHINN M. Impact of high-thermal budget anneals on polysilicon as a micromechanical material [J]. Journal of Microelectromechanical Systems, 1998, 7 (1): 102-105.

[8] YANG J, KAHN H. A new technique for producing large-area as-deposited zero-stress LPCVD polysilicon films: the multipoly process [J]. Microelectromechanical Systems Journal of, 2000, 9 (4): 485-494.

[9] MAIER-SCHNEIDER D, MAIBACH J, OBERMEIER E, et al. Variations in young's modulus and intrinsic stress of LPCVD-polysilicon due to high-temperature annealing [J]. Journal of Micromechanics & Microengineering, 1995, 2 (5): 121-124.

[10] BIEBL M, PHILIPSBORN H V. Fracture strength of doped and undoped polysilicon; proceedings of the International Conference [C]. Solid-state Sensors & Actuators, 1995.

[11] KAHN H, TAYEBI N, BALLARINI R, et al. Fracture toughness of polysilicon MEMS devices [J]. Sensors & Actuators A, 2000, 82 (1-3): 274-280.

[12] INLING J, PAUL O, et al. Fracture properties of LPCVD silicon nitride thin films from the load-deflection of long membranes [J]. Sensors & Actuators A Physical, 2002, 97: 520-526.

[13] FOLKMER B, STEINER P, LANG W. Silicon nitride membrane sensors with monocrystalline transducers [J]. Sensors & Actuators A Physical, 1995, 51 (1): 71-75.

[14] SEKIMOTO M, YOSHIHARA H, OHKUBO T. Silicon nitride single-layer x-ray mask [J]. Journal of Vacuum Science & Technology, 1982, 21 (4): 1017-1021.

[15] GARDENIERS J G E, TILMANS H A C, VISSER C C G. LPCVD silicon-rich silicon nitride films for applications in micromechanics, studied with statistical experimental design [J]. Journal of Vacuum Science & Technology A Vacuum Surfaces & Films, 1998, 14 (5): 2879-2892.

[16] TEMPLE-BOYER P, ROSSI C, SAINT-ETIENNE E, et al. Residual stress in low pressure chemical vapor deposition SiNx films deposited from silane and ammonia [J]. Journal of Vacuum Science & Technology A Vacuum Surfaces & Films, 1998, 16 (4): 2003-2007.

[17] 谢孟贤，刘国维．半导体工艺原理 [M]．北京：国防工业出版社，1980.

[18] 刘秀喜．半导体器件制造工艺常用数据手册 [M]．北京：电子工业出版社，1992.

[19] MOSLEHI M M, SHATAS S C, SARASWAT K C. Thin SiO_2 insulators grown by rapid thermal oxidation of silicon [J]. Applied Physics Letters, 1985, 47 (12): 1353-1355.

[20] CHIOU Y L, SOW C H, LI G, et al. Growth characteristics of silicon dioxide produced by rapid thermal oxidation processes [J]. Applied Physics Letters, 1990, 57 (9): 881-883.

[21] LIU C. 微机电系统基础 [M]. 黄庆安, 译. 北京: 机械工业出版社, 2007.

[22] GANDHI S K, PRINCIPLES V F. Silicon and gallium arsenide [M]. New York: Wiley, 1983.

[23] FAN L S, MULLER R S. As-deposited low-strain LPCVD polysilicon [C]. IEEE Solid-state Sensor & Actuator Workshop, 1988.

[24] HE R, KIM C J. On-chip hermetic packaging enabled by post-deposition electrochemical etching of polysilicon; proceedings of the IEEE International Conference [C]. Micro Electro Mechanical Systems, 2005.

[25] LI P, LI X, ZUO G, et al. Silicon dioxide microcantilever with piezoresistive element integrated for portable ultraresoluble gaseous detection [J]. Applied Physics Letters, 2006, 89 (7): 2499.

[26] LANG H P, BALLER M K, BERGER R, et al. An artificial nose based on a micromechanical cantilever array [J]. Analytica Chimica Acta, 1999, 393 (1-3): 59-65.

[27] FRITZ J, BALLER M K, LAHG P H, et al. Translating biomolecular recognition into nanomechanics [J]. Science, 2000, 288 (5464): 316-318.

[28] MOLDOVAN C, KIM B H, RAIBLE S, et al. Manufacturing of surface micromachined structures for chemical sensors [J]. Thin Solid Films, 2001, 383 (1-2): 321-324.

[29] MATSUURA T, TAGUCHI M, KAWATA K, et al. Deformation control of microbridges for flow sensors [J]. Sensors & Actuators A, 1997, 60 (1-3): 197-201.

[30] MANBACHI A, COBBOLD R S C. Development and application of piezoelectric materials for ultrasound generation and detection [J]. Ultrasound, 2011, 19 (4): 187-196.

[31] FU Y Q, LUO J K, DU X Y, et al. Recent developments on ZnO films for acoustic wave based bio-sensing and microfluidic applications: a review [J]. Sensors and Actuators B: Chemical, 2010, 143 (2): 606-619.

[32] PULSKAMP J S, POLCAWICH R G, RUDY R Q, et al. Piezoelectric PZT MEMS technologies for small-scale robotics and RF applications [J]. MRS Bulletin, 2012, 37 (11): 1062-1070.

[33] FUJISHIMA S. The history of ceramic filters [J]. IEEE Transactions on Ultrasonics, Ferroelectrics and Frequency Control, 2000, 47 (1): 1-7.

[34] 王克园. PZT薄膜的制备、表征及图形化研究 [D]. 重庆: 重庆大学, 2012.

[35] CASTELLANO R N, FEINSTEIN L G. Ion-beam deposition of thin films of ferroelectric lead zirconate titanate (PZT) [J]. Journal of Applied Physics, 1979, 50 (6): 4406-4411.

[36] KRUPANIDHI S B, MAFFEI N, SAYER M, et al. RF planar magnetron sputtering and characterization of ferroelectric Pb (Zr, Ti) O_3 films [J]. Journal of Applied Physics, 1983, 54 (11): 6601-6609.

[37] HIBOUX S, MURALT P, SETTER N. Orientation and composition dependence of piezoelectric-dielectric properties of sputtered Pb (Zr_x, Ti_{1-x}) O_3 thin films [J]. MRS Proceedings, 1999, 596 (1): 499-504.

[38] OKADA M, TAKAI S, AMEMIYA M, et al. Preparation of c-axis-oriented $PbTiO_3$ thin films by MOCVD under reduced pressure [J]. Journal of Applied Physics, 1989, 28 (6R): 1030.

[39] KLISSURSKA R D, BROOKS K G, REANEY I M, et al. Effect of Nb doping on the microstructure of Sol-Gel-Derived PZT thin films [J]. Journal of the American Ceramic Society, 1995, 78 (6): 1513-1520.

[40] H RDTL K H, RAU H. PbO vapour pressure in the Pb (Ti_{1-x}) O_3 system [J]. Solid State Communications, 1969, 7 (1): 41-45.

[41] TSUCHIYA K, KITAGAWA T, UETSUJI Y, et al. Fabrication of smart material pzt thin films by RF magnetron sputtering method in micro actuators [J]. 2006 Jsme International Journal Series A-soliol Mechanics and Material Engineering, 2006, 49 (2): 201-208.

[42] NISHIDA K, YAMAMOTO T, OSADA M, et al. Orientation controlled deposition of Pb (Zr, Ti) O3 films using a micron-size patterned $SrRuO_3$ buffer layer [J]. Journal of Materials Science, 2009, 44 (19): 5339-5344.

[43] BELAVIČD, HROVAT M, SANTO ZARNIK M, et al. An investigation of thick PZT films for sensor applications: A case study with different electrode materials [J]. Journal of Electroceramics, 2009, 23 (1): 1.

[44] OHYA Y, YAHATA Y, BAN T. Dielectric and piezoelectric properties of dense and porous PZT films prepared by sol-gel method [J]. Journal of Sol-Gel Science and Technology, 2007, 42 (3): 397-405.

[45] 胡涛. 溶胶凝胶法制备镁掺杂钛酸锶铅和银掺杂锆钛酸铅薄膜及其介电性能研究 [D]. 杭州: 浙江大学, 2016.

[46] AKIYAMA M, KAMOHARA T, UENO N, et al. Polarity inversion in aluminum nitride thin films under high sputtering power [J]. Applied Physics Letters, 2007, 90 (15): 151910.

[47] KAMOHARA T, AKIYAMA M, KUWANO N. Influence of polar distribution on piezoelectric response of aluminum nitride thin films [J]. Applied Physics Letters, 2008, 92 (9): 93506.

[48] JOHANSSON P, APELL P. Geometry effects on the van der waals force in atomic force microscopy [J]. Physical Review B, 1997, 56 (7): 4159-4165.

[49] PULSKAMP J S, POLCAWICH R G, RUDY R Q, et al. Piezoelectric PZT MEMS technologies for small-scale robotics and RF applications [J]. MRS Bulletin, 2012, 37 (11): 1062-1070.

[50] 陈耀文, 林月娟, 张海丹, 等. 扫描电子显微镜与原子力显微镜技术之比较 [J]. 中国体视学与图像分析, 2006, (1): 53-58.

[51] KERKACHE L, LAYADI A, DOGHECHE E, et al. Structural, ferroelectric and dielectric properties of In_2O_3: Sn (ITO) on $PbZr_{0.53}Ti_{0.47}O_3$ (PZT)/Pt and annealing effect [J]. Journal of Alloys and Compounds, 2011, 509 (20): 6072-6076.

[52] KWON J, HONG J, KIM Y-S, et al. Atomic force microscope with improved scan accuracy, scan speed, and optical vision [J]. Review of Scientific Instruments, 2003, 74 (10): 4378-4383.

[53] 毕晓猛. 氮化铝压电薄膜的反应磁控溅射制备与性能表征 [D]. 长春: 中国科学院长春光学精密机械与物理研究所, 2014.

[54] 惠文渊. 锆钛酸铅 PZT 薄膜制备及氢气退火研究 [D]. 上海: 复旦大学, 2012.

[55] PULSKAMP J S, RUDY R Q, BEDAIR S S, et al. Ferroelectric PZT MEMS HF/VHF resonators/filters [C]. Proceedings of the 2016 IEEE International Frequency Control Symposium (IFCS), 2016.

[56] RUDY R Q, PULSKAMP J S, BEDAIR S S, et al. Piezoelectric disk flexure resonator with 1dB loss [C]. Proceedings of the 2016 IEEE International Frequency Control Symposium (IFCS), 2016.

[57] RUDY R Q, PULSKAMP J S, BEDAIR S S, et al. Low-loss gold-laced PZT-on-silicon resonator with reduced parasitics [C]. Proceedings of the 2016 IEEE 29th International Conference on Micro Electro Mechanical Systems (MEMS), 2016.

[58] BEDAIR S, PULSKAMP J, POLCAWICH R, et al. Low loss micromachined lead zirconate titanate, contour mode resonator with 50Ω termination [C]. Proceedings of the 2012 IEEE 25th International Conference on Micro Electro Mechanical Systems (MEMS), 2012.

[59] YAGUBIZADE H, DARVISHI M, ELWENSPOEK M C, et al. A 4th-order band-pass filter using differential readout of two in-phase actuated contour-mode resonators [J]. Applied Physics Letters, 2013, 103 (17): 173517.

[60] CHANDRAHALIM H, BHAVE S A, POLCAWICH R G, et al. PZT transduction of high-overtone contour-mode resonators [J]. IEEE Transactions on Ultrasonics, Ferroelectrics, and Frequency Control, 2010, 57 (9): 2035-2041.

[61] CONDE J, MURALT P. Characterization of sol-gel Pb ($Zr_{0.53}Ti_{0.47}O_3$) in thin film bulk acoustic resonators [J]. IEEE Trans Ultrason Ferroelectr Freq Control, 2008, 55 (6): 1373-1379.

[62] CHANDRAHALIM H, BHAVE S A, POLCAWICH R, et al. Influence of silicon on quality factor motional impedance and tuning range of PZT-transduced resonators [C]. Proceedings of the 2008 Solid State Sensor, Actuator and Microsystems Workshop, 2008.

[63] WASA K, KANNO I, KOTERA H, et al. Thin films of PZT-based ternary perovskite compounds for MEMS [C]. Ultrasonics Symposium. IEEE, 2009: 213-216.

[64] CHANDRAHALIM H, BHAVE S A, POLCAWICH R, et al. Performance comparison of Pb ($Zr_{0.52}Ti_{0.48}$) O_3-only and Pb ($Zr_{0.52}Ti_{0.48}$) O_3-on-silicon resonators [J]. Applied Physics Letters, 2008, 93 (23): 1406.

[65] SCHREITER M, GABL R, PITZER D, et al. Electro-acoustic hysteresis behaviour of PZT thin film bulk acoustic resonators [J]. Journal of the European Ceramic Society, 2004, 24 (6): 1589-1592.

[66] LARSON J, GILBERT S R, XU B. PZT material properties at UHF and microwave frequencies derived from FBAR measurements [C]. Proceedings of the IEEE Ultrasonics Symposium, 2004.

[67] KIRBY P, SU Q, KOMURO E, et al. PZT thin film bulk acoustic wave resonators and filters [C]. Proceedings of the Proceedings of the 2001 IEEE International Frequncy Control Symposium and PDA Exhibition (Cat No 01CH37218), 2001.

[68] LÖBL H, KLEE M, MILSOM R, et al. Materials for bulk acoustic wave (BAW) resonators and filters [J]. Journal of the European Ceramic Society, 2001, 21 (15): 2633-2640.

[69] MANBACHI A, COBBOLD R S C. Development and application of piezoelectric materials for ultrasound generation and detection [J]. Ultrasound, 2011, 19 (4): 187-196.

[70] AIGNER R, ELLA J, TIMME H J, et al. Advancement of MEMS into RF-filter applications [C]. IEEE, 2002.

[71] RUBY R, BRADLEY P, LARSON J D, et al. PCS 1900MHz duplexer using thin film bulk acoustic resonators (FBARs) [J]. Electronics Letters, 1999, 35 (10): 794-795.

[72] LAKIN K M, MCCARRON K T, ROSE R E. Solidly mounted resonators and filters [C]. IEEE, 1995.

[73] 付润定. AlN 体单晶的性质、抛光与外延研究 [D]. 南京: 南京大学, 2018.

[74] DUBOIS M-A, MURALT P. Properties of aluminum nitride thin films for piezoelectric transducers and microwave filter applications [J]. Applied Physics Letters, 1999, 74 (20): 3032-3034.

[75] AKIYAMA M, KAMOHARA T, KANO K, et al. Enhancement of piezoelectric response in scandium aluminum nitride alloy thin films prepared by dual reactive cosputtering [J]. Adv Mater, 2009, 21 (5): 593-596.

[76] TAKEUCHI N. First-principles calculations of the ground-state properties and stability of ScN [J]. Physical Review B, 2002, 65 (4): 45204.

[77] FARRER N, BELLAICHE L. Properties of hexagonal ScN versus wurtzite GaN and InN [J]. Physical Review B, 2002, 66 (20): 201203.

[78] KLIMOVSKY E, STURIALE A, RUBINELLI F A. Characteristic curves of hydrogenated amorphous silicon based solar cells modeled with the defect pool model [J]. Thin Solid Films, 2007, 515 (11): 4826-4833.

[79] KNIPP D, STREET R A, STIEBIG H, et al. Vertically integrated amorphous silicon color sensor arrays [J]. IEEE Transactions on Electron Devices, 2006, 53 (7): 1551-1558.

[80] AMBROSI R M, STREET R, FELLER B, et al. X-ray tests of a microchannel plate detector and amorphous silicon pixel array readout for neutron radiography [J]. Nuclear Instruments and Methods in Physics Research Section A: Accelerators, Spectrometers, Detectors and Associated Equipment, 2007, 572 (2): 844-852.

[81] FLEWITT A J, LIN S, MILNE W I, et al. Characterization of defect removal in hydrogenated and deuterated amorphous silicon thin film transistors [J]. Journal of non-crystalline solids,

2006, 352 (9-20): 1700-1703.

[82] 泽仑，黄昀．非晶态固体物理学 [M]．北京：北京大学出版社，1988.

[83] LOURO P, VIEIRA M, FANTONI A, et al. Image and color recognition using amorphous silicon p-i-n photodiodes [J]. Sensors and Actuators A: Physical, 2005, 123: 326-330.

[84] DONG L, YUE R, LIU L, et al. Design and fabrication of single-chip a-Si TFT-based uncooled infrared sensors [J]. Sensors and Actuators A: Physical, 2004, 116 (2): 257-263.

[85] LIM H C, SCHULKIN B, PULICKAL M J, et al. Flexible membrane pressure sensor [J]. Sensors and Actuators A: Physical, 2005, 119 (2): 332-335.

[86] HOWE R T, MULLER R S. Polycrystalline and amorphous silicon micromechanical beams: annealing and mechanical properties [J]. Sensors and Actuators, 1983, 4: 447-454.

[87] ILIESCU C, JING J, TAY F E H, et al. Characterization of masking layers for deep wet etching of glass in an improved HF/HCl solution [J]. Surface and Coatings Technology, 2005, 198 (1-3): 314-318.

[88] ILIESCU C, POENAR D P, CARP M, et al. A microfluidic device for impedance spectroscopy analysis of biological samples [J]. Sensors and Actuators B: Chemical, 2007, 123 (1): 168-176.

[89] ILIESCU C. Microfluidics in glass: technologies and applications [J]. INFORMACIJE MIDEM-LJUBLJANA, 2006, 36 (4): 204.

[90] JIN X, LADABAUM I, KHURI-YAKUB B T. The microfabrication of capacitive ultrasonic transducers [J]. Journal of microelectromechanical systems, 1998, 7 (3): 295-302.

第7章 牺牲层技术

前面几章主要介绍了湿法腐蚀、干法刻蚀、键合和低应力薄膜等 MEMS 制造关键技术，采用上述单步工艺一般只能制造沟、槽和孔等简单的微机械结构，制造更复杂的微机械结构需要采用由多步工艺组合而成的工艺模块来实现。从本章开始，将用四章的篇幅分别介绍牺牲层技术，膜结构、梁结构和纳米敏感结构等常用微机械结构制造技术，采用这些工艺模块可以满足绝大多数微机械结构的制造需求。

牺牲层技术是在 PSG 牺牲层上制备一层多晶硅结构层，再把牺牲层腐蚀掉，使留下的结构层悬空，以形成可动的微机械结构；如果再沉积一层多晶硅将牺牲层腐蚀通道封死，即可构成密闭的压力敏感空腔。该技术主要应用了集成电路工艺中的沉积和选择性腐蚀技术，与集成电路工艺兼容。这一技术的核心思想是利用不同材料在同一腐蚀环境中腐蚀速率不同的特点，将易被腐蚀的材料选作牺牲层，将不被腐蚀的材料选作结构层，就可以组合出不同材料体系的微机械结构。现今有许多材料组合体系，如多晶硅（结构层）/PSG（牺牲层）、介质/单晶硅、金属/有机物等，腐蚀方法有 HF 溶液、HF 蒸气、干法各向同性刻蚀和湿法各向异性腐蚀等。

7.1 多晶硅/SiO_2 牺牲层技术

牺牲层、结构层和一些选择比高的腐蚀工艺相结合可以形成很多器件悬空结构，这些器件悬空结构包括悬臂梁、压力传感器、惯性传感器、谐振器、红外传感器、传声器、微流体器件、生物 MEMS 和射频 MEMS 芯片。牺牲层腐蚀技术选择性地去除牺牲层薄膜或者结构层下的部分衬底，使得结构层变得独立支撑，仅在预先定义的位置与衬底相连。例如，悬臂梁结构可以通过选择性地腐蚀使梁仅在锚点部分与衬底连接，其他部分悬空，如图 7-1 所示。

图 7-1　牺牲层腐蚀技术

采用液体或者气体横向腐蚀可以将牺牲层去除，而将结构层完整地保存下来。一般而言，横向腐蚀很难通过干法刻蚀的方式实现，常选择使用湿法腐蚀或者气相腐蚀的方式去除。

牺牲层被腐蚀后表面微结构很容易碎裂，因此腐蚀和干燥工艺一般放在整个工艺流程后期，而且在后续的切割和封装过程中必须小心地处理，避免不必要的接触。对于刚性的结构，使用常规腐蚀剂，采用过腐蚀办法，用标准的去离子水漂洗就足够了。易碎结构的表面张力、范德瓦耳斯力及分子力引起的黏附，使得湿法腐蚀工艺需要增加特殊的处理过程来防止微结构的破损和优良率的降低。冷冻干燥或者临界干燥技术可以用来防止微结构和衬底之间面对面的接触并减少黏附概率。

湿法化学腐蚀在 MEMS 芯片的牺牲层去除工艺中有着主导地位。湿法腐蚀的化学反应式为

$$SiO_2+4HF \longrightarrow SiF_4+2H_2O$$

或者

$$SiO_2+6HF \longrightarrow H_2SiF_6+2H_2O$$

与湿法腐蚀工艺相比，气相熏蒸腐蚀工艺具有均匀性高、腐蚀速率可控等优点，已经成功地应用于释放微结构。该工艺可以避免 MEMS 微结构与任何液体接触，在气相环境中腐蚀去除牺牲层，可使微结构与衬底的毛细作用力变得无效。

多晶硅是常用的结构层材料，这是因为多晶硅与单晶硅具有相近的力学性能。HF 腐蚀中，SiO_2 和多晶硅的腐蚀选择比非常高，基本不影响多晶硅结构。HF 湿法腐蚀液、HF 气相腐蚀对 SiO_2的刻蚀是各向同性的，牺牲层 SiO_2的各个方向都可以被很好地腐蚀。一般情况下，为了提高腐蚀效率，常在大平面上设置腐蚀通道，把 HF 腐蚀液或者 HF 腐蚀气体从腐蚀通道输运到结构层与硅衬底之间的 SiO_2界面，并把反应物输运出来。图 7-2 所示为 HF 气相腐蚀能够选择性地去除多晶硅微结构与硅衬底间的 SiO_2的 SEM 图及结构示意图。

在实际结构中，牺牲层往往不是以单层结构形式存在的，而是多层介质结构的组合。在表面微加工过程中，Si_3N_4/SiO_2是一种常见组合。Si_3N_4材料是一种常用的耐 HF 腐蚀材料，HF 溶液、HF 气相腐蚀对 SiO_2和 Si_3N_4具有较高的选择比。表 7-1 描述了在 NH_4F:HF（7:1）溶液、48%HF 溶液、气相 HF 下 Si_3N_4和 LTO 的腐蚀速率。NH_4F:HF（7:1）溶液、48%HF 溶液对 Si_3N_4和 LTO 的选择比大于

40；气相 HF 对 Si_3N_4和 LTO 的选择比为 67~176。Si_3N_4在 HF 溶液中的反应方程式为

$$Si_3N_4+4HF+9H_2O \longrightarrow 3H_2SiO_3+4NH_4F$$

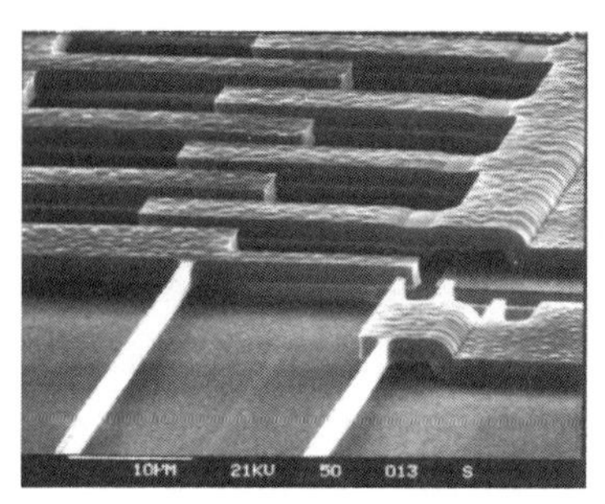

（a）多晶硅/SiO₂组合结构牺牲层被腐蚀后的SEM图

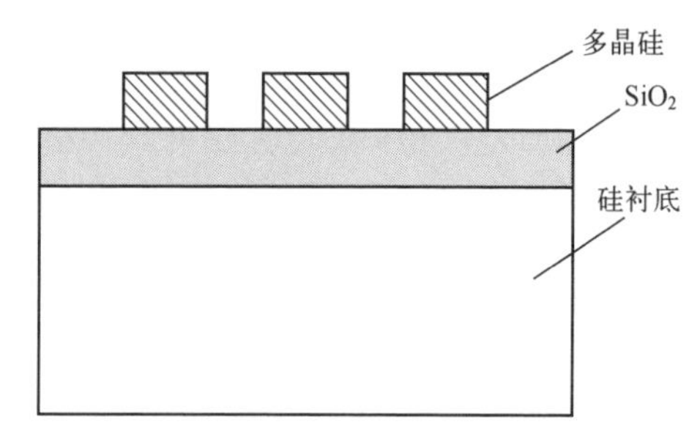

（b）多晶硅/SiO₂组合结构示意图

图 7-2　多晶硅/SiO_2组合结构

表 7-1　不同化学腐蚀材料对 Si_3N_4和 LTO 膜的腐蚀速率

化学腐蚀材料	Si_3N_4腐蚀速率	未图形化 LTO 膜腐蚀速率	图形化 LTO 膜腐蚀速率
NH_4F:HF（7:1）溶液	7~12Å/min	700Å/min	570Å/min
48%HF 溶液	140~175Å/min	10500Å/min	7800Å/min
气相 HF	85~125Å/min	15000Å/min	8400Å/min

Al/SiO_2结构也是一种可行的组合结构，如图 7-3 所示。在实际应用中，常用金属 Al 作为电极材料。在 HF 腐蚀 SiO_2牺牲层的过程中，HF 会损伤已经沉积的金属 Al 布线，影响 MEMS 产品的可靠性。最好的解决办法是先刻蚀 SiO_2牺牲层，然后沉积金属 Al 层，但是一般 MEMS 结构只用于将金属 Al 层沉积到结构层下的情况。

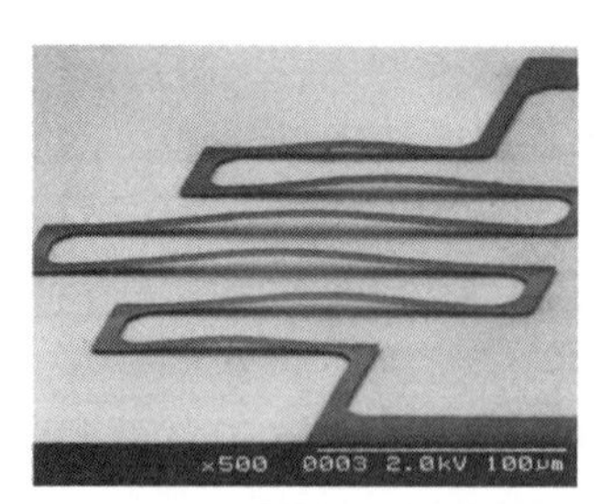

（a）Al/SiO₂组合结构牺牲层被腐蚀后的SEM图

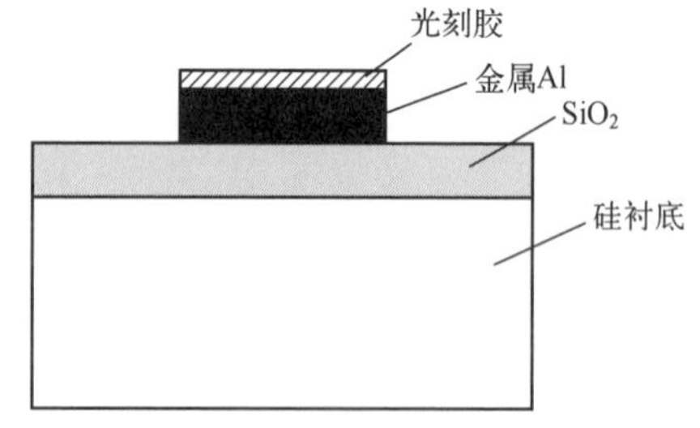

（b）Al/SiO₂组合结构示意图

图 7-3　Al/SiO_2组合结构

金属 Al 暴露在湿润的空气中会立即与空气中的 H_2O 发生反应，在表面生成

一层致密的 Al_2O_3 薄膜。在用 HF 溶液或者 HF 气相腐蚀时，Al_2O_3 与 HF 反应生成 AlF_3，反应方程式如下：

$$Al_2O_3+6HF \longrightarrow 2AlF_3+3H_2O$$

去除金属 Al 表面的 Al_2O_3 薄膜后新鲜金属 Al 与 HF 反应生成 AlF_3，反应方程式如下：

$$Al+6HF \longrightarrow 2AlF_3+3H_2$$

文献［1］比较了 HF/H_2O 溶液、HF/M（CH_3OH、CH_3CH_2OH 等）溶液、HF/M（CH_3OH、CH_3CH_2OH 等）气相腐蚀在 PSG（退火）、TEOS、TEOS（退火）、热氧 SiO_2、PECVD Si_3N_4、LPCVD Si_3N_4、Ti、TiN、Al-Cu 的相对腐蚀速率。从表 7-2 中可知，Ti、TiN、Al-Cu 材料均可作为 HF 气相腐蚀中的结构层，且在 HF 气相腐蚀中具有较低的相对腐蚀速率。

表 7-2　湿法腐蚀/HF 气相腐蚀不同膜质的相对腐蚀速率

材料	PSG（退火）	TEOS	TEOS（退火）	热氧 SiO_2	PECVD Si_3N_4	LPCVD Si_3N_4	Ti	TiN	Al-Cu
HF/H_2O 溶液（相对腐蚀速率）	8.0	7.6	2.9	1	0.24	0.03	2.9	0.001	2.0
HF/M 溶液（相对腐蚀速率）	3.0	3.7	2.4	1	0.12	0.01	0.9	0.0009	0.006
HF/M 气相腐蚀（相对腐蚀速率）	19.0	15	6.7	1	—	—	0.01	0.004	0.002

7.2　金属/光刻胶牺牲层技术

传统金属（如 Ti、Al、Cu、Cr）和非金属（如 Si、SiO_2、PSG）材料作为牺牲层材料存在材料沉积成本高（等离子体溅射、沉积速率低）、溶解困难（通常用强酸溶解）、工艺复杂（需附加光刻和刻蚀步骤得到相应结构图形）等问题。因此，人们对牺牲层技术进行了改进，改进的牺牲层技术将光刻胶（Photoresist，PR）作为牺牲层材料。在 MEMS 加工工艺中，光刻胶可用作 MEMS 芯片的牺牲层材料，光刻胶牺牲层上可覆盖采用电子束沉积或溅射工艺制备的金属薄膜作为结构层。

光刻胶在作为牺牲层材料时，采用匀胶或者喷胶的方法能够获得厚度可控的牺牲层。光刻胶经过曝光、显影后，能够直接得到图形化的牺牲层。此外，光刻胶易溶于碱性溶液或者有机溶液（如丙酮），在制作完成微结构后，能够轻易地被溶解或刻蚀掉，因此可以实现复杂结构的选择性释放。

7.2.1 光刻胶

光刻胶是一种通过辐射或者光照射后，溶解度会在显影液中发生变化的薄膜材料。光刻胶主要由树脂、感光剂、添加剂和溶剂组成。其中，感光剂在受到紫外光、深紫外光等光源照射后会发生化学反应，分子结构改变的同时亲和性、溶解性等物理性质也会有明显变化；溶剂使得光刻胶具有良好的流动性，便于在衬底上均匀涂覆，并控制光刻胶的黏滞性等机械性能。

光刻胶根据受到光源照射后在显影液中的溶解度差异，可以分为正胶和负胶。如图 7-4 所示，正胶在受到光源照射前在显影液中的溶解度较低，曝光后，感光剂发生化学反应分解为一种溶解度增强剂，极大地提高了光刻胶在显影液中的溶解度，导致曝光的区域被溶解，未曝光的区域被保留，从而得到与光刻版遮光部分相同的光刻胶图案。负胶与正胶性质相反，曝光后，感光剂发生化学反应产生自由基，在接下来的后烘过程，光刻胶中的树脂在自由基的催化作用下发生交联反应，降低其在显影液中的溶解度，因此曝光的区域被保留，未曝光的区域被溶解，从而得到和光刻版图案相反的光刻胶图案。

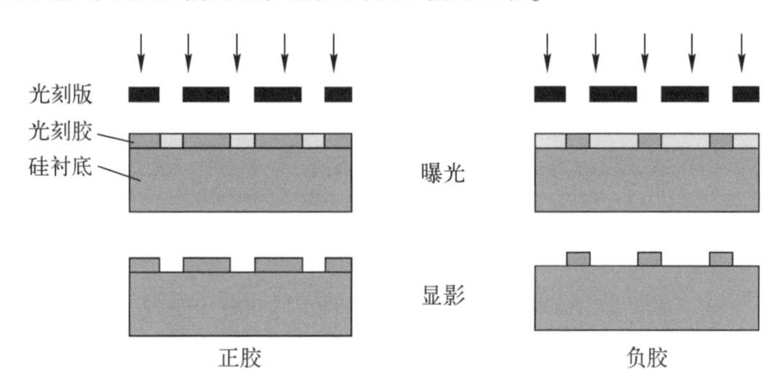

图 7-4　正胶与负胶的工作原理示意图

光刻胶的极性应根据工艺要求来选择。正胶具有机械强度较低、黏附性差和抗腐蚀性能差的性质，较容易被去除，可以作为牺牲层材料。一些负胶具有机械强度较高的性质，较难被去除，可以作为结构层材料。此外，不同极性的光刻胶显影后的侧壁角不同，正胶通常具有 75°~85°的侧壁角，而负胶的侧壁角往往大于 90°。因此，光刻胶的去除工艺也决定了光刻胶极性的选择，垂直的侧壁适合进行等离子刻蚀工艺；正倾斜侧壁适合进行湿法腐蚀工艺；负倾斜侧壁适合进行金属剥离工艺。

光刻胶除了要考虑基本的极性选择，还需要考虑灵敏度（曝光速度）、分辨率、曝光波长（I 线 365nm、H 线 405nm、G 线 436nm）和对比度等性质。常用光刻胶性质如表 7-3 所示。

表 7-3　常用光刻胶性质[2]

光刻胶	极性	厚度	曝光类型
AZ 系列	正	1～100μm	紫外光
S 系列	正	1～50μm	紫外光
PMMA	正	≤1mm	X 射线/电子束
THB 系列	负	5～100μm	紫外光
SU-8	负	≤1mm	紫外光/X 射线/离子束
聚酰亚胺	负	1～50μm	紫外光
干膜	负	50～100μm	紫外光

7.2.2　光刻胶牺牲层工艺

在表面微加工过程中，当光刻胶作为牺牲层材料时，结构层材料可为聚合物或者金属。光刻胶牺牲层工艺流程先经旋涂、前烘、曝光、显影和后烘等工艺得到相应掩模图案；然后在光刻胶上沉积聚合物或者金属材料并将其加工成所需图形；最后去除光刻胶牺牲层使结构层材料悬空，形成二维或三维结构。根据牺牲层的厚度要求，光刻胶的厚度可为 1～100μm。光刻胶牺牲层适用于结构层材料的溅射、蒸发及电镀[3-4]。光刻胶牺牲层的去除方法取决于光刻胶的性质和前序工艺，如：在室温下湿法腐蚀正胶，不会造成薄膜脱落；而在高温下等离子体刻蚀光刻胶会造成去除困难。

光刻胶去除可以通过两种方法实现：干法去胶和湿法去胶。当衬底上存在空腔或其他三维结构时，通常使用氧等离子体和臭氧干法去胶，避免引起表面张力效应。湿法去胶可分为有机溶剂去胶和无机溶剂去胶。有机溶剂去胶主要利用相似相溶原理，使光刻胶溶于丙酮等有机溶液进而去除；无机溶剂去胶利用一些无机溶剂（如硫酸、过氧化氢溶液）的强氧化性将光刻胶中的碳元素氧化为碳氧化物气体而去除，但由于溶剂具有强氧化性，因此该方法不适用于金属沉积后去胶。在大多数情况下，必须使用多个步骤去除光刻胶，如先通过等离子体灰化去除碳化的顶层，再用湿法去除剩余部分，或者先通过湿法去除光刻胶再进行等离子清洗。对于厚光刻胶，可以采用三氯乙烯、丙酮和甲醇三步去除的方法[5]。

MEMS 常需加工厚且深宽比高的三维结构，这类结构往往依赖于 X 射线或紫外线光刻技术电铸成型。光刻胶可以用于电铸成型的牺牲层或者模具，电铸完成后用有机溶剂溶解或者等离子刻蚀的方法去除光刻胶。下面将介绍高深宽比三维电铸金属结构的两种制造方法：X 射线光刻电铸（LIGA）技术和紫外光刻电铸（UV-LIGA）技术。

LIGA 是德文 Lithographie、Galvanoformung 和 Abformung 三个词的缩写，意为

光刻、电铸和复制。LIGA 技术是一种基于 X 射线光刻技术的 MEMS 加工技术，常用于加工厚且深宽比高的微结构，通常有光刻和电镀两个工艺步骤。LIGA 技术通常采用 X 射线曝光的聚甲基丙烯酸甲酯（PMMA）光刻胶作为牺牲层，图形化后深宽比可达 100∶1。然而，LIGA 技术需要采用昂贵的同步辐射 X 射线光源和特制 X 射线光掩模，与微电子工艺兼容性差。因此，一种应用低成本光刻光源和掩模制造工艺而制造性能与 LIGA 技术相当的新的加工技术 UV-LIGA 技术应运而生。UV-LIGA 技术加工原理与 LIGA 技术相同，采用紫外光或激光作为曝光光源，在成本上有极大优势。UV-LIGA 技术能够制造深宽比为 6∶1，高度不超过 800μm 的微结构，虽然深宽比有限，但是足以满足多种应用的需求。此外，UV-LIGA 技术与集成电路工艺兼容，可用来制作集成电路的后续微机械系统部分，是一种很有发展前途的 MEMS 加工技术。UV-LIGA 工艺常使用各种对紫外光敏感的光刻胶，包括酚醛树脂类、SU-8 胶、聚酰亚胺等。

UV-LIGA 典型加工工艺如图 7-5 所示[6]，铜牺牲层作为电镀基底，光刻胶既作为牺牲层又作为电镀模具，电镀镍作为结构层。首先在衬底上旋涂 AZ4562 光刻胶至 4μm 厚，并在 90℃下烘烤 30min，如图 7-5（a）所示；接着将光刻胶对准紫外光曝光 20s，在 AZ400K 中显影 3min 形成牺牲层，如图 7-5（b）所示；使用可选的紫外线泛光曝光，使牺牲层的溶解更容易，如图 7-5（c）所示；接着在牺牲层上等离子体溅射 100nm 铜金属薄膜作为电镀基底，如图 7-5（d）所示；在基底上涂覆 AZ4562 光刻胶至 16μm 厚，如图 7-5（e）所示；在 90℃下烘烤 30min，控制曝光和显影时间，以实现具有垂直侧壁的电镀模具，如图 7-5（f）所示；然后电镀镍，将其作为结构层，如图 7-5（g）所示；最后去除电镀基底层后，利用丙酮溶液溶解光刻胶牺牲层，释放结构，如图 7-5（h）所示。图 7-6（a）所示[6]为光刻胶模具一部分，转子固定在光刻胶牺牲层上。在电镀镍及通过丙酮去除光刻胶、酸刻蚀铜基底后加工成的微马达如图 7-6（b）所示[6]。

表 7-4 列举了典型的光刻胶牺牲层/结构层材料组合及牺牲层腐蚀剂。

表 7-4　典型的光刻胶牺牲层/结构层材料组合及牺牲层腐蚀剂

牺　牲　层	结　构　层	牺牲层腐蚀剂	参考文献
Hunt HPR504、HiPR6517	Al	O_2等离子体	[7]
Shipley1813	SiC、Al	Remover 1165	[8]
AZ4562	Ni	丙酮	[6]
AZ4620	Au	异丙醇	[9]
Novolak-Diazoquinone types	C 型-聚对二甲苯	丙酮	[10]
Avatrel 2000 P	聚酰亚胺	加热	[11]
SU-8	SU-8	PGMEA	[12]

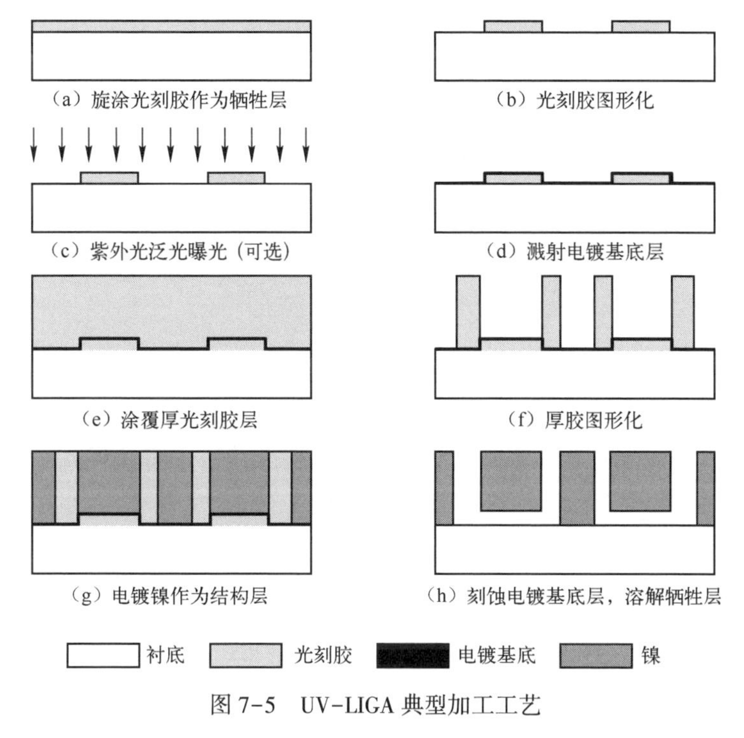

图 7-5　UV-LIGA 典型加工工艺

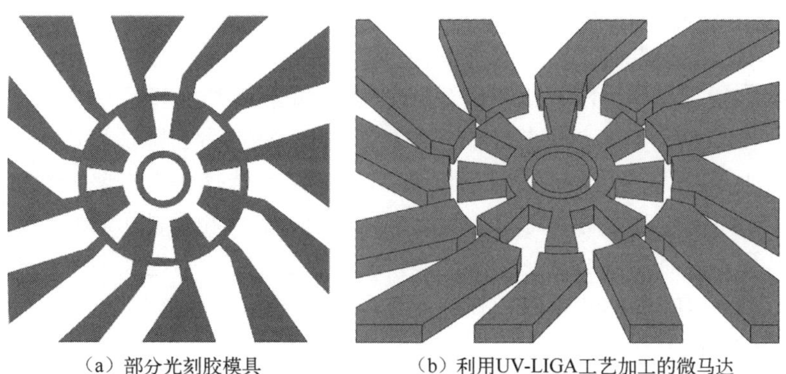

图 7-6　部分光刻胶模具和利用 UV-LIGA 工艺加工的微马达

7.2.3　光刻胶牺牲层的应用

德州仪器（Texas Instruments，TI）公司利用光刻胶牺牲层技术于 1987 年[13,14]发明了用于投影显示的数字微镜装置（Digital Mirror Device，DMD）。DMD 结构单元如图 7-7 所示，硅衬底以上的结构由电极、铰链、支承柱和镜面等组成。

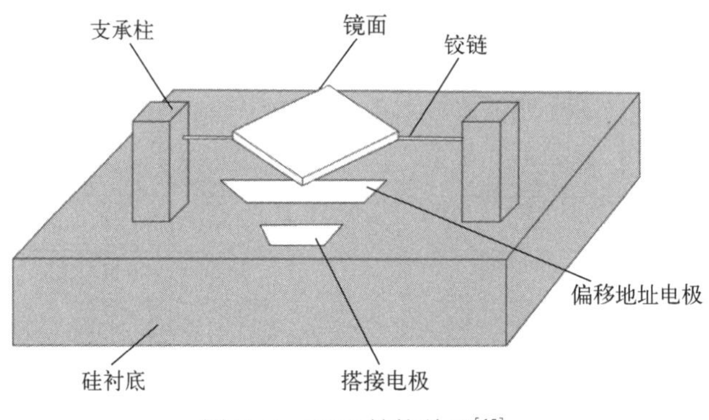

图 7-7 DMD 结构单元[15]

此外，光刻胶牺牲层技术还可以形成梁、桥及薄膜[8]等不同形状的微结构，可用于制造射频开关[9,16]、微流体通道[10,17]、惯性传感器[18]和谐振器[19]等器件。

7.3 介质材料/单晶硅牺牲层技术

在 MEMS 芯片制造中，以介质材料为结构层、单晶硅为牺牲层的牺牲层技术被广泛应用。在各种压力和温度条件下，可用于硅刻蚀的刻蚀气体有很多，包括 Cl_2、H_2S、HBr、HCl、HI、HI-HF、BrF_3、SF_6和 XeF_2等。基于 Cl 基和 F 基为刻蚀剂的干法等离子刻蚀已经被证明是刻蚀部分硅衬底或者去除适度多晶硅牺牲层的有效刻蚀方法[20]。其中，可控的气态 XeF_2刻蚀能选择性地去除硅衬底上暴露的部分和牺牲层硅，采用不需要任何液体和离子束的气相腐蚀可释放金属和电介质结构[21,22]。这种各向同性刻蚀对光刻胶、二氧化硅、氮化硅和铝具有高选择性，用于制备 MEMS 芯片可有效避免可动微结构与衬底粘连的问题，并与 post-CMOS 工艺相兼容。

7.3.1 单晶硅牺牲层工艺

在单晶硅牺牲层的刻蚀方法中，与湿法腐蚀相比，XeF_2刻蚀可以消除结构释放后的黏附力，显著提高成品率，已被广泛用于科研工作和工业应用[23]。在室温下，XeF_2对硅具有较高的刻蚀速率，而对其他材料具有刻蚀选择性，如氧化硅、氮化硅、金属、介电材料和聚合物等，如表 7-5 所示。XeF_2刻蚀适用于多种材料组合的微机械结构的制作，且易于与 CMOS 工艺相兼容。

表 7-5　XeF_2对半导体器件中常用材料的刻蚀特性

刻蚀材料	高选择比材料	非刻蚀材料		
		金属	化合物	聚合物
Si	SiO_2	Al	PZT	光刻胶
Mo	Si_3N_4	Ni	MgO	PDMS
Ge	Au	Cr	ZnO	C_4F_8
SiGe	Cu	Pt	AlN	石英玻璃
	SiC	Ga	GaAs	PVC
		Hf	HfO_2	PP
			TiO_2	PEN
			Al_2O_3	PET
			ZrO_2	ETFE
				亚克力

根据 XeF_2对压电材料、金属电极的刻蚀特性，体声波滤波器、谐振器等压电 MEMS 芯片可以使用 XeF_2去除部分衬底单晶硅，从而释放器件结构[23-24]。一种典型的基于单晶硅牺牲层的 MEMS 工艺流程图如图 7-8 所示。先在硅衬底上使用热生长法形成二氧化硅薄膜，然后依次沉积并图形化形成底电极金属层、压电薄膜层、顶电极金属层，接着刻蚀氧化层形成释放孔，最后使用 XeF_2干法刻蚀部分硅衬底释放 MEMS 芯片结构。其中，金属层可以是 Al、Pt 等金属材料，压电薄膜层可以是 AlN、ZnO、PZT 等常用压电材料，这些器件结构层都可以在 XeF_2刻蚀中被完整地保留下来。整个工艺流程在 350℃ 以下环境中进行，可以与 CMOS 工艺兼容，制得的 MEMS 芯片和 CMOS 电路易于集成在一块芯片上。

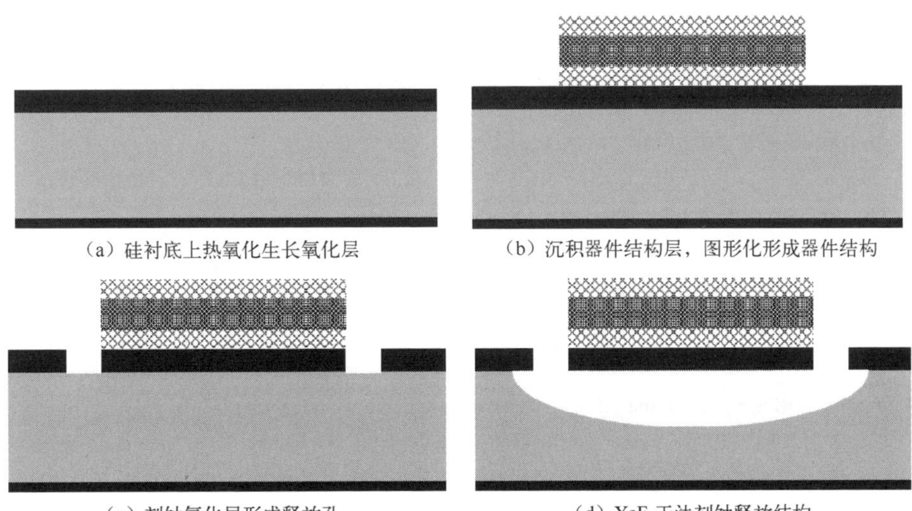

(a) 硅衬底上热氧化生长氧化层　(b) 沉积器件结构层，图形化形成器件结构

(c) 刻蚀氧化层形成释放孔　(d) XeF_2干法刻蚀释放结构

图 7-8　一种典型的基于单晶硅牺牲层的 MEMS 工艺流程图

7.3.2 单晶硅牺牲层的应用

单晶硅牺牲层技术可以用于制作开关、悬臂梁、薄膜、微镜、通道等结构，从而应用于制造射频开关、投影显示器、谐振器、光衰减器和红外传感器等产品。压电 MEMS 芯片（包括体声波滤波器、谐振器等）的制作中常使用单晶硅牺牲层技术，通过正面去除硅牺牲层来替代背面刻蚀的工艺，简化了工艺制作流程[25-26]。

在射频开关（包括接触开关和电容开关）的制造中，XeF_2刻蚀释放结构过程对大多数金属无刻蚀和对介质材料极低刻蚀的特性有利于提高产量和器件性能[27,28]。基于XeF_2刻蚀的硅牺牲层技术与 Al 的兼容性，使其成为释放 MEMS 反射镜的理想选择。斯坦福大学研制的光栅光阀就是一个例子，许多公司已将其用于制造光衰减器和投影显示器[29]。XeF_2刻蚀对制作过程至关重要，它能够在刻蚀释放后使 Al 反射表面保持光学特性不发生改变。此外，XeF_2对二氧化硅的低刻蚀率对于制造更大的光学 MEMS 芯片很重要。

XeF_2刻蚀硅牺牲层已被广泛用于 MEMS 热电堆和微型辐射热计的结构释放，并用于制作热隔离腔[30-31]。高灵敏度的需求意味着要求更薄、更小的传感单元，目前常使用 ALD 沉积和XeF_2刻蚀来制造厚度小于 10nm 的微型辐射热计单元[32]。

参 考 文 献

[1] J BÜHLER, STEINER F P, BALTES H. Silicon dioxide sacrificial layer etching in surface micromachining [J]. Journal of Micromechanics & Microengineering, 1999, 7 (1): 1-13.

[2] LINDROOS V. Handbook of silicon based MEMS: materials & technologies [M]. Netherlands: Elsevier, 2009, 565-581.

[3] VAN KESSEL, HORNBECK L J, MEIER R E, et al. A MEMS-based projection display [J]. Proceedings of the IEEE, 1998, 86 (8): 1687-1704.

[4] YOON J B, HAN C H, YOON E. et al. Monolithic fabrication of electroplated solenoid inductors using three-dimensional photolithography of a thick photoresist [J]. Journal of Applied Physics, 1998, 37 (12S): 7081.

[5] LEE D H, PARK D E, YOON J B, et al. Fabrication and test of a MEMS combustor and reciprocating device [J]. Journal of Micromechanics and Microengineering, 2001, 12 (1): 26.

[6] CUI Z, LAWES R A. A new sacrificial layer process for the fabrication of micromechanical systems [J]. Journal of Micromechanics and Microengineering, 1997, 7 (3): 128.

[7] BARTEK M, WOLFFENBUTTEL R F. Dry release of metal structures in oxygen plasma: process characterization and optimization [J]. Journal of Micromechanics and Microengineering, 1998,

8 (2): 91.

[8] HANI T, MOHANNAD E, FREDERIC N. et al. Hard-baked photoresist as a sacrificial layer for sub-180 C surface micromachining processes [J]. Micromachines, 2018, 9 (5): 231.

[9] MINHAS A, BAJPAI A, MEHTA K. et al. AZ4620 Photoresist as an alternative sacrificial layer for surface micromachining [J]. Journal of Electrornc Materals, 2020, 49 (12): 7598-7602.

[10] WALSH K, NORVILLE J, TAI Y C. Photoresist as a sacrificial layer by dissolution in acetone [C]. Proceedings of the Technical Digest MEMS 2001 14th IEEE International Conference on Micro Electro Mechanical Systems (Cat No 01CH37090), 2001.

[11] WHITE C E, ANDERSON T, HENDERSON C L, et al. Microsystems manufacturing via embossing of photodefinable thermally sacrificial materials [C]. Emerging Lithographic Technologies VIII. International Society for Optics and Photonics, 2004.

[12] CONÉDÉRA V, SALVAGNAC L, FABRE N, et al. Surface micromachining technology with two SU-8 structural layers and sol-gel, SU-8 or SiO2/sol-gel sacrificial layers [J]. Journal of Micromechanics and Microengineering, 2007, 17 (8): 52-57.

[13] HORNBECK L J, WU M H. Digital light processing for high-brightness high-resolution applications [J]. SPIE, 1997, 3013: 27-40.

[14] HORNBECK L J. Digital light processing and MEMS: an overview [C]. Proceedings of the Digest IEEE/Leos 1996 Summer Topical Meeting Advanced Applications of Lasers in Materials and Processing, 1996.

[15] MONK D W, GALE R O. The digital micromirror device for projection display [J]. Microelectronic Engineering, 1995, 27 (1-4): 489-493.

[16] LUCIBELLO A, PROIETTI E, GIACOMOZZI F, et al. RF MEMS switches fabrication by using SU-8 technology [J]. Microsystem Technologies, 2013, 19 (6): 929-936.

[17] PEENI B A, LEE M L, HAWKINS A R, et al. Sacrificial layer microfluidic device fabrication methods [J]. Electrophoresis, 2010, 27 (24): 4888-4895.

[18] WYCISK M, NNESEN T, BINDER J, et al. Low-cost post-CMOS integration of electroplated microstructures for inertial sensing [J]. Sensors & Actuators A Physical, 2000, 83 (1-3): 93-100.

[19] STEVEN Y, WESTROPAOLO D, DAUKSHER B, et al. A novel low-temperature method to fabricate MEMS resonators using PMGI as a sacrificial layer [J]. Journal of Micromechanics and Microengineering, 2005, 15 (10): 1824.

[20] ZHU T, ARGYRAKIS P, MASTROPAOLO E, et al. Dry etch release processes for micromachining applications [J]. Journal of Vacuum Science & Technology B: Microelectronics and Nanometer Structures Processing, Measurement, and Phenomena, 2007, 25 (6): 2553-2557.

[21] HOFFMAN E, WARNEKE B, KRUGLICK E, et al. 3D structures with piezoresistive sensors in standard CMOS [C]. Proceedings IEEE Micro Electro Mechanical Systems. 1995: 288.

[22] HAMAGUCHI K, TSUCHIYA T, SHIMAOKA K, et al. 3-nm gap fabrication using gas phase

sacrificial etching for quantum devices [C]. 17th IEEE International Conference on Micro Electro Mechanical Systems. Maastricht MEMS 2004 Technical Digest, 2004: 418-421.

[23] PIAZZA G, PISANO A P. Dry-released post-CMOS compatible contour-mode aluminum nitride micromechanical resonators for VHF applications [C]. Tech. Dig. Solid-State Sens. Actuators Microsyst. Workshop, 2004: 37-40.

[24] YU H, PANG W, ZHANG H, et al. Ultra temperature-stable bulk-acoustic-wave resonators with SiO_2 compensation layer [J]. IEEE Transactions on Ultrasonics, Ferroelectrics, and Frequency Control, 2007, 54 (10): 2102-2109.

[25] LIN C M, CHEN Y Y, FELMETSGER V, et al. Micromachined aluminum nitride acoustic resonators with an epitaxial silicon carbide layer utilizing high-order Lamb wave modes [C]. IEEE 25th International Conference on Micro Electro Mechanical Systems (MEMS), 2012: 733-736.

[26] CHANDRAHALIM H, BHAVE S A, POLCAWICH R, et al. Influence of silicon on quality factor motional impedance and tuning range of PZT-transduced resonators [C]. 2008 Solid State Sensor, Actuator and Microsystems Workshop, 2008: 360-363.

[27] JAHNES C, HOIVIK N, COTTE J, et al. Evaluation of an O_2 plasma and XeF_2 vapor Etch release process for RF MEMS Switches fabricated using CMOS interconnect processes [C]. Proc. Solid State Sensors, Actuators, Microsystems Workshop, 2006: 360-363.

[28] STAMPER A, JAHNES C, DUPUIS S, et al. Planar MEMS RF capacitor integration [C]. 2011 16th International Solid-State Sensors, Actuators and Microsystems Conference, 2011: 1803-1806.

[29] BLOOM D M. Grating light valve: revolutionizing display technology [C]. Projection Displays III, 1997: 165-171.

[30] XU D, XIONG B, WANG Y, et al. Hybrid etching process and its application in thermopile infrared sensor [C]. 2010 IEEE 5th International Conference on Nano/Micro Engineered and Molecular Systems, 2010: 425-428.

[31] MEHL J, ADE P A, BASU K, et al. TES bolometer array for the APEX-SZ camera [J]. Journal of Low Temperature Physics, 2008, 151 (3-4): 697-702.

[32] PURKL F, ENGLISH T, YAMA G, et al. Sub-10 nanometer uncooled platinum bolometers via plasma enhanced atomic layer deposition [C]. 2013 IEEE 26th International Conference on Micro Electro Mechanical Systems (MEMS), 2013: 185-188.

第8章

膜结构制造技术

膜结构是最早得到应用的三维微机械结构，也是最常用的三维微机械结构。膜结构是指外界压力或者施加的电使膜产生位移，进而实现外界信息检测或控制外界信息输运的结构，被广泛用在压力传感器、谐振器、开关和各类执行器等MEMS芯片的设计中。常用的膜结构包括开放膜结构、封闭膜结构和岛膜结构，本章主要介绍利用各向异性腐蚀、DRIE、键合等关键工艺技术组合成的工艺模块制造常用膜结构。

8.1 膜结构简介

膜结构是MEMS芯片中常见的微机械结构，膜结构根据其截面图的几何拓扑可以分为开放膜结构、封闭膜结构和岛膜结构。图8-1～图8-3分别展示了开放模结构、封闭模结构、岛膜结构示意图，其中开放膜结构的特点是薄膜悬空且四周完全固定，薄膜下方是一个开放的空腔；封闭膜结构的特点是整个薄膜密封形成一个腔体；与开放膜和封闭膜相比，岛膜结构的特点是中间有“岛”结构。

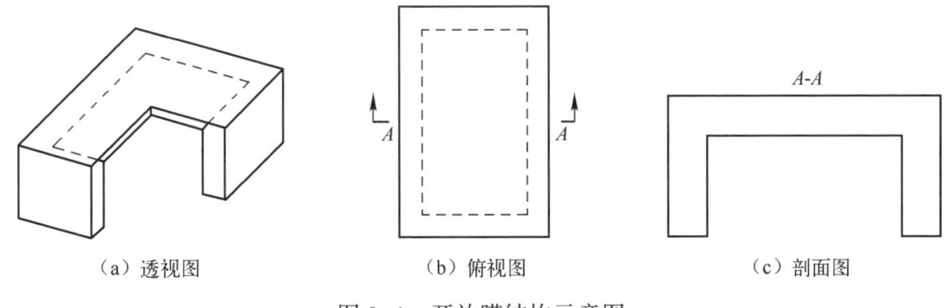

（a）透视图　　（b）俯视图　　（c）剖面图

图8-1　开放膜结构示意图

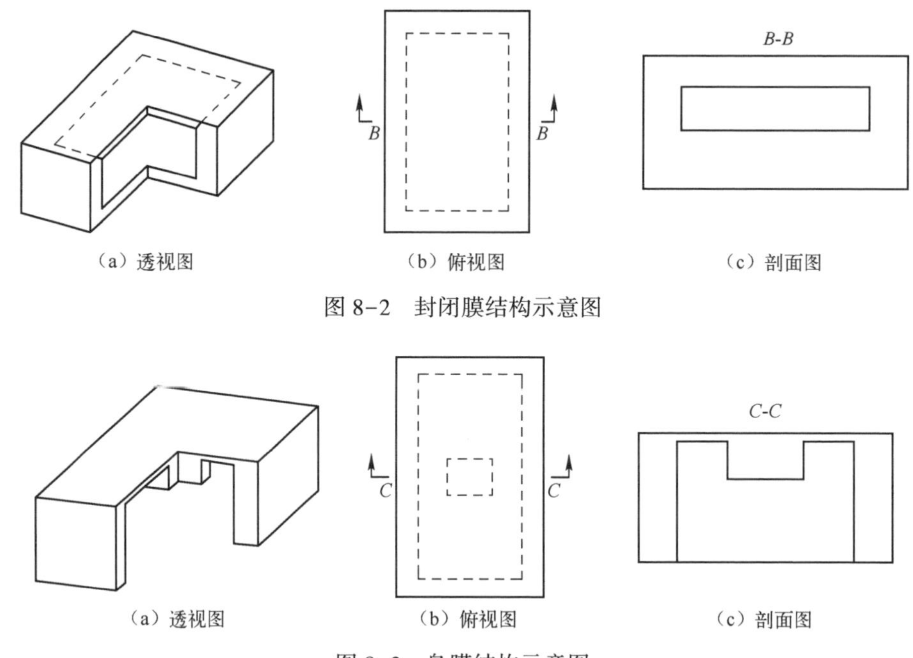

（a）透视图　（b）俯视图　（c）剖面图

图 8-2　封闭膜结构示意图

（a）透视图　（b）俯视图　（c）剖面图

图 8-3　岛膜结构示意图

根据不同设计和应用需求，膜结构中的薄膜材料可以是单晶硅、多晶硅、氮化硅、氧化硅、金属或聚合物等，或者是多种薄膜材料的复合。材料特性和特色工艺的组合给不同膜结构的制备带来了不同挑战。

薄膜的残余应力是这三种膜结构制造过程中较为突出的问题，薄膜的残余应力不仅与固体材料本身的原子排列有关，还与薄膜的形状、工艺参数等因素有关[1]，薄膜的残余应力将直接影响膜结构的质量。根据薄膜和衬底形变情况，一般将残余应力分为拉应力和压应力，当下层薄膜没有残余应力且沉积上层薄膜后残余应力为零时，整个复合层处于平坦状态，如图 8-4（a）所示；当上层薄膜的残余应力为拉应力时，整个复合层有向上弯曲的形变，薄膜相对于衬底呈面积变小趋势，如图 8-4（b）所示；当薄膜的残余应力为压应力时，复合层有向下弯曲的形变，薄膜相对于衬底呈面积变大趋势，如图 8-4（c）所示。

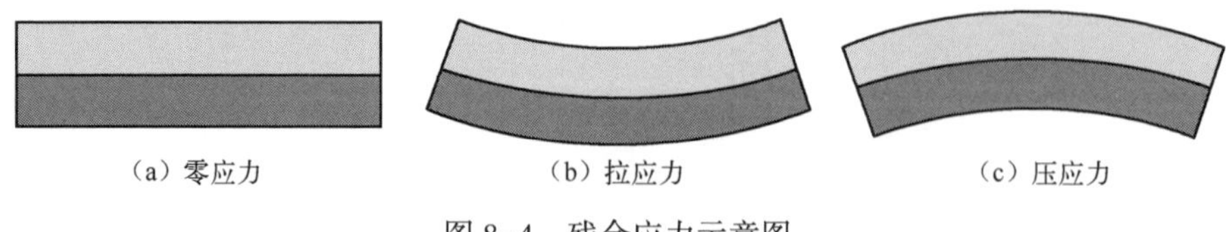

（a）零应力　（b）拉应力　（c）压应力

图 8-4　残余应力示意图

当残余应力分布不均匀时，整个薄膜容易产生褶皱、翘曲、裂缝等现象，进而影响膜结构的质量，如 MEMS 喷墨打印头结构中的薄膜会裂开[2]、压电执行器的薄膜会弯曲[3]。加工过程中的应力残留和应力分布不均是这些现象产生的主要原因。图 8-5（a）所示为薄膜裂缝，图 8-5（b）所示为薄膜弯曲。

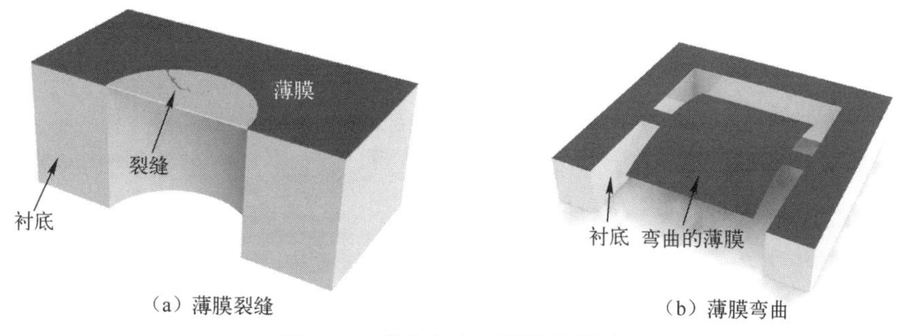

（a）薄膜裂缝　　（b）薄膜弯曲

图 8-5　残余应力对薄膜的影响

8.2　开放膜结构

开放膜结构由悬空薄膜和空腔构成，图 8-6 展示了基于硅衬底的不同开放膜结构示意图。图 8-6（a）中的功能薄膜下方是完全悬空的；图 8-6（b）中的功能薄膜下方有一定厚度的硅，既有支撑的作用，也可以作为功能薄膜结构的一部分；此外，开放膜也可以用如图 8-6（c）所示的连接方式间接连到硅衬底。开放膜结构可以采用体硅刻蚀工艺制备，也可以采用体硅刻蚀工艺与键合技术，或者与牺牲层技术结合的工艺方式制备。

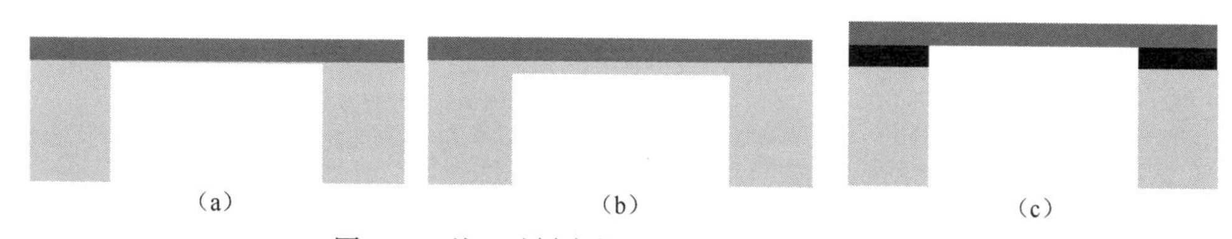

（a）　　（b）　　（c）

图 8-6　基于硅衬底的不同开放膜结构示意图

图 8-7 展示了利用体硅刻蚀工艺制备开放膜结构的工艺流程图。先在硅衬底上沉积功能薄膜，功能薄膜可以是单层的，也可以是多层薄膜复合构成的，如图 8-7（a）所示；然后采用光刻技术定义功能薄膜区域，如图 8-7（b）所示，当有多层薄膜的时候，不同的薄膜需要用不同的方法刻蚀，这会增加工艺的复杂程度和控制薄膜应力的难度，在完成功能薄膜区域的图形化定义和器件连接之后，从背后刻蚀硅衬底使功能薄膜悬空［见图 8-7（c）］。图 8-7 所示工艺流程需要进行正反两面的刻蚀（正面对功能薄膜进行刻蚀，背面对硅衬底进行刻

蚀)，要对正面和背面需要刻蚀的区域进行精确对准，以确保功能薄膜悬空。当功能薄膜区域小于空腔大小时，在背部刻蚀空腔的时候需要保留一定厚度的硅衬底，或者利用其他材料层作为膜结构的一部分。硅衬底厚度的减少不仅会影响硅薄膜的应力分布，还会对上层薄膜的应力产生影响，所以要求背部刻蚀减薄获得的硅薄膜具有较好的厚度均匀性。利用 SOI 衬底和重掺杂等工艺可以实现硅刻蚀自停止，获得厚度均匀性较好的硅薄膜。

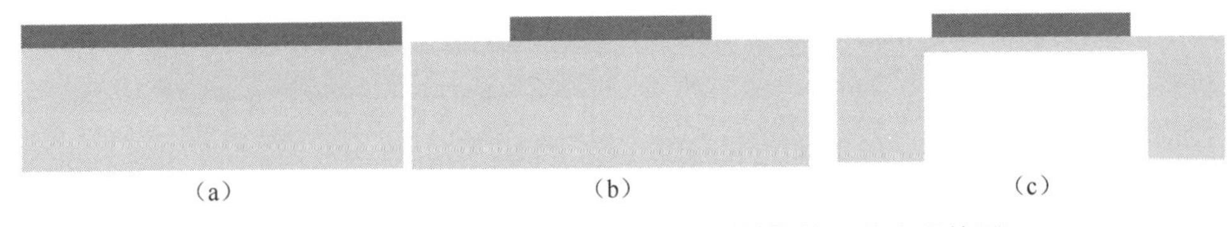

图 8-7　基于体硅刻蚀工艺制造开放膜结构的工艺流程简图

由本书第 3 章和第 4 章可知，可采用 KOH、TMAH 等湿法腐蚀技术或 DRIE 等干法刻蚀技术刻蚀硅衬底，形成空腔。当对硅衬底进行湿法腐蚀时，硅衬底需要有特定的晶面。不同刻蚀法刻蚀硅衬底形成的空腔形状不一样，图 8-8 分别展示了 DRIE 干法刻蚀[4] 和 TMAH 湿法腐蚀[5] 硅衬底形成的空腔形状。采用 DRIE 干法刻蚀的时候，需要整块衬底上所开孔的大小尽可能保持一致，以达到较好的刻蚀一致性控制。而使用 KOH 或者 TMAH 湿法腐蚀（100）单晶硅衬底时，通常选择热氧化硅或者 LPCVD 法沉积的氮化硅等作掩模层，刻蚀形成的空腔形状通常是正四棱台体，在需要刻穿硅衬底的情况下，薄膜悬空的面积会小于刻蚀窗口的面积，因此需要精确地计算刻蚀窗口的大小。为了获得理想的薄膜悬空面积，可以在沉积功能薄膜前，沉积一层多晶硅作为牺牲层，当刻蚀剂去除多晶硅之后，可以从正面暴露（100）单晶硅衬底表面，从而刻蚀硅衬底实现较大的薄膜悬空面积[6]。

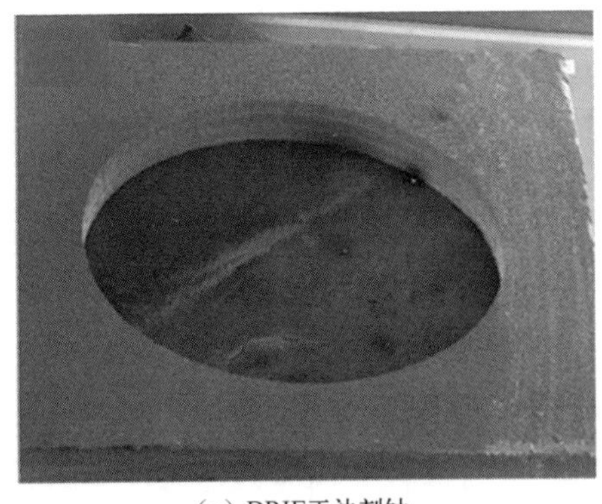

（a）DRIE干法刻蚀

（b）TMAH湿法腐蚀

图 8-8　不同刻蚀法形成的空腔形状

开放膜结构还可以通过键合和体硅刻蚀工艺组合制得，其简化工艺流程如图 8-9 所示，主要由体硅刻蚀和键合两种工艺组合而成。先通过湿法腐蚀或干法刻蚀形成空腔［图 8-9（a）所示示意图并不代表真实的空腔与整个衬底的比例］，然后与另外一块硅圆片进行键合，通过机械减薄抛光或刻蚀来减少顶部硅圆片的厚度，在达到顶部硅圆片所需厚度之后，可以在顶部硅圆片上沉积功能薄膜及微纳器件的加工制备。

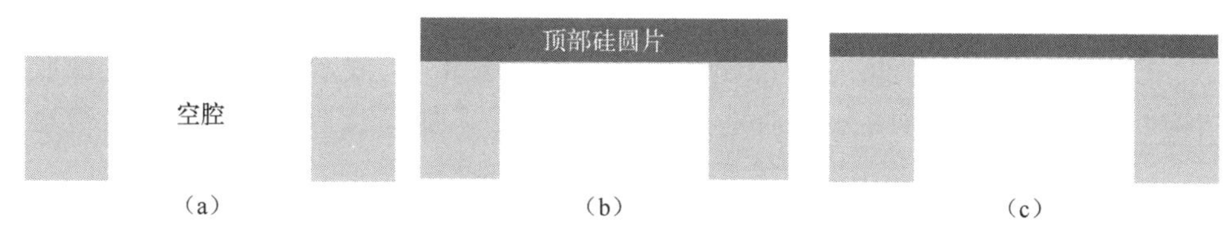

图 8-9　基于键合工艺制造开放膜结构的工艺流程简图

在这个工艺流程中，形成空腔和键合的顺序是可以根据器件设计和制备的实际需要进行调换的。在有较多薄膜沉积，或者对薄膜减薄抛光要实现精确控制的情况下，通常采用先键合再刻蚀空腔的顺序形成开放膜结构。键合是此工艺中形成开放膜结构至关重要的一步，在键合工艺前，需要注意硅衬底的表面粗糙度、硅衬底的形状、硅衬底表面残留的杂质等参数，这些因素都将影响键合的成功率[7]。前道工序的影响可能会使硅衬底带有一定曲率，刻蚀硅衬底用的 KOH/BOE 溶液会减弱硅衬底的表面的键合能[8]，此外，应将掩模去除干净，以防杂质残留对键合效果产生影响，必要的时候可以对硅衬底表面进行化学机械抛光。键合前还需注意空腔大小与整个硅衬底面积的比例，比例不合适也会影响键合成功率。本书第 5 章表明不同衬底材料的键合工艺可以实现不同的功能薄膜转移制备。当用 CMP 减薄难以获得厚度均匀分布的硅薄膜时，可以通过键合表面带有二氧化硅的衬底，将二氧化硅作为背后刻蚀的停止层，或者采用金属剥离工艺来获得厚度均一性较好的薄膜。

开放膜结构还可以采用牺牲层技术获得，图 8-10 展示了基于牺牲层技术制备开放膜结构的工艺流程简图。先沉积一层牺牲层，并刻蚀定义开放膜固定的锚，保形沉积功能薄膜［见图 8-10（a）］；然后刻蚀硅衬底，让牺牲层暴露出来［见图 8-10（b）］；最后除去牺牲层［见图 8-10（c）］。牺牲层材料有多种选择，需要根据各个应用中的薄膜材料进行合适的选择。一般有如下几项注意事项：①薄膜材料和牺牲层材料不能发生化学反应；②沉积薄膜的工艺对牺牲层的影响较小，要考虑到牺牲层材料在薄膜沉积时的稳定性，不能让牺牲层在薄膜沉积过程出现熔化、溶解、开裂等现象；③用于去除牺牲层的工艺不能溶解或者损坏薄膜和衬底。除此之外，一般还需要考虑的因素有刻蚀速率、可以达到的薄膜厚度、材料的沉积温度、工艺成本等。这种采用牺牲层形成开放膜结构的工艺多用于多层膜结构或者复杂的结构和 MEMS 芯片设计[9]。

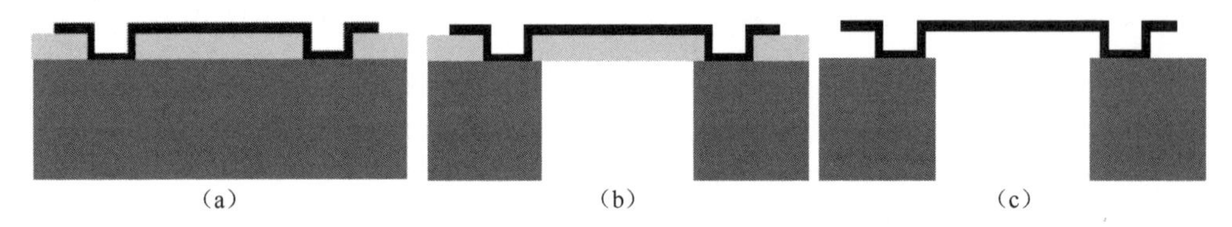

图 8-10　基于牺牲层技术制备开放膜结构的工艺流程简图

开放膜结构在 MEMS 芯片的设计中很常见，图 8-11 展示了三种基于开放膜结构的 MEMS 设计简图，分别是压力传感器[10]、加速度计[11]和电容式传声器[9]，它们都是采用上述提到的工艺组合制造而成的。

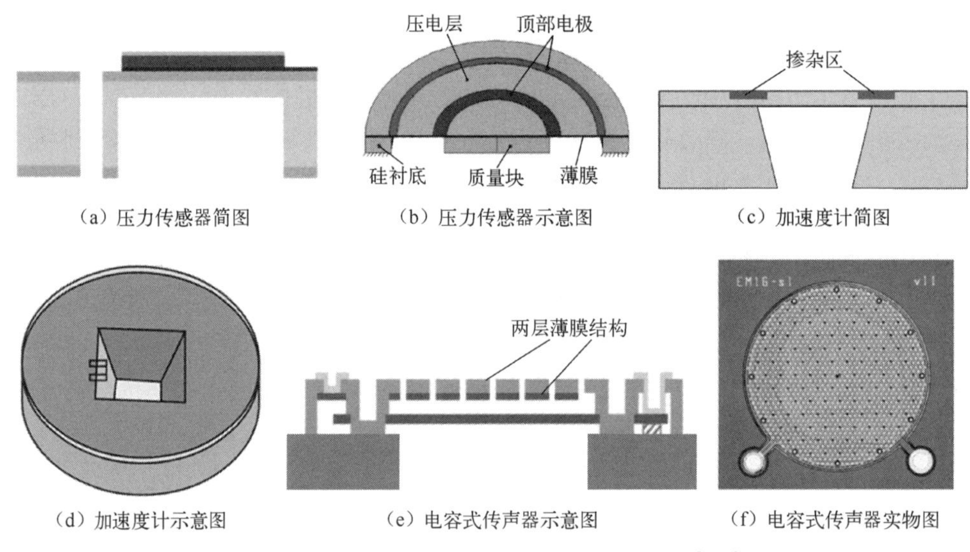

图 8-11　基于开放膜结构的 MEMS 设计简图[9-11]

8.3　封闭膜结构

封闭膜结构最主要的特点是形成了一个密闭的腔体，大多数是真空的，可以用来封装器件和作为绝缘层。图 8-12 所示为三种常见的基于硅衬底的封闭膜结构示意图，与开放膜结构类似，其功能薄膜悬空并主要由下方硅衬底支撑。密封腔体的大小和密封性通常是封闭膜制造过程中关注的重点。封闭膜结构的制备大体上可以根据空腔的形成和膜结构密封工艺的方式进行讨论。

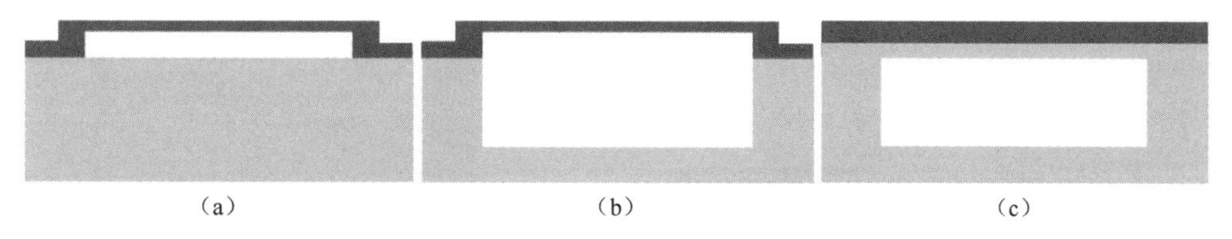

图 8-12 三种常见的基于硅衬底的封闭膜结构示意图

图 8-13 所示为基于牺牲层工艺制造封闭膜结构的工艺流程图。先刻蚀硅衬底定义空腔的位置、大小和深度；沉积牺牲层填充空腔，且牺牲层厚度大于空腔深度；去除不需要的牺牲层部分；沉积功能薄膜；在空腔远端刻蚀功能薄膜形成刻蚀孔，让一部分牺牲层暴露出来，采用各向同性刻蚀工艺去除牺牲层；再次沉积薄膜材料形成密封空腔。

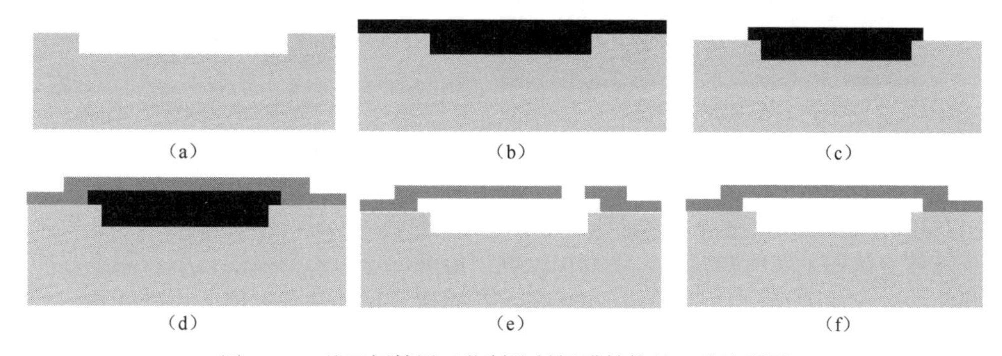

图 8-13 基于牺牲层工艺制造封闭膜结构的工艺流程图

图 8-13 所示工艺流程的第一步也可以省略，即直接在硅衬底表面沉积和图形化牺牲层。采用先刻蚀开腔的方法一方面可以通过调节硅衬底刻蚀深度来调整空腔的深度，另一方面可以通过 CMP 等平台化技术实现后续功能薄膜的高品质沉积。在实际制备过程中，空腔的深度一般为 1～10μm[7]，可以选择 LPCVD 或 PECVD 方法沉积二氧化硅。在沉积功能薄膜后，为了减小本征应力需要进行退火处理，还需要保证在正常压力情况下功能薄膜不会接触空腔的底部。在使用溶液去除牺牲层时，可能会发生薄膜与衬底粘连的现象，这是因为用化学溶剂去除牺牲层时，反应发生在溶液中，水溶液会带来表面张力，使薄膜与衬底粘连（Stiction），这将对结构造成不可逆的损坏，是需要避免的。可以通过设计一个刚度较高的结构，或者在释放刻蚀完成后采用超临界点干燥的方法避免粘连[12]。刻蚀孔的位置应该尽量设计在功能薄膜的边缘，这样在第二次沉积薄膜密封腔体时，可以确保腔体的真空度。图 8-14 所示为采用封闭膜结构的 MEMS 器件。

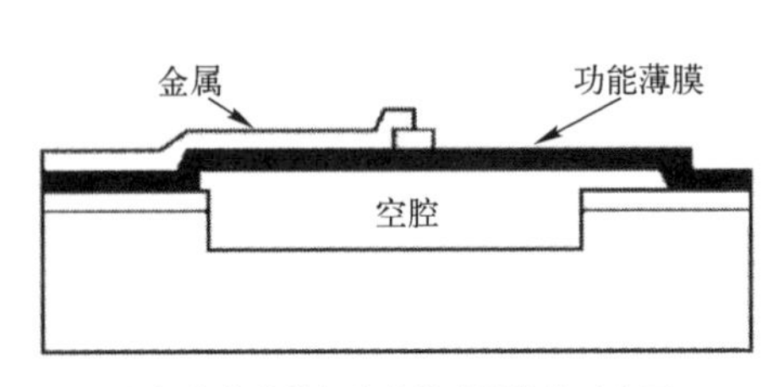

（a）热传递剪切应力传感器结构示意图

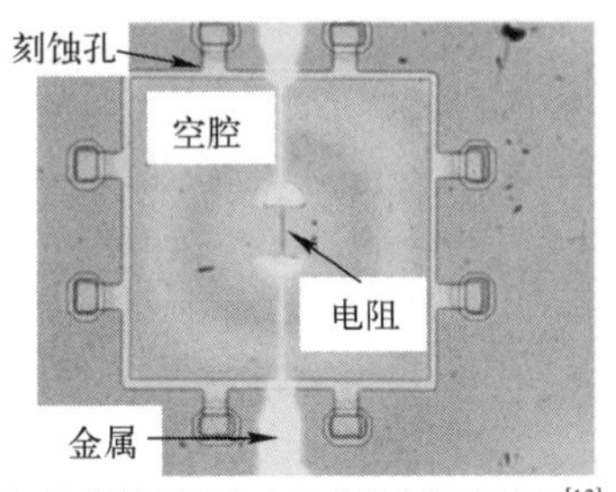

（b）热传递剪切应力传感器空腔光镜图[13]

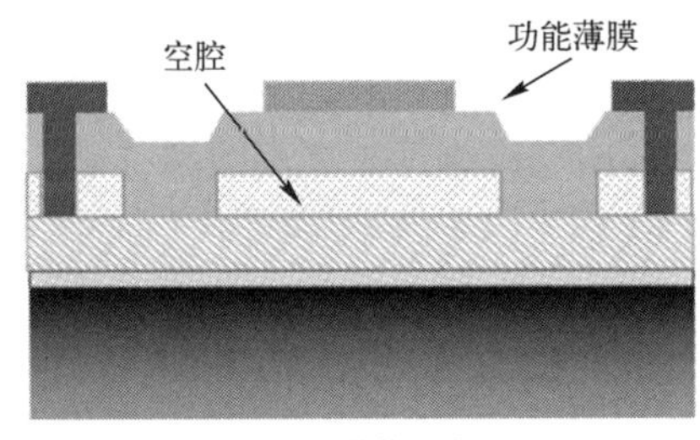

（c）CMUT结构示意图

（d）CMUT空腔光镜图[14]

图 8-14　采用封闭膜结构的 MEMS 器件

也可以通过组合键合工艺与体硅刻蚀工艺来制得封闭膜结构，图 8-15 展示了这种方法的工艺流程简图，该方法先利用体硅刻蚀工艺刻蚀硅衬底，定义封闭膜结构腔体的大小，如图 8-15（a）所示；然后在顶部键合另外一块硅圆片，如图 8-15（b）所示；最后在减薄抛光后沉积功能薄膜或者直接利用密封薄膜制备功能器件，如图 8-15（c）所示。此外，密封薄膜的键合还可以通过使用聚合物进行两块硅圆片粘接，旋涂的聚合物胶粘厚度一般为 0.1～100μm，可以选用环氧树脂、SU-8、光刻胶、BCB、聚酰亚胺等聚合物，黏胶剂需要在熔融、加压或者其他情况下进行固化来粘连两块硅圆片[7]。除了硅-硅直接键合，硅和玻璃、玻璃和玻璃也可以通过键合形成封闭膜结构。在进行 MEMS 芯片设计时需要注意，不同材料的工艺温度和键合工艺方法所能实现的封闭腔体真空度不同。

图 8-15　基于键合工艺制作的封闭膜结构工艺流程简图

此外需要特别注意的是，底部硅圆片定义的腔体不宜过大，否则会影响键合的成功率和封闭膜的曲率。由于键合是在真空环境下进行的，键合完成后，外部的大气压可能会使功能薄膜和硅薄膜一起向下弯曲，在某些应用场景下要避免这种情况，因此在实际制备过程中可以通过沉积具有一定应力的功能薄膜来抵抗这种向下的形变。图 8-16 所示的 PMUT 阵列[15]为封闭膜结构，其就是通过组合体硅刻蚀工艺与键合工艺制造而成的。

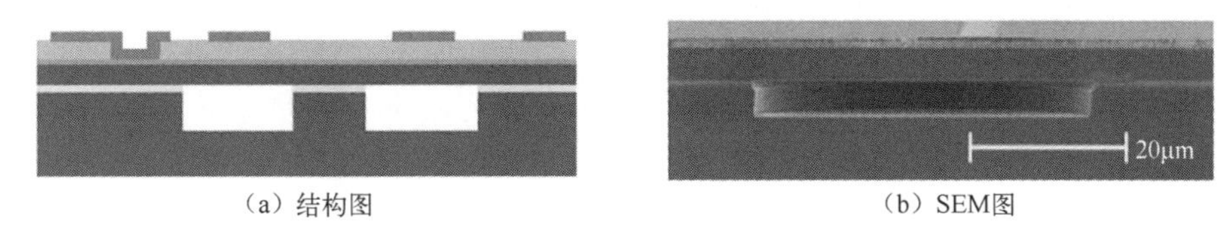

（a）结构图　　（b）SEM图

图 8-16　基于键合工艺制造的 PMUT 阵列[15]

利用 SOI 衬底、键合和外延生长技术组合也可以制造封闭膜结构，但其只适用于制备单晶硅器件。该工艺的特点是硅基 MEMS 芯片直接制造在密封的腔体内，而且这种密封封装成本较低。这种圆片级封装由斯坦福大学的研究人员研发，并且已经成功地商业化。Epi-seal 工艺流程图如图 8-17 所示，Epi-seal 工艺采用了键合加外延的制造工艺，图 8-17 没有展示电气连接部分，可以阅读参考文献［16］。该工艺从带有 20μm 器件层的 SOI 开始，先使用 DRIE 技术在 SOI 衬底的器件层中刻蚀沟槽来定义 MEMS 结构，如图 8-17（a）；然后在顶部键合一层单晶硅，通过退火来增加界面的黏附性，如图 8-17（b）所示；翻转，刻蚀 SOI 衬底使器件层与体硅层接触实现电学连接，如图 8-17（c）所示；然后蚀刻排气孔，并使用 HF 蒸气蚀刻氧化物以释放器件，如图 8-17（d）所示；沉积第二层硅外延层，如图 8-17（e）所示；最后氧化生成绝缘层，如图 8-17（f）所示。

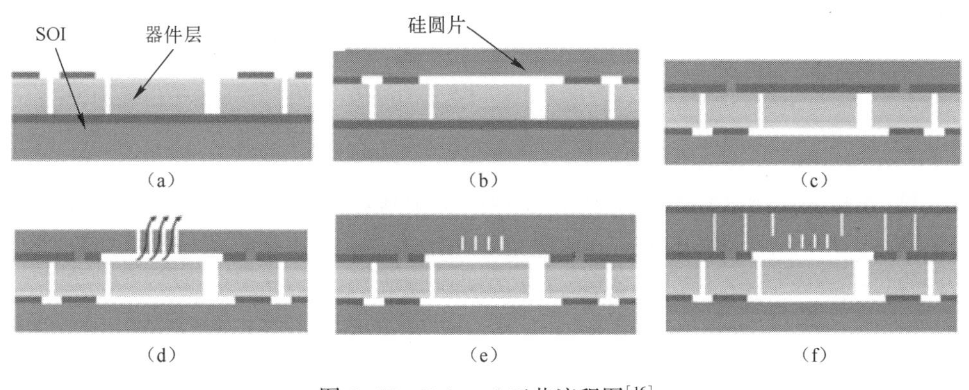

（a）　（b）　（c）

（d）　（e）　（f）

图 8-17　Epi-seal 工艺流程图[16]

这种不需要刻蚀孔密封器件的方法可以显著提高硅基谐振器的品质因数，而且利用 SOI 硅器件层可以实现厚度为 40μm 以上的 MEMS 传感器件，键合允许的沟槽宽度范围为 0.7～50μm。图 8-18 展示了采用 Epi-seal 密封的传感器 SEM 图。

（a）陀螺仪[17]

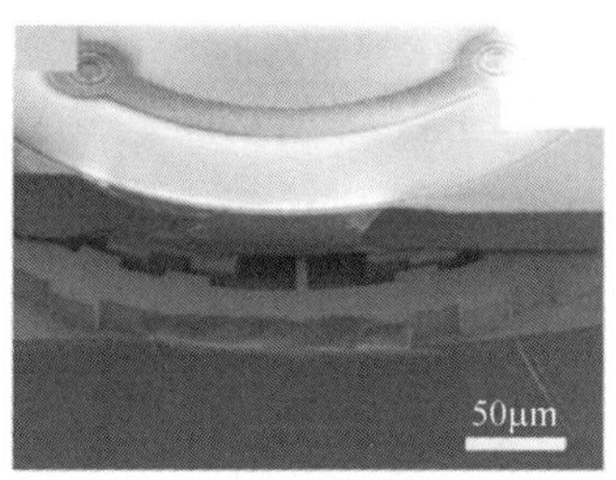

（b）谐振器[16]

图 8-18　采用 Epi-seal 密封的传感器 SEM 图

8.4　岛膜结构

岛膜结构也是常见的膜结构之一。岛膜结构可以分为开放式岛膜结构和封闭式岛膜结构两类。制作岛膜结构的工艺主要包括膜制备、岛结构刻蚀、键合等。

开放式岛膜结构与开放膜结构类似。开放式岛膜结构的制备流程如图 8-19 所示。先在硅衬底正面制备功能薄膜；然后采用湿法腐蚀或者干法刻蚀的方法在硅衬底背面刻蚀硅衬底，刻蚀停止在功能薄膜底面；最终功能薄膜和岛结构形成开放式岛膜结构[18-19]。

（a）硅衬底

（b）在硅衬底正面制备功能薄膜

（c）背面刻蚀形成岛膜结构

图 8-19　开放式岛膜结构制备流程

将开放式岛膜结构制备方法和键合工艺相结合，可以制备出封闭式岛膜结构。先在硅衬底上制备出岛膜结构，再采用键合工艺将带有岛膜结构的衬底键合在硅衬底上[20]，相应工艺流程图如图 8-20 所示。

（a）开放式岛膜结构

（b）硅衬底或玻璃衬底

（c）开放式岛膜结构和衬底键合形成封闭式岛膜结构

图 8-20　采用键合工艺形成岛膜结构的工艺流程图

开放式岛膜结构可以用来制作差压传感器、压电式能量采集器、加速度计等 MEMS 传感器[18-19]。采用岛膜结构的加速度计示意图如图 8-21 所示。岛膜结构中的岛结构为检测加速度变化的质量块，敏感薄膜表面沉积有压阻材料或压电材料。当加速度改变时，岛结构在惯性作用下发生位移，应力敏感薄膜发生形变，敏感薄膜上的压阻材料或压电材料电学信号发生变化，进而可根据电学信号推算出加速度大小[19]。

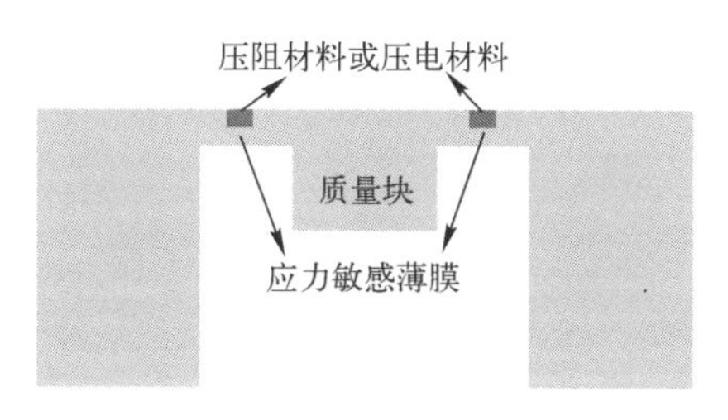

图 8-21　采用岛膜结构的加速度计示意图

封闭式岛膜结构可以用来制作绝对压力传感器等 MEMS 传感器。采用封闭式岛膜结构制作的谐振式绝对压力传感器示意图如图 8-22 所示。先在第一块硅衬底上制备出岛膜结构，再采用键合工艺将第二块硅衬底键合在岛膜结构上，利用体硅加工工艺在第二块硅衬底上制作出谐振器。当外界压力作用于岛膜结构的薄膜上时，岛膜结构通过岛结构把压力传递给谐振器，谐振器产生形变，谐振频率改变，进而根据谐振频率的改变推算出检测压力的大小[20]。

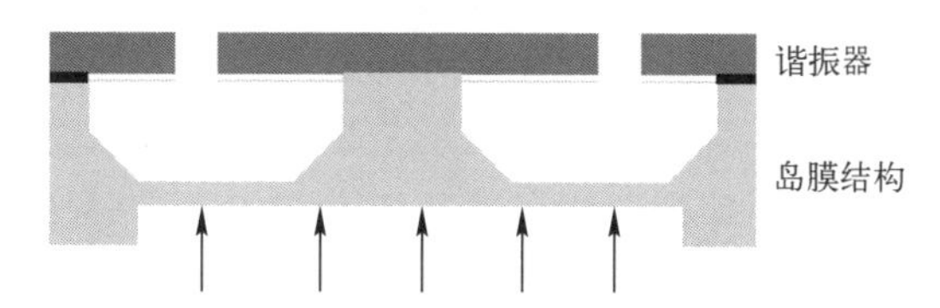

图 8-22　采用封闭式岛膜结构制作的谐振式绝对压力传感器示意图

此外，岛膜结构可以用于微流体系统的微流道、微泵、微阀[21-23]。如图 8-23（a）所示，岛膜结构形成了流量传感器中的微流道，流量传感器通过压阻传感器薄膜测量微流道两端腔室内的压力差，确定流体流量。如图 8-23（b）所示，岛膜结构形成了微泵中的入口阀和出口阀，微泵隔膜可以通过压电、静电等驱动方式驱动，隔膜向上驱动时，泵腔压力减小，入口阀打开，出口阀关闭，流体吸入泵腔；隔膜向下驱动时，泵腔压力增大，入口阀关闭，出口阀打开，流体排出泵腔。如图 8-23（c）所示，岛膜结构用于微阀的开闭，微阀通过控制施加在岛膜凸台上的力，改变阀座与凸台底面之间的间隙，从而控制通过微阀的流体流量。

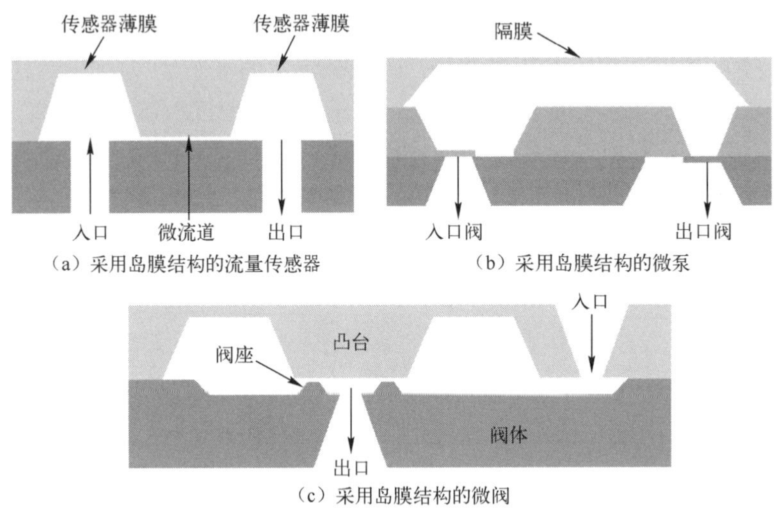

（a）采用岛膜结构的流量传感器

（b）采用岛膜结构的微泵

（c）采用岛膜结构的微阀

图 8-23　采用岛膜结构制作的微流体器件

8.5　常见膜结构的应用和相应的制造工艺

本章介绍了开放膜结构、封闭膜结构和岛膜结构三种膜结构的常用制造工艺模块，一般用体硅刻蚀、键合、牺牲层等关键工艺技术组合成的工艺模块来制造常用的膜结构。膜结构的质量会影响器件的性能，制作过程中每一步工艺或多或少都会对器件的性能产生影响，因此需要寻找最优的工艺参数、考虑工艺的兼容性，以及是否需要额外的步骤来解决特定工艺带来的问题。膜结构作为 MEMS 芯片设计中常见的结构，有着广泛应用。表 8-1 总结了三种膜结构的常见传感器器件应用和相应的制造工艺。

表 8-1　三种膜结构的常见传感器器件应用和相应的制造工艺

结构类型	传感器类型	膜 材 料	工艺组合	牺 牲 层	刻蚀释放/键合
开放膜结构	加速度计[11]	PZT	背部刻蚀	二氧化硅	RIE（CF_4/O_2）
				硅	DRIE
	压力传感器[10,24]	硅，氧化硅	背部刻蚀	硅	TMAH
		硅	键合	硅	KOH 湿法刻蚀硅-硅直接键合
	传声器[4,9]	石墨烯 PMMA	键合	硅	DRIE 键合
		多晶硅	牺牲层	硅	DRIE
				TEOS	Vapor HF

续表

结构类型	传感器类型	膜 材 料	工艺组合	牺 牲 层	刻蚀释放/键合
封闭膜结构	热传递剪切应力传感器[13]	氮化硅	牺牲层	二氧化硅	49%HF 溶液
	CMUT[14]	氮化硅	牺牲层	Ni	湿法腐蚀
	传声器[25,26]	氮化硅	牺牲层	二氧化硅	HF 溶液
		多晶硅	键合	多晶硅	RIE（CF_4/O_2）键合
	真空计[27]	多晶硅	牺牲层	多晶硅	RIE 键合
	PMUT 阵列[15]	PZT	键合	硅	DRIE
	电容式压力传感器[28]	硅	键合	硅	湿法腐蚀 SU-8 辅助键合
	加速度计[29]	硅	键合	硅	KOH 湿法腐蚀键合
	MEMS 谐振器[30]	硅	键合+外延	二氧化硅	HF 蒸气
	陀螺仪[17]	硅	键合+外延	二氧化硅	HF 蒸气
岛膜结构	压力传感器[20]	硅	键合+体硅刻蚀	—	DRIE 键合
	加速度计[19]	硅	背部刻蚀	—	DRIE
	微泵[22]	硅	键合+背部刻蚀	—	KOH 湿法腐蚀硅-玻璃直接键合
	微阀[21]	硅	键合+背部刻蚀	—	KOH 湿法腐蚀硅-硅直接键合
	微流道[23]	硅	键合+背部刻蚀	—	KOH 湿法腐蚀硅-硅直接键合

参 考 文 献

[1] LEONDES C T. MEMS/NEMS：Handbook techniques and applications [M]. Los Angeles：University of Californa，2005.

[2] PARK J H，CHOI H C. FEM analysis of multilayered MEMS device under thermal and residual stress [J]. Microsystem Technologies，2005，11 (8-10)：925-932.

[3] MATIN M A，OZAKI K，AKAI D，et al. Correlation between residual stresses and bending in functional electroceramic-based MEMS actuator [J]. Computational Materials Science，2014，8：253-258.

[4] WOOD G S，TORIN A，AL-MASHAAL A K，et al. Design and characterization of a micro-fabricated graphene-based MEMS microphone [J]. IEEE Sensors Journal，2019，19 (17)：7234-7242.

[5] JUN K H，KIM J S. Fabrication of Si membrane for a pressure sensor using the TMAH based etching solution [C]. Proceedings of the Sensors Applications Symposium，2017：1-5.

[6] KASAI T, SATO S, CONTI S, et al. Novel concept for a MEMS microphone with dual channels for an ultrawide dynamic range [C]. Proceedings of the IEEE International Conference on Micro Electro Mechanical Systems, 2011.

[7] 格迪斯，林斌彦．MEMS 材料与工艺手册 [M]．黄庆安，译．南京：东南大学出版社，2014.

[8] MIKI N, SPEARING S M. Effect of nanoscale surface roughness on the bonding energy of direct-bonded silicon wafers [J]. Journal of Applied Physics, 2003, 94 (10): 6800-6806.

[9] JE C H, JEON J H, LEE S Q, et al. MEMS capacitive microphone with dual-anchored membrane [J]. Proceedings, 2017, 1 (4): 342.

[10] LIU C. Foundations of MEMS [M]. 北京：机械工业出版社，2011.

[11] WANG L P, WOLF R A, WANG Y, et al. Design, fabrication, and measurement of high-sensitivity piezoelectric microelectromechanical systems accelerometers [J]. Journal of Microelectromechanical Systems, 2003, 12 (4): 433-439.

[12] MADOU M J. Fundamentals of microfabrication: the science of miniaturization [M]. Boca Raton: CRC press, 2002.

[13] LIU C, HUANG J B, ZHU Z, et al. A micromachined flow shear-stress sensor based on thermal transfer principles [J]. Journal of Microelectromechanical Systems, 1999, 8 (1): 90-99.

[14] BAHETTE E, MICHAUD J F, CERTON D, et al. Progresses in cMUT device fabrication using low temperature processes [J]. Journal of Micromechanics & Microengineering, 2014, 24 (4): 45020.

[15] LU Y, HORSLEY D A. Modeling, fabrication, and characterization of piezoelectric micromachined ultrasonic transducer arrays based on cavity SOI wafers [J]. Journal of Microelectromechanical Systems, 2015, 24 (4): 1142-1149.

[16] YANG Y, NG E J, CHEN Y, et al. A unified epi-seal process for resonators and inertial sensors [C]. Proceedings of the Transducers-International Conference on Solid-state Sensors, 2015.

[17] YANG Y, NG E J, CHEN Y, et al. A unified epi-seal process for fabrication of high-stability microelectromechanical devices [J]. Journal of Microelectromechanical Systems, 2016, 25 (3): 489-497

[18] 杜少博，何洪涛，王伟忠，等．硅岛膜结构的 MEMS 压力传感器及其制作方法：CN201510317403.3 [P]. 2017-7-4.

[19] NARASIMHAN V, LI H, JIANMIN M. Micromachined high-g accelerometers: A review [J]. Journal of Micromechanics & Microengineering, 2015, 25 (3): 33001.

[20] WELHAM C J, GREENWOOD J, BERTIOLI M M. A high accuracy resonant pressure sensor by fusion bonding and trench etching [J]. Sensors and Actuators A Physical, 1999, 76 (1-3): 298-304.

[21] JERMAN H. Electrically activated normally closed diaphragm valves [J]. Journal of Micromechanics and Microengineering, 1994, 4 (4): 210.

[22] AMIROUCHE F, ZHOU Y, JOHNSON T. Current micropump technologies and their biomedical applications [J]. Microsystem Technologies, 2009, 15 (5): 647-666.

[23] CHEN L, LIU Y, SUN L, et al. Intelligent control of piezoelectric micropump based on MEMS flow sensor [C]. Proceedings of the 2010 IEEE/RSJ International Conference on Intelligent Robots and Systems, 2010: 3055-3060.

[24] ZHANG J, CHEN J, LI M, et al. Design, fabrication, and implementation of an array-type MEMS piezoresistive intelligent pressure sensor system [J]. Micromachines (Basel), 2018, 9 (3): 104.

[25] MALLIK S, CHOWDHURY D, CHTTOPADHYAY M. Development and performance analysis of a low-cost MEMS microphone-based hearing aid with three different audio amplifiers [J]. Innovations in Systems and Software Engineering, 2019, 15 (1): 17-25.

[26] JANTAWONG J, ATTHI N, LEEPATTARAPONGPAN C, et al. Fabrication of MEMS-based capacitive silicon microphone structure with staircase contour cavity using multi-film thickness mask [J]. Microelectronic Engineering, 2019, 206: 17-24.

[27] LI Q, GOOSEN H, VAN KEULEN F, et al. Assessment of testing methodologies for thin-film vacuum MEMS packages [J]. Microsystem Technologies, 2008, 15 (1): 161-168.

[28] KUBBA A E, HASSON A, KUBBA A I, et al. A micro-capacitive pressure sensor design and modelling [J]. Journal of Sensors and Sensor Systems, 2016, 5 (1): 95-112.

[29] ALLEN H V, TERRY S C, BRUIN D W D. Accelerometer systems with built-in testing [J]. Sensors & Actuators A Physical, 1990, 21 (1-3): 381-386.

[30] CANDLER R N, HOPCROFT M A, KIM B, et al. Long-term and accelerated life testing of a novel single-wafer vacuum encapsulation for MEMS resonators [J]. Journal of Microelectromechanical Systems, 2006, 15 (6): 1446-1456.

第9章 梁结构制造技术

梁结构是重要的微机械结构之一，在惯性传感器、谐振器、开关和各类执行器等 MEMS 芯片中应用十分广泛，通过梁结构的运动可完成敏感检测功能。单臂梁、多臂梁、双面梁和梳齿梁是常用的梁结构，本章主要介绍利用各向异性腐蚀、DRIE、键合等关键工艺技术组合成的工艺模块制造常用的梁结构。

9.1 单臂梁结构

9.1.1 单臂梁结构力学特性

如图 9-1 所示，单臂梁结构的特点是一端固支，另一端为自由端。基于 MEMS 工艺加工而成的单臂梁结构一般具有微米级尺寸，可由一种材料构成，也可由多种材料复合而成。制备单臂梁的常用材料包括单晶硅、多晶硅、二氧化硅、氮化硅、铝、金等，除此之外，聚合物[1]也可用来制备单臂梁。如图 9-2 所示，常见的单臂梁结构有“T”形、矩形、梯形和三角形，除此之外，还有多阶梯梯形[2]等。图 9-3 所示为上海微系统所制备的矩形单臂梁的 SEM 图。

图 9-1 单臂梁结构示意图

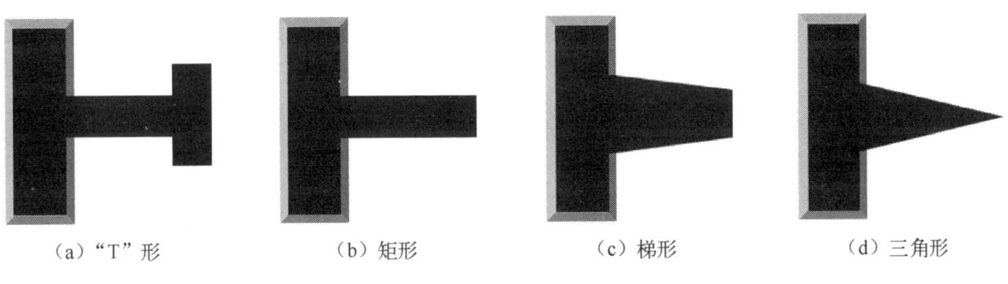

（a）“T”形　（b）矩形　（c）梯形　（d）三角形

图 9-2　常见的单臂梁形状

图 9-3　矩形单臂梁的 SEM 图

确定机械结构的材料、形状、尺寸后，可通过理论计算、有限元仿真、试验对其进行模态分析，获取机械结构每一个模态的固有频率、振型等参数，以及机械结构的动力学特性及在各种振源激励下的振动响应结果。

单臂梁的四种模态如图 9-4 所示[3]。单臂梁长度 l 一般为几十微米到几百微米，宽度 w 一般为几微米到几十微米，厚度 d 一般为几微米。以单臂梁的两个较大尺寸［如图 9-4（a）中的长度 l 和宽度 w］组成的平面为基准，单臂梁的运动可以分为非平面弯曲、扭转运动，以及平面内的横向运动和纵向运动。

当单臂梁受到某特征频率激励时，图 9-4 中的某种模态就会表现出谐振，如弯曲模态会表现出一阶、二阶、三阶和四阶谐振振型[4]，此特征频率就是单臂梁的谐振频率或固有频率。梁结构的谐振频率可通过求解相应的运动方程获得，也可通过有限元仿真获得。多层材料复合而成的单臂梁结构难以通过理论计算得出其谐振频率，一般采用有限元仿真软件进行模态分析。例如，采用 COMSOL Multiphysics 多物理场仿真软件对单臂梁［长度 l 为 120μm，宽度 w 为 46μm，厚度 d（含驱动层和弹性层）为 2.4μm］进行模态分析[5]：单臂梁的一阶弯曲振型为沿垂直梁平面的方向上下振动，谐振频率为 446kHz；单臂梁的二阶弯曲振型也是沿垂直梁平面的方向上下振动，谐振频率为 1.64MHz；单臂梁的三阶扭转振型和四阶扭转振型是沿梁的长度方向扭转，谐振频率分别为 1.9MHz、3.78MHz；单臂梁的五阶振型和六阶振型是固定端和自由端沿梁的宽度方向发生扭转，谐振频率分别为 3.91MHz、4.74MHz[5]。

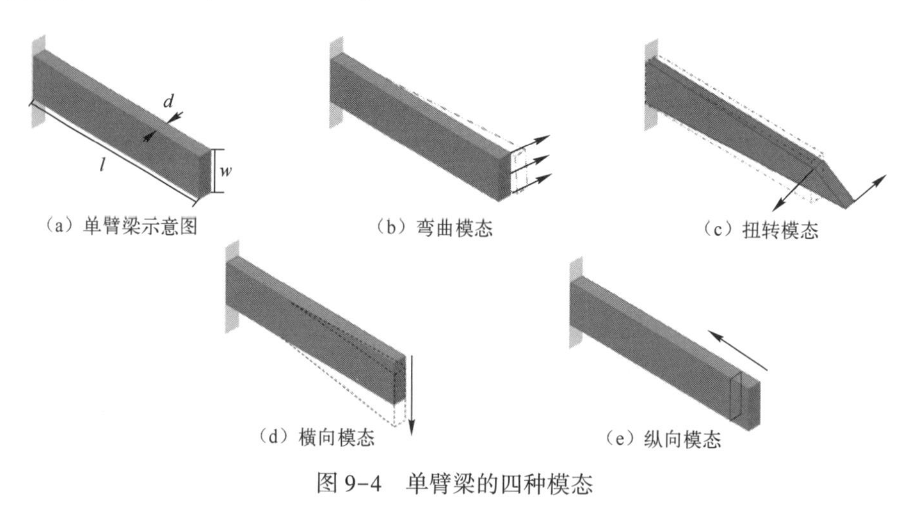

图 9-4　单臂梁的四种模态

为了提高单臂梁结构输出传感信号的信噪比，应使单臂梁的工作频率远离环境中的振动噪声频率和单臂梁的其他特征频率。

9.1.2　单臂梁结构制造工艺

基于 MEMS 技术制备单臂梁的工艺过程相对简单，主要工艺步骤包括光刻、薄膜沉积、刻蚀/腐蚀等，其经典制造工艺流程图如图 9-5 所示。

步骤（a）沉积牺牲层：在抛光的硅圆片上，通过氧化工艺生长二氧化硅薄膜将其作为牺牲层。

步骤（b）光刻：在牺牲层上旋涂正胶，光刻显影，得到所需图案。

步骤（c）刻蚀牺牲层：通过 DRIE 工艺去除暴露的牺牲层。

步骤（d）去胶：去除牺牲层上的光刻胶。

步骤（e）沉积结构层：在暴露的硅圆片和牺牲层上沉积多晶硅形成单臂梁的结构层并图形化。

步骤（f）腐蚀牺牲层：采用 HF 气相刻蚀技术刻蚀二氧化硅牺牲层，最终形成单臂梁结构。

基于上述表面牺牲层工艺可以方便地制备单臂梁结构，但是由于牺牲层材料的厚度一般只有几微米，一方面单臂梁在垂直于硅圆片的方向上的行程受限；另一方面释放后的单臂梁很容易与硅圆片发生黏附，从而导致传感器失效。因此，各种基于体硅微机械工艺的单臂梁的制造方法被开发出来并得到广泛应用，下面将重点介绍几种基于体硅微机械工艺的单臂梁制造方法。

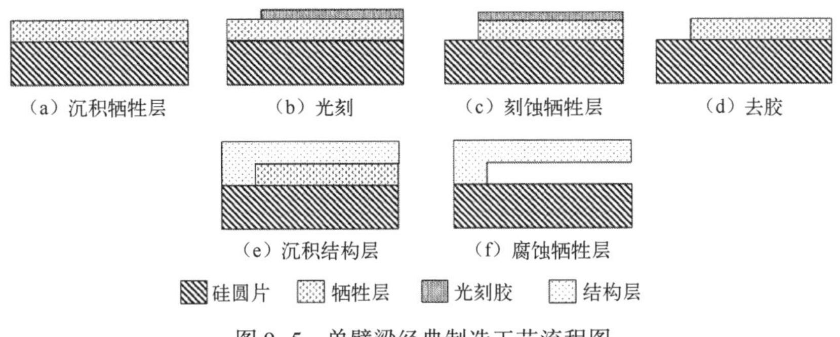

图 9-5　单臂梁经典制造工艺流程图

1. 基于湿法各向异性腐蚀工艺的单臂梁

韩建强等人[6]基于湿法各向异性腐蚀工艺制作了具有单臂梁结构的原子力显微镜探针。单臂梁结构的原子力显微镜探针采用 SOI 圆片制造，SOI 圆片厚度为 380μm，其器件层和埋氧层二氧化硅厚度分别为 12μm 和 1μm，具体工艺流程图如图 9-6 所示。

步骤（a）：SOI 圆片在 1100℃下双面热生长二氧化硅层（厚度为 0.5μm）；用 HF 腐蚀液除去 SOI 圆片正面的二氧化硅，并再次生长新的 100nm 厚的二氧化硅；SOI 圆片背面二氧化硅图形化，以形成后续单臂梁释放刻蚀用的腐蚀孔。

步骤（b）：SOI 圆片正面二氧化硅图形化，在 50℃环境中用 40%KOH 溶液腐蚀 SOI 圆片器件层，腐蚀的台阶高度略大于单臂梁原子力显微镜探针的设计厚度。

步骤（c）：SOI 圆片正面二氧化硅图形化，在单臂梁末端附近形成用于针尖成形的圆形二氧化硅掩模。

步骤（d）：KOH 溶液腐蚀硅形成单臂梁原子力显微镜探针的针尖，并形成单臂梁结构。原子力显微镜探针的针尖尖端上顶点的直径小于 0.5μm。

步骤（e）：进行低温热氧化（950℃），氧化厚度约 400nm，将针尖轮廓进一步锐化为纳米级的尖锐针尖。光刻胶正面保护，通过 HF 腐蚀液去除 SOI 圆片背面腐蚀孔内的低温生长的二氧化硅。

步骤（f）：注入 $5\times10^{15}\mathrm{cm}^{-2}$的硼离子，确保电接触良好。为降低注入硼离子引起的残余应力，在 950℃的氮气环境中退火 30min 激活注入的硼离子。

步骤（g）：通过湿法各向异性腐蚀工艺腐蚀单臂梁下方的 SOI 圆片硅衬底，

由于各向异性腐蚀剂 TMAH 对二氧化硅的腐蚀速率极低，因此热氧化层可以安全地保护单臂梁和针尖免受腐蚀。通过用 HF 腐蚀剂腐蚀埋氧层来释放单臂梁，同时去除正面的二氧化硅，以露出导电硅探针。

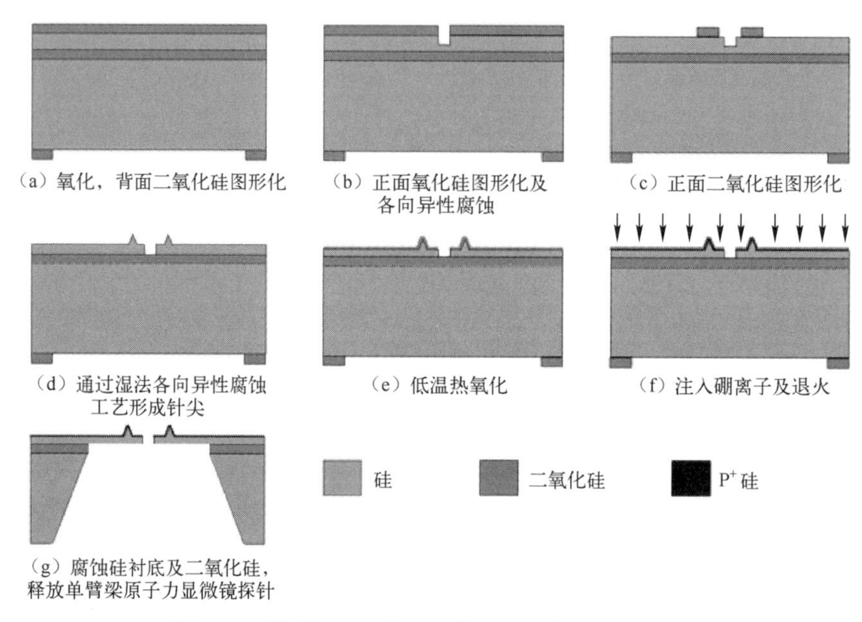

图 9-6　单臂梁原子力显微镜探针制备工艺流程图

图 9-7 所示为上海微系统所基于上述工艺制得的单臂梁原子力显微镜探针的 SEM 图。

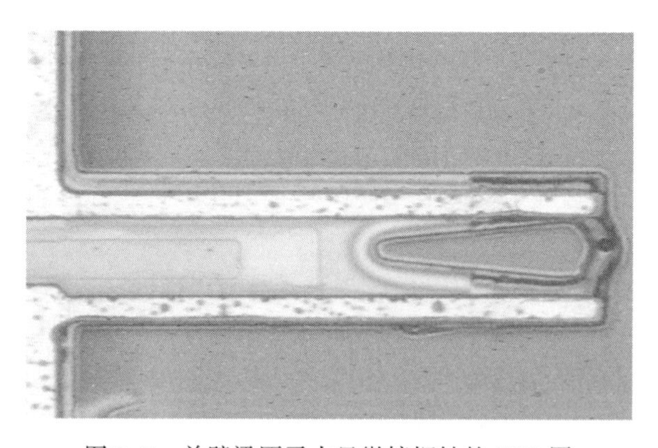

图 9-7　单臂梁原子力显微镜探针的 SEM 图

以上工艺是基于湿法各向异性腐蚀工艺制造单臂梁，需要双面光刻工艺。Balasubramanian S. 和 Prabakar K.[7]采用单面工艺来制造二氧化硅单臂梁，工艺过程中使用 TMAH 溶液进行各向异性腐蚀硅圆片来释放二氧化硅单臂梁，为了避免单臂梁释放后与硅圆片发生粘连，在单臂梁的自由端制作了一个针尖，有效地减少了粘连，主要工艺流程图如图 9-8 所示。

步骤（a）热氧化：在（100）硅圆片上生长厚度为 0.98μm 的二氧化硅。

步骤（b）涂胶：旋涂约 1.4μm 厚的正胶。

步骤（c）光刻：光刻显影，并使用 BOE（Buffered Oxide Etchant）腐蚀二氧化硅层。

步骤（d）去胶：氧化物腐蚀完成后，去掉光刻胶。

步骤（e）各向异性腐蚀：使用 75℃ TMAH 溶液（稀释至 5%）腐蚀硅圆片约 90min，以释放二氧化硅单臂梁。

制备得到的二氧化硅单臂梁俯视图如图 9-9 所示。

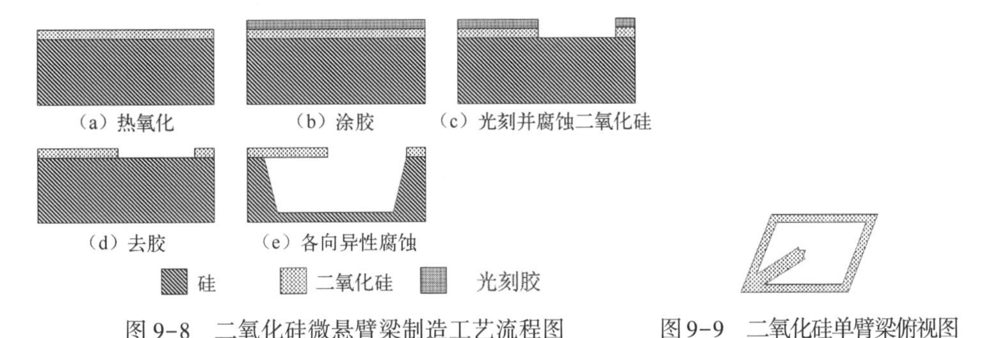

图 9-8　二氧化硅微悬臂梁制造工艺流程图

图 9-9　二氧化硅单臂梁俯视图

2. 基于干法各向同性刻蚀工艺的单臂梁

干法各向同性刻蚀技术也常用来制造单臂梁，如利用 XeF_2 与 SF_6 的各向同性刻蚀硅牺牲层来制造单臂梁。

XeF_2 是一种温和的腐蚀剂，XeF_2 气相刻蚀由于不需要用来产生等离子体的电源，所以其系统简单、成本低。XeF_2 几乎不刻蚀二氧化硅、氮化硅、光刻胶、铝及金等材料，对硅具有较高的刻蚀速率，其刻蚀速率与掩模图形相关，因此对特定的掩模图形，需要通过试验来确定其在各个方向的刻蚀速率。在刻蚀过程中还需注意刻蚀系统不能存在水，微量的水即可与 XeF_2 反应生成能与二氧化硅反应的 HF。Yen Yikuang 等人[8]基于 XeF_2 刻蚀技术制造了压阻式单臂梁，具体工艺流程图如图 9-10 所示。

步骤（a）：在硅圆片上依次采用 PECVD 技术和 LPCVD 技术沉积二氧化硅和低应力氮化硅，其厚度分别为 100nm 和 600nm。

步骤（b）：在氮化硅层上采用 LPCVD 技术沉积厚度为 180nm 的多晶硅，注入硼离子（能量为 30keV，剂量为 $5\times10^{15}cm^{-2}$），并在 1050℃ 下退火 30min，利用 RIE 技术刻蚀多晶硅形成压敏电阻。

步骤（c）：使用电子束蒸发器沉积 30nm/250nm 厚的 Cr/Au 层，图形化，形成电学连接线和焊盘。

步骤（d）：通过 PECVD 技术依次沉积氮化硅和二氧化硅层，其厚度分别为 200nm 和 100nm，光刻并图形化，这两层将作为绝缘层和后续腐蚀掩模。

步骤（e）：光刻并采用 RIE 技术刻蚀形成单臂梁图形。

步骤（f）：沉积 8nm/30nm 厚的 Cr/Au 层作为固定化学探针的敏感层。

步骤（g）：光刻并以光刻胶为掩模利用 DRIE 技术刻蚀部分硅圆片。

步骤（h）：XeF_2气相刻蚀硅圆片释放压阻单臂梁。

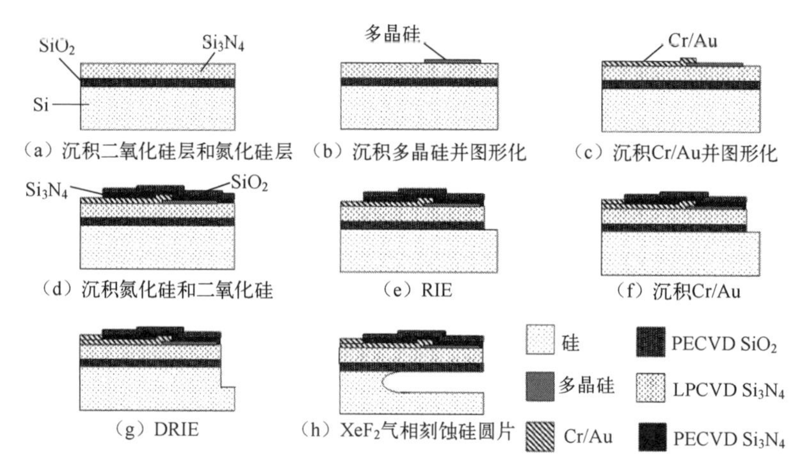

图 9-10　基于 XeF_2刻蚀技术制造压阻式单臂梁工艺流程图

SF_6的各向同性刻蚀硅牺牲层制造单臂梁的工艺[9-11]是基于标准 Bosch 工艺修改而来的，在各向同性刻蚀时生长钝化层 C_4F_8以保护侧壁的工艺步骤被取消。由于没有沿着沟槽的侧壁形成钝化层，离子与掩模下的硅原子自由反应实现各向同性刻蚀。Yang Rui 等人[9]基于各向同性刻蚀技术制造了单臂梁，制造工艺流程图如图 9-11 所示。

步骤（a）：选择 P 型（100）SOI 作为圆片，其埋氧层和器件层厚度分别为 400nm 和 200nm。

步骤（b）：注入硼离子并图形化器件层硅，形成压敏电阻。

步骤（c）：通过 PECVD 技术沉积二氧化硅绝缘层，将其作为铝金属相互连接的绝缘层，沉积铝，光刻并采用 RIE 技术图形化，形成铝金属相互连接。

步骤（d）：通过 PECVD 技术沉积二氧化硅钝化层，然后光刻并使用 RIE 技术刻蚀氧化硅形成单臂梁图形。

步骤（e）：基于 DRIE 工艺，刻蚀硅以暴露单臂梁下方的硅侧壁。

步骤（f）：SF_6各向同性刻蚀梁结构下方的硅，释放单臂梁。

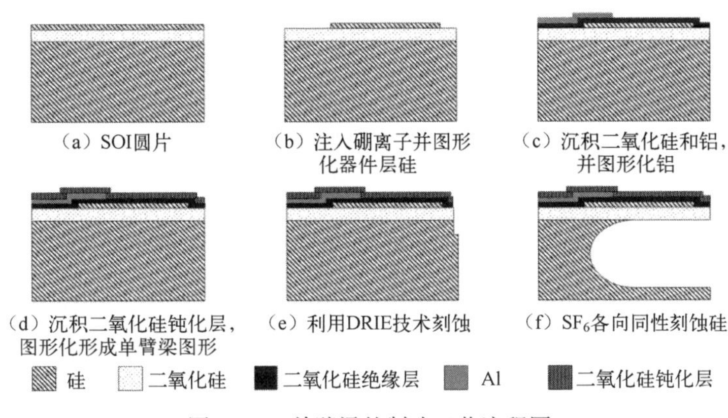

图 9-11 单臂梁的制造工艺流程图

3. 基于 DRIE 工艺的单臂梁

与湿法各向异性腐蚀相比，干法刻蚀工艺过程中由于没有具有较大表面张力的水参与刻蚀过程，因此基于干法刻蚀工艺制造单臂梁更加安全可靠。而与干法各向同性刻蚀技术相比，DRIE 工艺制造的微结构的尺寸可控性更强[12-15]。

袁严辉等人[12]采用 DRIE 工艺在 P 型（100）硅圆片上制造了压电 ZnO 单臂梁，具体制造工艺流程图如图 9-12 所示。

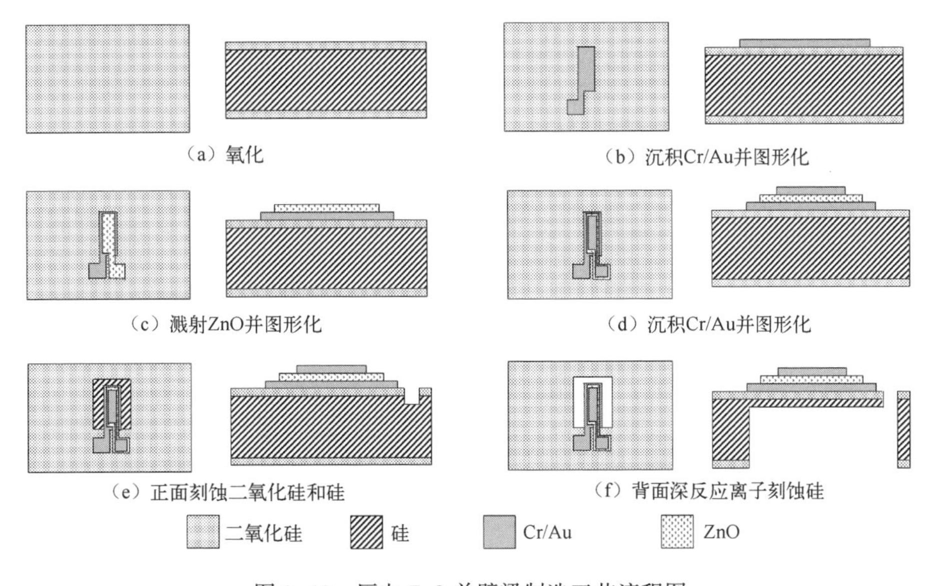

图 9-12 压电 ZnO 单臂梁制造工艺流程图

步骤（a）：对硅圆片进行热氧化，在硅圆片的正反面都生长二氧化硅。

步骤（b）：在二氧化硅上沉积 100nm 厚的 Cr/Au，光刻并图形化形成底电极。

步骤（c）：在室温下溅射厚度为 1μm 的 ZnO 压电层，光刻并图形化。

步骤（d）：在 ZnO 压电层上沉积 100nm 的 Cr/Au，光刻并图形化形成顶电极。

步骤（e）：以光刻胶为掩模正面刻蚀二氧化硅和硅。

步骤（f）：以光刻胶为掩模采用 DRIE 工艺刻蚀背面硅，释放单臂梁。

制成的压电 ZnO 单臂梁 SEM 图如图 9-13 所示。

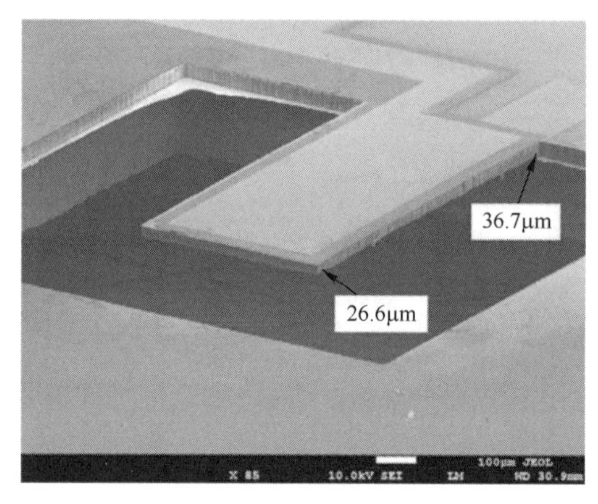

图 9-13　压电 ZnO 单臂梁 SEM 图

4. 基于键合工艺的单臂梁

基于键合工艺可以将一些难以采用 MEMS 工艺制备的功能材料集成到单臂梁中。杨斌等人[16]基于键合工艺制造了单臂梁式压电能量采集器，其制造工艺流程图如图 9-14 所示。

步骤（a）：选择硅圆片、埋氧层和器件层厚度分别为 420μm、2μm 和 5μm 的 SOI 圆片，热氧化双面生长 2μm 的二氧化硅用作绝缘层和背面硅刻蚀的掩模；采用溅射工艺在二氧化硅上沉积 Cr/Au（50nm/150nm）层并图形化形成底电极，并丝网印刷 4μm 导电环氧树脂。

步骤（b）：将 SOI 圆片涂有环氧树脂的一面与厚度为 400μm 的体 PZT（压电陶瓷锆钛酸铅）键合在一起。

步骤（c）：采用机械研磨和抛光减薄 PZT 层至合适厚度。

步骤（d）：采用溅射工艺沉积并图形化 Cr/Au 层作为顶电极。

步骤（e）：机械切割体 PZT 层和器件层，切割厚度应大于 PZT 层、器件层和埋氧层的总厚度。

步骤（f）：背面二氧化硅图形化。

步骤（g）：采用 DRIE 工艺刻蚀硅圆片。

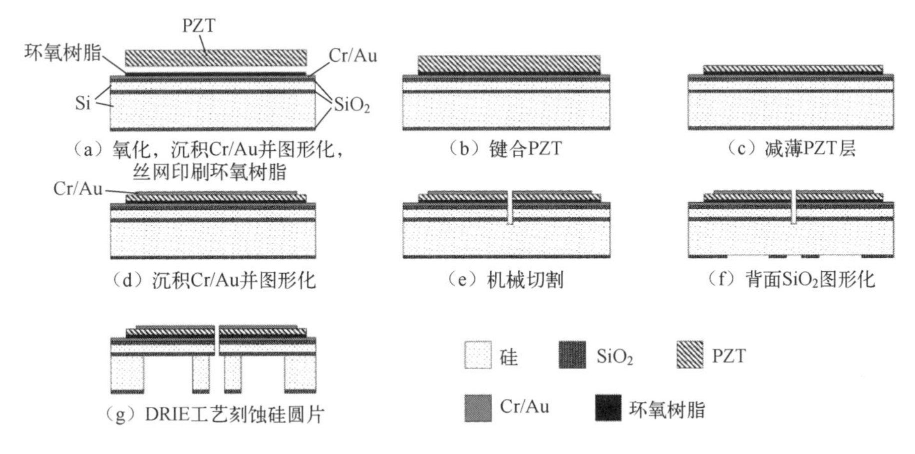

图 9-14 单臂梁式压电能量采集器制造工艺流程图

除了环氧树脂可作为键合材料，未曝光的 SU-8 材料也可作为键合材料。

已曝光的 SU-8 材料可以用作 MEMS 传感器的结构材料，已曝光的 SU-8 材料之间可通过未曝光的 SU-8 材料实现键合。Lee Kok Siong 等人[17]提出并制造了 SU-8 单臂梁，制造工艺流程图如图 9-15 所示。

步骤（a）：以投影仪透明胶片（醋酸纤维素）为圆片，涂覆 SU-8 并光刻，显影前烘烤，显影后坚膜。

步骤（b）：沉积铝并图形化。

步骤（c）：SU-8/Ag 压阻复合材料制备并图形化。

步骤（d）：涂覆 SU-8 并图形化。

步骤（e）：沉积铂并图形化。

步骤（f）：从透明圆片上释放单臂梁。

步骤（g）：在第二块透明胶片圆片上涂覆 SU-8 并图形化。

步骤（h）：涂覆第二层 SU-8（不曝光）。

步骤（i）：从透明圆片上释放 SU-8 支撑结构。

步骤（j）：将在步骤（f）后获得的 SU-8 单臂梁和步骤（i）获得的 SU-8 支撑结构对准。

步骤（k）：单臂梁和支撑结构通过背面曝光键合在一起。

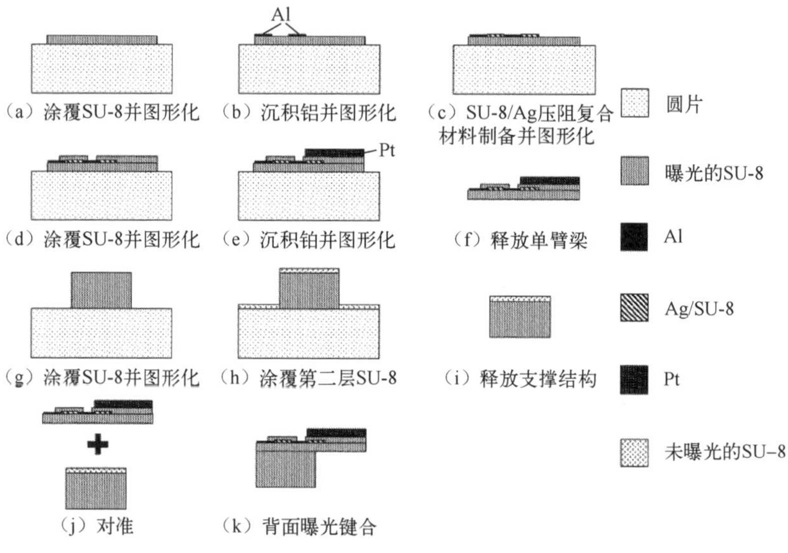

图 9-15　SU-8 单臂梁制造工艺流程图

5. 基于 SOI 的单臂梁

SOI 即绝缘衬底上的硅，通过在硅衬底圆片和顶层硅圆片（器件层）中间引入一层二氧化硅埋氧层制得，寄生效应小，抗辐照能力强，是一种重要的集成电路材料。在压阻式单臂梁结构设计和制造中，埋氧层被用来制作二氧化硅梁结构，而集成在微梁上的单晶硅压阻元件由顶层硅圆片制作而成。压阻式单臂梁工艺流程图如图 9-16 所示[18]。

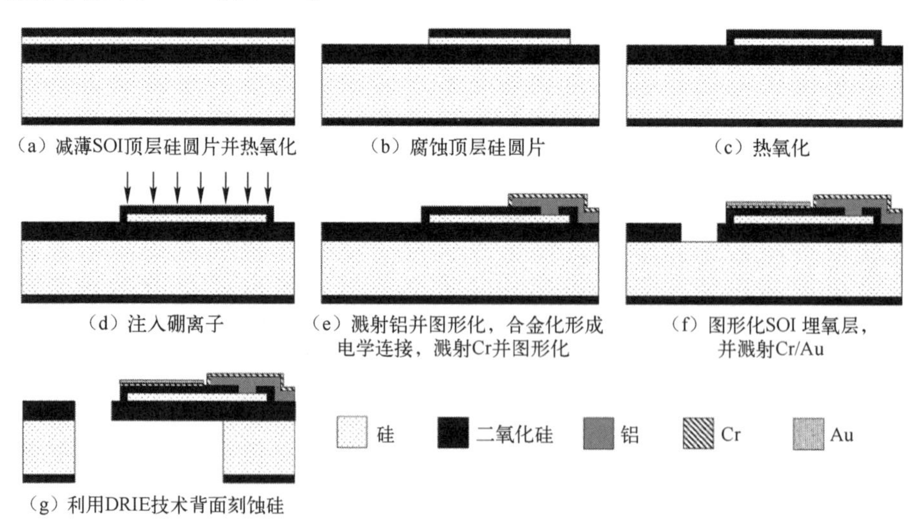

图 9-16　压阻式单臂梁工艺流程图

步骤（a）：利用氧化、腐蚀的方法将双面抛光SOI的顶层硅圆片厚度减薄到需要的厚度，热氧化生长二氧化硅。

步骤（b）：光刻，BOE溶液腐蚀正面氧化层，KOH腐蚀硅（腐蚀至埋氧层），形成压阻元件结构。

步骤（c）：热氧化，在压阻元件结构周围生成一层二氧化硅，形成电绝缘层。

步骤（d）：注入硼离子并进行热处理以形成掺杂压阻敏感元件。

步骤（e）：光刻并采用BOE腐蚀二氧化硅，形成压阻元件的引线孔，然后溅射铝并图形化，合金化，压阻元件通过铝实现电学连接形成电桥。进一步在铝上溅射一层Cr，图形化形成对铝线的保护线。

步骤（f）：光刻，腐蚀SOI圆片埋氧层，形成二氧化硅单臂梁图形。采用金属剥离工艺在微悬臂梁上形成Cr/Au（5nm/50nm）图形，该金属层主要用于固定特异性敏感层。

步骤（g）：背面光刻，并采用DRIE工艺刻蚀背面梁下方的硅，释放二氧化硅单臂梁。

9.1.3 单臂梁的工作模式

基于单臂梁结构的MEMS传感器具有体积小、灵敏且响应快、可批量制备、成本低的特点，被广泛应用在物理量、生化量检测等领域。在单臂梁MEMS传感器中，单臂梁表面常集成有一层功能层，当单臂梁的自由端质量发生变化或者受到力的作用时，单臂梁的表面形态或共振频率就会发生改变，检测这些变化就能实现对被检测量的感知。单臂梁传感器有两种工作模式：动态模式和静态模式。

1. 动态模式

在动态模式下，可基于单臂梁的振动特性（如频率、振幅、品质因数等）变化进行质量检测。在单臂梁上构筑敏感材料（探针分子），以实现对目标分子的选择性吸附，从而引起单臂梁有效质量的变化，通过检测这种有效质量的变化引起的单臂梁谐振频率的变化，可以实现对目标分子的高灵敏度检测。

单臂梁动态模式工作原理示意图如图9-17所示[19]，为了避免表面应力对谐振频率的影响，敏感材料一般构筑在单臂梁的自由端，当发生选择性吸附时自由端质量会发生变化。为了实现可靠感知，要尽量避免表面污染、机械不稳定、温度变化带来的影响。

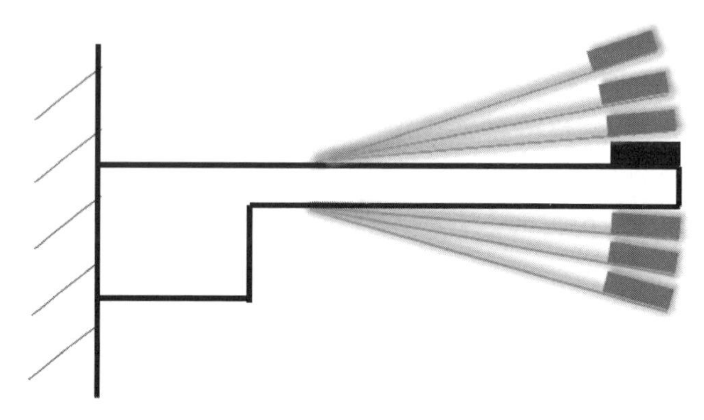

图 9-17　单臂梁动态模式工作原理示意图

单臂梁质量的变化量 Δm 与其谐振频率 ω 之间的关系如下[20]：

$$\Delta m=\frac{Ewh^3}{16\pi^2L^3}\left(\frac{1}{\omega_1^2}-\frac{1}{\omega_0^2}\right) \tag{9-1}$$

式中，ω_1、ω_0分别表示单臂梁发生吸附前后的谐振频率；L、h、w 分别表示单臂梁的长度、厚度和宽度。由式（9-1）可知，可以通过增加单臂梁的厚度 h 和宽度 w，以及减少单臂梁的长度 L 来提高单臂梁传感器的灵敏度。

由于动态模式下的单臂梁分辨率高、动态检测范围宽，因此动态模式的单臂梁被广泛用于质量检测。动态模式的单臂梁可工作于气体、真空甚至液相环境中。据报道，当动态模式下的单臂梁在极限真空环境中运行时，可检测出 10^{-18} g 甚至低至 10^{-21}g 的吸附质量。但在液相环境中，阻尼会使单臂梁的品质因数大幅度降低，进而使单臂梁的检测灵敏度降低，目前也有不少关于液相环境下的动态模式的研究。例如，Domínguez 等[21]在动态模式下对血清中癌症标记物进行检测，检测极限达 1×10^{-16}g/mL。动态模式必须有专门装置来激励单臂梁，这会增加系统成本和复杂度。

2. 静态模式

在静态模式下，敏感材料分子与目标分子之间的分子间相互作用会引起表面应力变化，这种表面应力变化会导致单臂梁弯曲变形，因此可通过光学方法、电学方法检测微小的弯曲变形进而实现对被测量的感知。分子间的相互作用非常复杂，因此引起应力变化的原因有多种，如静电作用、氢键和碱基堆积等[22]。在静态模式下单臂梁可在空气、真空和液体环境中工作。静态模式下的单臂梁特别适合在液体中检测和确定未知物质[23,24]，这主要是因为静态模式是检测单臂梁上下表面应力差导致的梁弯曲，这种弯曲响应不会受到液体黏性的影响。在静态模式下能对分子间的作用进行连续观测，从而感知分子构象变化及吸附动力学方面的信息，这是动态模式不具备的，但长期观测中的信号漂移问题是不可忽视的。静态模式下的单臂梁传感器质量检测灵敏度可达 10^{-12}g，甚至 10^{-15}g，力学分辨率可达纳牛顿量级，表面应力的检测限可达 10^{-4}N/m^2[25]。单臂梁静态模式工作原理示意图如图 9-18 所示[19]。

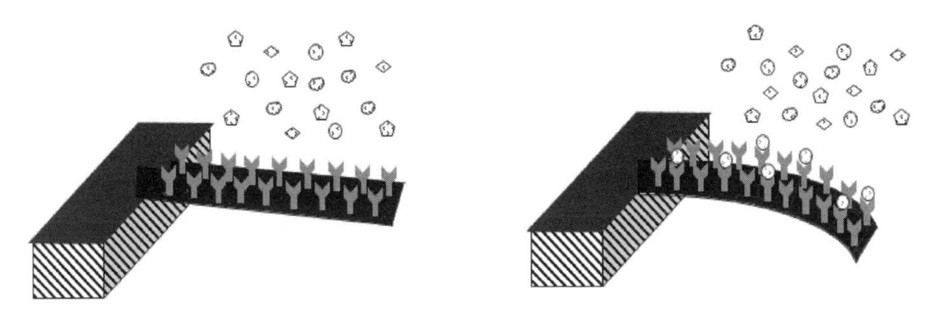

图 9-18　单臂梁静态模式工作原理示意图

单臂梁的自由端位移 Δz 与上下表面应力差 $\Delta\sigma=\Delta\sigma_1-\Delta\sigma_2$ 的关系式[26-27]为

$$\Delta\sigma=\Delta\sigma_1-\Delta\sigma_2=\frac{Et^2}{3(1-v)L^2}\Delta z \tag{9-2}$$

式中，E、v 分别为单臂梁的杨氏模量和泊松比；L、t 分别为单臂梁的长度和厚度；$\Delta\sigma_1$、$\Delta\sigma_2$ 分别为单臂梁上下表面的应力。由式（9-2）可知，单臂梁的自由端位移 Δz 与上下表面应力差 $\Delta\sigma=\Delta\sigma_1-\Delta\sigma_2$ 成正比，可通过设法增大上下表面应力差来提高单臂梁灵敏度。小分子与敏感层探针分子的结合可能会在单臂梁表面引起较大的应力变化[28]，因此静态模式更适合小分子的定量检测。

9.1.4　单臂梁的应用

基于单臂梁的传感器灵敏度高，其检测极限低于大多数传统技术，目前已被用于物质检测与分析。与传统的分析技术（如高效液相色谱法和气相色谱法）相比，基于单臂梁的传感器不需要复杂、耗时且昂贵的传统分析仪器，不需要长时间的样品制备、复杂的操作程序及高技能的人员，这种基于单臂梁的传感器已用于气相和液相测量。

1. 检测气体分析物的应用

Y. Chou 等人[29]采用钯（Pd）功能化的单臂梁来检测 H_2，其检测原理是 Pd 原子在吸附 H_2 时晶格由 3.89Å（α 相）膨胀至 4.10Å（β 相）引起的表面应力可导致单臂梁弯曲。J. Amirola 等人[30]使用电容读出方式的单臂梁传感器检测甲苯和辛烷，检测限（LOD）分别为 50ppm 和 10ppm。M. Plata 等人[31]使用基于压电单臂梁的传感器来检测土壤样品中的总碳酸盐，他们将样品放在样品反应室中，同时将单臂梁放在流通池中，该传感器在碳酸盐含量 3~75mg 的范围内精确度为 1.7%。此外，它在灵敏度、分辨率和线性方面都优于石英晶体微量天平（QCM）。

2. 湿度和 pH 值的检测

一面涂覆吸水材料的单臂梁可用作湿度传感器。例如，在单晶硅单臂梁的一面沉积 Au 薄膜，并在 Au 薄膜上进一步自组装单分子层 4-巯基苯甲酸（4-MBA）；而单晶硅单臂梁的另一面什么也不沉积，由于 4-MBA 的羧基和水分子之间存在氢键作用，水分子会吸附在单臂梁的沉积有 Au 薄膜的一面，导致单臂梁表面应力变化从而实现对湿度的检测[32]。R. Bashir 等人[33]采用涂有聚甲基丙烯酸和聚乙二醇二甲基丙烯酸酯的单臂梁来检测 pH 值，该单臂梁对 pH 值变化比较敏感。

3. 检测生物分子的应用

J. H. Lee 等人[34]采用一种基于单臂梁的生物传感器来检测前列腺特异性抗原（PSA），该抗原存在于前列腺癌患者中。通过将针对 PSA 具有特异性捕获的抗体构筑在单臂梁表面，来检测患者样品中的 PSA，抗体和抗原的特异性结合导致单臂梁的谐振频率发生漂移，这种单臂梁可实现 1 ng/mL PSA 的检测。R. E. Fernandez 等人[35]采用一种基于多晶硅单臂梁的传感器检测水解三丁酸甘油酯，与仅检测到 1mM 的三丁酸甘油酯的电位传感器相比，该传感器可检测到 10μM 的三丁酸甘油酯，具有良好的重现性。J. Fritz 等人[36]根据互补寡核苷酸的特异性结合引起单臂梁表面应力变化从而使单臂梁的纳米机械偏转，用单臂梁传感器检测特异性 DNA 分子杂交，能够检测两个 12-mer 寡核苷酸之间的单个碱基对错配，该方法十分灵敏。J. Zhang 等人[37]基于单臂梁传感器分析了 1-8U 基因的特异基因表达，并检测了碱基对错配（1-8U 是一种潜在的癌症进展或病毒感染的标记物）。

4. 化学品和金属离子的检测

R. Raiteri 等人[38]提出采用单臂梁传感器来检测 2，4-二氯苯氧乙酸（2，4-D），其检测机理是 2，4-D 和 2，4-D 的单克隆抗体（Monoclonal Antibody，MAb）之间的特异性生物分子相互作用，可引起单臂梁弯曲。单臂梁传感器通过可特异性识别溶液中金属离子的受体分子涂层，来检测金属离子。金属离子与受体的结合会引起构象变化及界面应力，从而导致单臂梁偏转。H. F. Ji 等人[39]在 Au 包覆的单臂梁表面使用了三乙基-12-巯基十二烷基溴化铵的自组装层，用以检测流通池中 10^{-9}M CrO_4^{2-}。S. Cherian 等人[40]使用包覆有金属结合蛋白 AgNt84-6 的单臂梁检测重金属离子，AgNt84-6 可以结合 Ni^{2+}、Zn^{2+}、Co^{2+}、Cu^{2+}、Cd^{2+}和 Hg^{2+}等多种离子。

5. 爆炸物的检测

M. K. Baller 和 J. Yinon 等人致力于研发基于阵列单臂梁的“芯片鼻子”，其中每个单臂梁都经过专门涂覆以检测特定有机化合物[41-42]。G. Muralidharan 等人[43]使用涂有 Pt 金属的单臂梁来检测三硝基甲苯（TNT），该单臂梁在加热到 570℃时会与 TNT 发生反应。TNT 与涂有 Pt 的单臂梁反应可导致微爆炸，因而能够轻松检测出机场行李箱和地雷中的爆炸物。J. P. Lock 等人[44]使用涂有 SAM（Self Assembled Monolayers）的单臂梁选择性检测过氧化物蒸气，其原理是该单臂梁在存在过氧化物自由基的情况下进行链聚合，从而导致单臂梁偏转。

9.2　多臂梁结构

9.2.1　多臂梁结构力学特性

多臂梁包含两根以上的支撑臂，常见的多臂梁有双臂梁[45]（见图 9-19）和四臂梁（见图 9-20）。

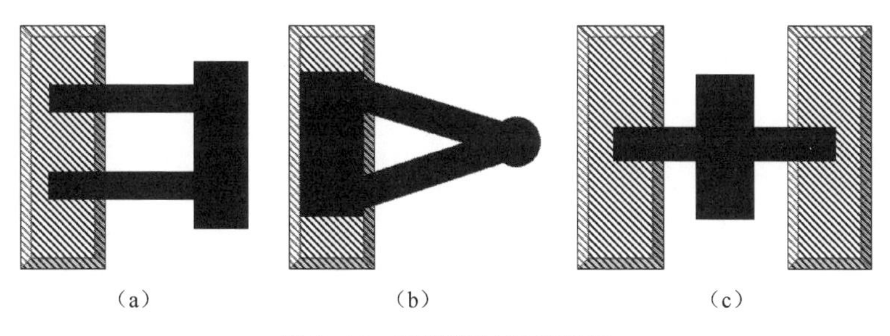

图 9-19　双臂梁结构示意图

通过有限元模拟可得一个四臂梁结构的模态仿真结果，如图 9-21 所示[46]。四臂梁梁长为 164μm，梁宽为 2μm，正方形微镜边长为 70μm。一阶模态是沿 z 轴方向的振动，谐振频率为 21196Hz。由于结构具有对称性，绕 y 轴和 x 轴转动的二阶、三阶模态的谐振频率均为 41398Hz，绕 y 轴和 x 轴转动的四阶、五阶模态的谐振频率均为 49084Hz。

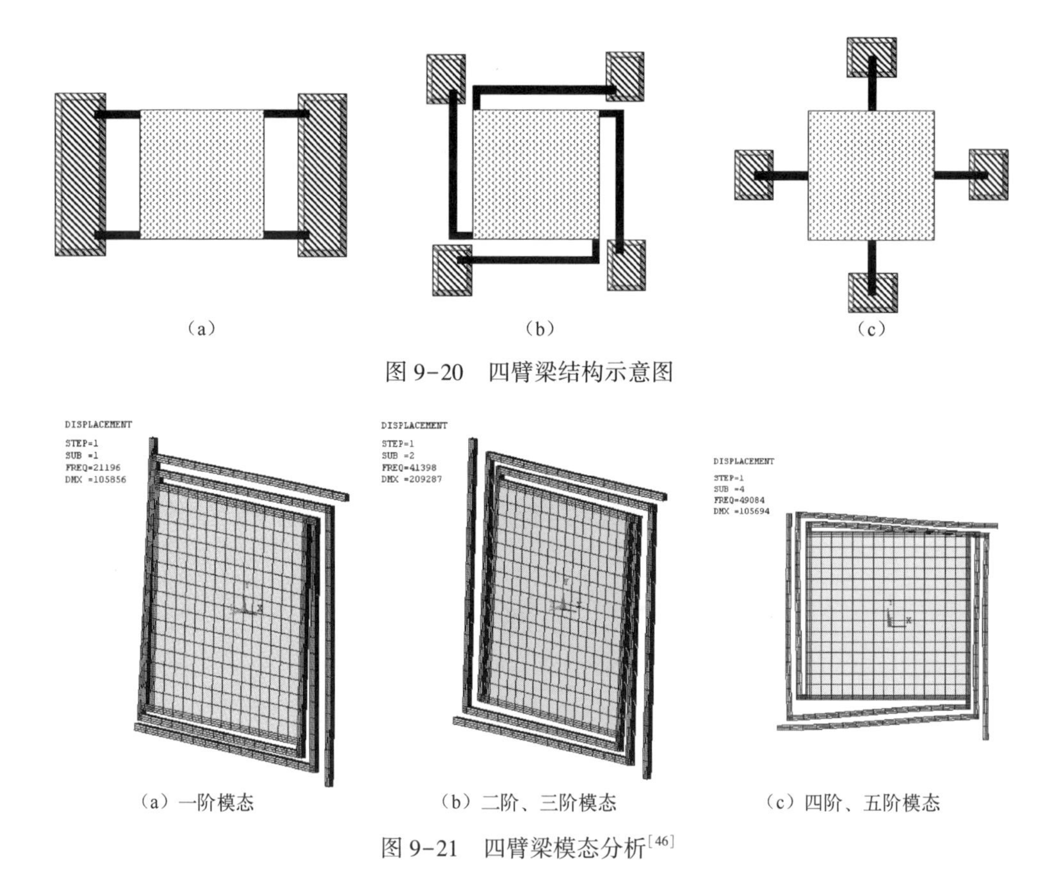

(a) (b) (c)

图 9-20 四臂梁结构示意图

(a) 一阶模态 (b) 二阶、三阶模态 (c) 四阶、五阶模态

图 9-21 四臂梁模态分析[46]

9.2.2 多臂梁结构制造工艺

1. 基于各向异性腐蚀工艺的双臂梁

D. S. Tezcan 等人[47]通过 CMOS（Complementary Metal Oxide Semiconductor）工艺制作了一种 n 阱微测辐射热计，其横截面示意图如图 9-22 所示。在完成 CMOS 工艺后，主要的制造工艺就是基于各向异性腐蚀技术去除 n 阱下的 P 圆片，如采用 KOH 或 TMAH 腐蚀等，最后获得双臂梁像素结构。

2. 基于各向同性腐蚀的双臂梁

J. Patil 等人[48]基于各向同性腐蚀技术制造了聚合物纳米复合双臂梁，制造工艺流程图如图 9-23 所示。

步骤（a）：热氧化，在硅圆片上生长二氧化硅作为牺牲层，其厚度约为 500nm。

步骤（b）：旋涂 SU-8 结构层（Microchem，MI）并图形化。

步骤（c）：通过溅射工艺沉积 Cr/Au 层（10nm/200nm），光刻图形化形成接触焊盘。

步骤（d）：为了获得导电和压阻层，在 SU-8 中均匀混合 8%~9%（体积）的 CB（Carbon Black）制备聚合物纳米复合材料 SU-8/CB，旋涂 SU-8/CB 并图形化。

步骤（e）：旋涂 1.6μm 厚的 SU-8 用作压阻保护层，光刻图形化。

步骤（f）：旋涂 180μm 厚的 SU-8，光刻图形化形成梁的锚区。

步骤（g）：在 HF 溶液中腐蚀二氧化硅层约 30min，然后在去离子水异丙醇（IPA）中冲洗并在空气中干燥，得到双臂梁器件。

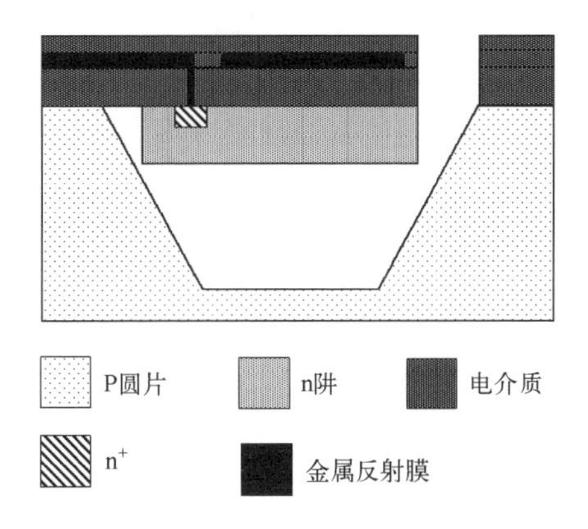

图 9-22 n 阱微测辐射热计双臂梁像素结构横截面示意图

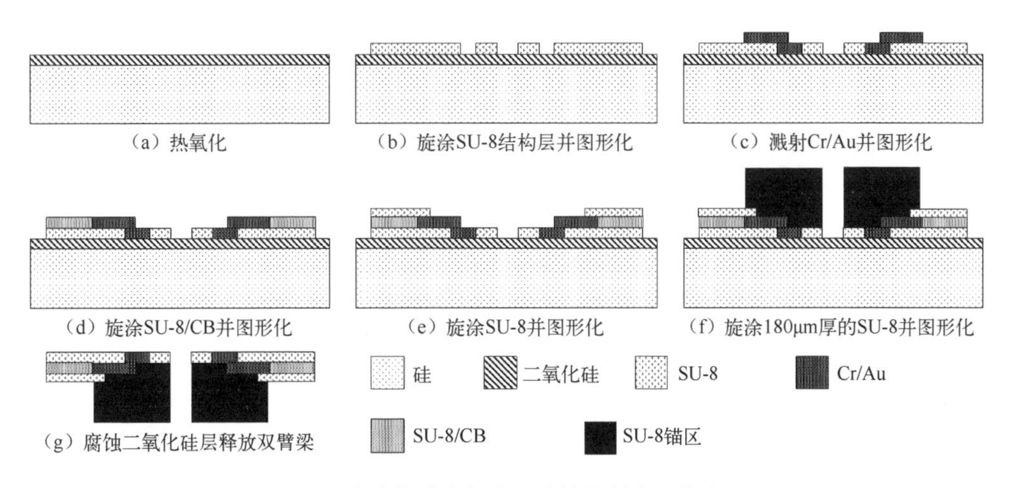

图 9-23 聚合物纳米复合双臂梁的制造工艺流程图

3. 基于 DRIE 工艺的四臂梁

冯飞等人[49]基于 DRIE 工艺制备四臂梁的工艺流程图如图 9-24 所示。

步骤（a）：基于双面抛光硅圆片，在硅圆片表面采用 KOH 腐蚀工艺腐蚀一个凹坑作为法布里-珀罗腔的腔体。

步骤（b）：第二次热氧化硅圆片，光刻并图形化二氧化硅，保留凹坑底部的二氧化硅。

步骤（c）：基于金属剥离工艺在二氧化硅表面形成铝薄膜。

步骤（d）：以铝为掩模，利用 RIE 工艺刻蚀二氧化硅，形成铝/二氧化硅四臂梁图形。

步骤（e）：玻璃蒸铝并图形化，形成玻璃半透镜。

步骤（f）：硅-玻璃直接键合，形成法布里-珀罗腔两个平行的反射面。

步骤（g）：利用 DRIE 工艺刻蚀背面硅释放四臂梁。

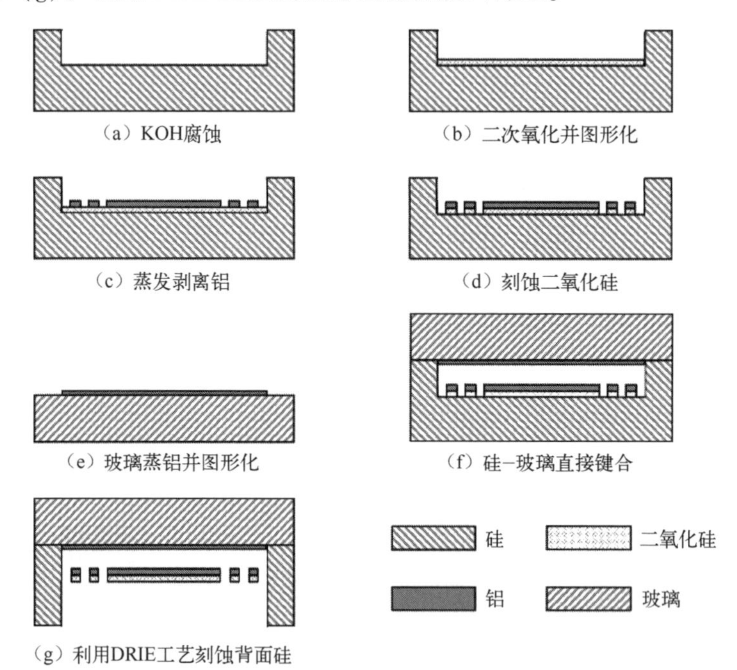

图 9-24　四臂梁工艺流程图

如图 9-25 所示为 2005 年上海微系统所基于 DRIE 工艺制备的四臂梁。

4. 基于 SOI 的双臂梁

SOI 由三层组成，其中二氧化硅层夹在两层硅之间。由于 SOI 具有内置的多层结构，因此用于制造 MEMS 芯片可减少制造工艺步骤。

Eiji Ohmichi 等人[50] 基于 SOI（器件层、埋氧层和硅圆片的厚度分别为 2μm、2μm 和 350μm）制造了压阻双臂梁，其制造工艺流程如图 9-26 所示。

图 9-25　基于 DRIE 工艺制备的四臂梁

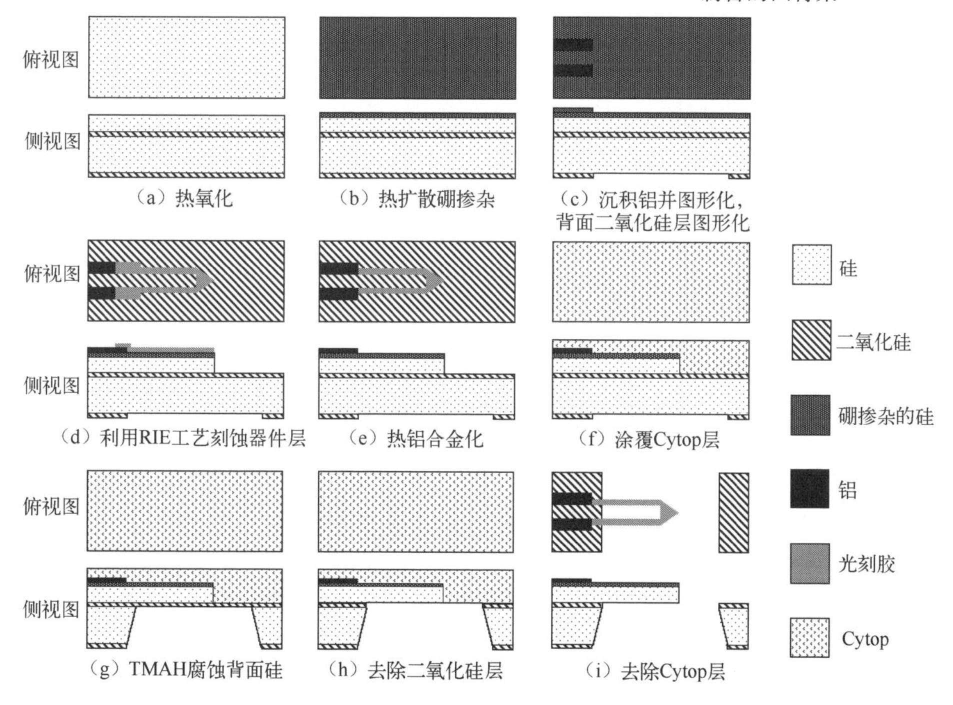

图 9-26　基于 SOI 的压阻双臂梁的工艺流程

步骤（a）：热氧化，在硅圆片背面形成 SiO_2层，将其作为湿法腐蚀掩模。

步骤（b）：热扩散，旋涂扩散源（PBF）进行硼掺杂，采用 HF 腐蚀液去除剩余的 PBF 层，形成压阻层。

步骤（c）：沉积铝并图形化，背面二氧化硅层图形化。

步骤（d）：利用 RIE 工艺刻蚀器件层。

步骤（e）：去胶后，铝合金化（氮气环境，400℃，30min）形成欧姆接触。

步骤（f）：重复进行旋涂和退火工艺在器件层上形成厚度为 18μm 的 Cytop（Asahi Glass）膜，该膜主要用于补偿二氧化硅层的残余应力，以免释放梁时被破坏。

步骤（g）：25%的 TMAH 腐蚀背面硅，腐蚀自停止于埋氧层。

步骤（h）：采用 HF 腐蚀液去除二氧化硅层。

步骤（i）：通入 O_2等离子体蚀刻去除 Cytop 层。

9.2.3 多臂梁的应用

多臂梁已有成熟的商业应用，如原子力显微镜的探针、非制冷红外焦平面阵列中的像素单元。

1986 年，G. Bining 等人[51]研制出了世界上第一台原子力显微镜。原子力显微镜的核心部件是一个对力敏感的梁结构探针[52]，梁结构一端固定，另一端的探针针尖与样品表面接触，当梁自由端发生位移时，梁表面反射激光反射角将发生变化，这种变化将引起光电传感器输出电信号的变化，从而实现对样品表面的观测。原子力显微镜可以在真空、空气、液相环境中使用，分辨率高、成像时间短。

像素是非制冷红外焦平面阵列的基本构成单元，在吸收红外辐射后，其电学量（如电阻、电压、电容、电量、电流等）或力学量（如位移、偏角）会发生变化，可通过信号读出电路或光路完成红外辐射到可见光信号的转化，其红外信号的读取过程可概括为：红外辐射→温度变化→电信号或机械位移/偏角→可见光图像。非制冷红外焦平面阵列性能很大程度上取决于像素单元的隔热性能和机械稳定性，多臂梁刚好能满足这一要求。微测辐射热计中的像素常采用双臂梁结构[53]，光读出非制冷红外焦平面阵列中的像素也采用了双臂梁结构[54]。图 9-27 所示为上海微系统所 2006 年制备的具有双臂梁像素的非制冷红外焦平面阵列。

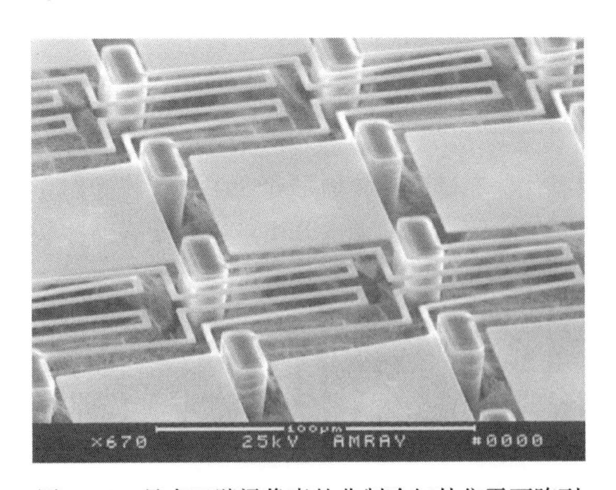

图 9-27 具有双臂梁像素的非制冷红外焦平面阵列

9.3　双面梁结构

9.3.1　双面梁结构力学特性

双面梁结构常见于加速度计的设计中，早期的双面梁结构一般基于硅-硅直接键合技术[55]或者双面硼掺杂技术[56]，硅-硅直接键合技术涉及多块硅圆片，技术较复杂，硼掺杂技术会带来残余应力问题。如图 9-28 所示，车录锋和王跃林等人提出了一种基于自停止腐蚀技术的双面梁结构[57-60]。作为器件的中间电极，双面梁结构由质量块及在其周围对称分布的 16 个梁组成，可感知外界加速度的变化。为防止梁—质量块敏感结构由于过载受到损坏，除在质量块的上下表面分别制作了四个凸点外，还在其上下表面设计制作了减小空气阻尼影响的阻尼槽。

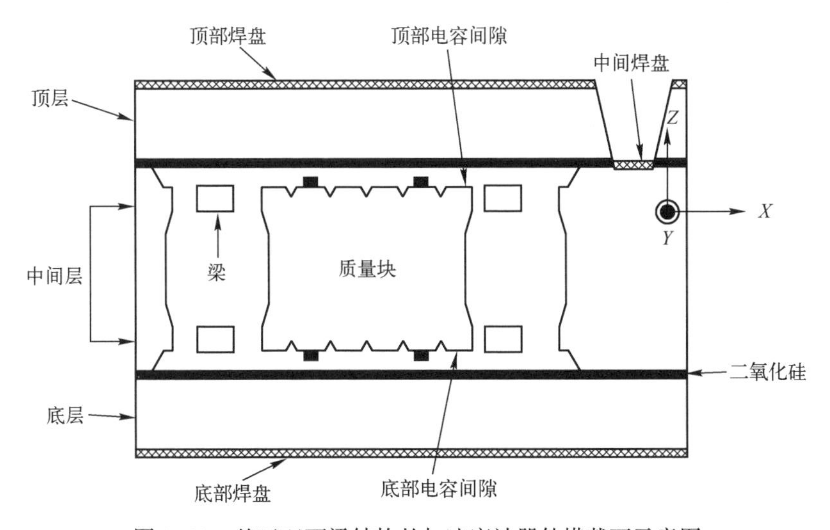

图 9-28　基于双面梁结构的加速度计器件横截面示意图

基于有限元仿真对上述双面梁结构进行模态分析，可得双面梁结构的前五阶模态[60]：沿 Z 轴方向振动的第一阶模态谐振频率为 4. 27kHz；沿 X 轴、Y 轴方向扭转的第二阶、第三阶模态谐振频率都为 15. 38kHz；沿 X 轴、Y 轴方向平动的第四阶、第五阶模态谐振频率都为 59. 08kHz；在非平面内的扭转的第六阶模态谐振频率为 98. 43kHz。

9.3.2 双面梁结构制造工艺

1. 基于各向异性腐蚀工艺的双面梁

在 KOH 或 TMAH 腐蚀液中，（100）硅圆片的腐蚀自停止于（111）面，通过控制腐蚀时间可得到横截面为三角形的梁结构，在整个工艺过程中不需要对梁侧壁进行保护，其制造工艺流程图如图 9-29 所示[57]，器件结构包括双面梁及由双面梁支撑的质量块，图 9-29（a）所示为梁结构成型工艺流程图，图 9-29（b）所示为整个器件梁—质量块成型工艺流程图。

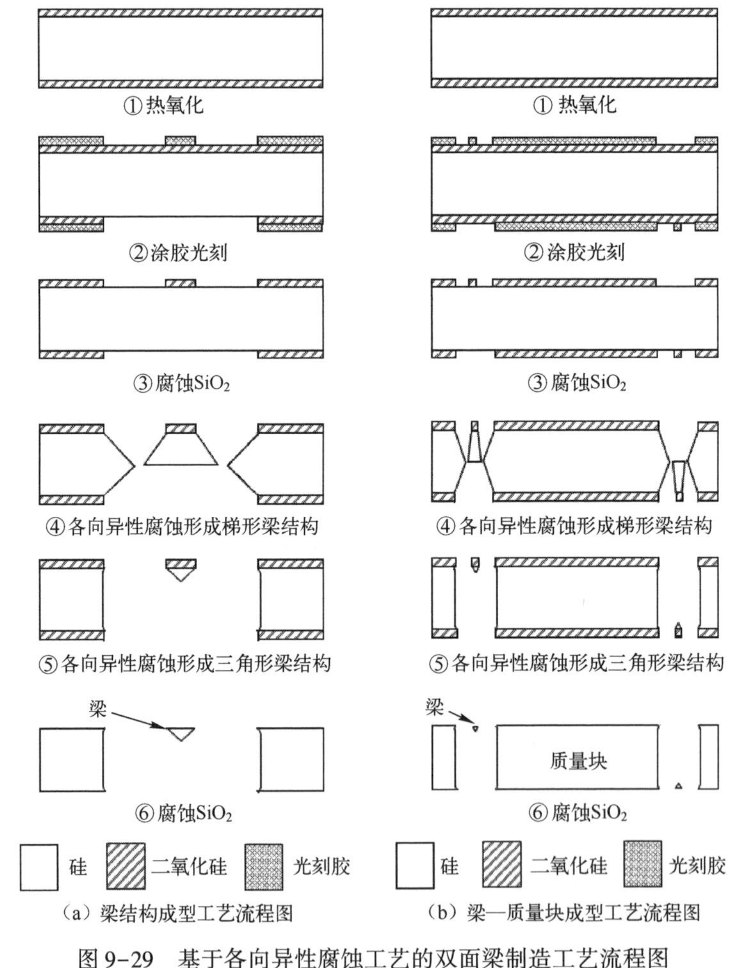

（a）梁结构成型工艺流程图　　（b）梁—质量块成型工艺流程图

图 9-29　基于各向异性腐蚀工艺的双面梁制造工艺流程图

步骤①：双面热氧化。
步骤②：双面涂胶光刻。
步骤③：腐蚀二氧化硅。
步骤④：利用 KOH 溶液各向异性双面腐蚀，形成梯形梁结构。
步骤⑤：进一步利用 KOH 溶液各向异性腐蚀，梯形梁结构会变成三角形梁结构。
步骤⑥：腐蚀二氧化硅，最终形成双面三角形梁支撑的质量块结构。

2. 基于 DRIE/各向异性腐蚀工艺的双面梁

在各向异性腐蚀工艺的基础上，基于 DRIE 工艺和氧化工艺实现对梁结构垂直侧壁的保护，可制造出具有垂直侧壁的“V”形双面梁。基于 DRIE/各向异性腐蚀工艺制造双面梁的工艺流程图如图 9-30[58] 所示。

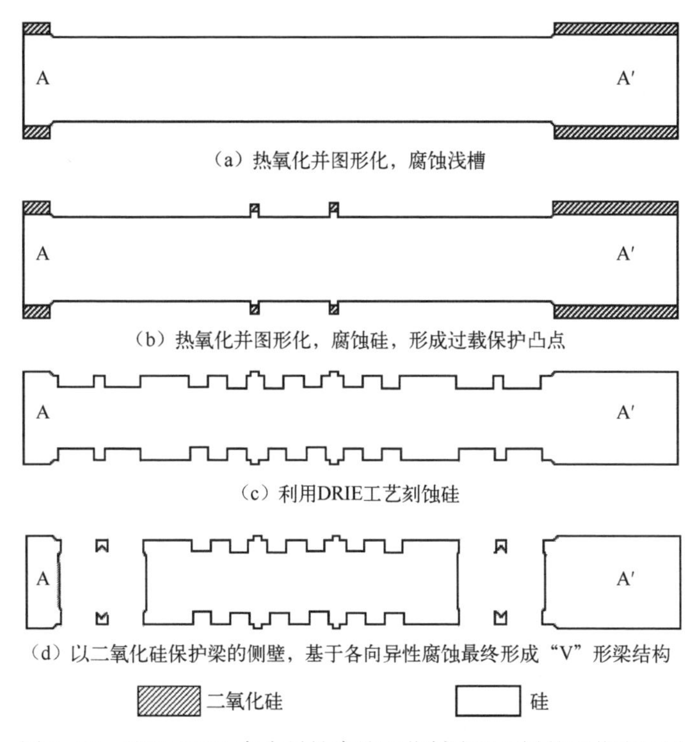

图 9-30 基于 DRIE/各向异性腐蚀工艺制造双面梁的工艺流程图

步骤（a）：双面热氧化，将图形化的二氧化硅层作为掩模，利用 KOH 溶液各向异性腐蚀硅形成 4000μm×4000μm 的 1μm 深的浅槽，去除二氧化硅掩模。

步骤（b）：再次双面热氧化并图形化，腐蚀硅，形成四个用于过载保护的凸点（30μm×30μm×1μm），去除二氧化硅掩模。

步骤（c）：将光刻胶作为掩模，利用 DRIE 工艺刻蚀硅，形成梁—质量块结构及阻尼槽图形，利用 DRIE 工艺刻蚀的深度即梁的厚度。

步骤（d）：双面热氧化，在硅圆片表面形成 2μm 二氧化硅，喷涂光刻胶并图形化，暴露梁周围凹坑内的二氧化硅，以光刻胶为掩模，腐蚀去除暴露的二氧化硅，去胶。进一步以二氧化硅为掩模，利用 KOH 溶液腐蚀梁周围暴露的硅，由于梁的垂直侧壁受到 2μm 二氧化硅的保护，腐蚀最终可使梁的横截面变为“V”形［见图 9-31（a）］，腐蚀去掉二氧化硅，最终形成由双面对称的双面梁支撑的质量块结构，如图 9-31（b）所示。

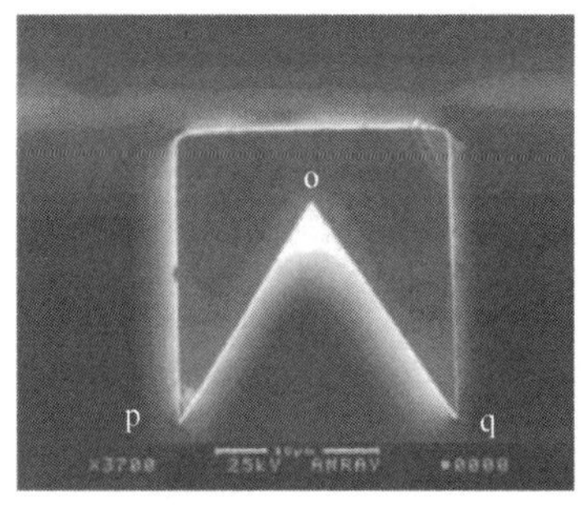

（a）“V”形梁结构

（b）梁-质量块结构

图 9-31　基于 DRIE/各向异性腐蚀工艺的双面梁[58]

3. 基于 SOI 圆片的双面梁

基于各向异性腐蚀工艺、DRIE 工艺和氧化工艺实现对梁结构垂直侧壁的保护，采用 SOI 中的埋氧层对梁的底部进行保护，可制造出具有垂直侧壁的矩形双面梁。这种基于 SOI 圆片制造双面梁的工艺流程图如图 9-32[59] 所示。

步骤（a）：选择具有双器件层的 SOI。

步骤（b）：光刻，利用 DRIE 工艺刻蚀 SOI 形成双面“H”形梁图形。

步骤（c）：氧化，喷胶光刻并实现氧化层图形化，完全对称的“H”形梁结构被 2μm 二氧化硅层和埋氧层保护。

步骤（d）：利用 DRIE 工艺刻蚀 SOI 的正反两面，刻蚀深度约 200μm，去除光刻胶。

步骤（e）：利用 KOH 溶液腐蚀 SOI，当腐蚀到达梁的埋氧层时，“H”形梁结构将被释放，埋氧层起到了腐蚀自停止作用。

步骤（f）：腐蚀二氧化硅释放完全对称的“H”形梁结构。

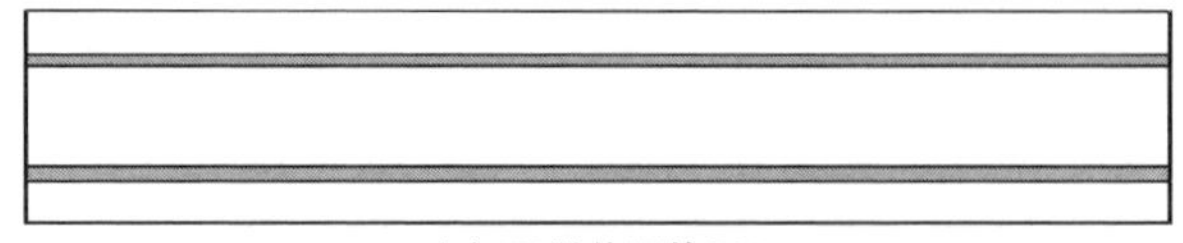

（a）双器件层的SOI

图 9-32　基于 SOI 工艺制造双面梁的工艺流程图

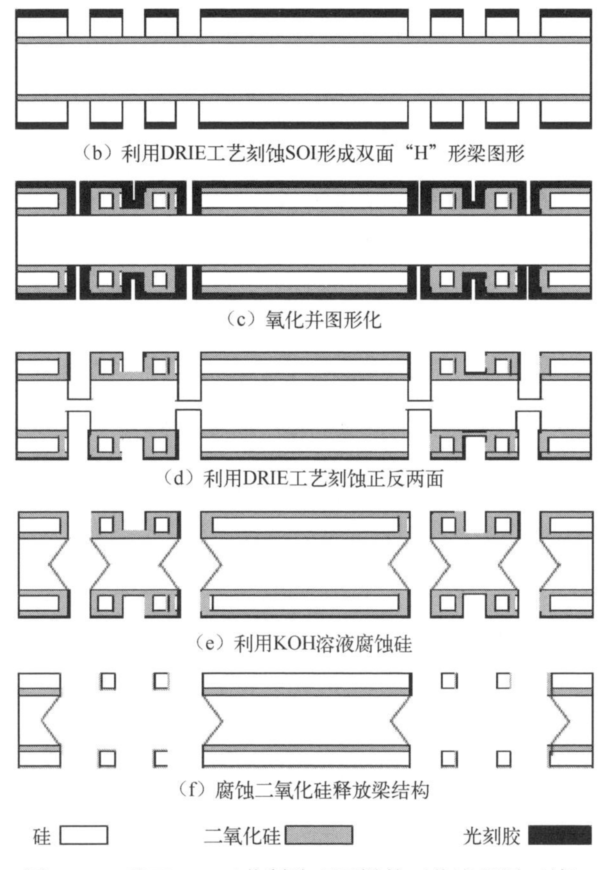

图 9-32　基于 SOI 工艺制造双面梁的工艺流程图（续）

基于 SOI 圆片制作的对称双面梁结构如图 9-33 所示。

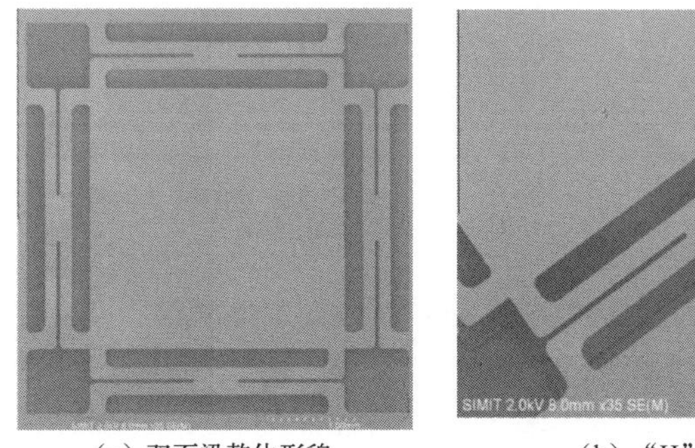

（a）双面梁整体形貌　　（b）“H”形梁放大图

图 9-33　基于 SOI 圆片制作的双面梁结构[59]

9.3.3 双面梁的应用

双面梁结构常应用于微加速度计的设计制作。李伟等人[60]基于双面梁工艺设计制作了一种由完全对称的双面梁结构支撑质量块的夹心式电容式加速度计，如图 9-34 所示。其中，质量块由在其四个角的 16 根对称分布的梁支撑，大幅度降低了横向响应。测试表明，这种基于双面梁结构的加速度计量程为 30g，闭环灵敏度和非线性度分别为 80mV/g 和 0.27%，交叉轴灵敏度分别为 0.353%（X/Z 轴）和 0.045%（Y/Z 轴），偏压稳定度为 $0.63\times10^{-3}g$/h，谐振频率和品质因数分别为 4.34kHz 和 331。

图 9-34 由完全对称双面梁结构支撑质量块的夹心式电容式加速度计

9.4 梳齿梁结构

梳齿梁结构既能用于电容检测也能用于静电驱动。如图 9-35 所示[61]，基于梳齿梁的电容式加速度计主要由梳齿梁和固定梳齿构成；质量块位于梳齿梁的正中心，可动梳齿均匀分布在质量块两侧，质量块通过弹性梁固定在硅圆片上；可动梳齿与固定梳齿相间排布，在加速度 a 的作用下，可动梳齿发生位移，可动梳齿与相邻的固定梳齿构成的差动电容输出一个与加速度 a 成正比的信号。

梳齿梁结构还能用于静电驱动微镜，其结构示意图如图 9-36 所示[62]。基于梳齿梁结构的驱动器包括梳齿梁和固定梳齿电极，其中梳齿梁包含微镜、可动梳齿电极和弹性梁，四个固定梳齿电极沿微镜转动轴呈对称分布。可动梳齿电极和固定梳齿电极交错排布，处在上下两个不同的平面上。这种梳齿梁在 202V 时可实现高达±9°的静态机械偏转，从而产生 36°的光学视场，且可承受 2500g 的冲击。

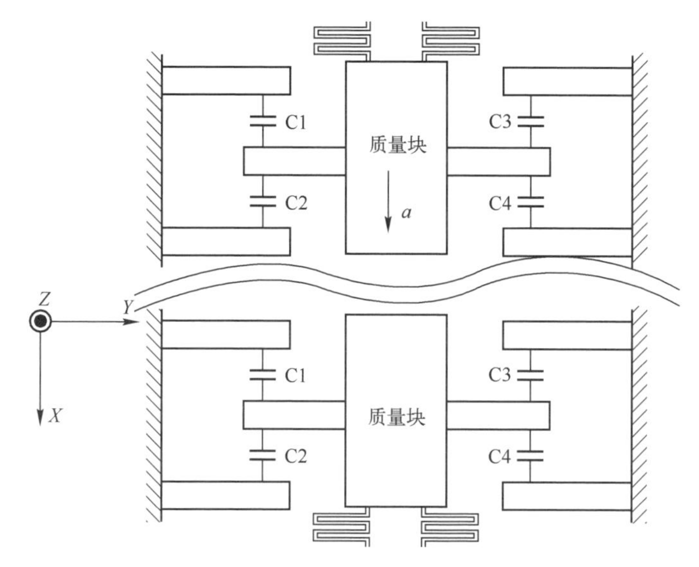

图 9-35　含梳齿梁结构的电容式加速度计结构

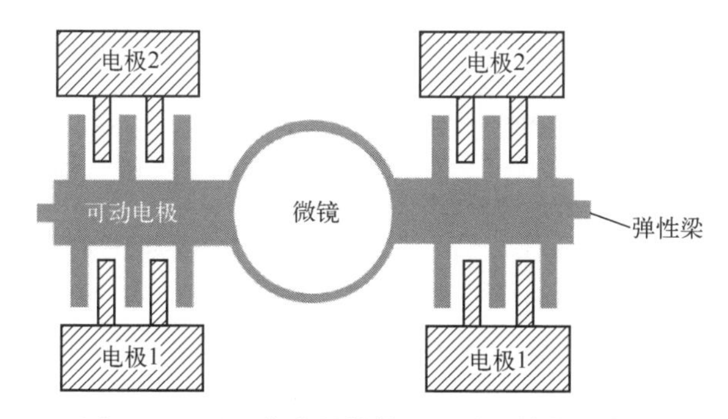

图 9-36　基于梳齿梁结构的驱动器结构示意图

9.4.1　梳齿梁结构制造工艺

梳齿梁的制造工艺可以分为两大类：一类是基于 SOI 圆片的，将 SOI 的埋氧层作为 DRIE 工艺刻蚀时的自停止层，通过刻蚀背面硅、腐蚀埋氧层氧化硅释放梁结构；另一类是基于普通硅圆片的，通过腐蚀梁结构下方的硅圆片释放梁结构。

1. 基于 SOI DRIE 工艺的梳齿梁

Karolina Laszczyk 等人[63]设计制作了一种基于梳齿梁的大位移静电硅 X-Y 微

台，该微台由四个静电梳齿梁驱动一个悬浮的可移动平台，在梳齿梁的驱动下，微台可沿 X 轴方向发生±28μm 的平移，沿 Y 轴方向发生±37μm 的平移，其制作工艺流程图如图 9-37 所示。

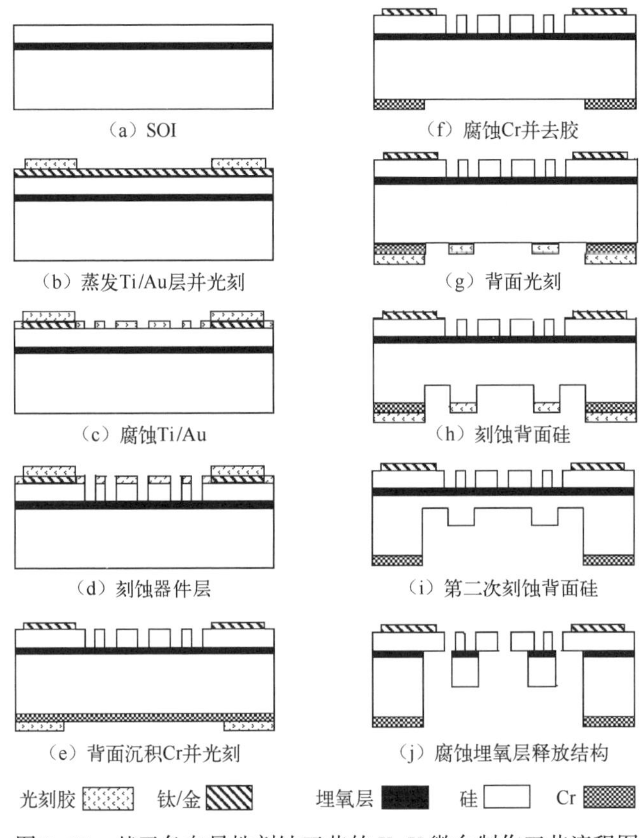

图 9-37　基于各向异性刻蚀工艺的 X-Y 微台制作工艺流程图

步骤（a）：选择用作衬底的 SOI，其器件层、埋氧层和衬底层分别为 30μm、1.4μm 和 400μm。

步骤（b）：蒸发 Ti/Au 层（20nm/200nm）并光刻。

步骤（c）：腐蚀 Ti/Au 层形成电接触。

步骤（d）：采用 DRIE 工艺（A601E，Alcatel）刻蚀器件层，刻蚀自停止于埋氧层。

步骤（e）：背面沉积 Cr 并光刻。

步骤（f）：腐蚀 Cr 并去胶。

步骤（g）：背面光刻。

步骤（h）：第一次利用 DRIE 工艺刻蚀背面硅，刻蚀深度约 60μm。

步骤（i）：去除光刻胶后，以 Cr 膜为掩模进行第二次利用 DRIE 工艺刻蚀背面硅，刻蚀自停止于埋氧层。

步骤（j）：使用蒸气 HF（Idonus，Switzerland）腐蚀埋氧层释放结构，并使用飞秒激光切片。

另外，采用 SOI 还可设计制备出沿某一方向发生转动的梳齿梁驱动器。

Dooyoung Hah 等人[64]采用 SOI 设计制作了一种可转动的自对准垂直梳齿梁驱动器，其制作工艺流程图如图 9-38 所示。

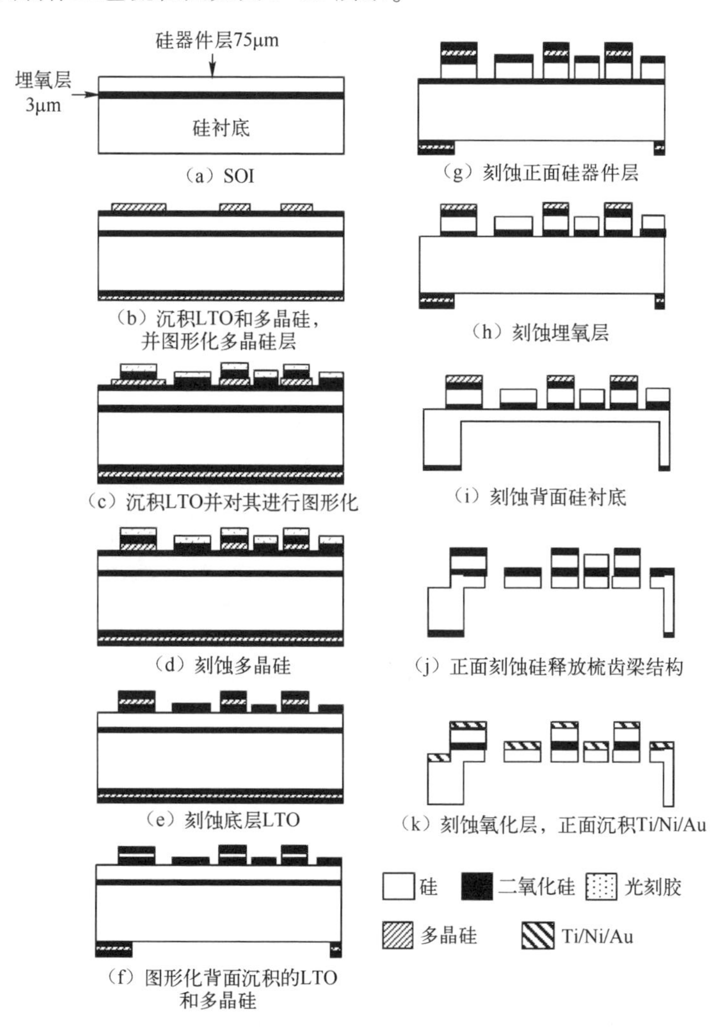

图 9-38　基于自对准垂直梳齿梁的驱动器制作工艺流程图

步骤（a）：选择用作衬底的 SOI，其器件层、埋氧层和衬底层厚度分别为 75μm、3μm 和 350μm。

步骤（b）：沉积 1.5μm LTO 和 1μm 多晶硅，并图形化多晶硅层。

步骤（c）：再次沉积 1.5μm LTO 并对其进行图形化。

步骤（d）：刻蚀暴露的多晶硅。

步骤（e）：刻蚀底层 LTO，直到露出 SOI 器件层为止，最后去胶。

步骤（f）：图形化步骤（b）和步骤（c）期间在硅衬底背面沉积的 LTO 和多晶硅。

步骤（g）：使用 DRIE 工艺刻蚀正面硅器件层，直到露出埋氧层为止。

步骤（h）：以硅和多晶硅层为掩模，采用 RIE 工艺从正面刻蚀埋氧层。

步骤（i）：采用 DRIE 工艺从背面刻蚀硅衬底，直到剩余硅衬底厚度与器件层厚度相同为止。

步骤（j）：采用 DRIE 工艺从正面刻蚀硅释放梳齿梁结构。

步骤（k）：刻蚀暴露的氧化层，在正面沉积 Ti/Ni/Au，以提高镜面的光学质量。

基于上述工艺制造的自对准垂直梳齿梁驱动器如图 9-39 所示[64]。

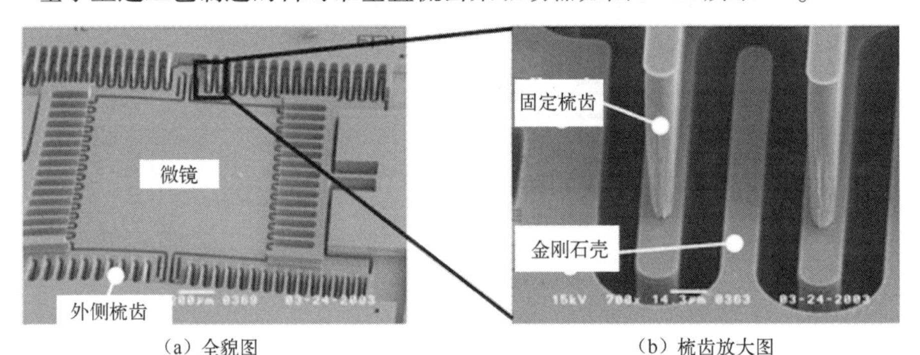

（a）全貌图　　（b）梳齿放大图

图 9-39　自对准垂直梳齿梁驱动器

2. 基于 SOI 键合工艺的梳齿梁

刘英明等人[65]基于键合工艺在 SOI 上制作出了垂直梳齿梁驱动的扫描镜，工艺流程图如图 9-40 所示。

步骤（a）：选择两块 SOI，器件层厚度均为 25μm，其埋氧层厚度分别为 2μm 和 0.4μm。

步骤（b）：两块 SOI 进行硅-硅直接键合。

步骤（c）：利用 KOH 腐蚀硅衬底，直到如图 9-40（d）所示埋氧层出现为止。

步骤（d）：光刻并采用 RIE 工艺将可动梳齿上方的氧化层减薄一半厚度。

步骤（e）：光刻并将梳齿间隙上方的氧化层刻蚀干净。

步骤（f）：以氧化层为掩模，采用 DRIE 工艺刻蚀硅（第一层器件层），形成梳齿间隙。

步骤（g）：刻蚀暴露的埋氧层和可动梳齿上剩余的氧化层。

步骤（h）：利用 DRIE 工艺刻蚀第二层器件层。

步骤（i）：腐蚀二氧化硅。

步骤（j）：将基于上述工艺步骤制作的 SOI 圆片和另一块已腐蚀有深 30μm 凹坑的硅圆片键合。

步骤（k）：腐蚀去除 SOI 的硅衬底。

步骤（l）：腐蚀固定梳齿上的氧化层。

步骤（m）：腐蚀固定梳齿上半部分的硅。

步骤（n）：去除剩余的二氧化硅。

步骤（o）：溅射 Au，硬掩模被用以 Au 的图形化，形成焊盘和反射层。

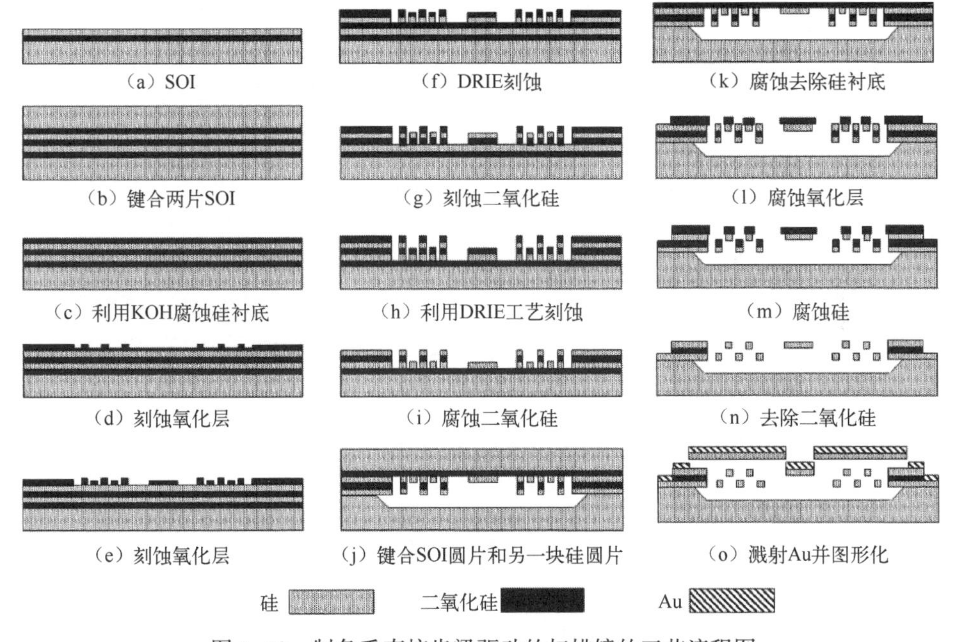

图 9-40　制备垂直梳齿梁驱动的扫描镜的工艺流程图

3. 基于 DRIE 和各向异性腐蚀释放的梳齿梁

Dong-il Dan Cho 等人采用（111）硅圆片，基于 DRIE 和各向异性释放工艺制造出了梳齿梁，其制造工艺流程如图 9-41 所示[66-67]。

步骤（a）：采用 DRIE 工艺刻蚀硅，形成用于制作锚结构的深槽。

步骤（b）：热氧化填充深槽。

步骤（c）：采用 DRIE 工艺刻蚀硅，此次硅刻蚀深度即梳齿梁结构的厚度。
步骤（d）：生长氧化层以保护深槽侧壁。
步骤（e）：利用 DRIE 工艺刻蚀硅，此次硅刻蚀深度即硅牺牲层的厚度。
步骤（f）：各向异性侧向腐蚀硅，直至完全释放梳齿梁结构。

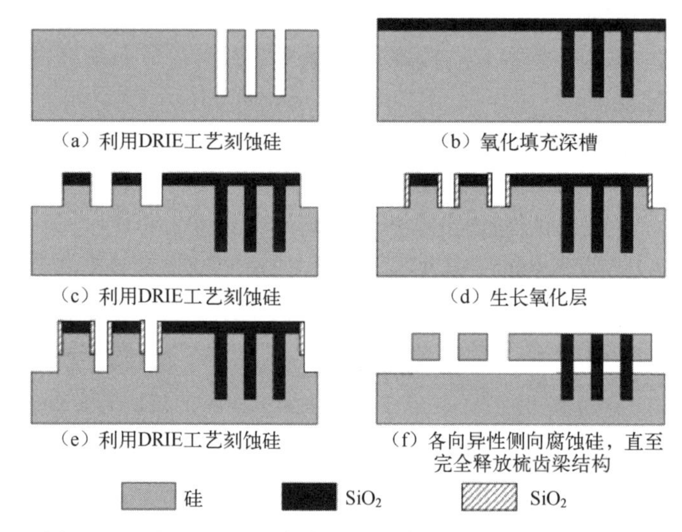

图 9-41　基于 DRIE 和各向异性释放工艺的梳齿梁工艺流程

4. 基于各向同性腐蚀的梳齿梁

Q. X. Zhang 等人[68]基于各向同性腐蚀设计制造了一种垂直梳齿梁驱动器，其结构包含一组固定的实心梳齿、一组可动的空心梳齿和一个弹性梁。垂直梳齿梁驱动器俯视图如图 9-42 所示。

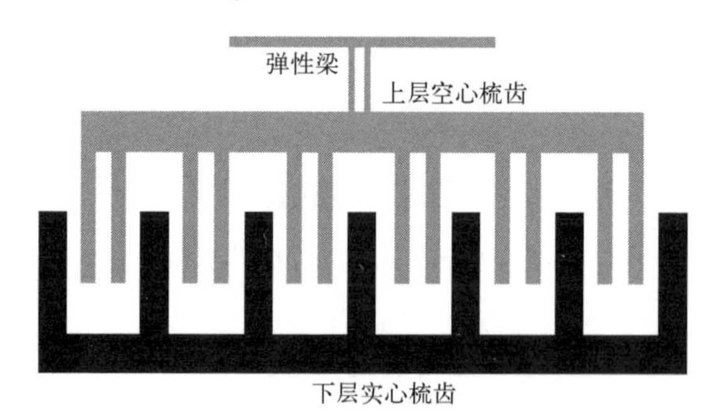

图 9-42　垂直梳齿梁驱动器俯视图

制备垂直梳齿梁驱动器的工艺流程图如图 9-43 所示。

步骤（a）：在（100）硅圆片上，采用 PECVD 技术沉积 2.0μm 四乙氧基硅烷（Tetraethoxysilane，TEOS）氧化物作为硬掩模。光刻后利用 RIE 工艺刻蚀暴露的 TEOS 氧化物，去胶。

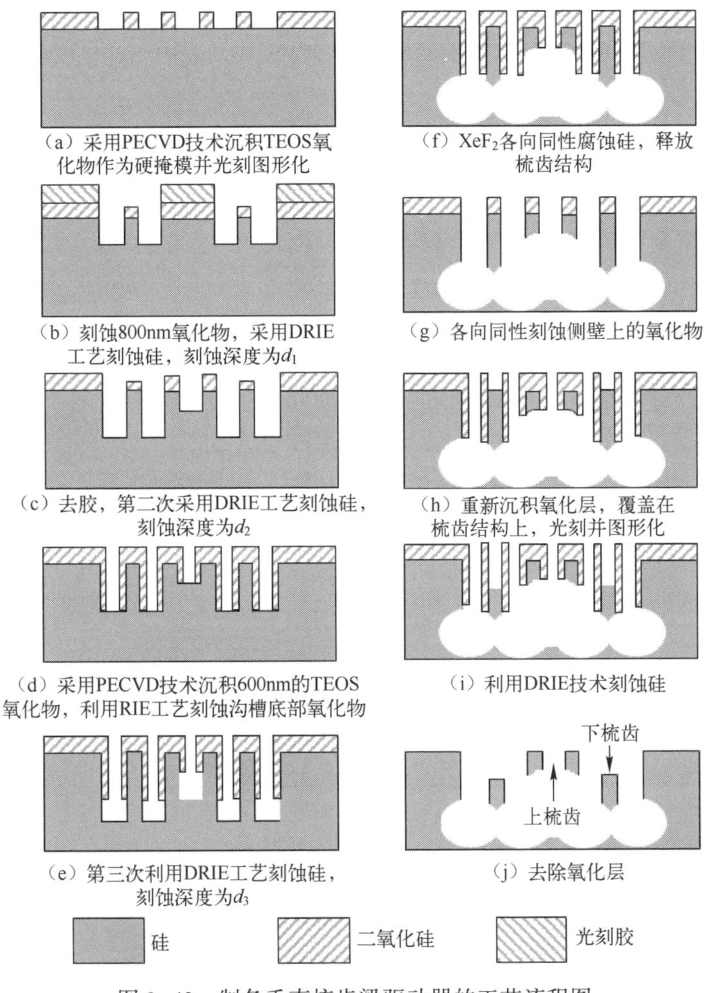

图 9-43　制备垂直梳齿梁驱动器的工艺流程图

步骤（b）：光刻并图形化，刻蚀 800nm 氧化物，减少硬膜层在实心梳齿上的厚度，其结果是空心梳齿和实心梳齿上的氧化物厚度不同。第一次采用 DRIE 工艺以 1.0 ~ 1.3μm/min 的速率刻蚀硅，此次刻蚀深度为 d_1，硅和氧化物的刻蚀选择比大于 80，此时空心梳齿和实心梳齿上的氧化物厚度差进一步增大。

步骤（c）：去胶，第二次采用 DRIE 工艺刻蚀硅，此次刻蚀深度为 d_2。

步骤（d）：采用 PECVD 技术沉积 600nm 的 TEOS 氧化物于硅圆片表面、沟槽侧壁和底部。利用 RIE 工艺刻蚀沟槽底部氧化物，而侧壁氧化物留下。

步骤（e）：第三次采用 DRIE 工艺刻蚀硅，此次刻蚀深度为 d_3。

步骤（f）：XeF_2各向同性腐蚀硅，释放梳齿结构，形成一组高实心梳齿、一组短空心梳齿。

步骤（g）：各向同性刻蚀侧壁上的氧化物，刻蚀设备 SACVD（Applied Materials Sub-Atmospheric CVD）在 500W 的功率下，使用 C_2F_6（600sccm）和 O_2（700sccm）作为刻蚀气体。

步骤（h）：重新沉积氧化层，覆盖在梳齿结构上，光刻并图形化。

步骤（i）：利用 DRIE 工艺刻蚀硅。

步骤（j）：去除氧化层。

9.4.2 梳齿梁的应用

基于 MEMS 的静电驱动器和电容传感器中常会用到梳齿梁结构。根据运动方向，梳齿梁驱动器可分为平面梳齿梁驱动器和垂直梳齿梁驱动器：平面梳齿梁驱动器可产生平动位移，垂直梳齿梁驱动器可产生转动。

Wang zhenfeng 等人[69]基于梳齿梁结构制作了一个光开关，三组梳齿梁驱动的三个垂直硅反射镜和五个锥形/透镜光纤共同完成 1×4 开关功能。梳齿梁在静电力作用下驱动镜子直线进入光路，反射镜具有 22.5°的倾斜角。三组梳齿梁驱动的光开关的 SEM 图如图 9-44 所示。

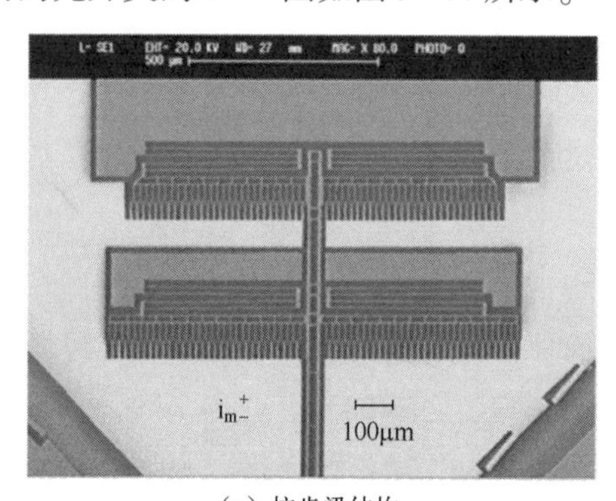

（a）梳齿梁结构

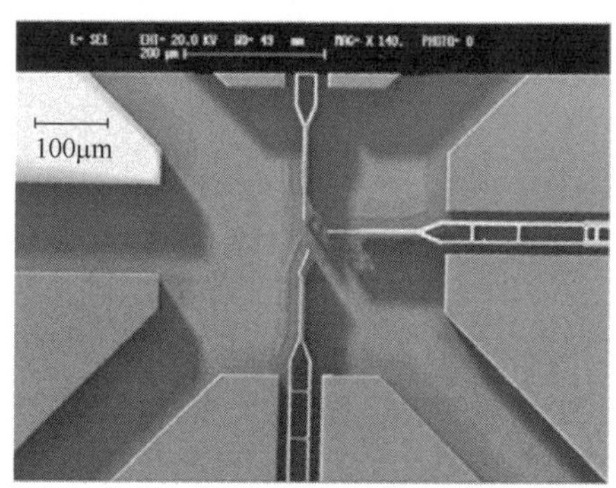

（b）光开关光路

图 9-44　三组梳齿梁驱动的光开关的 SEM 图

冯堃[70]基于梳齿梁结构设计了一种三轴 MEMS 微加速度计（见图 9-45）。该器件围绕米字形质量块呈中心对称，米字形质量块通过八组可动梳齿结构、弹性梁与锚点电极连接，可动梳齿和固定梳齿之间的电容 Cx1、Cx2、Cy1、Cy2、Cz1、Cz2、Cz3 和 Cz4 用于检测，其中，Cx1、Cx2、Cy1 和 Cy2 电容的结构相同（梳齿等高），分别用来测量 X 轴、Y 轴方向上的加速度；Cz1、Cz2、Cz3 和 Cz4 电容的结构相同（梳齿不等高），用来测量 Z 轴方向上的加速度，其中，Cz1 和 Cz2 电容所在的梳齿结构的下边缘在同一高度上，且可动梳齿结构高度为固定梳齿结构高度的一半；Cz3 和 Cz4 电容所在的梳齿结构的上边缘在同一高度上，且固定梳齿结构高度为可动梳齿结构高度的一半，这种变面积差分电容设计提高了可测量电容的灵敏度。

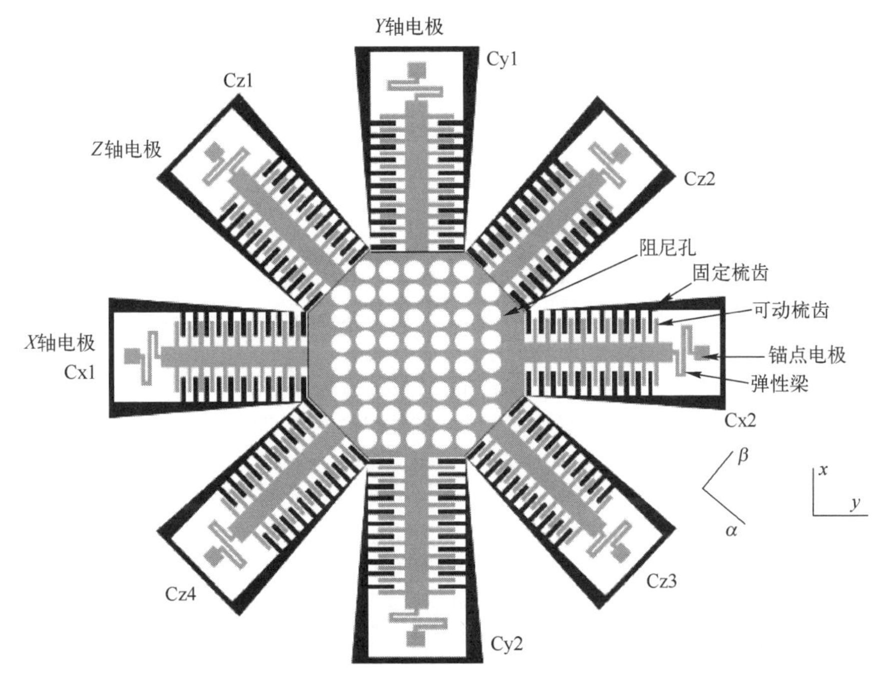

图 9-45　基于梳齿梁结构的三轴微加速度计

参 考 文 献

[1] SUTER M, ERGENEMAN O, ZÜRCHER J, et al. Superparamagnetic photocurable nanocomposite for the fabrication of microcantilevers [J]. Journal of Micromechanics and Microengineering, 2011, 21 (2), 025023.

[2] ASHOK A, GANGELE A, PAL P, et al. An analysis ot stepped trapezoidal-shaped microcantilever beams for MEMS-based devices [J]. Journal of Micromechanics and Microengineering, 2018, 28 (7): 75009.

[3] 张桂铭．微机械悬臂梁谐振传感器的关键技术与应用研究［D］．西安：西安交通大学，2014.

[4] SOHI A N, NIEVA P M. Size-dependent effects of surface stress on resonance behavior of microcantilever-basedsensors [J]. Sensors and Actuators A: Physical, 2018, 269: 505-514.

[5] 夏贝贝．基于 MEMS 技术微悬臂梁敏感结构的设计［D］．沈阳：沈阳工业大学，2018.

[6] HAN J Q, LI X X, BAO H F, et al. AFM probes fabricated with masked-maskless combined an-

isotropic etching and p^+ surface doping [J]. Journal of Micromechanics and Microengineering, 2005, 16 (2): 198-204.

[7] BALASUBRAMANIAN S, PRABAKAR K. Fabrication and characterization of SiO_2 microcantilevers by direct laser writing and wet chemical etching methods for relative humidity sensing [J]. Microelectronic Engineering, 2019, 212: 61-69.

[8] YEN Y K, LAI Y C, HONG W T, et al. Electrical detection of c-reactive protein using a single free-standing, thermally controlled piezoresistive microcantilever for highly reproducible and accurate measurements [J]. Sensors, 2013, 13 (8): 9653-9668.

[9] YANG R, ZHOU Y Z, WANG Z Y, et al. Trimethylamine detection using microcantilever chemical sensors functionalized with a self-assembled monolayer [J]. IEEE Sensors, 2010, (1-4): 5690252.

[10] ZHOU Y Z, WANG Z Y, WANG C, et al. Design, fabrication and characterization of a two-step released silicon dioxide piezoresistive microcantilever immunosensor [J]. Journal of Micromechanics and Microengineering, 2009, 19 (6): 65026.

[11] CHEN Q, FANG J, JI H F, et al. Isotropic etch for SiO_2 microcantilever release with ICP system [J]. Microelectronic Engineering, 2008, 85 (3): 500-507.

[12] YUAN Y H, DU H J, WANG P, et al. A ZnO microcantilever for high-frequency nanopositioning: Modeling, fabrication and characterization [J]. Sensors and Actuators A: Physical, 2013, 194: 75-83.

[13] GOTSZALK T, NIERADKA K, KOPIEC D, et al. Fabrication and metrology of electromagnetically actuated microcantilever arrays for biochemical sensing, parallel AFM and nanomanipulation [J]. Microelectronic Engineering, 2012, 98: 676-679.

[14] TOSOLINI G, VILLANUEVA G, PEREZ-MURANO F, et al. Silicon microcantilevers with MOSFET detection [J]. Microelectronic Engineering, 2010, 87: 1245-1247.

[15] SINGH P, MIAO J, SHAO L, et al. Microcantilever sensors with embedded piezoresistive transistor read-out: Design and characterization [J]. Sensors and Actuators A: Physical, 2011, 171: 178-185.

[16] YANG B, ZHU Y, WANG X Z, et al. High performance PZT thick films based on bonding technique for d_{31} mode harvester with integrated proof mass [J]. Sensors and Actuators A: Physical, 2014, 214: 88-94.

[17] SIONG L K, AZID I A, SIDEK O, et al. SU-8 piezoresistive microcantilever with high gauge factor [J]. Micro & Nano, 2013, 8 (3): 123-126.

[18] 李鹏，李昕欣，王跃林. 用于化学气体检测的压阻检测式二氧化硅微悬臂梁传感器 [J]. 传感技术学报，2007, 20 (10): 2174-2177.

[19] 文丰. 微悬臂梁生化传感器读出技术研究 [D]. 北京：北京理工大学，2014.

[20] HWANG K S, LEE S M, KIM S K, et al. Micro-and nanocantilever devices and systems for biomolecule detection [J]. Analytical Chemistry, 2009, 2: 77-78.

[21] DOMÍNGUEZ C M, KOSAKA P M, SOTILLO A, et al. Label-free DNA-based detection of mycobacterium tuberculosis and rifampicin resistance through hydration induced stress in microcantilevers [J]. Analytical chemistry, 2015, 87 (3): 1494-1498.

[22] ZHAO Y, GOSAI A, SHROTRIYA P. Effect of receptor attachment on sensitivity of label free

microcantilever based biosensor using malachite green aptamer [J], Sensors and Actuators B: Chemical, 2019, 300: 126963.

[23] JEON S, THUNDAT T. Instant curvature measurement for microcantilever sensors [J]. Applied PhysicsL etters, 2004, 85 (6): 1083-1084.

[24] DAREING D W, THUNDAT T. Simulation of adsorption-induced stress of a microcantilever sensor [J]. Journal of Applied Physics, 2005, 97 (4): 043526.

[25] 霍寅龙，王宇新，徐英明，等. 微悬臂传感器在生物、药物和环境分析中的应用 [J]. 医学研究与教育, 2012, 29 (1): 61-65.

[26] STONEY G G. The tension of metallic films deposited by electrolysis [J]. Proc R Soc, 1901, 82 (553): 172-175.

[27] ZHANG H Y, PAN H Q, ZHANG B L, et al. Microcantilever Sensors for Chemical and Biological Applications in Liquid [J]. Chinese Journal of Analytical Chemistry, 2012, 40 (5): 801-808.

[28] MAYNES J T, BATEMAN K S, CHERNEY M M, et al. Crystal structure of the tumor-promoter okadaic acid bound to protein phosphatase-1 [J]. Journal of Biological Chemistry, 2001, 276 (47): 44078-44082.

[29] CHOU Y, CHIANG H, WANG C. Study on Pd functionalization of microcantilever for hydrogen detection promotion [J]. Sensors and Actuators B: Chemical, 2008, 129: 72-78.

[30] AMÍ ROLA J, RODRÍGUEZ Á, CASTANER L, et al. Micromachined silicon microcantilevers for gas sensing applications with capacitive read-out [J]. Sensors and Actuators B: Chemical, 2005, 111-112: 247-253.

[31] PLATA M R, HERNANDO J, ZOUGAGH M, et al. Characterization and analytical validation of a microcantilever-based sensor for the determination of total carbonate in soil samples [J]. Sensors and Actuators B: Chemical, 2008, 134 (1): 245-251.

[32] WANG J, WU W, HUANG Y, et al. Microcantilever humidity sensor based on embedded nMOSFET with <100>-crystal-orientation channel [C]. IEEE sensors conference, 2009: 727-730.

[33] BASHIR R, HILT J Z, ELIBOL O, et al. Micromechanical cantilever as an ultrasensitive pH microsensor [J]. Applied Physics Letters, 2002, 81 (16): 3091-3093.

[34] LEE J H, HWANG K S, PARK J, et al. Kim. Immunoassay of prostate-specific antigen (PSA) using resonant frequency shift of piezoelectric nanomechanical microcantilever [J]. Biosensors and Bioelectronics 2005, 20 (10): 2157-2162.

[35] FERNANDEZ R E, HAREESH V, BHATTACHARYA E, et al. Comparison of a potentiometric and a micromechanical triglyceride biosensor [J]. Biosensors and Bioelectronics. 2009, 24 (5): 1276-1280.

[36] FRITZ J, BALLER M K, LANG H P, et al. Translating biomolecular recognition into nano-mechanics [J]. Science, 2000, 288 (5464): 316-318.

[37] ZHANG J, LANG H P, HUBER F, et al. Rapid and label-free nanomechanical detection of biomarker transcripts in human RNA [J]. Nature Nanotechnology, 2006, 1 (3): 214-220.

[38] RAITERI R, GRATTAROLA M, BUTT H J, et al. Micromechanical cantilever-based biosensors [J]. Sensors and Actuators B: Chemical, 2001, 79: 115-126.

[39] JI H F, THUNDAT T, DABESTANI R, et al. Ultrasensitive detection of Cr_2O_4-using a microcantilever sensor [J]. Analytical Chemistry, 2001, 73 (7): 1572-1576.

[40] CHERIAN S, GUPTA R K, MULLIN B C, et al. Detection of heavy metal ions using protein-functionalized microcantilever sensors [J]. Biosensors and Bioelectronics, 2003, 19 (5): 411-416.

[41] BALLER M K, LANG H P, FRITZ J, et al. A cantilever array-based artificial nose [J]. Ultramicroscopy, 2000, 82 (1-4): 1-9.

[42] YINON J. Detection of explosives by electronic noses [J]. Analytical Chemistry, 2003, 75 (5): 98-105.

[43] MURALIDHARAN G, WIG A, PINNADUWAGE L A, et al. Adsorption-desorption characteristics of explosive vapors investigated with microcantilevers [J]. Ultramicroscopy, 2003, 97 (1-4): 433-439.

[44] LOCK J P, GERAGHTY E, KAGUMBA L C, et al. Trace detection of peroxides using a microcantilever detector [J]. Thin Solid Films, 2009, 517 (12): 3584-3587.

[45] XU J, BERTKE M, WASISTO H S, et al. Piezoresistive microcantilevers for humidity sensing [J]. Journal of Micromechanics and Microengineering, 2019, 29: 053003.

[46] 冯飞. 微机械法布里-珀罗干涉型光学读出非致冷热成像技术研究 [D]. 北京: 中国科学院, 2004.

[47] TEZCAN D S, KOCER F, AKIN T. An uncooled microbolometer infrared detector in any standard CMOS technology [J]. in Int. Conf. on Solid-State Sensors & Actuators (TRANSDUCERS'99), 1999, (7-10): 610-613.

[48] PATIL S J, ADHIKARI A, BAGHINI M S, et al. An ultra-sensitive piezoresistive polymer nano-compositemicrocantilever sensor electronic nose platform for explosive vapor detection [J]. Sensors and Actuators B: Chemical, 2014, 192: 444-451.

[49] FEI F, JIWEI J, BIN X, et al. A Novel all-light optically readable thermal imaging sensor based on MEMS technology [C]. The second IEEE international conference on sensors, 2003.

[50] OHMICHI E, MIK I T, HORIE H, et al. Mechanically detected terahertz electron spin resonance using SOI-based thin piezoresistive microcantilevers [J]. Journal of Magnetic Resonance, 2018, 287: 41-46.

[51] BINNIG G, QUATE C F, GERBER C. Atomic force microscope [J]. Physical Review Letters, 1986, 56 (9): 930-933.

[52] SNL-10 Overview [EB/OL]. [2021-11-03]. https://www.brukerafmprobes.com/p-3693-snl-10.aspx.

[53] Microbolometers wafer-level-packaged VO_x [EB/OL]. [2021-11-03]. https://www.teledynedalsa.com/en/products/imaging/infrared-detetors/microbolometers/.

[54] FEI F, GUANGLI Y, BIN X, et al. A new method for protection of anchors in releasing microstructure by using XeF_2 etching process [C]. IEEE Transducers 2007, Lyon, France, June10-14, 2007: 559-562.

[55] PEETERS E, VERGOTE S, PUERS B, et al. A highly symmetrical capacitive micro-accelerometer with single degree-of-freedom response [J]. Journal of Micromechanics & Microengineering, 1992, 2 (2): 104-112.

[56] YAZDI N, NAJAFI K. An all-silicon single-wafer micro-g accelerometer with a combined surface and bulk micromachining process [J]. Journal of Microelectromechanical Systems, 2002, 9 (4): 544-550.
[57] ZHOU X, CHE L, XIONG B, et al. Single wafer fabrication of a symmetric double-sided beam-mass structure using DRIE and wet etching by a novel vertical sidewall protection technique [J]. Journal of Micromechanics & Microengineering, 2010, 20 (11): 115009-115022.
[58] ZHOU X F, CHE L, XIONG B, et al. A novel capacitive accelerometer with a highly symmetrical double-sided beam-mass structure [J]. Sensors & Actuators A Physical, 2012, 179: 291-296.
[59] ZHOU X F, CHE L F, LIANG S L, et al. Design and fabrication of a MEMS capacitive accelerometer with fully symmetrical double-sided H-shaped beam structure [J]. Microelectronic Engineering, 2015, 131: 51-57.
[60] LI W, SONG Z, LI X, et al. A novel sandwich capacitive accelerometer with a double-sided 16-beam-mass structure [J]. Microelectronic Engineering, 2014, 115: 32-38.
[61] 李波. 梳齿电容式微加速度传感器研究与设计 [D]. 西安: 西安电子科技大学. 2013.
[62] RICHARD S, JAN G, KLAUS J. Silicone oil damping for quasi-static micro scanners with electrostatic staggered vertical comb drives [J]. IFAC-PapersOnLine, 2019, 52 (15): 37-42.
[63] LASZCZYK K, BARGIEL S, GORECKI C, et al. A two directional electrostatic comb-drive X-Y micro-stage for MOEMS applications [J]. Sensors & Actuators A Physical, 2010, 163 (1): 255-265.
[64] HAH D, CHOI C A, KIM C K, et al. A self-aligned vertical comb-drive actuator on an SOI wafer for a 2D scanning micromirror [J]. Journal of Micromechanics & Microengineering, 2004, 14 (8): 1148-1156.
[65] LIU Y, XU J, ZHONG S, et al. Large size MEMS scanning mirror with vertical comb drive for tunable optical filter [J]. Optics & Lasers in Engineering, 2013, 51 (1): 54-60.
[66] LEE S C, PARK S, CHO D D. Honeycomb-shaped deep-trench oxide posts combined with the SBM technology for micromachining single-crystal silicon without using SOI [J]. Sensors and Actuators A: Physical, 2002, 97-98: 734-738.
[67] PARK S, LEE S, CHO S. Mesa-supported, single-crystal microstructures fabricated by the surface/bulk micromachining process [J]. Japanese Journal of Applied Physics, 1999, 38 (7): 4244-4249.
[68] ZHANG Q X, LIU A Q, LI J, et al. Fabrication technique for microelectromechanical systems vertical comb-drive actuators on a monolithic silicon substrate [J]. Journal of Vacuum Science & Technology B Microelectronics & Nanometer Structures, 2005, 23 (1): 32-41.
[69] WANG Z F, CAO W, SHAN X C, et al. Development of 1 × 4 MEMS-based optical switch [J]. Sensors and Actuators A Physical, 2004, 114 (1): 80-87.
[70] 冯堃. 基于 SOI 的三轴 MEMS 微加速度计的设计与工艺研究 [D]. 成都: 电子科技大学, 2020.

第10章 纳米敏感结构制造技术

超高灵敏甚至分子水平痕量检测可满足生物、环境、国防等领域对痕量物质检测的要求，这也是MEMS的发展目标。现有MEMS传感器的检测原理大多沿袭了传统传感器的检测原理，存在痕量物质检测难的问题。纳米效应基础研究表明，利用纳米效应可以研制出全新原理的高性能微纳传感器，可显著提高传感器的灵敏度，实现超高灵敏检测，从而解决痕量物质检测难的问题。

纳米线是一类重要的纳米敏感结构，由于比表面积大，其表面调制效率非常高，特别适合检测敏感材料俘获的表面电荷，实现超高灵敏检测。作为传感器的敏感元件，硅纳米线主要利用表面效应（传感器表面附近环境的微小变化引起的纳米线表面电势变化），对其电导率进行调制。硅纳米线稳定、可重复的电学特性，可保证精确可靠的直接电读出；超高的比表面积，使其对环境变化极其敏感，能够极大提升检测的灵敏度。硅纳米线附近微环境中由离子、分子、细胞等引起的电荷浓度变化，对硅纳米线沟道电导率具有调制作用。换句话说，硅纳米线的电导依赖于周围环境，其载流子浓度会随着附近电场的变化而变化。在已有的裸硅纳米线结构的基础上，使用混合结构的方法，即通过加入具有一定功能的材料对硅纳米线进行修饰，就能够根据需求改进硅纳米线的选择特性，使传感器具有更优异的性能。

以往纳米敏感结构主要采用物理束流或化学制备方法制造，物理束流方法尽管尺寸控制精度高，但成本高、效率低；化学制备方法尽管成本低、效率高，但定位和尺寸控制精度低，因此两种方法都难以实现规模制造。本章内容主要围绕最常用的硅纳米线敏感结构制造技术，通过物理或化学作用产生的自对准和自停止等自限制原理，避免工艺偏差对纳米敏感结构尺寸的影响，采用常规MEMS工艺将大部分硅去除掉，仅留下纳米尺度的硅，形成基于自限制特性的硅纳米线敏感结构制造技术。

10.1 硅纳米线制造方法及关键工艺

当前主要有两种主流的硅纳米线制造方法：一种是“自下而上”的方法；一种是“自上而下”的方法[1]。

“自下而上”是一种依靠化学气相沉积合成硅纳米线的方法，其中，基于气-液-固（VLS）原理的方法是“自下而上”制备硅纳米线最常用的方法。Wagner 和 Ellis 在 1964 年提出 VLS 的方法，并基于其原理较好地解释了在微米尺度下硅晶须的气相生长过程[2]。1998 年，哈佛大学的 Charles M. Lieber 课题组和 Lee 课题组报道了基于激光烧灼技术合成硅纳米线的方法，纳米尺度的半导体纳米线真正出现在广大科研工作者的视野中。Lieber 课题组利用激光烧蚀技术在纳米尺度下成功实现了催化剂团簇制备，基于此，晶格质量极高的单晶硅和 Ge 纳米线的 VLS 生长也取得了非常大的进步，直径可达 10nm 以下[3]。与此同时，Lee 课题组报道了一种高温激光烧蚀法（1200℃），通过该方法在不使用金属催化剂的情况下，成功实现了直径分布在 3～43nm 的硅纳米线的制备[4]。与 VLS 原理类似的“自下而上”的方法还有很多，如 SFLS（超临界流体-液体-固体）、SFSS（超临界流体-固体-固体）、SLS（溶液-液体-固体）、VSS（蒸气-固体-固体）和 OAG（氧化物辅助生长）等。由于“自下而上”的方法制造的硅纳米线在衬底上的排列和方向通常是无序的，因此研究高效和大规模的组装技术，实现高质量硅纳米线在方向和密度上的高度可控及在衬底上的可转移性，对于传感器的制造具有重大意义。为了实现高质量硅纳米线的高效和大规模组装的目标，科研人员提出了许多组装方法，包括 Langmuir-Blodgett 技术[5]、微流控技术[6]、吹泡法[7]、电场辅助对准[8]、磁场辅助对准[9]、接触印刷和纳米精梳技术[10]。

“自上而下”的硅纳米线制备方法主要依赖光刻、刻蚀等工艺。基于该原理的方法主要包括深/极紫外（DUV/EUV）曝光[11]、电子束曝光（EBL）[12-14]、光刻-刻蚀-腐蚀-热氧化[15-16]、纳米压印（NIL）[17]、倾斜薄膜沉积等[18]。与“自下而上”的硅纳米线制备工艺相比，“自上而下”的硅纳米线制备方法在光刻过程中实现了硅纳米线的准确定位，这使得硅纳米线的大批量制备向前迈出了一大步。平行于衬底的硅纳米线可以通过掩模制造光栅结构或者线状结构，并通过适当的刻蚀工艺将图案转移到衬底上来制备。类似地，垂直于衬底的硅纳米线可以通过使用由小尺寸的点或多边形结构组成的掩模，并通过适当的各向异性刻蚀工艺将掩模图案转移到衬底上来制备。EBL 和 DUV/EUV 曝光的方法能够高精度、高可控性地制造出硅纳米线，但其设备昂贵，制造成本高昂。最近几年，科研人员通过巧妙的器件结构设计，精准的工艺条件把控，同时利用硅的各向异性腐蚀的物理特性，成功解决了传统光刻技术精度不足的问题，避免了使用 EBL、DUV/EUV 曝光等昂贵工艺来制造硅纳米线结构[19-20]。这类硅纳米线制造工艺主要有 ICP 工艺、侧壁掩模技术、自限制氧化工艺、倾斜薄膜沉积等。利用 ICP 工艺实现硅纳米线制备的原理是 DRIE 过程的“先刻蚀再钝化保护然后刻蚀”的循环过程使得刻蚀侧壁形成褶皱的周期性结构，基于该周期性结构得到多条平行的硅纳米线。侧壁掩模技术制备硅纳米的原理是在台阶侧壁处沉积的多晶硅比在平面上沉积的多晶硅要厚，通过控制刻蚀时间，保留台阶侧壁附近的多晶硅得到硅纳米线，即将纵向薄膜厚度转化为横向线条宽度。利用侧壁掩模技术制得的硅纳米线的宽度与最初的薄膜厚度满足一定的定量关系，并不完全依赖于最初的光刻工艺。自限制氧化制备硅纳米线的原理是硅材料在氧化过程中的自限制原理，也就是受应力的影响，微纳尺度下的硅材料在特定温度下的氧化速率比体硅要低很多，因此完全可以通过控制氧化温度和时间来实现对硅纳米线尺寸的控制。

10.1.1 氧化工艺

对于基于硅材料的半导体器件来说，热氧化工艺在众多半导体工艺中扮演着不可替代的角色。其稳定的氧化关系首先可用来精确减薄 SOI 的顶层硅厚度，其整片厚度波动小于 5%。而当氧化工艺被应用于纳米结构或不同材料边界时，会呈现出与体硅氧化不同的工艺特性，这些特性可被应用于硅纳米线器件的制备。

1. 氧化工艺中的“自限制效应”

当器件结构缩小到纳米尺度时，跟体硅相比，微纳结构的氧化速率会发生较大的变化。Ishii 等人[21]通过实验发现，硅纳米线在经过 8h 950℃的干氧氧化后只生成了 55nm 的氧化层，而用作参考的同批体硅材料的氧化层厚度为 134nm，由此可知硅纳米线在氧化过程中存在某种“自限制效应”，Liu 等人[22]给出了系列实验的结果（见图 10-1），其中 d_j 为硅纳米线初始直径。研究表明，氧化过程中应力对氧化速率有很大影响，尤其在纳米针尖、较细的硅纳米线、沟槽的底部及侧壁与表面的交界处，复杂的应力分布使得氧化速率变得不均匀。

在纳米结构的氧化中，界面反应常数、氧化剂扩散系数、固溶度及氧化物的黏滞系数等，都随着应力集中发生了改变。在做过应力分析之后，Chen 根据他的模型，推导出了非流动性氧化层厚度的表达式，指出了氧化速率与硅纳米线的初始直径有很大关系[23]。硅纳米线的氧化速率表现出非常明显的“自限制”现象，即硅纳米线的氧化速率随自身的尺寸的减小而减小。随着氧化时间的逐渐增加，硅纳米线表面的氧化层厚度逐渐增加，当达到某一厚度后，氧化过程就很难继续进行了。因此硅纳米线氧化中的自限制效应对制作超细硅纳米线具有指导意义。当硅纳米线的初始直径小于50nm，温度低于950℃时，很难通过氧化的方法把硅纳米线完全消耗掉，所以在满足高可靠性的条件下，通过热氧化工艺可以实现进一步减小硅纳米线尺寸的目标。不仅如此，硅纳米线表面氧化层的极限厚度与硅纳米线的初始尺寸成正比，原本较粗的硅纳米线会氧化得多一些，而原本较细的硅纳米线会氧化得少一些，因此通过热氧化的方法不仅可以减细硅纳米线，还可以提高硅纳米线尺寸的均一性。

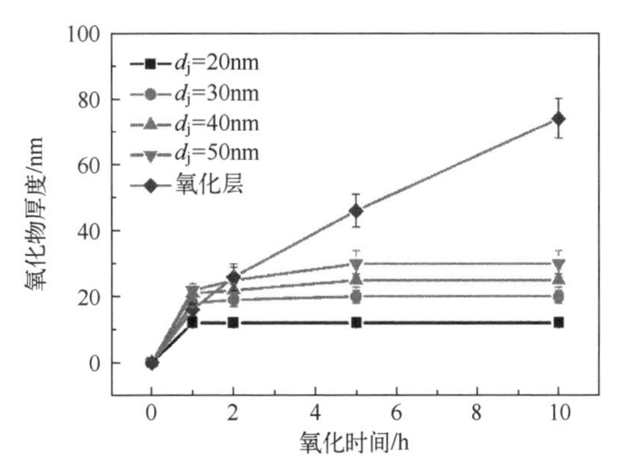

图 10-1　硅纳米线的氧化速率与其自身的初始尺寸的关系[22]

2. 局部氧化工艺

局部氧化工艺（LOCOS）是当今半导体工艺手段的重要组成部分，常常被用来作为电气隔离手段。由于其具有自对准属性和较好隔离性，已经成为较低线宽集成电路制造技术的隔离标准。图 10-2 所示为上海微系统所制作的“鸟嘴效应”示意图，氮化硅一般使用 LPCVD 技术沉积在硅的薄层氧化层上，氧化层的作用是缓冲薄膜沉积过程中产生的应力。光刻并刻蚀形成氮化硅图形，再次利用该掩模进行离子注入工艺以调整阈值电压，然后去除光刻胶，对硅衬底进行氧化。由于使用 LPCVD 技术得到的氮化硅层极其致密，氧化剂很难在其中扩散，因此这类氮化硅薄膜可作为掩模层来防止硅衬底氧化。相反，未被氮化硅保护的地方，自对准生成氧化隔离场区。在硅与氧结合生成二氧化硅时，体积会发生膨胀，增大为原来的 2.25 倍。由于氧化剂在图形边缘的侧向扩散，形成渐变的二氧化硅薄膜，氮化硅图形的边缘被向上翘起，二氧化硅层由于顶部氮化硅的存在而凸起，形成类似鸟嘴的结构，因此该效应被称为“鸟嘴效应”。

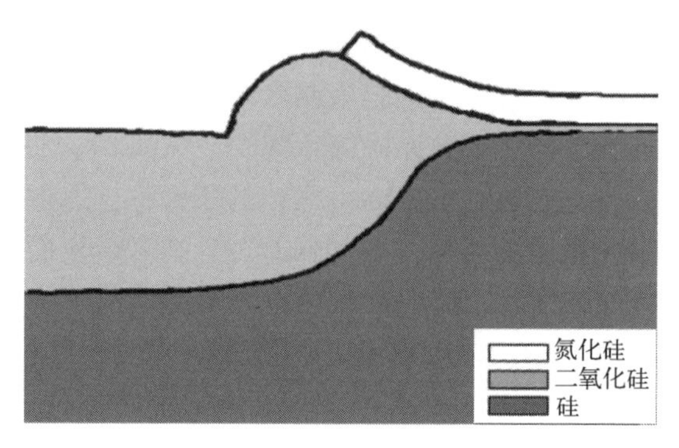

图 10-2 “鸟嘴效应”示意图

10.1.2 湿法腐蚀工艺

虽然在微电子工艺中，干法刻蚀已经占据重要地位，但对于采用微米光刻的纳米加工来说，其加工尺寸远小于普通 MEMS 结构尺寸，工艺可控性无法得到保证。另外，干法工艺的刻蚀界面粗糙，精度不易控制，对纳米结构电子器件的性能参数会造成很大影响。因此在设计中，采用稳定的湿法腐蚀工艺来实现硅纳米线器件的制备。

1. 各向异性腐蚀

使用硅的各向异性碱性腐蚀液，腐蚀掉未被掩模（氧化硅、二氮化硅等）保护的薄层硅是形成纳米结构的关键工艺。具有金刚石结构的单晶硅受硅表面悬挂键和原子密度不同等因素的影响，与（100）面的硅原子相比，（111）面的硅原子的活化能要高很多，因此在湿法腐蚀过程中，该面的腐蚀速率要低得多。实际湿法腐蚀过程中出现的独特的结构形貌大多也是因此产生的，如果在（100）面上，沿<110>晶向开一个腐蚀窗口，相比其他晶面，由于硅（111）面腐蚀速率极慢，因此会形成倒梯形或“V”形的腐蚀槽。图 10-3 所示为上海微系统所制作的基于（100）硅衬底的各向异性腐蚀示意图，图中的 $\alpha=54.74°$。

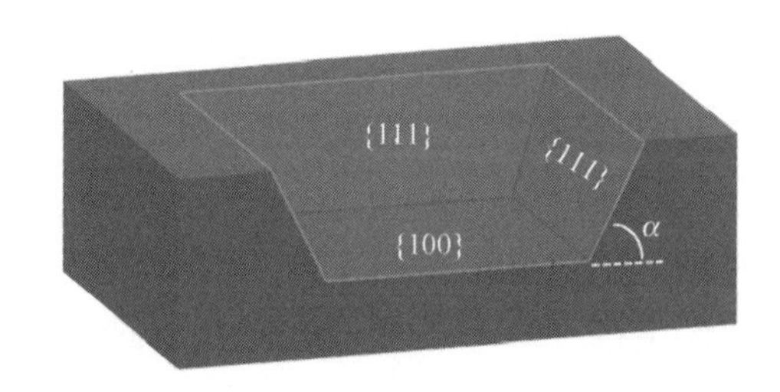

图 10-3 基于（100）硅衬底的各向异性腐蚀示意图

在各向异性腐蚀中，常用的腐蚀剂有 EPW、KOH、TMAH、联胺溶液、氨水等，这类腐蚀剂的腐蚀机理非常相近，都是基于 OH^- 与硅之间发生的氧化还原反应，该化学反应的产物一般为络合物，能溶于水。为了能够更好地与集成电路工艺兼容，以 TMAH 为硅纳米线微加工过程中的各向异性腐蚀液为例进行介绍。TMAH 应用广泛且优点众多，因为内部不含金属离子，所以与标准 CMOS 工艺兼容，并且无毒，易于操作，对二氧化硅几乎没有腐蚀作用。但是 TMAH 也存在一些问题，如对（100）面和（111）面腐蚀速率选择比较低，最高只有 40:1 左右（浓度 40wt.%，温度 60℃下），同时对于金属的腐蚀，特别是常用来作为电极的铝，腐蚀速率大于 1μm/min，这些问题在硅纳米线制备过程中需要特别注意。TMAH 需采用较高的腐蚀温度（70 ~ 90℃），以达到快速腔体腐蚀或结构释放的目的。然而，在纳米加工过程中，其工艺控制不易实现，易造成工艺一致性的下降。对 TMAH（25wt.%）在不同温度范围的腐蚀行为进行表征，以将这种高度可控的各向异性腐蚀工艺应用于硅纳米线结构的制备。实验中发现（111）面的横向腐蚀速率是不断变化的，腐蚀时间越长，腐蚀速率越慢。这是因为随着腐蚀的深入，溶液交换速率逐渐小于腐蚀速率，在发生反应的界面处不能保持恒定的溶液浓度，不仅如此，TMAH 腐蚀需要在高温条件下进行，高温条件使得溶液浓度下降，从而使腐蚀速率发生变化，因此腐蚀时间不能过长。当设定腐蚀温度较低时，腐蚀速率减小，腐蚀同样的厚度需要更长的时间，TMAH 的蒸发问题将使得整个腐蚀过程难以控制；当设定腐蚀温度较高时，腐蚀速率增大，但过高的腐蚀温度会导致较为严重的图形削角问题，因此选择 TMAH 作为腐蚀剂时腐蚀温度不能设定得太高也不能设定得太低。经过多次实验后决定采用 50℃作为腐蚀条件。利用 TMAH 对二氧化硅下薄层硅的横向腐蚀可以用来在 SOI 上细化硅纳米线。先将 SOI 的顶层硅减薄至 100nm，上方用 100nm 的二氧化硅覆盖，然后在较低的腐蚀温度下利用 TMAH 对 SOI 进行腐蚀，测得纳米硅层的侧蚀速率（140nm/h）与体硅侧蚀速率（210nm/h）相比约减小了 30%，说明腐蚀极大地受到纳米沟道的限制。同时，TMAH 溶液对侧壁二氧化硅保护的硅层有明显减薄作用，应用这种侧蚀技术，不仅能减小硅纳米线的特征尺寸，还能有效改善硅纳米线表面的粗糙程度。图 10-4 所示为上海微系统所制作的利用 TMAH 对硅纳米线进行细化的示意图。

2. 各向同性腐蚀

在半导体微加工工艺中，利用 HF 腐蚀二氧化硅是非常常见的。使用 HF 对氧化层进行大面积腐蚀的半导体工艺是非常成熟的。一般情况下使用工业标准的 HF 和 NH_3F 混合液（BOE），在 35℃条件下，它的腐蚀速率约为 2000Å/min，并不会出现其他腐蚀剂腐蚀速率受膜厚和腐蚀时间影响的问题。但对于牺牲层结构的腐蚀，如果需要横向掏空的距离比较大而二氧化硅牺牲层比较薄，随着腐蚀时间的增长，腐蚀液在各种微结构的空隙内交换就比较困难，溶液浓度的恒定很难保证，因此腐蚀速率会随腐蚀时间而改变。

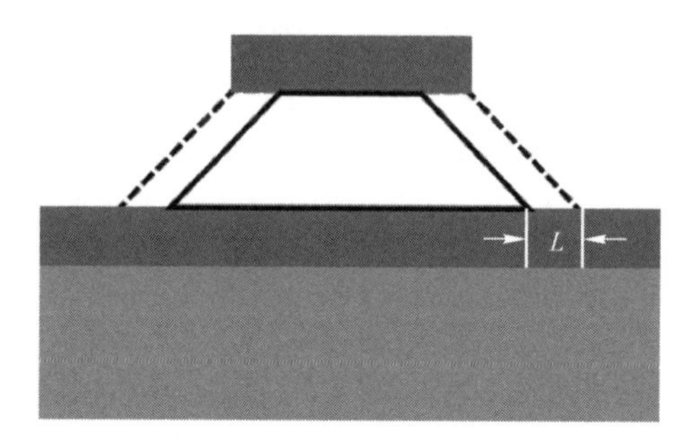

图 10-4　利用 TMAH 对硅纳米线进行细化的示意图

当前主要采用一阶、二阶混合的模型来计算腐蚀速率随时间的变化，该模型主要基于液体扩散理论和反应当量理论。图 10-5 所示为上海微系统所制作的牺牲层腐蚀的扩散模型。图 10-5 中 $C(x,t)$ 为在 t 时刻、位置 x 处的腐蚀剂的浓度；C_b 为体空间内 HF 溶液的浓度；C_s 为腐蚀界面处腐蚀液的浓度，$\delta(t)$ 为腐蚀时间跨度。在实际纳米加工过程中，尤其是下降到纳米量级的牺牲层的腐蚀过程中，随着牺牲层厚度的减小，呈现两个明显不同的腐蚀区间。图 10-6 所示为上海微系统所对腐蚀速率随牺牲层厚度的变化趋势进行的表征，随着牺牲层厚度下降，腐蚀速率下降幅度可达 30%。

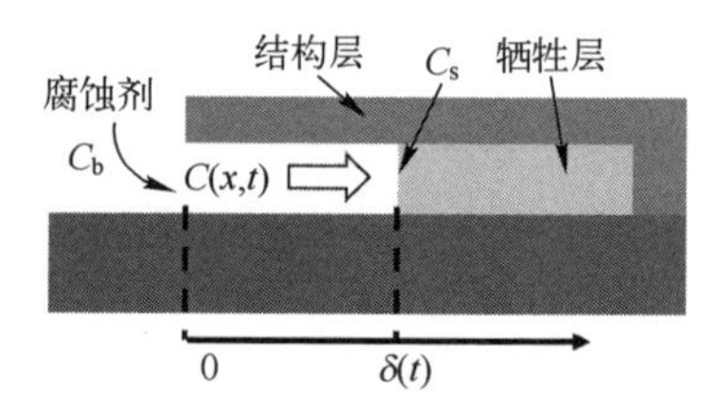

图 10-5　牺牲层腐蚀的扩散模型

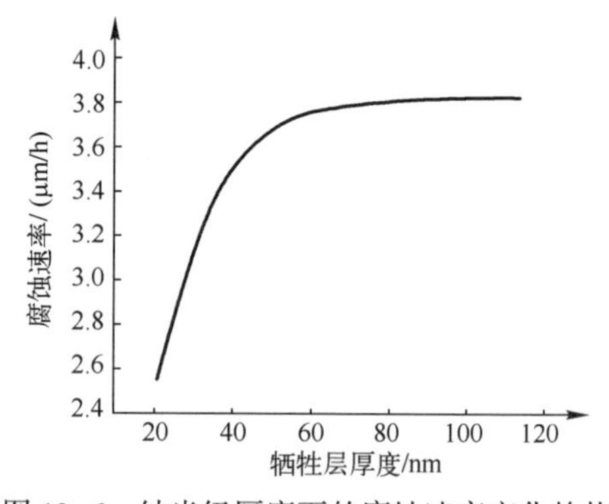

图 10-6　纳米级厚度下的腐蚀速率变化趋势

牺牲层腐蚀速率在通常情况下是正比于扩散系数的，但溶液的扩散受微结构的影响较大，所以腐蚀速率会随着牺牲层厚度的减小而减小。然而，当牺牲层厚度小于 50nm 时，若腐蚀速率突变，则意味着扩散机制已不再主导腐蚀行为，而是沟道双电层效应主导腐蚀行为，主要表现在随着牺牲层厚度减小至纳米级，离子在扩散层受电势的阻碍作用愈加显著，甚至大大超过溶液扩散的影响。龚宜彬等人[24]认为双电层电渗势是纳米厚度牺牲层腐蚀的主要影响因素，同时他们对双电层效应进行了简要推导与定性分析。固体表面携带电荷，电荷与溶液中的带电离子发生库仑相互作用并建立一个电场。库仑力使得固体表面附近的离子浓度远高于溶液中的离子浓度，这样一层离子层称作紧凑层，厚度大约为 0.5nm，由于强烈的相互作用，固定表面的离子几乎不能移动，不同的是在扩散层内，由于库仑相互作用的减弱，离子是可以发生相对运动的。双电层厚度受固体表面电势、溶液内离子浓度、溶液本身的性质的影响极大，能够从几纳米变化到几百纳米。采用 50nm 到 100nm 的牺牲层厚度，可以达到比较稳定的 BOE 腐蚀速率（见图 10-6），且腐蚀速率随厚度减小的幅度很小，便于控制。

10.2　鸟嘴型硅纳米线制造方法

10.2.1　工艺参数

氧化减薄过程中，采用 1100℃ 干氧氧化工艺，每次氧化厚度不超过 2000Å，误差不超过 5%。通过精确的干氧氧化和 BOE 减薄过程，可以将顶层硅厚度控制在 700~800Å，同时误差不超过 10%（取决于 SOI 顶层硅的初始误差），还可以避免厚度变薄带来的阻值激增。后续工艺中，统一采用时长不等的 950℃ 干氧氧化，氧化厚度在 300Å 以下精确可控。由于存在明显的氧化自限制效应，因此硅纳米线便于被细化。同时，由于黏滞阻力导致的流动性下降，因此以（111）晶面为界的三角形硅纳米线截面得以保持，而且（111）晶面更容易形成致密的定向单分子生物敏感膜，可提供更高的特异性和吸附概率，大幅降低自由吸附，成为提高灵敏度的有效手段之一，对于后期的生化传感是有利的。当采用较高的氧化温度（1000℃以上）时，利用 LPCVD 技术沉积的氮化硅易生成氮氧化硅，难以去除，器件成品率因此下降；当采用较低的温度（850℃以下）时，氧化产物的界面缺陷数量将大幅上升，器件性能因此退化。采用 950℃ 干氧氧化有利于提高器件成品率并降低硅纳米线体的缺陷密度。

10.2.2　工艺流程

图 10-7 所示为上海微系统所制作的基于“鸟嘴效应”的硅纳米线制造主要工艺流程。

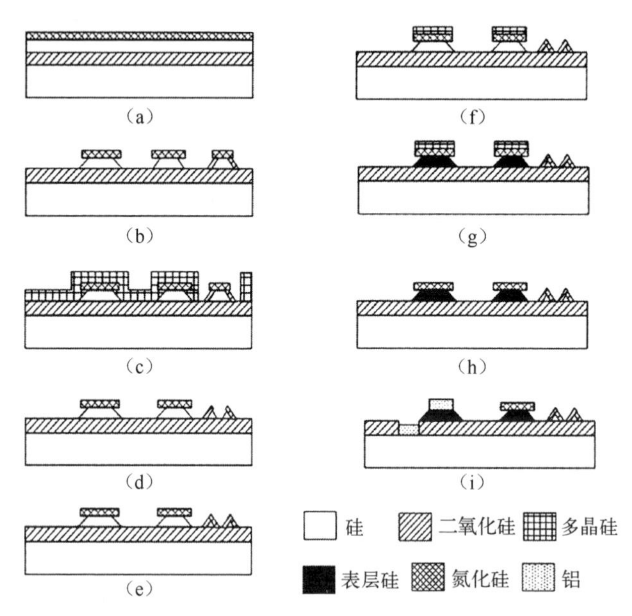

图 10-7　基于“鸟嘴效应”的硅纳米线制造主要工艺流程

步骤（a）：通过不断的氧化和 BOE 腐蚀减薄表层硅，最终表层硅的厚度为 80nm，上有一层利用 LPCVD 技术沉积的低应力氮化硅，厚度为 500Å。与 PECVD 技术沉积的氮化硅相比，LPCVD 技术沉积的氮化硅具有致密性好，耐腐蚀等优点。同时，采用低应力薄膜有利于降低氮化硅对于表层硅的晶格损伤。

步骤（b）：通过光刻和离子束刻蚀将图形转移到氮化硅上，去胶后利用氮化硅做掩模，采用 25wt.%TMAH 溶液，在 50℃条件下，腐蚀掉未被保护的表层硅。形成两侧（111）自停止面，斜面与底面的夹角是 54.7°。在 950℃条件下氧化生长一层厚 300Å 左右的二氧化硅，保护已腐蚀得到的硅（111）面，有氮化硅的部分被致密氮化硅的保护未氧化，而在氮化硅与硅的交界处边缘，则出现“鸟嘴效应”。

步骤（c）：采用 LPCVD 技术沉积一层低应力多晶硅（1000Å）作为氮化硅腐蚀掩模，并光刻开出腐蚀窗口。

步骤（d）：采用热磷酸（98%，150℃）去除该部位的低应力氮化硅。并使用 TMAH 溶液腐蚀表层硅，同样由于各向异性的腐蚀速率，（111）面出现自停止，与先前的（111）面组成横截面为等腰梯形的硅纳米线。等腰梯形的高为 80nm。硅纳米线的宽度与光刻精度无关，由表层硅厚度和鸟嘴区长度共同决定。通过延长 TMAH 腐蚀时间，可以实现单侧二氧化硅保护下的硅纳米线减薄，该步工艺可以使硅纳米线的厚度进一步减薄至 40nm 左右，相应的宽度减小至 57nm

左右。同时，引线区的厚度不受影响，保证了较低的接触电阻。

步骤（e）：通过进一步自限制氧化（在950℃条件下），得到更细的硅纳米线，并对硅纳米线进行了保护，减少了硅表面的悬空键数目，提高了其作为传感器的稳定性。

步骤（f）：利用LPCVD技术沉积一层低应力多晶硅（厚度为1000Å）作为离子注入的掩模，并光刻形成离子注入的窗口。

步骤（g）：对窗口进行离子注入，形成场效应管的源漏极。其中P型管采用浓硼注入，注入的能量和剂量为50KeV，$5\times10^{15}/cm^3$，N型管采用浓磷注入，注入的能量和剂量为90KeV，$6\times10^{15}/cm^3$。之后在1100℃，氮气氛围下进行退火，时间30min。

步骤（h）：采用25wt.%TMAH溶液，在50℃条件下，腐蚀衬底表面的多晶硅。

步骤（i）：在源、漏、栅极的钝化氧化层上涂胶光刻，BOE腐蚀开出引线孔。然后溅射、剥离形成铝电极，最后在450℃混合气体保护下退火，使金属铝电极和其下高掺杂的硅层形成良好的欧姆接触。

此种方法在硅线的截面尺度控制上增加了鸟嘴区宽度这个自由度，通过调整鸟嘴区的宽度，可以调整硅纳米线的宽度，因此这种方法不局限于硅的各向异性腐蚀，也不局限于湿法腐蚀。

10.2.3　制造结果

以氮化硅侧面保护制作流程为例分别对各个工艺流程进行监测，图10-8所示为上海微系统所的高安然等人制作的各工艺步骤及获得的监控图片。

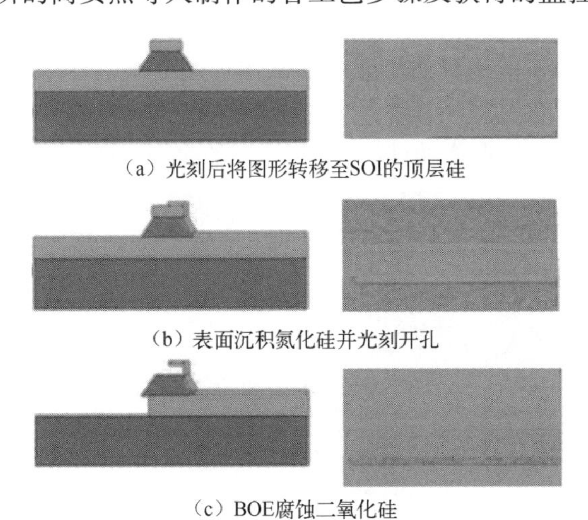

（a）光刻后将图形转移至SOI的顶层硅

（b）表面沉积氮化硅并光刻开孔

（c）BOE腐蚀二氧化硅

图10-8　基于氮化硅保护的硅纳米线制作流程监控

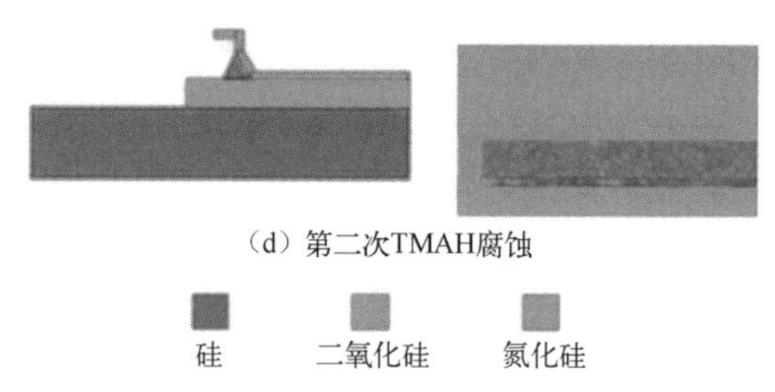

（d）第二次TMAH腐蚀

硅　二氧化硅　氮化硅

图 10-8　基于氮化硅保护的硅纳米线制作流程监控（续）

最终去除侧壁保护层（氮化硅或二氧化硅），经过氧化和芯片表面保护后的氮化硅侧面保护和利用“鸟嘴效应”制得的硅纳米线显微镜图像如图 10-9 所示，该图来自上海微系统所。

（a）采用氮化硅侧面保护制得的硅纳米线图像

（b）采用“鸟嘴效应”制得的硅纳米线图像

图 10-9　采用氮化硅侧面保护和“鸟嘴效应”制得的硅纳米线图像

图 10-10 所示分别为采用氮化硅侧面保护和“鸟嘴效应”获得的硅纳米线的 SEM 图，来自上海微系统所。基于氮化硅侧面保护的硅纳米线工艺是 BOE 各向同性腐蚀形成的硅纳米线-体硅的渐变连接，而基于二氧化硅侧面保护的硅纳米线工艺是典型的各向异性腐蚀形成的硅纳米线-体硅的突变连接。

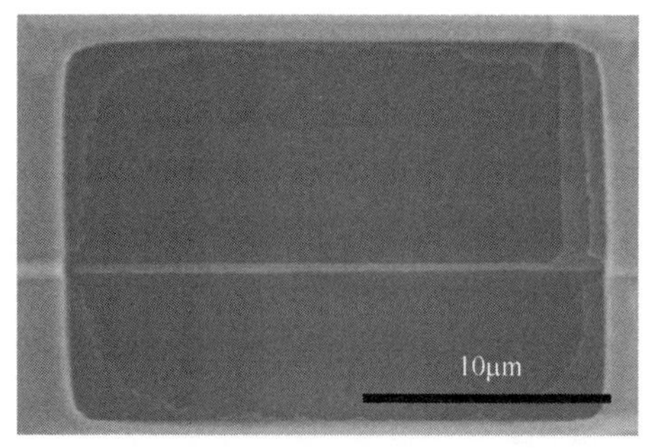

（a）采用氮化硅侧面保护制得的硅纳米线SEM图

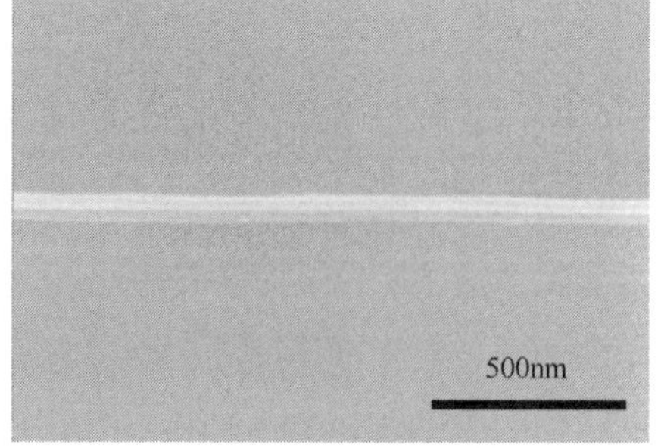

（b）采用“鸟嘴效应”制得的硅纳米线SEM图

图 10-10　采用氮化硅侧面保护和“鸟嘴效应”制得的硅纳米线 SEM 图

通过SEM图对样品的形貌进行观测可知，三角形横截面硅纳米线尺寸均一，宽度约为100nm，与减薄后的SOI的顶层硅厚度成正比。图10-11所示为上海微系统所的高安然等人制作的硅纳米线SEM图及实物图。

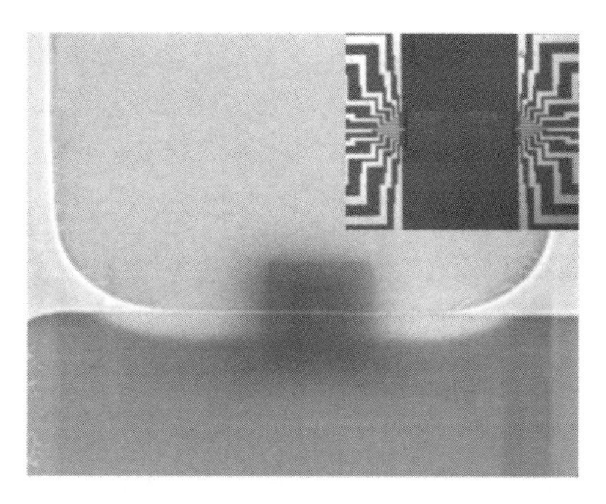

图10-11　制作的硅纳米线SEM图和实物图

最终对制作完成的硅纳米线的均一性进行表征和统计。图10-12所示为同一批硅纳米线的尺寸分布，是上海微系统所的表征和统计结果，结果表明单根纳米线的宽度均一性差异在10%以内，在相同工艺条件下的同批次硅纳米线宽度的相对误差约为20%。在制造硅纳米线的整个工艺过程中控制硅纳米线宽度的关键主要在于：氧化减薄工艺中氧化层厚度的控制和在硅纳米线细化过程中TMAH腐蚀深度的控制。

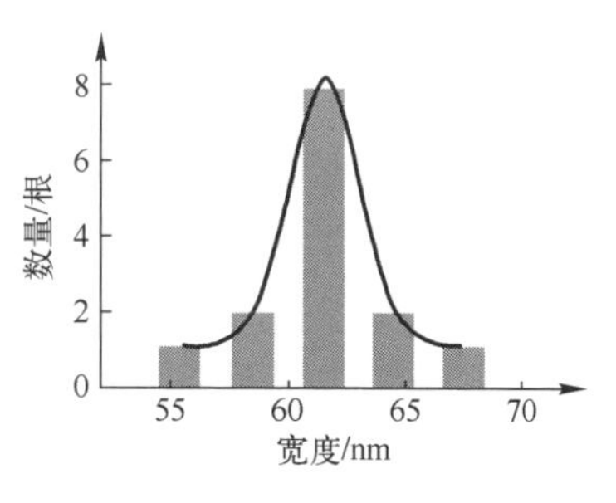

图10-12　同一批硅纳米线的尺寸分布

10.3　顶层硅纳米线阵列制造方法

顶层硅纳米线的制备主要基于（111）硅衬底独特结构，如图10-13所示，硅衬底表面的［110］晶向族能够形成每个内角均为120°的正六边形的几何形状，且六边形的每条边都垂直于［112］晶向族；而硅衬底内部的（111）晶面与硅衬底表面的（111）晶面形成的夹角相同或互补，分别是70.5°的锐角和109.5°的钝角。因此，在（111）硅衬底表面制作腐蚀窗口，经过足够长时间的各向异性腐蚀，其余硅面将全部被腐蚀并暴露出（111）晶面，形成全部由（111）晶面组成的腐蚀腔体。并且形成的腐蚀腔体中每个侧壁与表面的夹角都为

70.5°或 109.5°，任意两个相对的侧壁都相互平行。因此设计两个合适的腐蚀窗口，使腐蚀出的两个腐蚀腔体相邻且位置恰当，两个腐蚀腔体之间相邻的侧壁就形成了薄的硅墙壁结构。然后通过热氧化工艺，基于自限制氧化原理，得到硅纳米线。

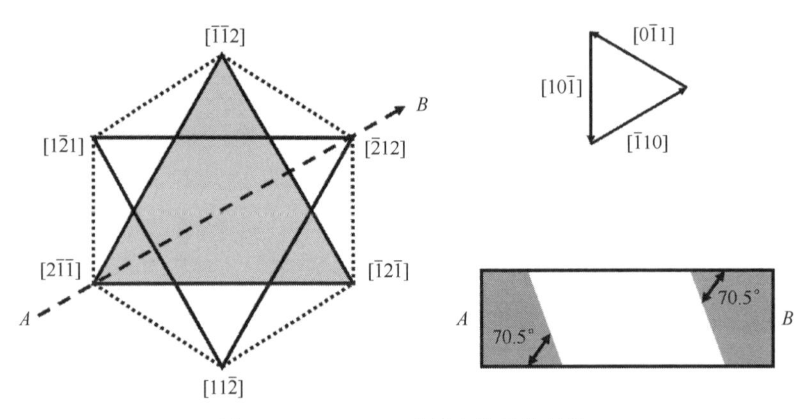

图 10-13 （111）硅衬底的晶体结构

10.3.1 光刻及掩模刻蚀工艺

在进行光刻腐蚀等工艺前，需要先借助 LPCVD 技术在 SOI 顶层沉积一层厚度为 1000Å 的氮化硅薄膜。由于硅腐蚀液和二氧化硅腐蚀液对氮化硅的腐蚀速率极低，氮化硅薄膜可以在湿法腐蚀工艺中作为保护顶层硅的掩模，以及后续制备的器件结构的支撑层。

然后借助光刻将光刻版上的几何图案转移到硅衬底表面。具体步骤为先在表面旋涂一层光刻胶，然后将光刻版盖在硅衬底上方并进行曝光，未被覆盖的位置暴露在外被曝光，光刻胶在特定的去胶液中浸泡数十秒进行显影，去除曝光的光刻胶，使未被腐蚀的光刻胶形成图形，光刻胶的图形与光刻版图形一致，实现了所设计的腐蚀窗口图形到硅衬底的转移。

光刻后，硅衬底表面除了腐蚀窗口阵列图形，其余位置都被光刻胶保护，因此可以在光刻胶的保护下，利用各种刻蚀手段，依次去除表面的氮化硅和顶层硅，从而在 SOI 埋氧层上方形成腐蚀槽。氮化硅的刻蚀主要依赖的工艺是 RIE，而顶层硅的刻蚀主要依赖的工艺是 DRIE。

通过 RIE 工艺向材料表面释放已经活化的气体离子，这些气体离子与材料表面的原子反应并生成气体产物，然后借助真空泵等外部手段将这些气体产物抽走。一直重复“通气体—发生反应—排出产物”过程，直到达到预期的刻蚀效果。RIE 工艺并不是单纯的物理刻蚀或者单纯的化学刻蚀，而是两种方式的结合，因为具有刻蚀效果好、选择比超高的优势，应用范围非常广泛。

DRIE 是基于 RIE 原理开发的一种新的刻蚀工艺，除了一直重复“通气体—发生反应—排出产物”的过程，还需要在每个过程结束之后对刻蚀的侧壁进行钝化保护，然后重复交替进行刻蚀和保护工作。刻蚀和保护交替进行的做法使得 DRIE 工艺的最终刻蚀结果能够达到非常大的深宽比。

在经过 RIE 和 DRIE 工艺刻蚀得到腐蚀槽后，由于干法刻蚀工艺会导致光刻胶较难去除，因此基于等离子体轰击原理的干法去胶被用来去除表面的光刻胶，最终获得表面被刻蚀出特定腐蚀槽阵列的 SOI，如图 10-14 所示。

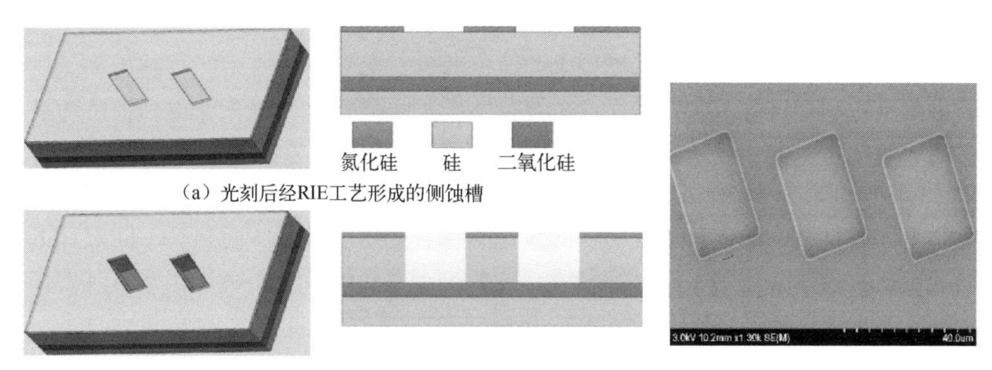

（a）光刻后经RIE工艺形成的侧蚀槽

（b）光刻后经DRIE工艺形成的侧蚀槽

（c）SEM图

图 10-14　光刻后经过 RIE 和 DRIE 工艺形成的刻蚀槽及 SEM 图

10.3.2　硅的各向异性腐蚀工艺

为了在硅衬底上进一步制备出硅纳米线结构，需要对硅衬底进行各向异性腐蚀。腐蚀使用 KOH 溶液，温度为 50℃，浓度为 40wt.%。由于表面氮化硅薄膜的阻挡，湿法腐蚀只能在腐蚀槽内部进行。由于 KOH 对硅（111）面的腐蚀速率与其他晶面腐蚀速率有巨大差异，因此最终在腐蚀槽内部留下的都是（111）面。

每两个相邻的凹槽之间都会出现硅墙壁结构，硅墙壁结构是制备硅纳米线的关键，然而此时硅墙壁厚度较厚，难以满足制备硅纳米线的条件，因此需要对硅墙壁的厚度进一步减薄。硅墙壁两面都是（111）面，使用 KOH 湿法腐蚀的速率极慢，完全可以通过控制时间来控制硅墙壁厚度。通过硅墙壁在腐蚀中的逐渐变薄，在合适的腐蚀时间下，腐蚀出厚度范围为 300~500nm 的硅墙壁结构。图 10-15 所示为不同腐蚀时间下所剩硅墙壁的厚度，来自上海微系统所。随着腐蚀时间的增加，最后剩下的硅墙壁的厚度逐渐减小。在腐蚀过程中利用显微镜观察测量硅墙壁的厚度，可以腐蚀出所需要尺寸的硅墙壁。

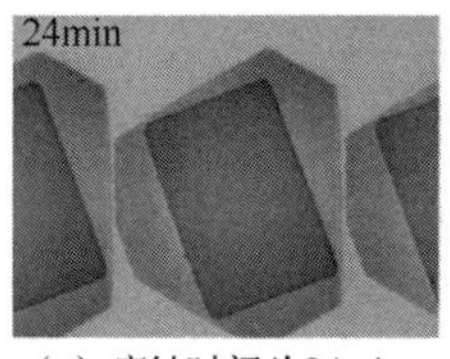

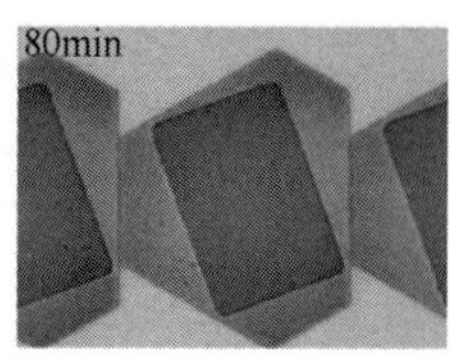

（a）腐蚀时间为24min　（b）腐蚀时间为48min　（c）腐蚀时间为72min　（d）腐蚀时间为80min

图 10-15　不同腐蚀时间下所剩硅墙壁的厚度

10.3.3　硅的热氧化工艺

硅纳米线的微加工工艺步骤较多，其中自限制氧化是所有工艺步骤中最关键的步骤。自限制氧化工艺是指在特定条件下，纳米硅材料的氧化速率与传统体硅材料的氧化速率存在差异，即纳米尺度下硅的氧化速率要比在宏观尺寸下慢得多。Liu 等人[22]通过实验证明，在相同的氧化条件下，经过一定时间的氧化后，相比于体硅材料，纳米尺度硅材料的氧化速率会变得非常慢。而且，不同尺寸的纳米硅材料最后会达到不同的饱和值，这取决于其初始尺寸。氧化速率与硅的原始尺寸的关系图如图 10-16 中所示。崔浩等人[25]对自限制氧化的原理进行了研究，他们假设在二氧化硅与硅的界面处存在一个厚度为 H 的高密度区，受氧化过程中应力累积的影响处于高应力状态。高密度区存在的高应力会使氧扩散活化能分布发生变化，抑制内部硅原子的氧化。在对硅纳米结构进行氧化时，在硅纳米结构的中心区域会形成高密度的氧化硅层。这极大地限制了界面处氧化剂的扩散，中心区域的硅未被氧化从而保留下来，这种过程被称为自限制氧化。

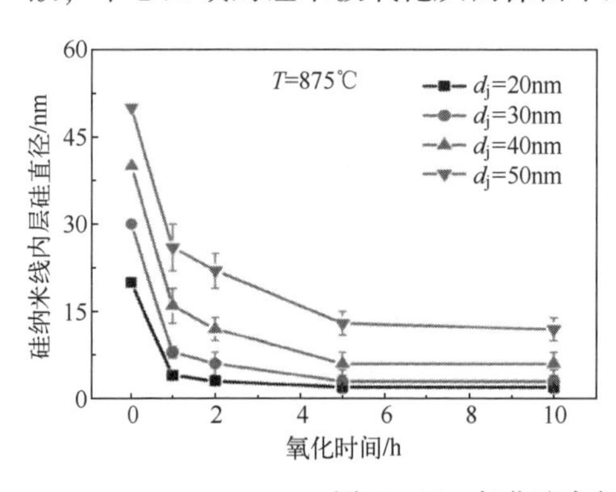

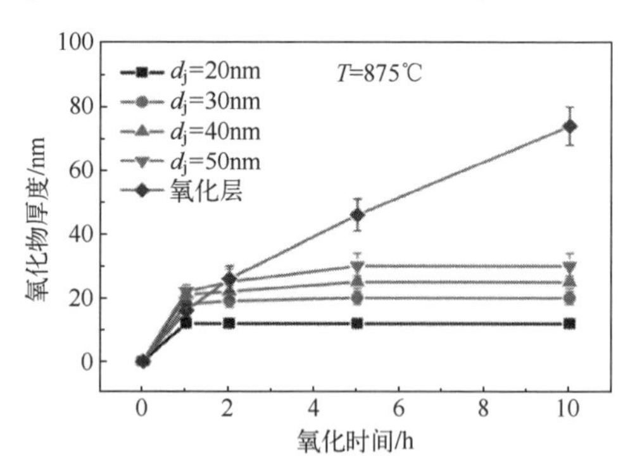

图 10-16　氧化速率与硅的原始尺寸的关系图

根据自限制氧化原理，可以将纳米尺度的硅材料外层硅氧化，保留内核硅结构形成硅纳米结构，所以利用自限制氧化工艺能够实现尺寸更小的硅纳米线的制备。对于在（111）硅衬底上制备的纳米硅墙结构，可以将腐蚀掩模氮化硅层作为抗氧化层，在硅墙壁顶部中央部位形成高应力区域，在自限制氧化中在此位置形成硅纳米线，图 10-17 所示为上海微系统所的王辉等人利用自限制氧化工艺实现硅纳米线制备的示意图。

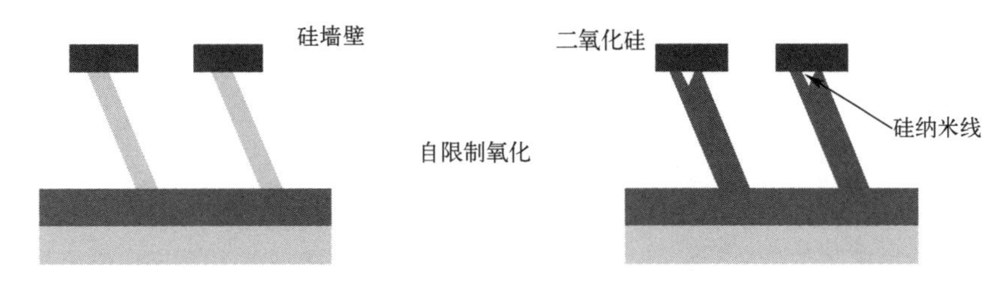

图 10-17　利用自限制氧化工艺实现硅纳米线制备的示意图

具体地，在制得厚度约为 400nm 的硅墙壁后，可以对硅衬底进行自限制氧化，将硅墙壁中绝大部分硅氧化为二氧化硅，由于氮化硅薄膜对氧化具有阻挡作用，因此只有在硅墙壁的顶端中心位置的硅没有被氧化，这就是硅纳米线。

10.4　底部硅纳米线阵列制造方法

在纳米结构的制备工艺流程中，微米级工艺在某种程度上已不再适用。由于材料性质不同和工艺本身在纳米尺度下的表现不同，原本在微米尺度可忽略的问题在纳米尺度可能会上升为主要矛盾。研究硅纳米线的关键制备工艺，包括光刻工艺、硅的刻蚀工艺、各向异性腐蚀工艺、氧化工艺等，对工艺原理进行深入挖掘，讨论微米工艺的适用性，同时在制备过程中进行合理搭配，兼顾不同加工顺序的影响，通过多次尺寸缩小工艺技术，以微米级工艺制造纳米结构，最终完成底部硅纳米线的制造。

底部硅纳米线的制造是指制造的硅纳米线位于 SOI 顶层硅底部埋氧层之上，其制造方法采用了基于传统 MEMS 工艺的接触式光刻、各向异性腐蚀、热氧化等工艺，避免了 EBL、DUV/EUV 曝光等昂贵工艺，显著降低了硅纳米线的制造成本，硅纳米线定位于 SOI 顶层硅凹槽内的剩余顶层硅层与埋氧层界面处。底部硅纳米线阵列的制造方法主要包括传统接触式光刻、掩模刻蚀、硅深刻蚀、硅各向异性腐蚀、热氧化及二氧化硅的腐蚀等具体工艺。

10.4.1　光刻及掩模刻蚀工艺

首先通过 LPCVD 技术在（111）SOI 上沉积一层低应力氮化硅薄膜作为刻蚀槽掩模，之后通过光刻及掩模刻蚀工艺在氮化硅掩模上得到预设间距和尺寸的刻蚀槽窗口。通过设置旋转涂胶机的转速，得到该转速下相应的光刻胶厚度。在确定光刻胶型号的情况下，前烘温度和时间、曝光时间等后续工艺步骤都将与该光刻胶厚度相关，因此在光刻实验前应先确定光刻胶厚度。在确定光刻胶厚度后，前烘的温度过高或者时间过长将会导致光刻胶曝光区域难以进行显影。如果曝光时间过短，那么显影工艺将难以进行，无法得到完整预设图形；如果曝光时间过长，那么得到的图形将会与预设图形有较大偏差，出现图形扩张，从而影响后续工艺的进行。除此之外，光刻间湿度也很关键，较高湿度极有可能导致进行接触式曝光时出现粘版现象，导致工艺失败。因此要想较好地完成预设图形从光刻版到光刻胶的转移，需要综合考虑光刻胶厚度、光刻间湿度、前烘温度和曝光时间。在曝光显影之后经过后烘工艺进行坚膜，通过 RIE 工艺对光刻胶层窗口内的氮化硅掩模进行刻蚀，将光刻胶上的图形转移到氮化硅掩模上，即可在氮化硅层上形成刻蚀槽窗口，如图 10-18 所示。

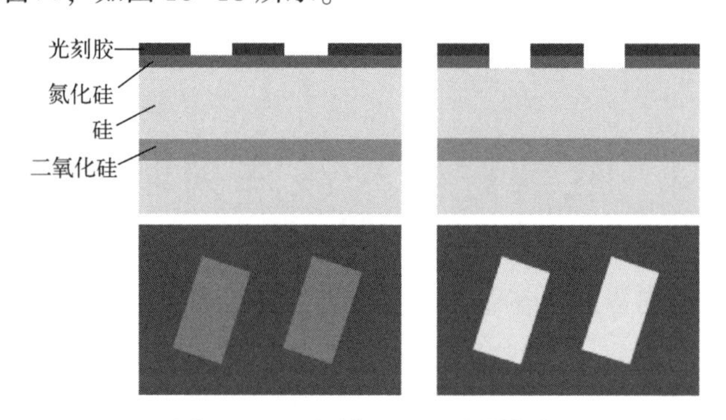

图 10-18　光刻及 RIE 图形转移

10.4.2　硅深刻蚀工艺

通过 DRIE 工艺对前一步得到的氮化硅掩模窗口内的硅进行刻蚀。有光刻胶和氮化硅的地方刻蚀剂无法到达硅衬底表面，而无光刻胶和氮化硅的窗口处的硅将被刻蚀剂刻蚀掉。至此，氮化硅掩模层上的窗口图形转移到了 SOI 顶层硅层。

在刻蚀过程中，每刻蚀一个循环，通入一次惰性气体保护窗口内侧壁，然后进行下一步刻蚀，以保证窗口内侧壁的垂直性，最终得到有一定深度的腐蚀窗口。经过多次实验后发现硅衬底不同区域刻蚀深度不同，存在一定深度差异性。由于刻蚀过程中硅衬底中间的温度高于边缘温度，因此硅衬底中间部分刻蚀深度比边缘更深。为了减少这种深度的差异性，可通过慢速刻蚀来减少整个硅衬底刻蚀深度的差异性，且相较于快速刻蚀，采用较低速率的刻蚀，能够更准确地达到预设深度。通过多次刻蚀实验和测量，确定最佳刻蚀循环次数，最终得到合适的窗口深度，在图形凹槽内的埋氧层上留下特定厚度的剩余顶层硅薄层。利用

DRIE 工艺快速少循环刻蚀和慢速多循环刻蚀凹槽侧壁 SEM 图如图 10-19 所示。

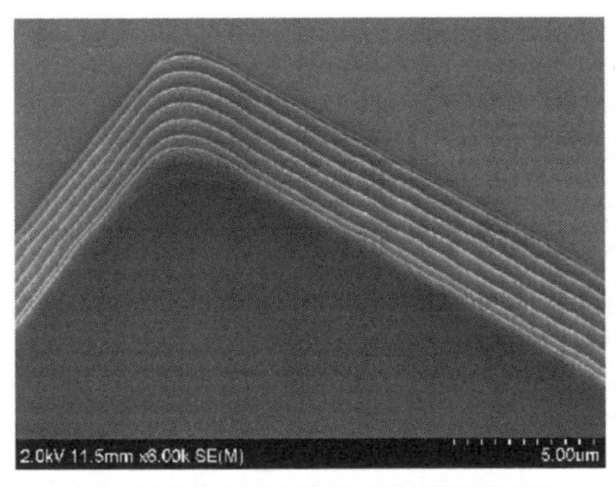

（a）利用DRIE工艺快速少循环刻蚀凹槽侧壁SEM图

（b）利用DRIE工艺慢速多循环刻蚀凹槽侧壁SEM图

图 10-19　利用 DRIE 工艺快速少循环刻蚀和慢速多循环刻蚀凹槽侧壁 SEM 图

10.4.3　硅各向异性腐蚀工艺

基于单晶硅的各向异性腐蚀工艺和（111）SOI 的特点，利用单晶硅（100）面、（110）面、（111）面腐蚀速率存在巨大差异的特性，在具有一定深度的窗口内，在 KOH 溶液中经过较短时间的腐蚀，即可得到窗口内每个面都是｛111｝晶族的特殊结构，窗口内侧壁（111）面与表面的（111）面形成 70.5°和 109.5°的夹角。KOH 溶液腐蚀前和 KOH 溶液腐蚀后的结构示意图如图 10-20 所示。

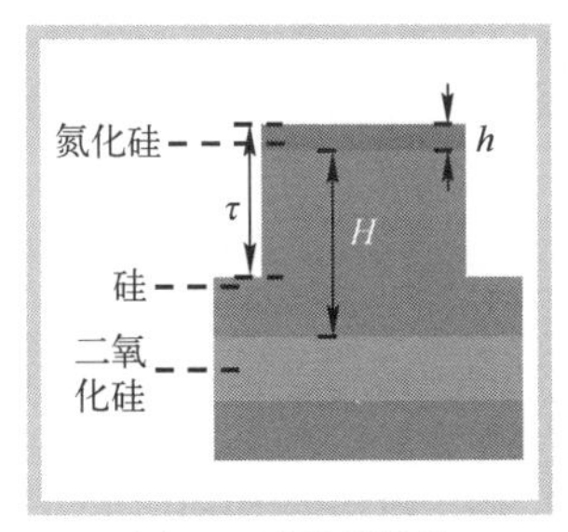

（a）KOH溶液腐蚀前

（b）KOH溶液腐蚀后

图 10-20　KOH 溶液腐蚀前和 KOH 腐蚀后结构示意图[26]

当窗口内各个面都为｛111｝晶族时，腐蚀速率会大大降低，这有利于控制腐蚀时间进而控制关键结构尺寸。在经过一定时间的 KOH 溶液各向异性腐蚀后，在预设凹槽内形成了每个侧壁均为（111）面的腐蚀槽，相邻两个腐蚀槽间形成了预设宽度的单晶硅薄壁结构，凹槽底部留有一定厚度剩余顶层硅层，相应 SEM 图如图 10-21 所示。

KOH 溶液各向异性腐蚀后硅纳米墙厚度和剩余顶层硅厚度由以下关系式来描述：

$$d_1 = D - \tau/\tan 70.5° - 2\rho t \tag{10-1}$$

$$d_2 = H + h - \tau - \rho t \tag{10-2}$$

式中，d_1为硅墙壁厚度；d_2为剩余顶层硅厚度；D 为相邻两个腐蚀窗口之间的距离；τ 为顶层硅上腐蚀窗口内凹槽的深度；ρ 为一定温度和浓度 KOH 溶液对于凹槽内（111）面的腐蚀速率；t 为腐蚀时间；H 和 h 分别为顶层硅层和氮化硅层厚度。通过多次试验和测量，精确控制两个腐蚀窗口间的硅墙壁的厚度与窗口内剩余顶层硅厚度，得到合适的硅墙壁厚度和剩余顶层硅厚度尺寸，为下一步氧化工艺做好准备。

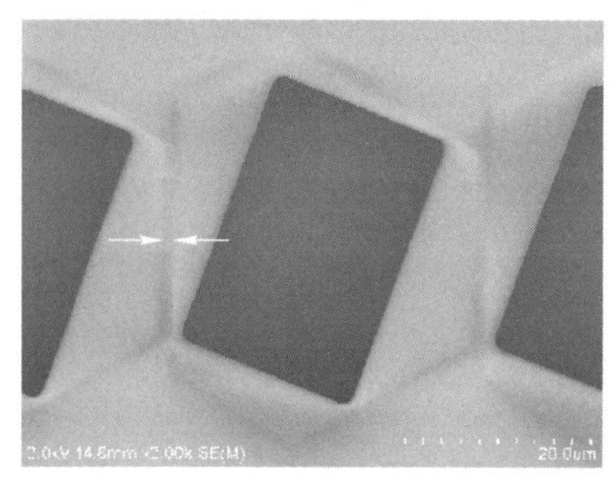

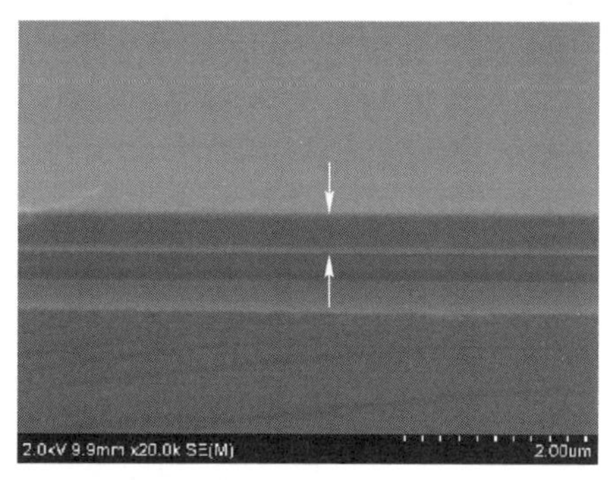

图 10-21　KOH 溶液腐蚀后硅墙壁和凹槽内剩余顶层硅的 SEM 图

10.4.4　硅的热氧化工艺

基于自限制氧化原理，根据 KOH 溶液各向异性腐蚀后得到的预设尺寸的硅墙壁厚度和剩余顶层硅厚度，计算需要氧化掉的硅的厚度。最终得到的硅纳米线的截面横向尺寸可通过以下关系式来描述：

$$T = 2(d - r)/\cos\theta + \delta$$

式中，$d = \sqrt{d_1^2 + d_2^2}$；$\theta = \arctan\left(d_2 \Big/ \dfrac{d_1}{2}\right)$；$r$ 为需要氧化掉的硅的厚度；δ 为与热氧化相关的因子。根据得到的氧化硅和消耗的硅的比为 1∶0.44，设定所需氧化的厚度。之后通过高温热氧化，在硅墙壁与剩余顶层硅层交界处贴附于埋氧层的位置形成单晶硅纳米线。该硅纳米线的截面为三角形，三角形截面的形状和大小是由氧化前剩余顶层硅厚度、硅墙壁厚度及热氧化三者共同调控的。显然，在同一氧化参数下，氧化前不同的结构尺寸将得到不同的结果：凹槽内无剩余顶层硅时或者硅墙壁和剩余顶层过薄时将得不到硅纳米线；而较厚的剩余顶层硅在氧化后仍然有剩余；只有合适的硅墙壁厚度和剩余顶层硅厚度才能在埋氧层上得到硅纳米线结构。不同剩余顶层硅厚度和硅墙壁厚度参数得到的单晶硅纳米线截面结构示意图及 SEM 图如图 10-22 所示。

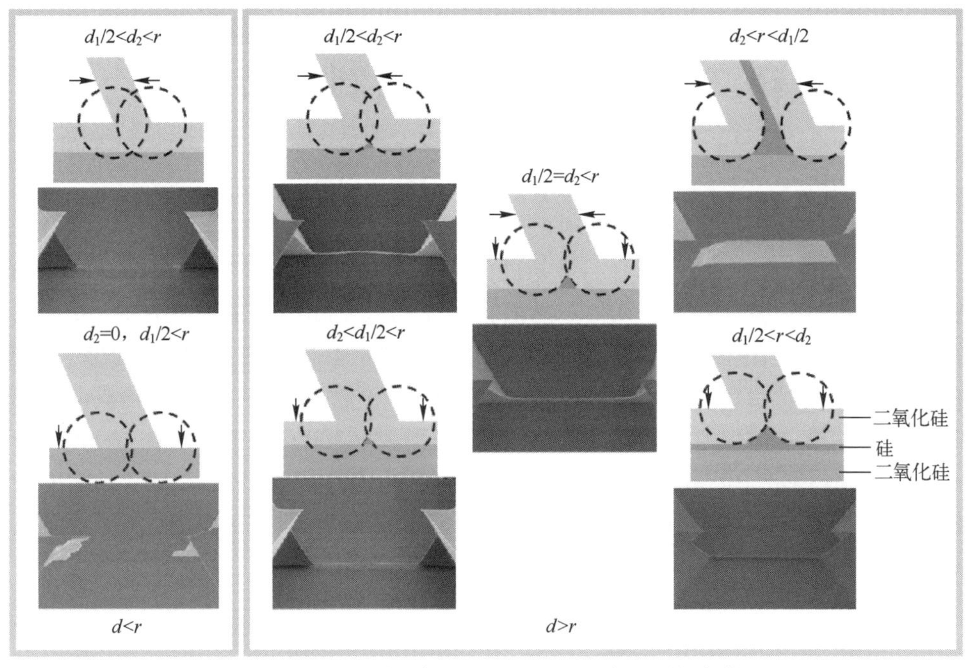

图 10-22　不同剩余顶层硅厚度和硅墙壁厚度参数
得到的单晶硅纳米线截面结构示意图及 SEM 图[26]

10.4.5　二氧化硅的腐蚀工艺

通过适当的光刻工艺和设置合适的 RIE 时间，能够去除硅墙壁，得到贴附于埋氧层上的单晶硅纳米线；通过 BOE 溶液腐蚀能够去除二氧化硅硅墙壁及埋氧层，得到悬空的单晶硅纳米线。此外，通过设计特定间隔尺寸的矩形窗口阵列，可得到底部单晶硅纳米线阵列，实现圆片级单晶硅纳米线阵列批量制造。图 10-23 所示为悬空单晶硅纳米线 SEM 图。

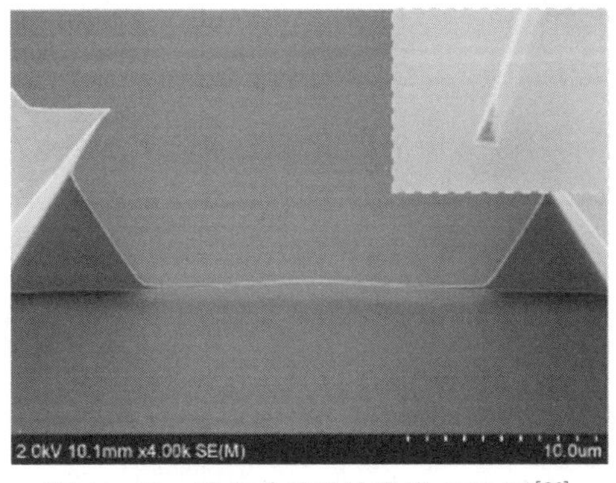

图 10-23　悬空单晶硅纳米线 SEM 图[26]

10.5 双层硅纳米线制造技术

基于 MEMS 工艺的三维垂直堆叠硅纳米线的形成原理如图 10-24 所示。硅纳米线成形的关键过程是先形成硅纳米线的体结构，然后通过热氧化工艺减薄该体结构形成硅纳米线。由（100）单晶硅的晶面晶向分布特性可知，对于常用的（100）硅衬底，其表面为（100）晶面，大切边为<110>晶向，（110）晶面与（100）晶面垂直，（111）晶面位于（100）晶面偏 54.7°或（110）晶面偏 35.3°的位置，那么以<110>晶向为法线的晶面为（110）晶面，平行于<110>晶向垂直刻蚀出的凹槽侧壁均为（110）晶面，槽底部仍为（100）晶面。根据（100）单晶硅在 KOH 溶液中的各向异性腐蚀特性可知，（100）晶面和（110）晶面的腐蚀速率远大于（111）晶面的腐蚀速率，（111）晶面将作为单晶硅各向异性湿法腐蚀的自停止面。

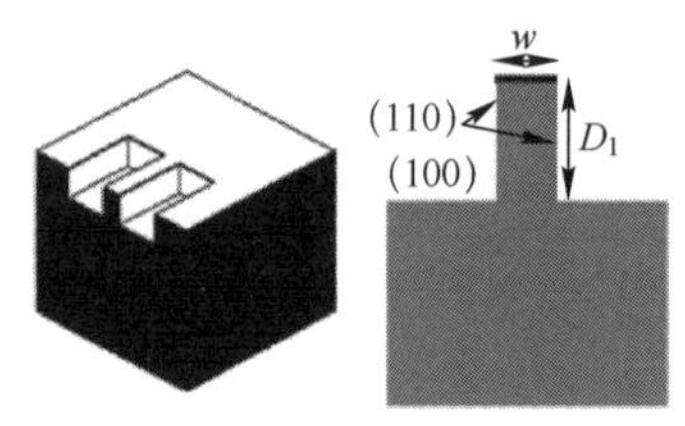

（a）利用DRIE工艺刻蚀出竖直槽结构

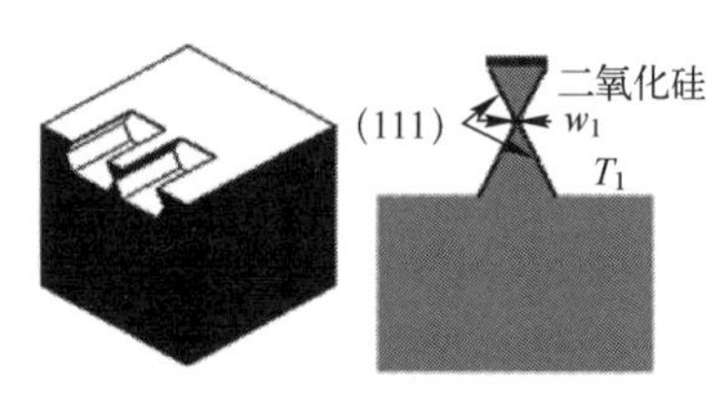

（b）KOH溶液各向异性湿法腐蚀相邻两个竖直槽，形成三角形硅柱之后进行氧化

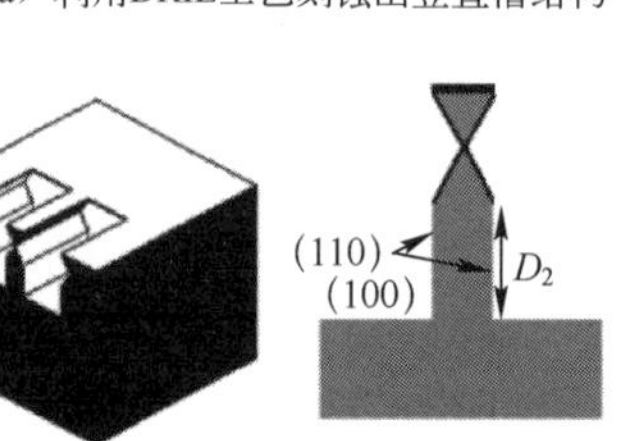

（c）第二次进行DRIE工艺

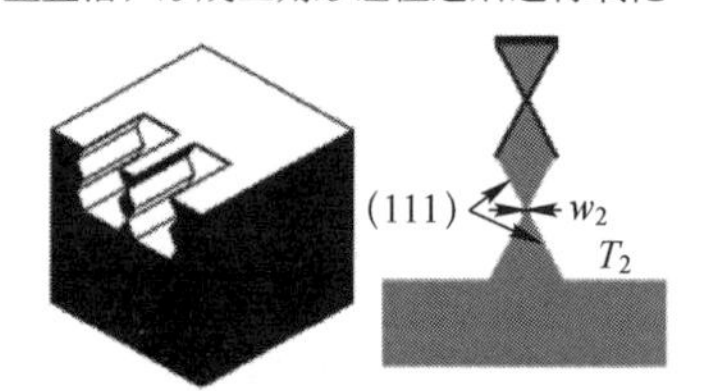

（d）第二次进行KOH溶液各向异性湿法腐蚀，在倒三角形硅柱下形成菱形硅柱

图 10-24 基于 MEMS 工艺的三维垂直堆叠硅纳米线的形成原理[27]

基于（111）晶面自停止效应的硅纳米线制造中的各参数需要满足的约束条件可以表示为

$$\begin{cases} D_n \leqslant W_n \times \tan\theta_{<100,111>} \\ w_n = W_n - D_n / \tan\theta_{<100,111>} \\ T_n = 0.5 D_n / (\tan\theta_{<100,111>} \times \rho_{(110)}) \end{cases}$$

式中，W_n为第 n 次腐蚀后的掩模宽度；D_n为第 n 次干法刻蚀的深度；T_n为第 n 次湿法腐蚀的时间；w_n为第 n 次湿法腐蚀后的颈部宽度；$\theta_{<100,111>}$为（100）晶面与

(111) 晶面间的夹角，其值为 54.7°；$\rho_{(110)}$为 (110) 晶面的腐蚀速率。如果刻蚀深度 $D_n = W_n \times \tan\theta_{<100,111>}$，则 w_n为 0，此时的条件为理想的数学模型。但是在实际制造过程中，为防止湿法腐蚀误差对颈部的过腐穿通现象，干法刻蚀深度 D_n应适当小于 $W_n \times \tan\theta_{<100,111>}$，以保证湿法腐蚀在 (111) 晶面自停止后有一定的宽度 w_n。

10.5.1　垂直堆叠硅纳米线制造的工艺流程

基于 MEMS 工艺的三维垂直堆叠硅纳米线的制造工艺流程图如图 10-25 所示。主要工艺包括体硅的两次干法刻蚀工艺、体硅的两次湿法腐蚀工艺、第二次刻蚀的自对准工艺及硅纳米线体结构的热氧化减薄和释放工艺，具体如下。

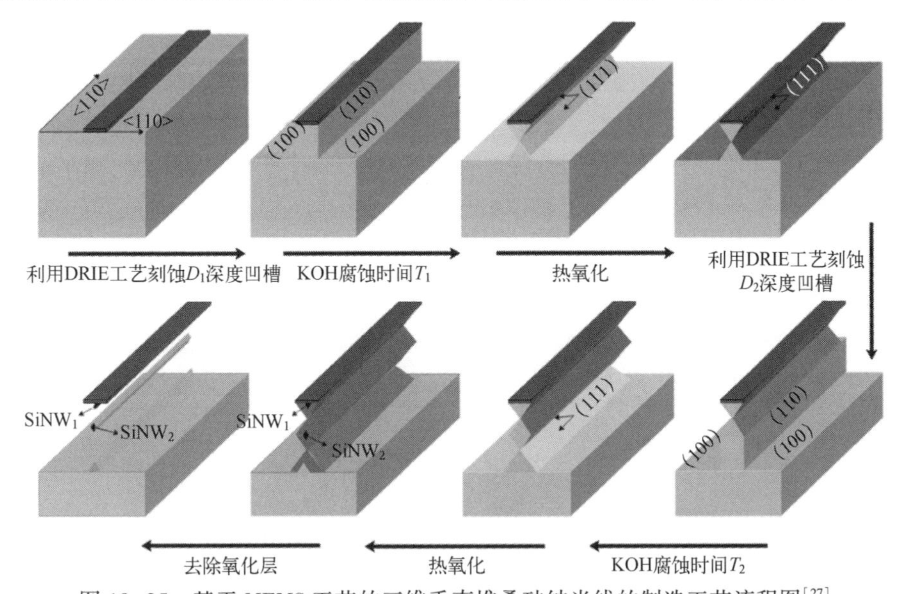

图 10-25　基于 MEMS 工艺的三维垂直堆叠硅纳米线的制造工艺流程图[27]

步骤 (a)：选用 (100) 单晶硅作为硅衬底，以宽度为 W_1的氮化硅作为掩模，对齐<110>晶向图形化硅衬底，硅衬底表面为 (100) 晶面。

步骤 (b)：以氮化硅为掩模，第一次利用 DRIE 工艺刻蚀硅衬底，形成 D_1深度的两个凹槽，槽侧壁为 (110) 晶面，底部为 (100) 晶面。

步骤 (c)：以氮化硅为掩模，第一次利用 KOH 溶液各向异性湿法腐蚀硅衬底 T_1时长，槽侧壁为 (111) 湿法腐蚀自停止晶面，底部为 (100) 晶面。

步骤 (d)：在凹槽侧壁表面通过高温热氧化生长一层薄二氧化硅薄膜作为后续工艺的阻挡层。

步骤 (e)：利用 RIE 工艺刻蚀槽底部的二氧化硅，然后以侧壁上的氧化硅作为阻挡层，第二次利用 DRIE 工艺刻蚀，形成两个 D_2深度的新凹槽，槽侧壁为

（110）晶面，底部为（100）晶面。

步骤（f）：以侧壁上的二氧化硅作为阻挡层，第二次利用 KOH 溶液各向异性湿法腐蚀硅衬底 T_2 时长，槽侧壁为（111）湿法腐蚀自停止晶面，底部为（100）晶面。

步骤（g）：热氧化减薄湿法腐蚀形成的体结构（倒三角形和菱形体结构），在紧贴氮化硅掩模位置和菱形体结构中心位置形成硅纳米线。

步骤（h）：干法或湿法刻蚀释放热氧化生长厚二氧化硅，悬空两根垂直堆叠的硅纳米线，$SiNW_1$ 位于顶部，$SiNW_2$ 位于中部。

10.5.2 垂直堆叠硅纳米线的制造结果

三维垂直堆叠硅纳米线工艺中关键过程的制造结果的 SEM 图如图 10-26 所示，第一次湿法腐蚀的结果及第二次湿法腐蚀的结果形成的硅纳米线体结构分别为倒三角形和菱形横截面硅柱。硅纳米线体结构热氧化减薄后最终获得的三维垂直堆叠硅纳米线的 SEM 图如图 10-27 所示。两根硅纳米线的横截面分别为倒三角形和菱形，倒三角形横截面硅纳米线紧贴在氮化硅下方，菱形横截面硅纳米线位于菱形体结构的中心。干法刻蚀硅纳米线周围的二氧化硅后，两端连接衬底的两根垂直堆叠硅纳米线被悬空。

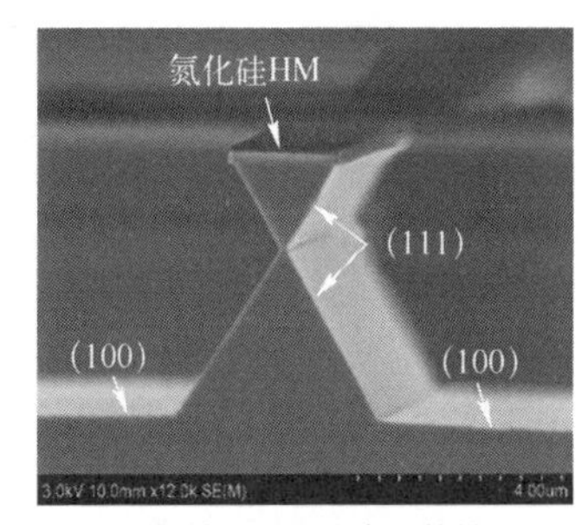

（a）第一次湿法腐蚀结果

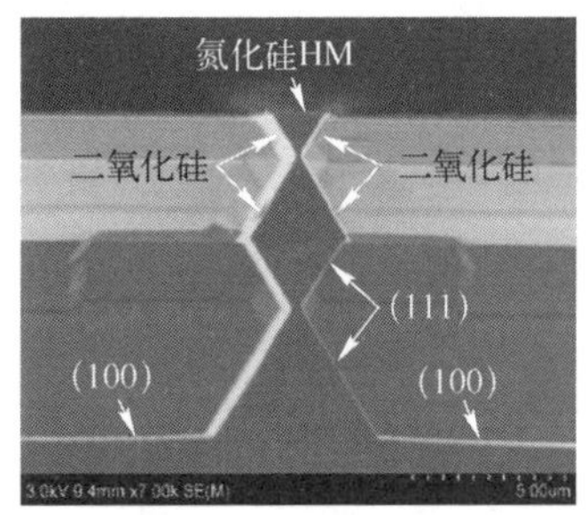

（b）第二次湿法刻蚀结果[27]

图 10-26　三维垂直堆叠硅纳米线工艺中关键过程的制造结果的 SEM 图

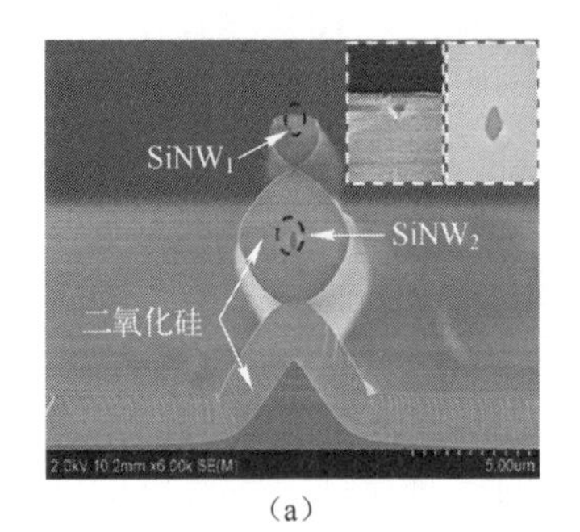

（a）

（b）

图 10-27　三维垂直堆叠硅纳米线 SEM 图[27]

参考文献

[1] HOBBS R G, PETKOV N, HOLMES J D. Semiconductor nanowire fabrication by bottom-up and top-down paradigms [J]. Chemistry of Materials, 2012, 24 (11): 1975-1991.

[2] WAGNER R S, ELLIS W C. Vapor-liquid-solid mechanism of single crystal growth [J]. Applied Physics Letters, 1964, 4 (5): 89-90.

[3] MORALES A M, LIEBER C M. A laser ablation method for the synthesis of crystalline semiconductor nanowires [J]. Science, 1998, 279 (5348): 208-211.

[4] ZHANG Y F, TANG Y H, WANG N, et al. Silicon nanowires prepared by laser ablation at high temperature [J]. Applied Physics Letters, 1998, 72 (15): 1835-1837.

[5] KIM F, KWAN S, AKANA J, et al. Langmuir-blodgett nanorod assembly [J]. Journal of the American Chemical Society, 2001, 123 (18): 4360-4361.

[6] YU G, CAO A, LIEBER C M. Large-area blown bubble films of aligned nanowires and carbon nanotubes [J]. Nature Nanotechnology, 2007, 2 (6): 372-377.

[7] HUANG Y, DUAN X, WEI Q, et al. Directed assembly of one-dimensional nanostructures into functional networks [J]. Science, 2001, 291 (5504): 630-633.

[8] COLLET M, SALOMON S, KLEIN N Y, et al. Large-scale assembly of single nanowires through capillary-assisted dielectrophoresis [J]. Advanced Materials, 2015, 27 (7): 1268-1273.

[9] HANGARTER C M, RHEEM Y, YOO B, et al. Hierarchical magnetic assembly of nanowires [J]. Nanotechnology, 2007, 18 (20): 205305.

[10] YAO J, YAN H, LIEBER C M. A nanoscale combing technique for the large-scale assembly of highly aligned nanowires [J]. Nature Nanotechnology, 2013, 8 (5): 329-335.

[11] NAULLEAU P P, ANDERSON C N, BACLEA-AN L M, et al. Pushing extreme ultraviolet lithography development beyond 22nm half pitch [J]. Journal of Vacuum Science & Technology B: Microelectronics and Nanometer Structures Processing, Measurement, and Phenomena, 2009, 27 (6): 2911-2915.

[12] MIRZA M M, SCHUPP F J, MOL J A, et al. One dimensional transport in silicon nanowire junction-less field effect transistors [J]. Scientific Reports, 2017, 7 (1): 1-8.

[13] MIRZA M M, MACLAREN D A, SAMARELLI A, et al. Determining the electronic performance limitations in top-down-fabricated Si nanowires with mean widths down to 4nm [J]. Nano Letters, 2014, 14 (11): 6056-6060.

[14] NOR M M, HASHIM U, ARSHAD M M, et al. Top-down nanofabrication and characterization of 20nm silicon nanowires for biosensing applications [J]. PLoS One, 2016, 11 (3): e0152318.

[15] GAO A, LU N, DAI P, et al. Silicon-nanowire-based CMOS-compatible field-effect transistor nanosensors for ultrasensitive electrical detection of nucleic acids [J]. Nano Letters, 2011, 11 (9): 3974-3978.

[16] YANG X, GAO A, WANG Y, et al. Wafer-level and highly controllable fabricated silicon nanowire transistor arrays on (111) silicon-on-insulator (SOI) wafers for highly sensitive detection in liquid and gaseous environments [J]. Nano Research, 2018, 11 (3): 1520-1529.

[17] RANI D, PACHAURI V, MUELLER A, et al. On the use of scalable nanoISFET arrays of silicon with highly reproducible sensor performance for biosensor applications [J]. ACS Omega, 2016, (11): 84-92.

[18] TONG H D, CHEN S, VAN DER WIEL W G, et al. Novel top-down wafer-scale fabrication of single crystal silicon nanowires [J]. Nano Letters, 2009, 9 (3): 1015-1022.

[19] ZHOU K, ZHAO Z, PAN L, et al. Silicon nanowire pH sensors fabricated with CMOS compatible sidewall mask technology [J]. Sensors and Actuators B: Chemical, 2019, 279: 111-121.

[20] MÜLLER A, VU X T, PACHAURI V, et al. Wafer-scale nanoimprint lithography process towards complementary silicon nanowire field-effect transistors for biosensor applications [J]. Physica Status Solidi (a), 2018, 215 (15): 1800234.

[21] Ishii K, Suzuki E, Sekigawa T. Fabrication of nanometer-size Si wires using a bevel SiO_2 wall as an electron cyclotron resonance plasma etching mask [J]. Journal of Vacuum Science & Technology, 1997, 15 (3): 543-547.

[22] Liu H I, Biegelsen D K, Ponce F A, et al. Self-limiting oxidation for fabricating Sub-5 Nm silicon nanowires [J]. Applied Physics Letters, 1994, 64 (11): 1383-1385.

[23] Chen Y J. Modeling of the self-limiting oxidation for nanofabrication of Si [C]. 2000 International Conference on Modeling and Simulation of Microsystems, Technical Proceedings, 2000: 56-58.

[24] Gong Y, Dai P, Gao A, et al. Electric double layer effect in a nano-scale SiO_2 sacrificial layer etching process and its application in nanowire fabrication [J]. Journal of Micromechanics & Microengineering, 2010, 20 (10): 2210-2224

[25] Cui H, Wang C X, Yang G W. Origin of self-limiting oxidation of Si nanowires [J]. Nano Letters, 2008, 8 (9): 2731-2737.

[26] LU Z C, WANG Y L, LI T. Novel design and fabrication of silicon nanowire array on (111) SOI [C]. 2019 20th International Conference on Solid-State Sensors, Actuators and Microsystems & Eurosensors Xxxiii (Transducers & Eurosensors Xxxiii), 2019.

[27] HE Y Q, YANG Y, LU Z C, et al. Novel fabrication for vertically stacked inverted triangular and diamond-shaped silicon nanowires on (100) single crystal silicon wafer [J]. Journal of Micromechanics and Microengineering, 2020, 30 (1): 15003.

第 11 章

典型 MEMS 芯片制造工艺流程

前面的章节介绍了常规集成电路制造工艺、MEMS 制造关键工艺和工艺模块，这些常规集成电路工艺、MEMS 制造关键工艺和工艺模块可以组合成 MEMS 芯片制造工艺流程进行 MEMS 芯片的制造，在集成电路生产线实现量产。本章为了让读者了解如何应用这些关键工艺与工艺模块进行 MEMS 芯片的制造，将介绍惯性传感器、压力传感器、热电堆红外传感器、体声波谐振器、硅传声器、压电微机械超声转换器等典型 MEMS 芯片制造工艺流程。

11.1 惯性传感器

惯性传感器包括陀螺仪和加速度计，主要用来测量物体的运动姿态，在航空航天、工业控制、汽车电子、消费电子等领域得到广泛应用，是市场份额较大的 MEMS 传感器之一。惯性传感器的结构主要是梁结构，根据陀螺仪/加速度计结构层成形工艺的不同，其加工工艺通常分为两大类：硅体微加工工艺和表面微加工工艺。随着微加工工艺的不断发展，现代工艺流程结合了硅体微加工和表面微加工的优势，两者之间的界限越来越模糊。

11.1.1 硅体微加工工艺

硅体微加工工艺是采用腐蚀工艺对块体硅材料进行三维加工的微加工技术，该工艺通过减法加工来形成较厚的结构层。在微加工过程中，一般采用两块或多块硅圆片进行键合的方式进行 MEMS 芯片的加工和封装。在惯性传感器发展的早期阶段，惯性传感器硅体微加工依赖于湿法各向异性腐蚀，湿法各向异性腐蚀的主要缺点是得到的几何形状取决于圆片材料的晶体结构，很难制造具有复杂几何形状的结构。随着离子刻蚀工艺的快速发展，离子刻蚀的方法具有很强的设计灵活性，极大地加速了 MEMS 惯性传感器的发展。

采用硅体微加工工艺制造的 MEMS 芯片一般具有较厚的结构层，较大的器件厚度增加了电容电极的质量和重叠面积，较厚的梁结构提供了更高的平面外刚度，降低了冲击和振动敏感性[1]。下面列举两种具有代表性的硅体微加工工艺，说明采用硅体微加工技术制造惯性传感器结构的基本方法。

1. 基于 SOI 的硅体微加工工艺

SOI 技术最初是为了避免 CMOS 电路中的 PN 结的电荷泄漏发展起来的，在 MEMS 传感器加工过程中，SOI 也有广泛的应用。采用 SOI 可以实现 MEMS 芯片层的厚度的精准控制，加工过程中几乎没有应力，并且 SOI 中的氧化层可以用作绝缘层和牺牲层。采用图形化光刻和刻蚀技术加工 SOI 中的器件层和氧化层，可以形成具有电绝缘和机械锚定的独立结构。SOI 可以灵活调节各层的厚度和物理性能参数，适合许多特定结构和要求的器件设计[2]。

基于 SOI 的硅体微加工工艺的最简单形式是单光刻版工艺，该工艺采用 DRIE 技术在 SOI 的器件层表面刻蚀释放孔，为了获得 MEMS 可动结构，释放孔必须贯穿器件层；之后将 HF 溶液或 HF 气体通过释放孔送入下方氧化层表面，去除氧化层的同时可完成可动结构的释放。位于释放孔之外的区域下方的氧化层不暴露在腐蚀剂中，结构保持完好，可用作机械锚点结构，其工艺流程截面示意图如图 11-1 所示。图 11-2 所示为基于 SOI 的硅体微加工工艺制作的 MEMS 陀螺仪微结构的 SEM 图。

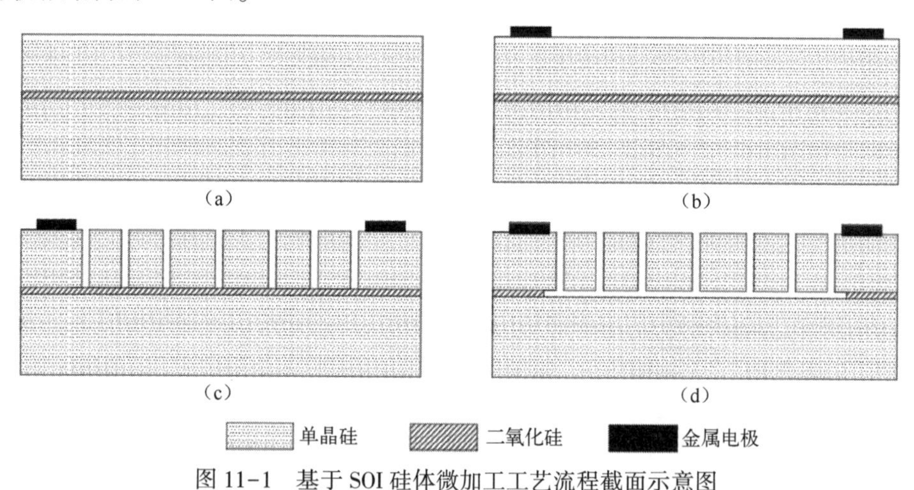

图 11-1　基于 SOI 硅体微加工工艺流程截面示意图

2. 基于 CSOI 的硅体微加工工艺

基于 SOI 的硅体微加工工艺的单光刻版工艺过程简单，但是对 MEMS 芯片设计施加了限制。基于 SOI 工艺制作具有大面积可移动结构的 MEMS 芯片时，必须

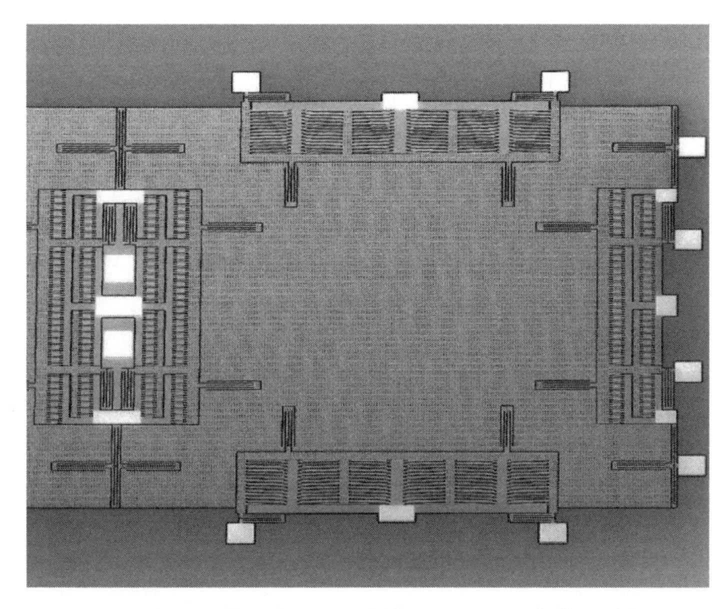

图 11-2　基于 SOI 的硅体微加工工艺制作的 MEMS 陀螺仪微结构的 SEM 图

在需要释放的器件层区域刻蚀释放孔，释放孔会使结构的机械性能变差，造成谐振频率偏移或性能恶化。基于 CSOI（Cavity-Silicon-On-Insulator，带空腔的绝缘体上的硅）的硅体微加工工艺是消除这种设计限制的一种方法，该方法通过在硅圆片上预先刻蚀出凹腔结构，实现 MEMS 芯片层可动结构的释放[3]。图 11-3 所示为基于 CSOI 的硅体微加工技术流程截面示意图。先在硅圆片上预先刻蚀出空腔；然后在硅圆片上沉积一层氧化物；接着采用硅熔融键合工艺将具有空腔结构的硅圆片与器件硅牢固结合；将器件层硅圆片研磨和抛光至所需厚度后，利用 DRIE 工艺刻蚀出 MEMS 芯片结构。基于 CSOI 的硅体微加工工艺在硅圆片上预设

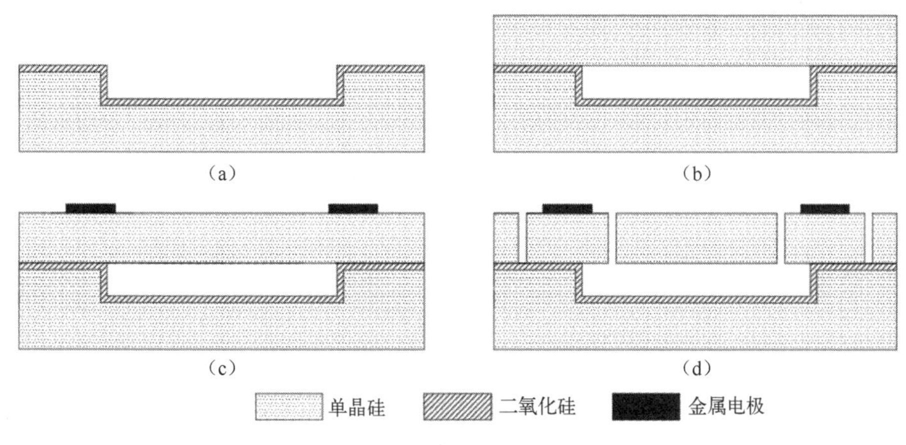

图 11-3　基于 CSOI 的硅体微加工技术流程截面示意图

有空腔，简化了 MEMS 芯片结构的释放，使得器件结构设计更加灵活、简单，同时避免了使用 SOI 制作 MEMS 芯片时结构释放的限制。图 11-4 所示为基于 CSOI 的硅体微加工工艺制造的 MEMS 芯片 SEM 图。

图 11-4　基于 CSOI 的硅体微加工工艺制造的 MEMS 芯片 SEM 图

11.1.2　表面微加工工艺

表面微加工工艺本质上是一种添加工艺。表面微加工工艺通过在硅圆片表面连续沉积或生长薄的结构层，并通过刻蚀的方法加工微结构。表面微加工工艺中通常采用多晶硅作为结构层材料，采用二氧化硅作为牺牲层材料。不同于硅体微加工工艺，表面微加工工艺不会对圆片材料进行移除或刻蚀，表面微加工工艺通常应用于静电式驱动器件的加工。表面微加工工艺可以对器件结构垂直方向上的尺寸进行精确控制，通过控制氧化物牺牲层的厚度，可以调整器件可动结构与底电极之间的间隙。此外，表面微加工工艺通过沉积多层牺牲层和结构层及采用多次刻蚀工艺，可以加工复杂的器件结构。与硅体微加工工艺相比，表面微加工工艺最大的优势是可以与 CMOS 工艺完全兼容，能够在成品 CMOS 圆片上进行加工，有利于实现单片集成[4-5]。表面微加工工艺的不足之处在于难以沉积单晶硅和提高硅结构层厚度。

图 11-5 所示为意法半导体公司基于表面硅微加工技术开发的 THELMA 工艺流程图。先在硅圆片表面采用热氧化的方式生长一层绝缘二氧化硅层，如图 11-5（a）所示；再采用 LPCVD 技术在氧化层上沉积多晶硅层，并以光刻方式刻蚀图形，用于后续多晶硅的电学连接，如图 11-5（b）所示；采用 PECVD 或 LPCVD 技术沉

积一层厚的氧化层，对氧化层进行图形化刻蚀，形成支撑可动结构的锚点，如图 11-5（c）所示；在牺牲氧化层上外延生长较厚的多晶硅层，作为结构层，如图 11-5（d）所示；在外延多晶硅表面溅射金属，并图形化光刻和刻蚀金属电极，用于结构电学连接，如图 11-5（e）所示；图形化光刻和刻蚀外延多晶硅，形成梳齿结构、质量块及释放孔等微结构，如图 11-5（f）所示；最后通过气相 HF 熏蒸工艺去除厚外延多晶硅层底部的牺牲氧化层，形成可动结构，如图 11-5（g）所示。该工艺过程简单，同时可以获得较厚的多晶硅结构层（12~50μm），可大幅提高 MEMS 传感器的性能。该工艺可用于加工惯性传感器，如加速度计和陀螺仪等器件。

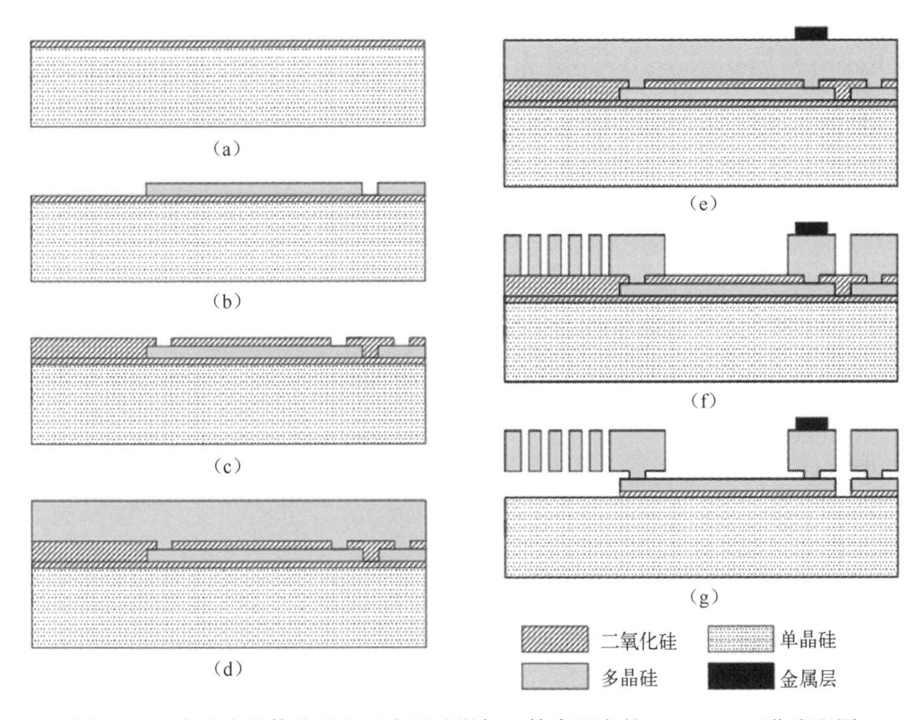

图 11-5　意法半导体公司基于表面硅微加工技术开发的 THELMA 工艺流程图

11.1.3　商业化惯性器件加工工艺平台

随着 MEMS 惯性传感器应用和市场的不断扩大，惯性传感器的性能和成本是商业化成功的关键。基于单晶硅的硅体微加工工艺和基于多晶硅的表面加工工艺各有优缺点，目前商业化成功的惯性器件工艺大多结合了硅体微加工工艺和表面加工工艺的优点并做出了相应改进。本节列举一些公司的具有代表性的比较成熟的 MEMS 惯性传感器的加工工艺平台。

1. InvenSense NASIRI 加工工艺平台

InvenSense NASIRI 加工工艺平台主要用于低成本 MEMS 惯性器件的加工，该平台主要基于单晶硅的硅体微加工工艺，采用圆片级键合方式集成了 MEMS 芯片与 CMOS，并采用圆片级键合的方式实现了真空封装[6-7]。InvenSense NASIRI 加工工艺平台截面示意图如图 11-6 所示。先采用湿法腐蚀在盖板硅圆片正面腐蚀出凹腔结构，并在表面生成二氧化硅，采用熔融键合的方式将盖板硅圆片正面与器件硅圆片连接，采用化学机械抛光的方式将器件硅减薄至目标厚度；然后采用图形化光刻及 DRIE 工艺刻蚀 MEMS 芯片结构及与 CMOS 圆片连接的密封圈，以及锚点柱；最后在锚点柱表面沉积一层 Ge。采用 Al-Ge 键合的方式将 MEMS 芯片层锚点柱与标准 CMOS Al 焊盘连接，即可实现电学连接并实现 CMOS 集成。该平台集成了 MEMS 和 CMOS，简化了 MEMS 与其他平台之间复杂的连接过程，降低了加工成本。同时，集成电路设计可根据 MEMS 设计进行调整，可以优化 MEMS 结构与接口电路之间的布线，并减小寄生效应。图 11-7 所示为 InvenSense NASIRI 加工工艺平台制造的 MEMS 陀螺仪 SEM 图。

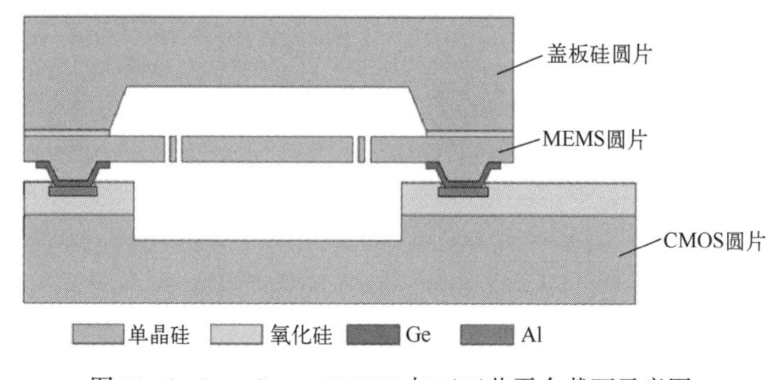

图 11-6　InvenSense NASIRI 加工工艺平台截面示意图

2. mCube 加工工艺平台

mCube 加工工艺平台也集成了 MEMS 与 CMOS，该工艺在 MEMS 结构层刻蚀通孔，并采用在通孔中沉积金属的方式实现 MEMS 芯片结构与 CMOS 之间的电学连接[7-8]。mCube 加工工艺平台截面示意图如图 11-8 所示。该工艺平台采用标准 CMOS 圆片作为 MEMS 芯片衬底结构，采用图形化光刻和刻蚀工艺在 CMOS 圆片表面刻蚀焊盘及空腔结构，采用熔融键合的方式将 MEMS 芯片层与 CMOS 圆片连接，并将 MEMS 芯片层硅圆片减薄至目标厚度。采用图形化光刻和刻蚀的方法刻蚀出 MEMS 结构，在特定区域打孔并沉积钨，与 CMOS 实现电学连接，最后采用圆片级键合的方式进行真空封装。

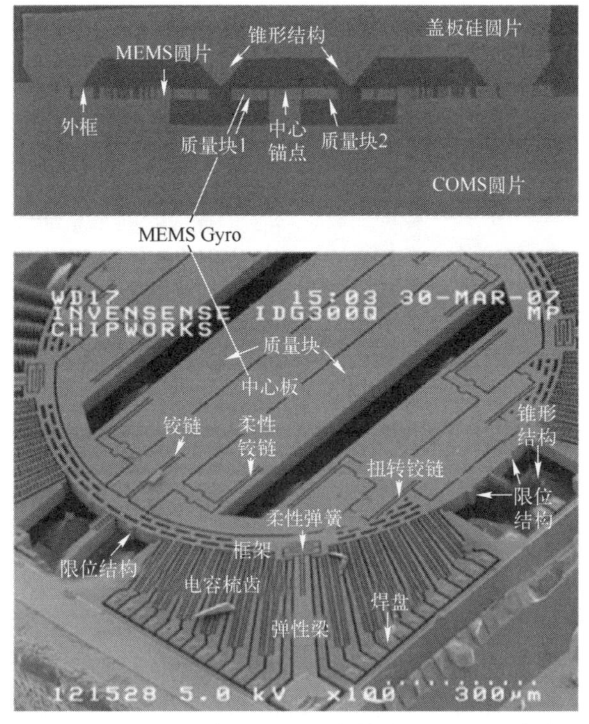

图 11-7　InvenSense NASIRI 加工工艺平台制造的 MEMS 陀螺仪 SEM 图[6]

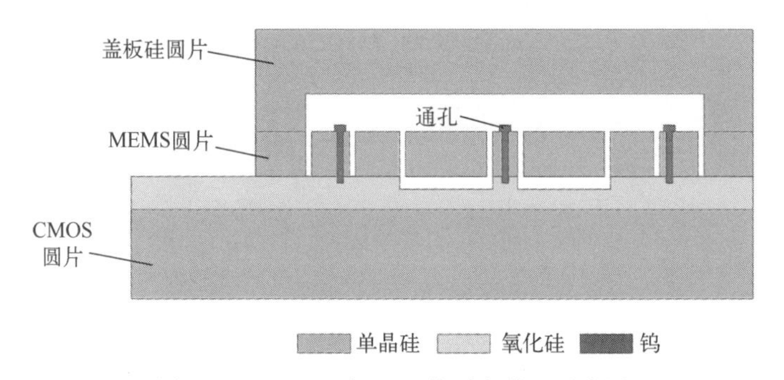

图 11-8　mCube 加工工艺平台截面示意图

3. Bosch 加工工艺平台

Bosch 加工工艺平台主要是基于多晶硅的表面微加工工艺[9]，其截面示意图如图 11-9 所示。先在硅圆片表面生长一层氧化物，用作电学隔离和牺牲层结构。然后采用外延生长的方法交替沉积多晶硅和二氧化硅薄膜，将厚多晶硅层作为 MEMS 芯片层，采用薄多晶硅层实现电学连接并引出金属焊盘。采用 DRIE 工艺刻蚀 MEMS 芯片结构，并采用气相 HF 将牺牲层氧化物腐蚀去除，完成 MEMS 结构释放，最后将带凹腔单晶硅作为盖板硅圆片，通过 Al-Ge 共晶键合的方式完成真空封装。

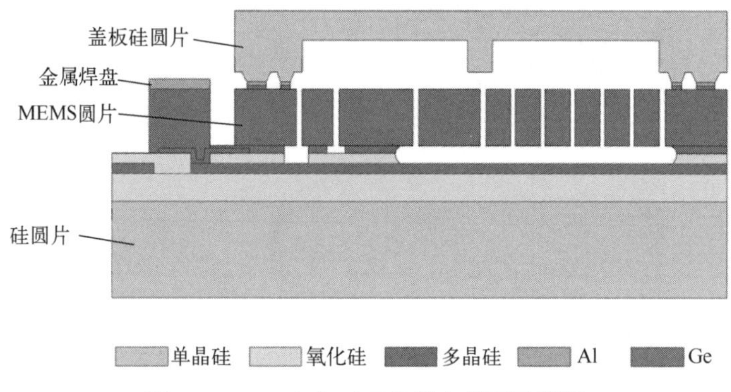

图 11-9　Bosch 加工工艺平台截面示意图

此外，新加坡科技局微电子研究院开发了一种基于 CSOI 体微加工工艺和圆片级 Al-Ge 共晶键合的六轴惯性传感器加工工艺平台[10]，该平台截面示意图如图 11-10 所示。该平台的主要特点是通过在盖板硅圆片通孔沉积多晶硅的方式实现电学连接，采用这种方式可以简化重布线，同时垂直集成不需要引线键合，可以明显降低寄生电容。同时，多晶硅还可用作面外工作模式传感器的感应电极，使得该流程可以实现六轴惯性传感器件的单片集成。

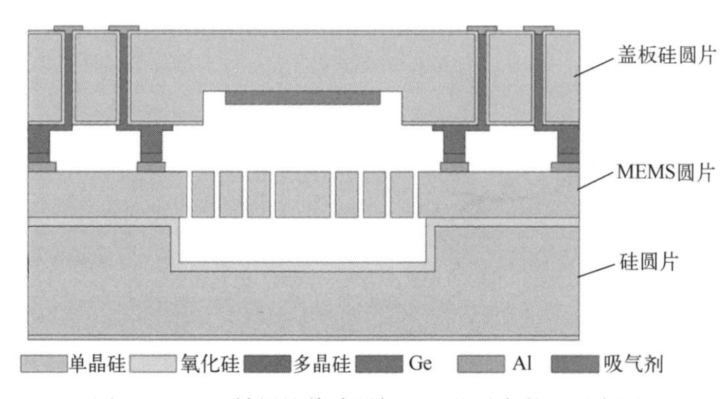

图 11-10　六轴惯性传感器加工工艺平台截面示意图

11.2　压力传感器

压力传感器在 20 世纪 60 年代就实现了产业化应用，是最早实现量产的 MEMS 传感器，目前广泛用于汽车、医疗、工业控制、国防和仪器仪表等领域，占有较大的市场份额。随着技术的不断进步，压力传感器的性价比越来越高，已用于我们日常生活的方方面面。

11.2.1　压力传感器结构描述

压力传感器的结构主要是膜结构，其中，绝对压力传感器采用封闭膜结构，表压和差压传感器采用开放膜结构，具体的结构有硅杯结构、硅盒结构和岛膜结构。岛膜结构可以设计成过载保护，但工艺相对复杂，一般在有过载保护要求的传感器中使用，应用不多。不同的传感器结构要采用不同的工艺流程制造，限于篇幅，本节主要介绍硅盒结构压力传感器的制造工艺流程，其基本结构如图 11-11 所示。这一结构主要是通过各向异性腐蚀和硅-硅直接键合工艺获得的，适合制造绝对压力传感器。从图 11-11 可以看出是全硅结构，采用的是正面腐蚀。与背面腐蚀相比，正面腐蚀产生的 54.7°的斜角不会额外增加芯片面积，硅圆片利用率增加一倍以上，效率高。由于该结构是全硅结构，没有键合界面，热失配的应力非常小，因此不用硅-玻璃直接键合就可以改善传感器的温度特性、迟滞、重复性等性能。

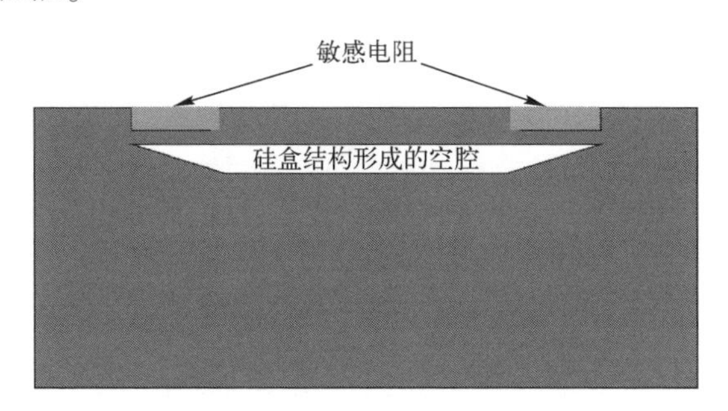

图 11-11　硅盒结构压力传感器的基本结构

11.2.2　压力传感器工艺流程

硅盒结构压力传感器的主要工艺制作流程图如图 11-12 所示。首先在双抛（100）N 型硅圆片上制作双面光刻对准标记［见图 11-12（a）］；然后腐蚀出参考压力腔［见图 11-12（b）］，压力腔的深度可以选择为当器件受到过载压力时，能保护弹性膜不被损坏的深度；将另一块（100）N 型硅圆片真空键合在含参考压力腔的硅圆片上，键合时真空度为 10^{-3}Torr；键合后对覆盖在参考压力腔上的硅圆片进行机械化学减薄抛光，使得参考压力腔上的硅圆片的厚度达到设计器件量程所需的厚度［见图 11-12（c）］；仔细清洗后，进行常规的标准半导体工艺；氧化后，用双面光刻机光刻敏感电阻图形，进行离子注入及高温扩散工艺制作电阻条［见图 11-12（d）］；光刻引线孔，沉积金属铝，再光刻铝线条完成芯片的金属连线制作［见图 11-12（e）］；低温制作钝化层［见图 11-12（f）］；通过光刻去除钝化层形成压焊块［见图 11-12（g）］，从而完成传感器芯片的制作。

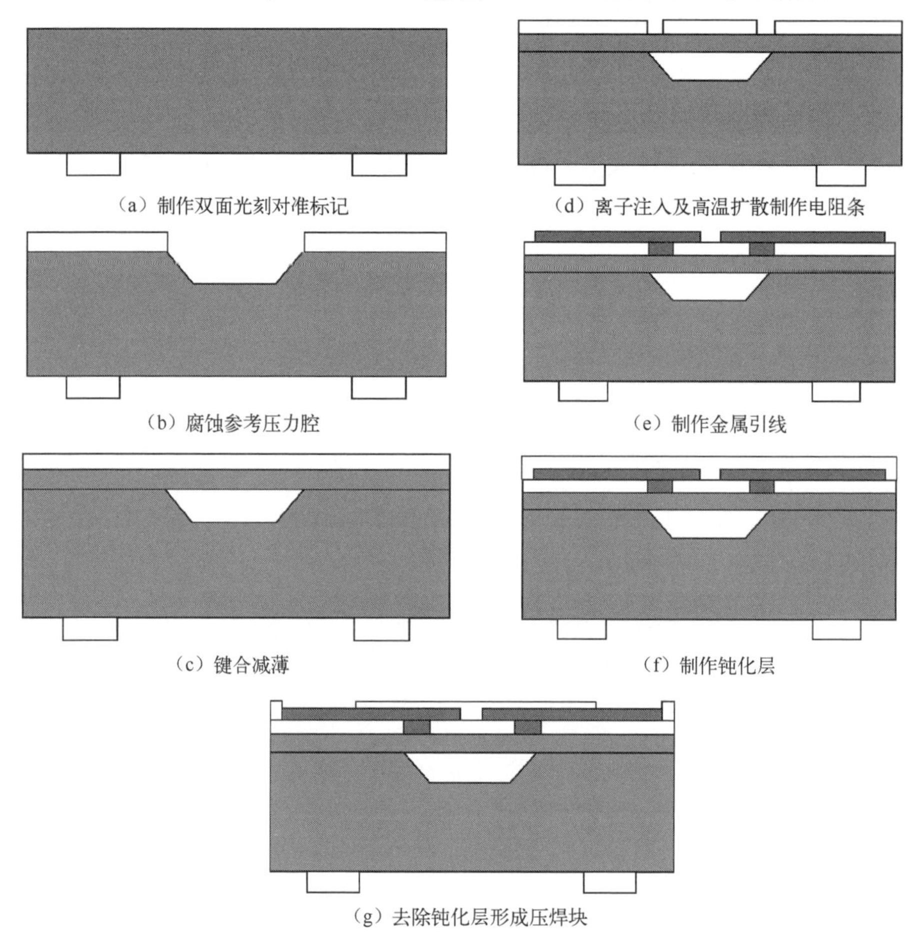

图 11-12　硅盒结构压力传感器的主要工艺制作流程图

11.2.3　压力传感器关键工艺

硅盒结构压力传感器的量产主要技术之一是如何提高键合质量，要求硅-硅真空键合成品率超过 95%。由于只有通过硅-硅真空键合才能形成参考压力腔，这一步骤直接影响着产品的成品率，因此硅-硅真空键合的量产能力是极为关键的。

高精度批量制造硅弹性敏感膜也是压力传感器量产的一项主要技术。由于硅弹性敏感膜的厚度直接决定了传感器的敏感特性，而且与厚度是二次方关系，厚度稍不均匀就会影响传感器的一致性，必须精确控制，因此键合后的机械化学减薄抛光工艺是控制硅弹性敏感膜厚度的关键，必须保证硅弹性敏感膜厚度的均匀性。

硅压力传感器的敏感元件实际上是由惠斯通电桥构成的，传感器的温度特性、灵敏度和一致性等性能与电阻掺杂浓度密切相关，因此电阻制作也是压力传感器量产的重要因素。硼掺杂浓度是控制传感器温度系数的关键，要获得电阻温度系数和传感器灵敏度温度系数的平衡点，就需要将硼掺杂浓度控制在最佳范围内。因此精确控制硼掺杂浓度也是压力传感器量产的重要因素。

图 11-13～图 11-15 所示为苏州感芯微系统技术有限公司生产的压力传感器产品。图 11-13 所示为硅盒结构压力传感器圆片 SEM 图，圆片表面颜色均匀，薄膜一致性较好。压力传感器基于压阻检测原理，采用惠斯通电桥结构感应外界压力变化。硅盒结构压力传感器芯片 SEM 图如图 11-14 所示。硅盒结构压力传感器制作完成后，可采用常用的集成电路封装技术进行后道封装。封装好的硅盒结构压力传感器产品如图 11-15 所示。

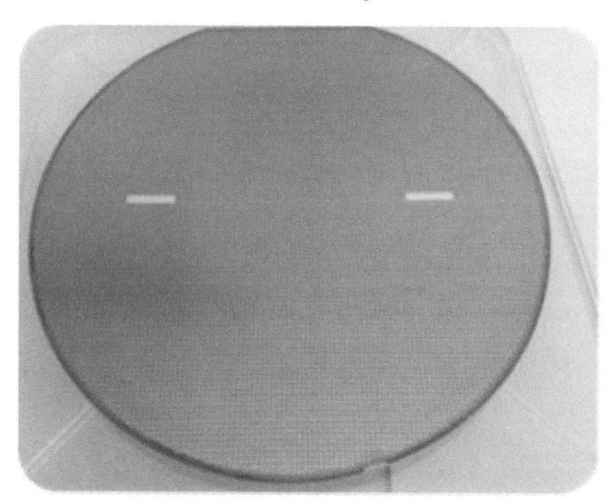

图 11-13　硅盒结构压力传感器圆片 SEM 图

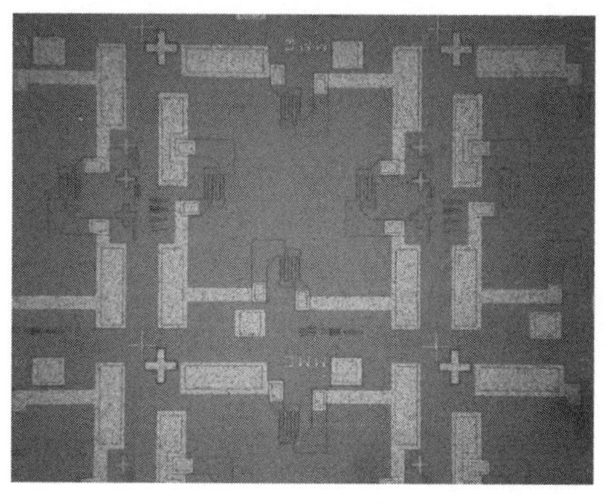

图 11-14　硅盒结构压力传感器芯片 SEM 图

图 11-15 封装好的硅盒结构压力传感器产品

11.3 热电堆红外传感器

红外传感器是能对外界红外辐射产生响应的光传感器，是红外整机系统的核心，是探测、识别和分析红外信息的关键部件。根据探测机理的不同，红外传感器可分为光子红外传感器和热式红外传感器两大类：光子红外传感器需要通过制冷装置对其进行制冷，且一般只对特定波长的红外辐射才有响应，这限制了光子红外传感器的应用；热式红外传感器可以在室温环境下工作，且对各种波长的红外辐射都有响应，被广泛应用于测温枪等设备中。红外热电堆的结构主要为多梁支撑的膜结构，该结构可减小器件的热传导，达到隔热的目的。本节将简要介绍热电堆红外传感器的几种典型工艺制备流程。

热电堆红外传感器一般是采用多层沉积方式的半导体加工工艺制成的。一般情况下，热电堆红外传感器核心的热电偶条分别放置在上下两层，上下两层热电偶条中间用二氧化硅隔离，二氧化硅中留有电学连接孔以连接两种材料。热电堆红外传感器下层的热电偶条材料一般为 P 型多晶硅，而热电堆红外传感器上层的热电偶条一般采用铝或 N 型多晶硅。为降低多层沉积时产生的残余应力，一般在热电堆薄膜上下表面沉积低应力的氮化硅层，以平衡薄膜的残余应力，减小残余应力引起的薄膜形变。

根据释放方式的不同，MEMS 热电堆结构层常用制备工艺主要分为正面结构释放和背面结构释放两类。其中，正面结构释放工艺又可分为通过释放孔刻蚀硅衬底释放热电堆结构层和通过释放孔刻蚀牺牲层释放热电堆结构层两种。

11.3.1 通过释放孔刻蚀硅衬底释放热电堆结构层

采用释放孔刻蚀硅衬底释放热电堆结构层的加工工艺流程示意图如图 11-16

所示[11-14]。采用 LPCVD 工艺在硅衬底表面依次沉积二氧化硅、氮化硅和多晶硅薄膜，如图 11-16（a）所示。采用离子注入的方式对多晶硅进行掺杂，用于控制和改变多晶硅薄膜的方块电阻。采用光刻和 RIE 工艺刻蚀多晶硅，形成多晶硅热电偶臂结构，如图 11-16（b）所示。采用 LPCVD 工艺在多晶硅和氮化硅表面整面沉积一层二氧化硅，并在多晶硅热电偶臂结构处刻蚀电学连接通孔，如图 11-16（c）所示。采用磁控溅射的方式在二氧化硅表面沉积铝，并对铝进行图形化光刻和刻蚀，在电学连接通孔处制作铝热电偶臂和铝引线，形成多晶硅/铝热电偶及金属焊盘，如图 11-16（d）所示。采用 PECVD 工艺在硅衬底表面沉积氮化硅和二氧化硅薄膜，并采用光刻和 RIE 工艺打开金属焊盘窗口，如图 11-16（e）所示。最后采用 RIE 工艺制作释放孔，并采用各向同性硅腐蚀技术将微机械热电堆结构下方的硅衬底去除，释放热电堆结构，如图 11-16（f）所示。

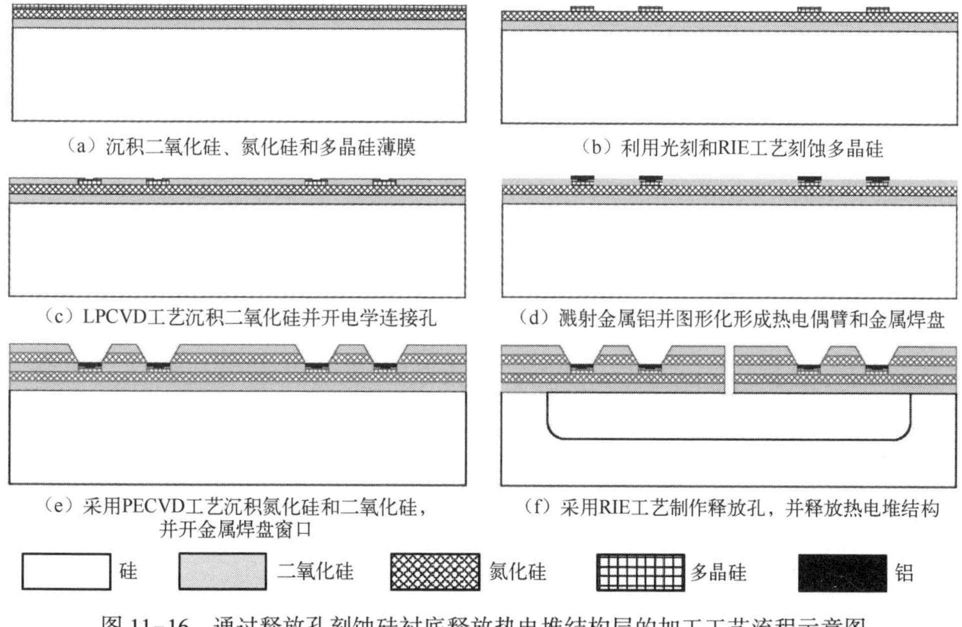

图 11-16　通过释放孔刻蚀硅衬底释放热电堆结构层的加工工艺流程示意图

通过释放孔刻蚀硅衬底释放热电堆结构层的工艺简单，器件制作成本低，但释放孔结构会占据热电堆结构层的面积。

11.3.2　通过释放孔刻蚀牺牲层释放热电堆结构层

通过释放孔刻蚀牺牲层释放热电堆结构层的加工工艺流程示意图如图 11-17 所示[15-17]。在硅衬底上热生长二氧化硅，光刻腐蚀二氧化硅，以二氧化硅为掩模光刻腐蚀硅衬底形成沟槽，在沟槽中热生长二氧化硅，如图 11-17（a）所示。

采用 LPCVD 工艺沉积多晶硅，多晶硅填充沟槽形成第一牺牲层，并对多晶硅进行平坦化处理，如图 11-17（b）所示。采用 LPCVD 工艺依次沉积二氧化硅、氮化硅和多晶硅，如图 11-17（c）所示。离子注入掺杂后，通过 RIE 工艺刻蚀多晶硅，形成多晶硅热电偶臂，如图 11-17（d）所示。采用 LPCVD 工艺沉积二氧化硅，并在二氧化硅层上开电学连接孔，如图 11-17（e）所示。在二氧化硅层上溅射一层铝，并对铝进行图形化，制作铝热电偶臂和铝引线，以形成多晶硅/铝热电偶和金属焊盘，如图 11-17（f）所示。铝布线结束后，采用 PECVD 工艺依次沉积氮化硅和二氧化硅薄膜，并采用 RIE 工艺刻蚀金属焊盘窗口，如图 11-17（g）所示。最后，采用 RIE 工艺制作释放孔，利用各向异性腐蚀技术将微机械热电堆结构下方的多晶硅去除，释放热电堆结构，对热电堆结构进行热隔离，如图 11-17（h）所示。

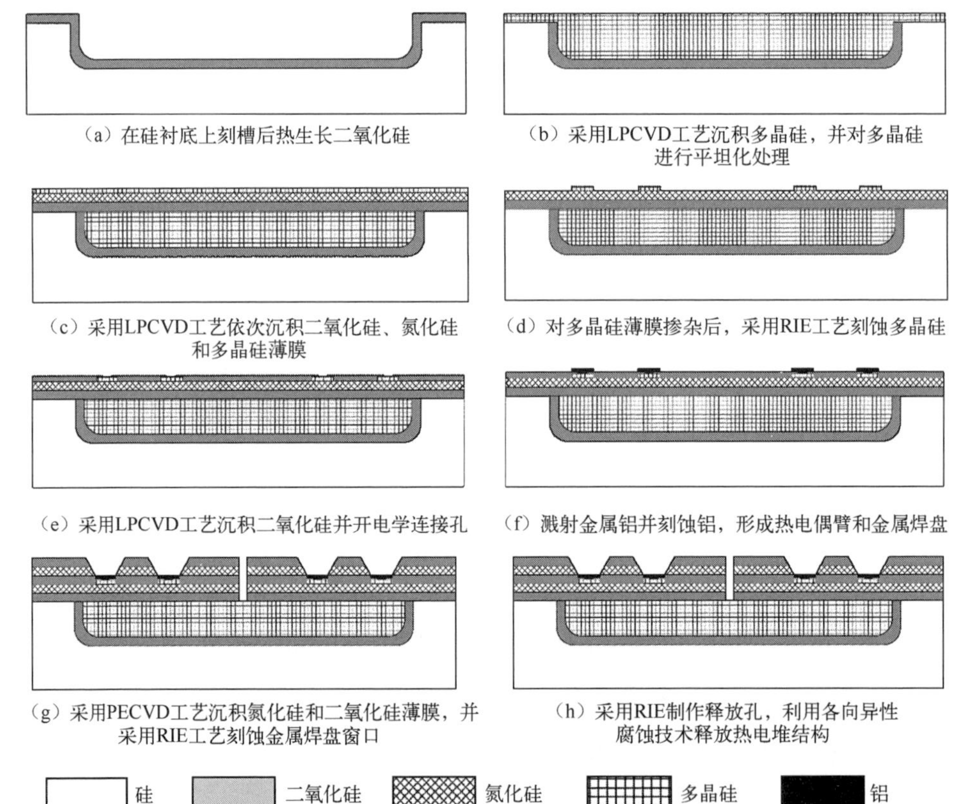

图 11-17　通过释放孔刻蚀牺牲层释放热电堆结构层的加工工艺流程示意图

相对于通过释放孔刻蚀硅衬底释放热电堆结构层的工艺，通过释放孔刻蚀牺牲层释放热电堆结构层的工艺能够有效控制热电堆薄膜与衬底之间的间隙的高度。

11.3.3 背面结构释放工艺

相对于正面结构释放工艺，背面结构释放工艺没有释放孔结构，不用在器件结构层预留释放孔面积。此外，背面结构释放工艺中，热电堆薄膜与封装衬底之间的高度为硅衬底的厚度，与正面结构释放工艺相比，热电堆薄膜与衬底之间的高度更高，通过热电堆薄膜下方空气造成的热损耗更小。本节结合加工后的实际 SEM 图简要介绍背面结构释放工艺流程。

采用背面结构释放工艺制作热电堆的工艺流程示意图如图 11-18 所示[17-19]。在清洗后的硅衬底上，采用 LPCVD 工艺在硅衬底上依次沉积二氧化硅、氮化硅和多晶硅薄膜，然后进行炉管退火，如图 11-18（a）所示。对多晶硅薄膜进行离子注入，如图 11-18（b）所示。采用 RIE 工艺刻蚀多晶硅，形成多晶硅热电偶臂，如图 11-18（c）所示。采用 LPCVD 工艺在硅衬底正面沉积二氧化硅薄膜，如图 11-18（d）所示。通过 RIE 工艺刻蚀二氧化硅，制作电学连接孔，如图 11-18（e）所示。在二氧化硅层上溅射一层铝，并对铝进行图形化，制作铝热电偶臂和铝引线，以形成多晶硅/铝热电偶和金属焊盘，如图 11-18（f）所示。采用 PECVD 工艺在硅衬底正面沉积氮化硅和二氧化硅薄膜，并采用 RIE 工艺刻蚀二氧化硅和氮化硅薄膜，打开金属焊盘窗口，以便热电堆和外部器件连接，如图 11-18（g）所示。合金化后，对硅衬底背面减薄和光刻，并采用 DRIE 工艺刻蚀热电堆薄膜下方的硅衬底，释放悬浮热电堆结构，实现热电堆结构的热隔离，如图 11-18（h）所示。多晶硅刻蚀后的热电偶臂的 SEM 图如图 11-19（a）所示。铝热电偶臂的 SEM 图如图 11-19（b）所示。背面结构释放工艺完成后的热电堆正面和背面 SEM 图分别如图 11-19（c）和 11-19（d）所示。

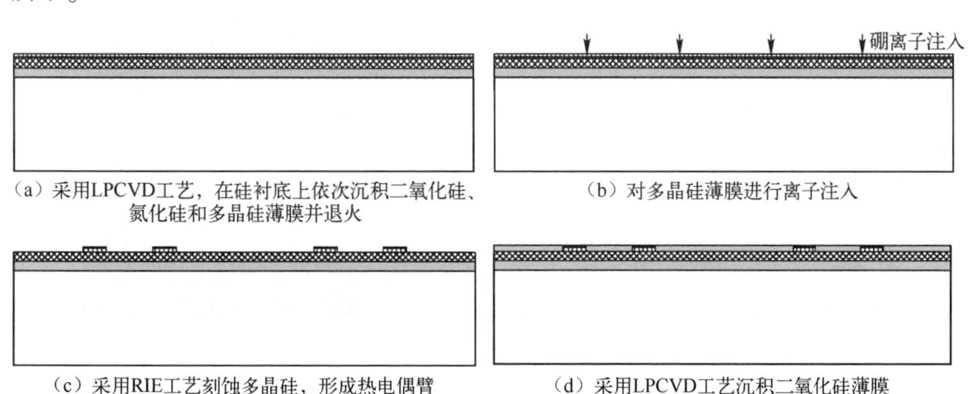

（a）采用LPCVD工艺，在硅衬底上依次沉积二氧化硅、氮化硅和多晶硅薄膜并退火

（b）对多晶硅薄膜进行离子注入

（c）采用RIE工艺刻蚀多晶硅，形成热电偶臂

（d）采用LPCVD工艺沉积二氧化硅薄膜

图 11-18 采用背面结构释放工艺制作热电堆的工艺流程示意图

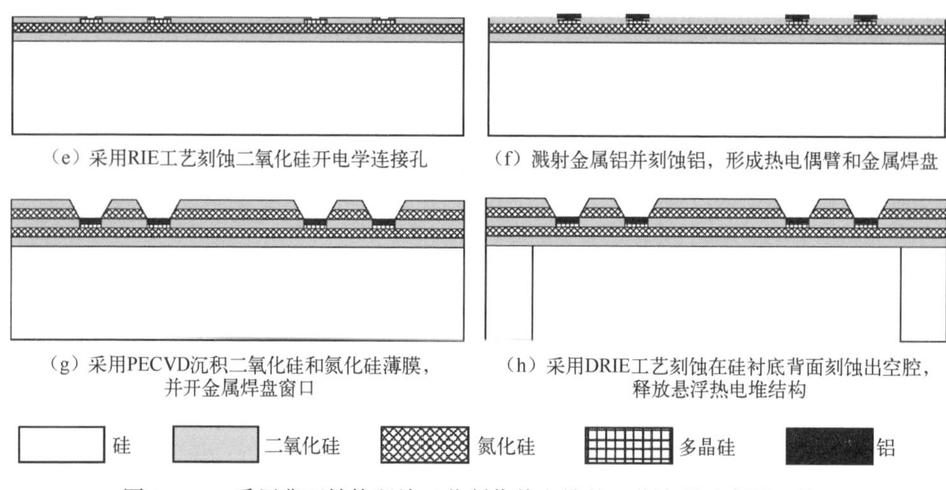

（e）采用RIE工艺刻蚀二氧化硅开电学连接孔

（f）溅射金属铝并刻蚀铝，形成热电偶臂和金属焊盘

（g）采用PECVD沉积二氧化硅和氮化硅薄膜，并开金属焊盘窗口

（h）采用DRIE工艺刻蚀在硅衬底背面刻蚀出空腔，释放悬浮热电堆结构

图 11-18　采用背面结构释放工艺制作热电堆的工艺流程示意图（续）

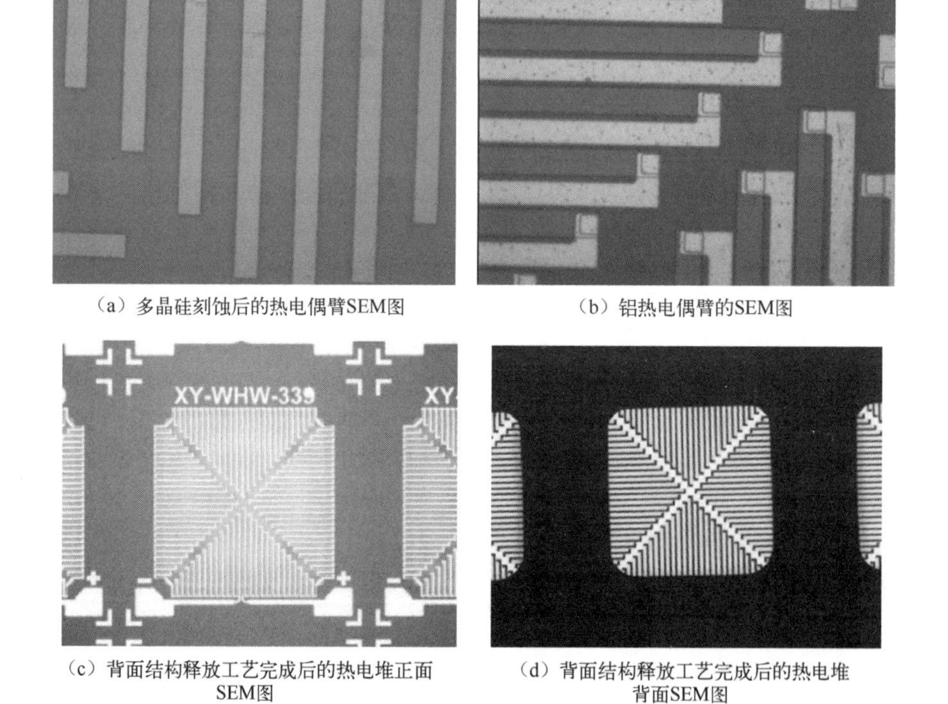

（a）多晶硅刻蚀后的热电偶臂SEM图

（b）铝热电偶臂的SEM图

（c）背面结构释放工艺完成后的热电堆正面SEM图

（d）背面结构释放工艺完成后的热电堆背面SEM图

图 11-19　采用背面结构释放工艺制作的热电堆传感器的部分流程 SEM 图

11.4　体声波谐振器

移动通信行业的高速发展和革新热潮，使得移动终端的数目呈爆发式增长。无线通信系统中需要大量的滤波器、振荡器、双工器、低噪放大器等射频元器件，这些元器件的基本单元就是微波谐振器。

利用材料的压电效应激发固体体声波的谐振器称为体声波（Bulk Acoustic Wave，BAW）谐振器。BAW 谐振器主要包括两类：薄膜体声波谐振器（thin Film Bulk Acoustic Resonator，FBAR）、紧固型体声波谐振器（Solidly Mounted type BAW Resonator，SMR-BAW）。随着薄膜和微机械加工技术发展而实现的 BAW 谐振器，被广泛应用于移动通信设备的频段为 1～6GHz 的滤波器/双工器中。此外，BAW 谐振器还可以拓展应用到质量[20]、温度[21]、湿度[22]、压强[23]、气体检测[24]等传感领域。本节将详细讨论 BAW 谐振器的制备工艺。

11.4.1　基本原理和器件结构

FBAR 的核心结构是电极层/压电层/电极层三明治结构。当沿着压电薄膜的厚度方向施加一个交变的电信号时，由于逆压电效应，压电层会在其厚度方向上产生周期性的形变与振动，并且这种振动的形式是通过波的形式沿着厚度方向传播的，且每个参与振动的粒子的振动方向也都沿着厚度方向，因此压电薄膜在厚度方向上激发出纵波，当激励信号频率接近压电薄膜的固有频率时，这一机电结构发生谐振。此时，电学能量最大限度地转化成机械能量。具体而言，在串联谐振频率时，外部的激励电场矢量与压电层自极化矢量同相，二者叠加会导致压电层中的电位移参量最大，流经器件的电流也最大，此时器件存在最小电学阻抗；而在并联谐振频率时，外部的激励电场矢量与压电层自极化矢量反相，二者叠加会导致压电层中电位移参量最小，流经器件的电流也最小，此时器件存在最大电学阻抗。

为了尽可能地不让声波能量泄漏到衬底中，需要使声波在界面上发生反射，这通常意味着媒介阻抗的突变。固体与空气的声阻抗相差非常大，可以在最大限度上对固体中的声波进行反射，因此常把固体和空气边界作为反射边界。使用厚度为 1/4 介质波长的高声阻抗层和低声阻抗层交替叠加的多层结构作为布拉格反射器也可以实现反射边界。基于这两种声学界面的选择，产生了两种主流 BAW 谐振器的形式：FBAR 和 SMR-BAW。FBAR 可以通过几种不同的工艺实现，有背部刻蚀型[25]、上凸空气间隙型[26-27]和下凹空气间隙型[28-29]结构，相应结构示意图如图 11-20（a）~图 11-20（c）所示；SMR-BAW 结构示意图[30]如图 11-20（d）所示。

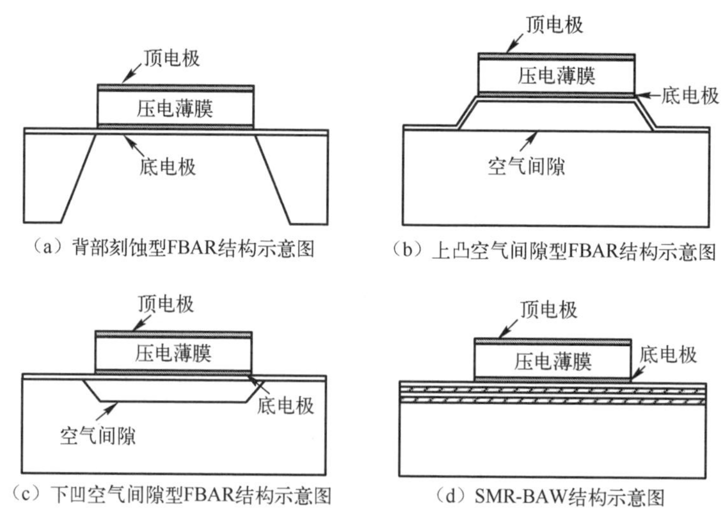

图 11-20　FBAR 和 SMR-BAW 结构示意图

背部刻蚀型 FBAR[25]、上凸空气间隙型 FBAR[27]、下凹空气间隙型 FBAR 和 SMR-BAW[28,31-32]的 SEM 图如图 11-21 所示。这几种结构各有优缺点，具体如下。

（1）背部刻蚀型：这种结构的 FBAR 首先在硅衬底的正面加工出图形化的各功能层，然后利用硅体微加工工艺从硅圆片背面进行刻蚀，直到器件背面只剩下支撑层或底电极层，实现在谐振器下表面的空气交界面。该结构的缺点是 DRIE 工艺时间长、成本高，此外还存在刻蚀速率一致性问题，因此成品率低，很难满足大批量生产需求。

（2）空气间隙型：这种结构需要采用目前工艺水平要求较高的表面微加工工艺在衬底表面形成一个空气间隙。按照空气间隙的形状分为上凸空气间隙型和下凹空气间隙型。上凸空气间隙型需要在衬底表面沉积一层牺牲层，然后在牺牲层上沉积各个功能层并图形化，最后选择性刻蚀之前预先沉积的牺牲层，形成 FBAR 核心区域底部的空气界面。上凸空气间隙型形成空气间隙的步骤相对背部刻蚀型较少，但牺牲层太厚会影响晶体质量，而牺牲层太薄可能由于薄膜应力导致空气间隙无法形成[33]；下凹空气间隙型需要在衬底表面先形成一个浅槽，然后沉积牺牲层材料以填充浅槽，接着使用化学机械抛光工艺，将多余材料研磨至凹槽左右两端的衬底再次露出，然后按照标准工艺制备各功能层，最后将凹槽内剩余牺牲层腐蚀，形成谐振器下方的空气界面。这类 FBAR 能够很好地将声波限制在由电极/压电层/电极构成的“有效”区域内，从而获得很高的品质因数。此外，这一工艺仅需要使用表面微加工工艺，省去了对背部进行 DRIE 工艺刻蚀的麻烦，降低了成本，提高了良品率。Avago 公司的产品正是基于这种结构设计的。该结构的缺点是对工艺水平要求高。

（3）SMR-BAW 与 FBAR 不同的是使用布拉格反射栅将声波限制在谐振器内。布拉格反射栅层通常用周期性交替排列的钨（W）和二氧化硅（SiO_2）作为高低声阻抗层。其优点是机械牢固度高、功率容量大；缺点是需要制备多层膜，每层膜的厚度、应力、粗糙度都需要进行较为精确的控制，从而增加了成本。此外，由于一部分声波能量透过布拉格反射栅层，其声波反射效果不及空气间隙型，因此其耦合系数和品质因数都比 FBAR 要低。

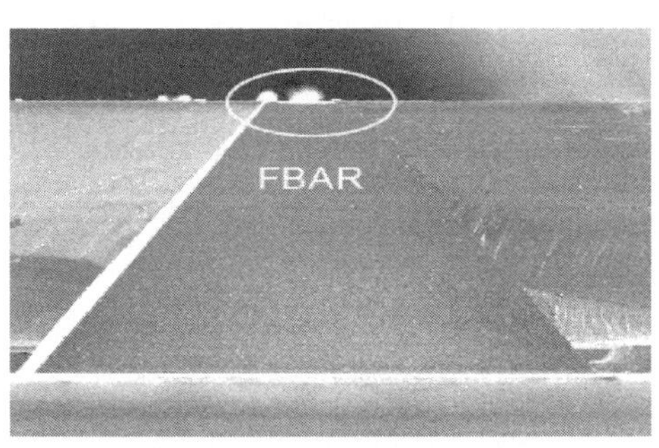

（a）背部刻蚀型FBAR的SEM图

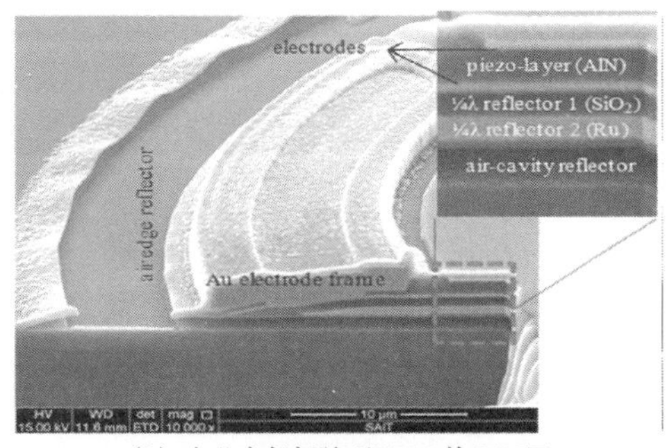

（b）上凸空气间隙型FBAR的SEM图

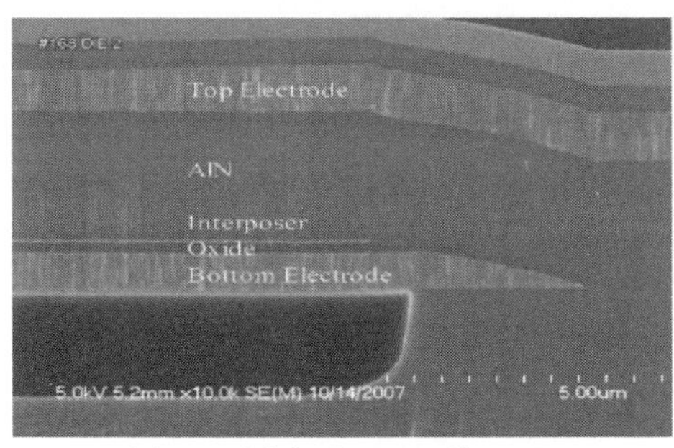

（c）下凹空气间隙型FBAR的SEM图

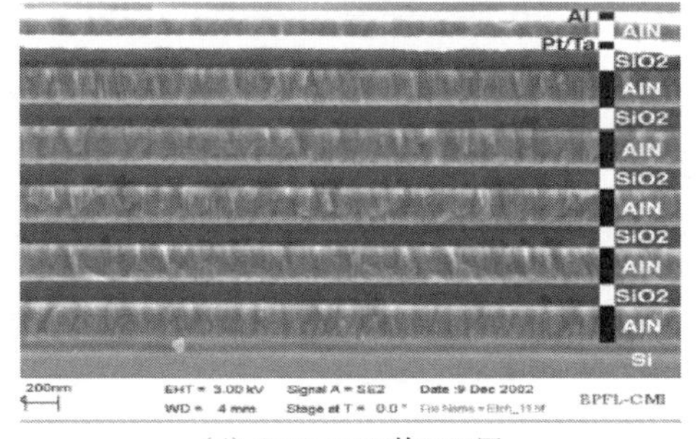

（d）SMR-BAW的SEM图

图 11-21　FBAR 和 SMR-BAW 的 SEM 图

11.4.2　性能优化

BAW 器件关心的核心指标之一是品质因数（Quality Factor）。提高谐振器的品质因数，一方面需要提高薄膜的质量，另一方面需要合理设计谐振器结构和工艺参数。图 11-22 所示为采用几种谐振器性能提升技术的 FBAR 示意图。

下面简要介绍几种与性能提升有关的工艺和设计技术。

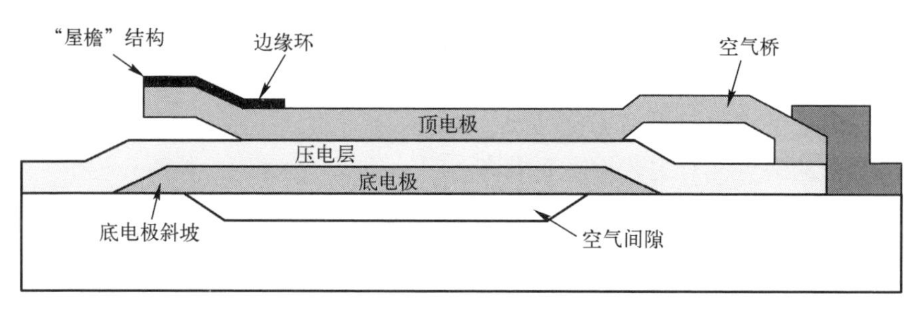

图 11-22　采用几种谐振器性能提升技术的 FBAR 示意图

1. 边缘环

BAW 器件的一阶模态为沿着厚度方向的伸缩模式。在理想情况下，仅存在厚度方向的声波，然而一些激发的声波也可以横向传播。这种沿着横向方向的波为兰姆波，兰姆波导致的能量泄漏使得谐振器的品质因数下降。为了抑制兰姆波导致的能量泄漏，通常在谐振区域的边缘增加质量负载[34-35]。形成边缘环的方式一般为在顶电极上沉积额外的材料[36]，该材料是和顶电极一样的材料，或者其他与工艺兼容的材料。此外，为了抑制兰姆波在谐振腔内经过多次反射形成驻波，通常还会将 BAW 设计成不规则多边形[37]。实际制作的边缘环结构见图 11-23（a）。

2. "屋檐"结构

"屋檐"结构[38]指顶电极边缘处与压电薄膜之间存在一定的空腔。"屋檐"结构与边缘环的作用类似，用于减少横向能量的泄漏。其制作工艺为预先在压电表面沉积牺牲层，随后沉积顶电极和边缘环，最后去除牺牲层，形成空腔。实际制作的"屋檐"结构见图 11-23（a）。

3. 底电极斜坡

底电极刻蚀通常是通过等离子体刻蚀工艺实现的。压电层中的压电薄膜（如 AlN 或掺 Sc 的 AlN）需要生长在底电极上，因此压电薄膜的成膜质量取决于底电极的表面粗糙度和形貌。有研究表明，底电极斜坡倾角越小，对高质量和高 c 轴取向压电薄膜的生长越有利；此外，研究还显示，Pt 电极相比其他金属对于 c 轴取向的 AlN 生长更有利[39]。实际制作的器件的底电极斜坡截面见图 11-23（b）。

4. 空气桥

能量泄漏的途径之一是通过与谐振区域处于同一水平面的压电薄膜泄漏，因此为了尽可能减少其泄漏，还有研究人员采用了图 11-23 中的空气桥结构[40]。

实际制作的器件的空气桥结构见图 11-23（b）。

（a）边缘环和“屋檐”结构

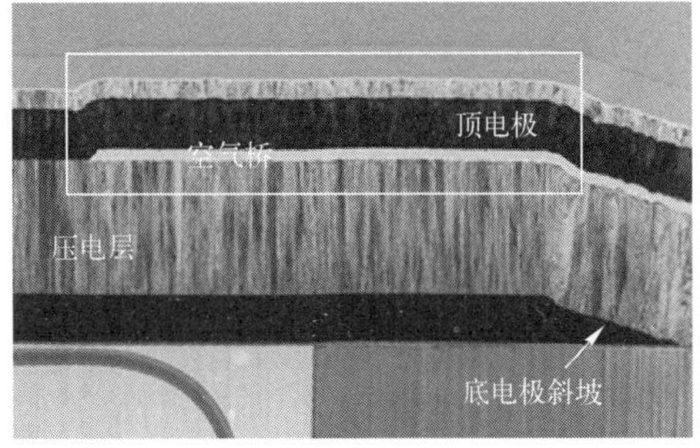

（b）底电极斜坡和空气桥

图 11-23　实际制作的器件的空气桥结构

11.4.3　关键制备工艺

实现高性能的 BAW 器件的关键之一是选择合适的材料。选择材料需要考虑的因素有电气特性（薄层电阻率）、声学特性（声阻抗、材料品质因数、温度特性、粗糙度）和可制造性（薄膜的均匀性和可重复性）。

声阻抗等于声速和质量的乘积。图 11-24 所示为典型的半导体工艺中的材料和一些对比材料的密度和声速。通常声速很低的“软”材料的声学品质因数较低。

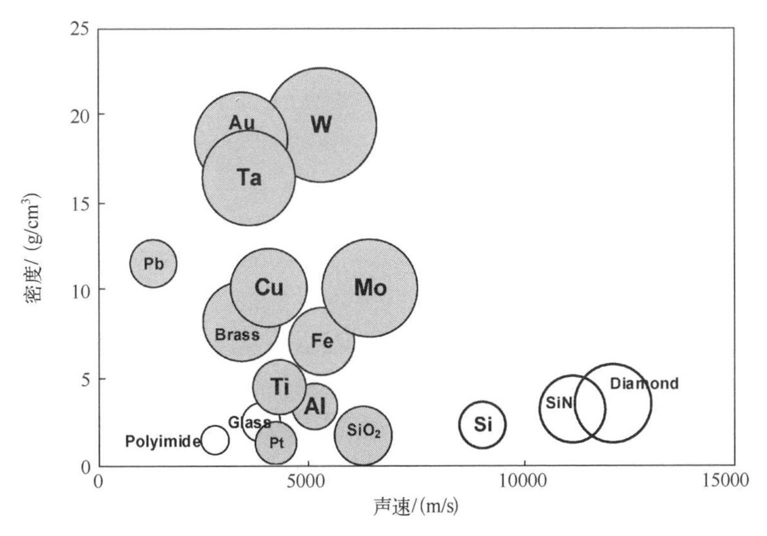

图 11-24　典型的半导体工艺中的材料和一些对比材料的密度和声速[41]

1. 电极材料

在 BAW 中，电极层的厚度远小于工作频率下的趋肤深度，因此在高频工作条件下的电极的电阻比静态时更高。金属的声学特性和电阻率常常是矛盾的。一般而言，导电性好的导体声学特性差，声学特性好的导体导电性差。因此可供选择的材料并不多。

铝（Al）：通常使用其合金，如 AlCu、AlSiCu 等，其机械特性接近 Al，电导率较 Al 高，然而声阻抗较低，一般很少用作 BAW 的电极。

钨（W）：W 相较 Al 拥有更高的声阻抗，因此很适合作为 SMR-BAW 的声学反射层或电极，但需要解决厚度均匀性和残余应力问题。

铜（Cu）：Cu 的电导率大约是 Al 的 1.5 倍，因此常用作电学连接线。但工艺复杂度和成本明显高于 Al。需要制备扩散阻挡层和采用专用设备，防止 Cu 扩散到衬底，污染晶体管。Cu 的声阻抗和 Al 接近，机械品质因数比铝小，因此一般也不适宜用作 BAW 的电极。

钛（Ti）：Ti 和 TiN 在集成电路工艺中用来作为 W 的扩散阻挡层和黏附层。Ti 电阻率较 Al 高，声阻抗与 Al 接近，因此除作为 W 的扩散阻挡层和黏附层外，在 BAW 制造中很少用于其他目的。

钽（Ta）：Ta 在 CMOS 工艺中用作阻挡层，其氮化物、硅化物、氧化物用作扩散阻挡层。Ta_2O_5是一种高介电常数介质，也用来作为 SMR-BAW 的声学反射层。

钼（Mo）：Mo 的导电性与 W 接近，声阻抗较 W 略低，常用作 BAW 的电极材料。对 FBAR 而言，是一个合理的折中方案，但作为 SMR-BAW 底电极则会降低耦合系数。

其他金属电极，如金属铱（Ir）和钌（Ru）[33]与其合金，可以改善电极电阻和声学阻抗，这些材料在半导体工艺中并不常见，而且可能造成额外的污染，因此还需要进一步研究。

2. 介质和衬底

硅（Si）：一般使用高阻硅作为 BAW 的衬底，高阻硅可降低电学损耗。除了成本和可用性的优势，硅还是一种很坚固的材料，方便加工和封装。

二氧化硅（SiO_2）：拥有较低的声阻抗，因此常用作 SMR-BAW 的声学反射层。与其他材料不同的是，二氧化硅随着温度的增加杨氏模量增加，因此可以部分补偿 BAW 薄膜的温度特性。

氮化硅（SiN）：氮化硅和二氧化硅质量类似，声速更高，但这一差异还不足以让氮化硅/二氧化硅的叠层拥有良好的反射特性。有时将氮化硅作为 FBAR 的支撑层。另外，和 CMOS 工艺一样，氮化硅也可以作为钝化层。

3. 压电层

目前应用于 FBAR 压电薄膜的材料主要有 AlN、ZnO 和 PZT，本书第 6 章比较了 AlN、ZnO 和 PZT 三种压电薄膜的性质。在选择压电薄膜的材料时要考虑如下几个参数。

（1）压电耦合系数 K^2：这一参数是材料中电能/机械能的转换比例，该值越高意味着可实现带宽越大。

（2）介电常数 ε_r：为了实现阻抗匹配，需要合理设计谐振器面积、厚度，高介电常数有利于缩小 FBAR 尺寸。

（3）声速 v：$v=f\lambda$，在给定频率下，声速越高，波长越长，越便于利用厚度精确控制频率。

（4）材料固有损耗：该参数决定了滤波器的插入损耗。

（5）温度系数。

（6）热导率：热导率高意味着耐受功率容量大。

（7）化学稳定性。

AlN 是一种由轻质原子构成的“硬”材料，拥有很高的声速和热导率，较低的温度系数和材料固有损耗，适中的介电常数和压电耦合系数，良好的化学稳定性。锌（Zn）、铅（Pb）、锆（Zr）等元素对 CMOS 工艺而言可能会引入额外的杂质/污染，从而严重影响 CMOS 器件性能，而 AlN 不存在这一问题，因为其构成元素是半导体圆片厂中常见的元素，不存在元素污染问题。另外，高质量薄膜的制备也是不容忽视的问题，AlN 可以高质量地沉积在 W、Mo 和 Al 电极上，是迄今为止唯一在大批量生产中表现出很好的工艺稳定性、可重复性和可制造性的压电薄膜材料。因此，AlN 成为目前半导体圆片厂的首选材料。

最近人们发现，在 AlN 中掺杂 Sc，可以显著提高其压电性。有研究表明，未掺杂 Sc 的 AlN 的压电系数为 5.5pC/N，而掺杂 40%Sc 的 ScAlN 的压电系数为 27.6pC/N[42]。还有研究表明，掺杂 30% Sc 的 ScAlN FBAR 耦合系数高达 18.1%[43-44]，约是 AlN FBAR 的 3 倍。压电滤波器带宽与谐振器的耦合系数正相关，因此对于高带宽的滤波器的应用而言，高压电性的 ScAlN 薄膜无疑是诱人的。但目前如何沉积高质量的 ScAlN 薄膜及实现高质量地刻蚀 ScAlN，还需要进一步研究。

11.4.4　FBAR 器件制造工艺流程

形成下凹空气间隙的方法[29,45-48]并不是唯一的，以下凹空气间隙型 FBAR 为例，介绍空气间隙型 FBAR 的工艺流程，其工艺流程图如图 11-25 所示。

步骤（a）：在高阻硅上刻蚀出浅槽，以形成空气腔。

步骤（b）：沉积牺牲层，并用化学机械抛光工艺将多余的材料去除。

步骤（c）：沉积和图形化底电极。

步骤（d）：沉积和图形化压电层和顶电极。

步骤（e）：沉积和图形化边缘环，以抑制兰姆波等寄生模式。

步骤（f）：沉积和图形化厚电极用于引线。

步骤（g）：沉积和图形化频率调节层，用于微调调整谐振器频率[49]。

步骤（h）：在正面刻蚀通孔，刻蚀牺牲层，释放谐振器结构，在谐振器下方形成空气间隙。

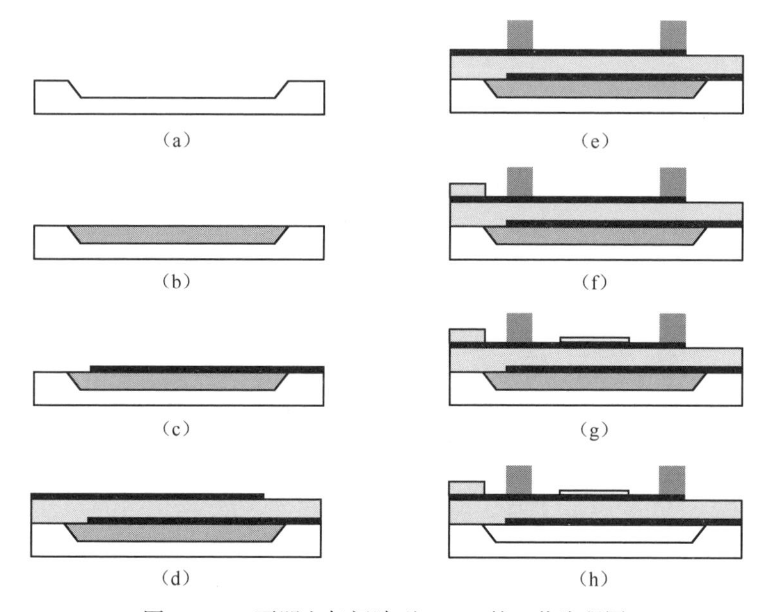

图 11-25　下凹空气间隙型 FBAR 的工艺流程图

下凹型空气间隙型 FBAR 需要在硅衬底表面先形成牺牲层凸起，然后沉积各个功能层，最后在正面刻蚀通孔，刻蚀底部的牺牲层，形成空气间隙。

下面将介绍背部刻蚀型 FBAR 的工艺流程，如图 11-26 所示。

步骤（a）：在高阻硅上沉积绝缘层，如热氧化的二氧化硅，隔离底电极和硅衬底，减少射频信号在硅衬底中的漏电流和寄生参数，并作为背部刻蚀的停止层。

步骤（b）：沉积和图形化底电极。

步骤（c）：沉积和图形化压电层。

步骤（d）：沉积和图形化顶电极。

步骤（e）：沉积边缘环，以抑制兰姆波等寄生模式。

步骤（f）：沉积和图形化厚电极用于引线。

步骤（g）：沉积和图形化频率调节层，以微调调整谐振器频率。

步骤（h）：在硅衬底的表面刻蚀，刻蚀硅衬底至刻蚀停止层，释放谐振器结构。

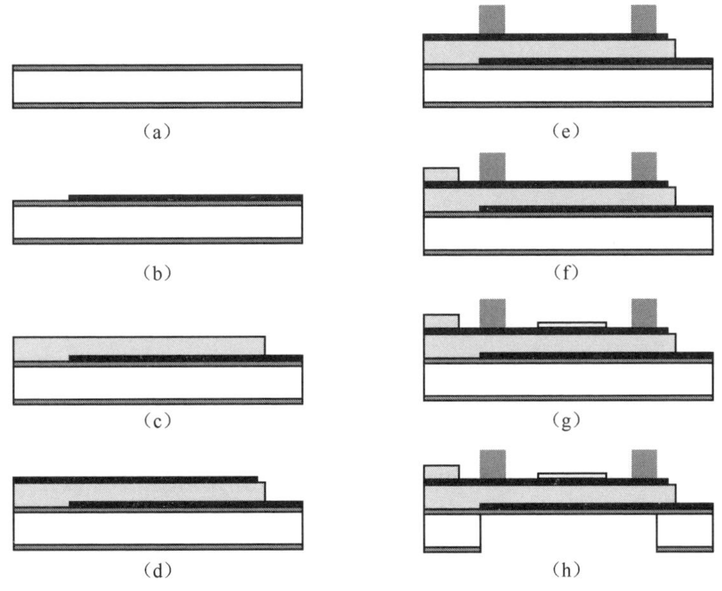

图 11-26　背部刻蚀型 FBAR 的工艺流程图

11.4.5　SMR-BAW 制造工艺流程

SMR-BAW 制作工艺流程示意图如图 11-27 所示。先在高阻硅衬底上交替地沉积高声阻抗层和低声阻抗层以实现布拉格反射器，布拉格反射器可以是凸台型的，如图 11-27（a）所示，也可以是平坦化的（如通过化学机械抛光工艺实现），如图 11-27（b）所示。图 11-27 中包括两层高声阻抗层（如 W）和三层低声阻抗层（如二氧化硅）。

然后沉积 BAW 制造中最为关键的底电极和压电层，如图 11-27（c）和图 11-27（d）所示。底电极的粗糙度直接影响沉积在其上方的压电层的质量，应当尽可能简化底电极的拓扑结构，因为压电层的晶体生长会因形成褶皱受到影响。如图 11-27（c）所示，有电极区域与无电极区域的边界上晶体的生长形成缺陷。这可能会使器件某些性能退化，如耐压特性等。

最后沉积顶电极，如图 11-27（e）和图 11-27（f）所示。

图 11-27 中不包括调谐层（Detuning Layer）和用于抑制某些寄生模式的边缘环。使用压电谐振器构成滤波器时，需要对其频率进行非常精细的调节，以使

并联支路的谐振器频率略低于串联支路的谐振器，因此需要调谐层质量负载来微调频率。在 BAW 谐振腔边缘上放置较重的质量负载，有利于抑制一些不需要的声学模式。此外，可能还需要顶电极的钝化层和用于焊盘或者电学连接线的金属层等。

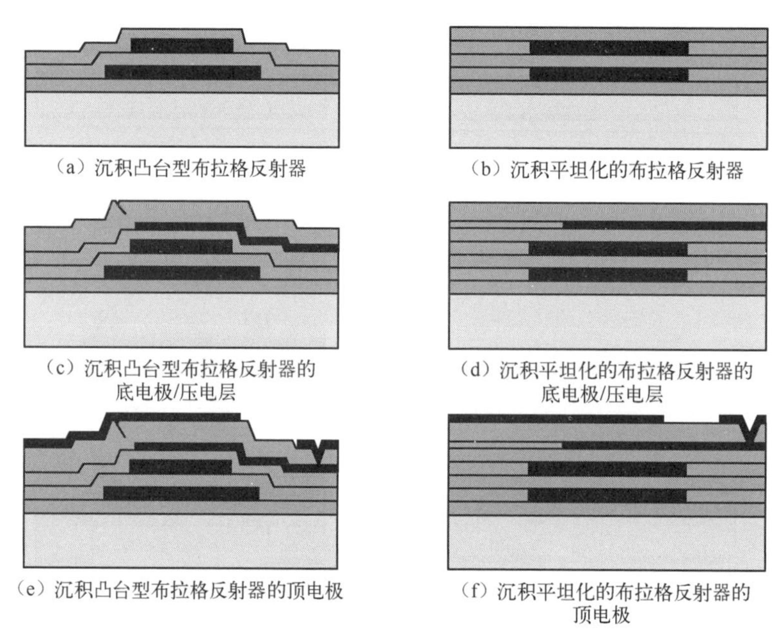

图 11-27　SMR-BAW 制作工艺流程示意图

11.4.6　工艺误差和修正

BAW 器件和一般半导体器件工艺之间的显著的区别是良品率损失机制不同。集成电路制造中的良品率主要受横向尺寸和缺陷密度影响；BAW 器件制造中的良品率主要与垂直尺寸（薄膜厚度）及声学共振特性（如压电层的耦合系数、声学品质因数）有关。实际生产中，决定器件成品率的是其频率准确度。对于 1.96GHz 的 PCS RX 带通滤波器，其成品器件的频率准确度优于 0.1%。

BAW 的频率由声学有源层（压电层和电极层）的厚度决定。即使声速和密度恒定，厚度精度和均匀性也必须优于 0.1%。事实上，这比半导体器件制造中的要求高两个数量级。集成电路工艺通常允许金属或者介电层的膜厚最大容差为 ±10%，典型工艺容差为 $\sigma=2\%$。这意味着，用典型半导体制造沉积工艺良品率只有 5%。即使将工艺容差提升到 $\sigma=0.5\%$，良品率也只有 20%。因此为了获得合适的产量，需要对器件进行某种修整。通常通过局部刻蚀和沉积来补偿膜厚漂移（或声速/密度漂移）。

图 11-28 所示为典型的在单块圆片上的频率分布图，从图中我们可以得出圆片上薄膜沉积的三个特征。

(1) 很多薄膜沉积过程中都有圆片旋转操作，或者采用中心对称的反应腔体，因此频率分布具有明显中心对称特征。

(2) 圆片的边缘有最高的频率梯度，其原因是在沉积时，圆片边缘的电场分布不连续使所有沉积层在边缘都变得很薄。

(3) 器件尺寸大约是毫米级别的，整个圆片上的频率漂移是较长距离上的变化，因此不需要每个芯片都进行修整（否则成本很高）。

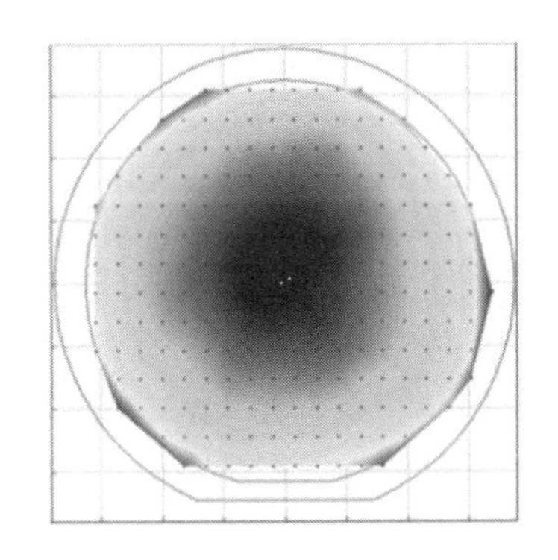

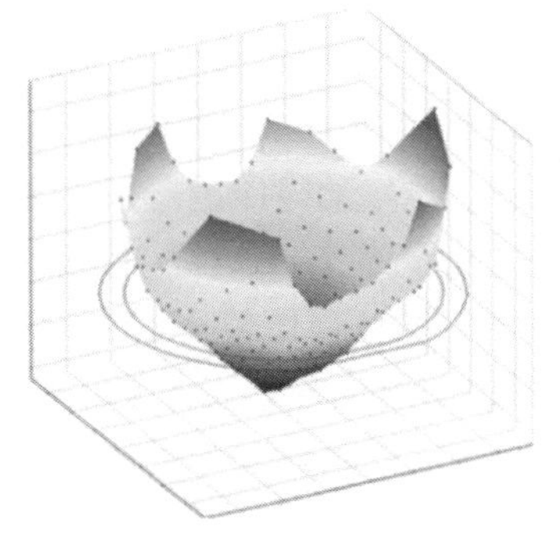

图 11-28　典型的在单块圆片上的频率分布图[40]

离子铣削（Ion Milling）在修整石英晶体方面拥有悠久历史，可以实现高精度的频率修正。离子铣削将氩离子（Ar^+）加速到 400~1500eV，轰击物体表面，使靶材的粒子被撞击出去。这种纯物理刻蚀还可以用于刻蚀化学惰性材料，如 Cu、Pt、Au 等。原则上，这样的修整适用于单个 BAW 器件，但逐一处理和修整一块圆片上成千上万的器件将耗费大量时间，因此离子铣削不适用于批量生产。

用扫描离子束（Scanned Ion Beam）进行局部刻蚀也可以补偿频率不均匀性。该方法的基本原理是用强度是高斯分布的窄离子束对特定位置进行局部刻蚀。使用该方法时，需要机器控制系统和带有冷却装置的圆片卡盘配合进行全自动高精度的平面扫描。为了避免电荷聚集在圆片表面，离子束源还需要配备中和器。发射的高斯分布的窄离子束的半峰值宽度（Full Width at Half Maximum，FWHM）为 10~15mm。扫描路径通常是蛇形折线，线之间的间距为 2~6mm。离子束直径小到足以校正几毫米范围内出现的厚度梯度，并且修整是按区域进行的而不是逐个器件进行的，与离子铣削相比可以极大提高吞吐量。

移除材料的厚度由离子束在某一区域的停留时间决定。根据刻蚀速率针对每块圆片计算出相应的刻蚀区域和时间，进行频率修正。根据精度和产量，可以选择修整一层（通常是最上层的钝化层）或者多层。谐振器的顶部通常有一层氮化硅薄膜，器件频率对氮化硅不是很敏感，因此可以实现较为精确的修整，但修整范围有限。

11.5 硅传声器

传声器是一种将声音信号转换为电信号的能量转换器件，又称话筒、麦克风、微音器等。有许多技术可实现声电转换，如电阻式声电转换、电感式声电转换和电容式声电转换等。电容式传声器是尺寸最小、精度最高、市场最成熟的一类传声器，近年来硅传声器的发展最为迅速[50-51]。

基于 MEMS 技术的硅传声器采用多晶硅作为弹性振膜，其在不同温度下的性能十分稳定，可承受 260℃的高温回流焊。并且，硅传声器的偏压由与之匹配的 ASIC 提供，不存在驻极体传声器中的电荷逃逸现象，灵敏度的一致性好。硅传声器具有体积小、质量轻、可批量生产和封测等特点，在 TWS（真无线立体声）耳机、智能手机、智能音箱和笔记本电脑等消费类电子产品中得到广泛应用。

硅传声器的结构及制备工艺

硅传声器主要由悬空的多晶弹性振膜和刚性穿孔背板组成平行板电容器，其结构大同小异。除传声器的产品结构设计外，各个膜层材料的选择及其制备工艺均会对硅传声器的产品性能有较大的影响。市场上主流的硅传声器大多采用薄多晶硅薄膜作为弹性振膜，采用厚多晶硅或者多晶硅和厚氮化硅复合薄膜作为刚性背板。图 11-29 所示为硅传声器的产品结构图。

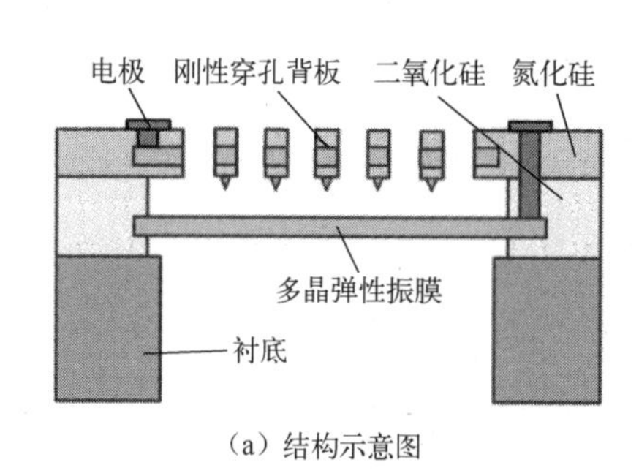

（a）结构示意图

（b）背腔结构图

图 11-29　硅传声器的产品结构图

硅传声器主要利用表面 MEMS 加工技术来制备正面结构，然后通过体硅刻蚀技术来制备背面的空腔，工艺流程示意图如图 11-30 所示。

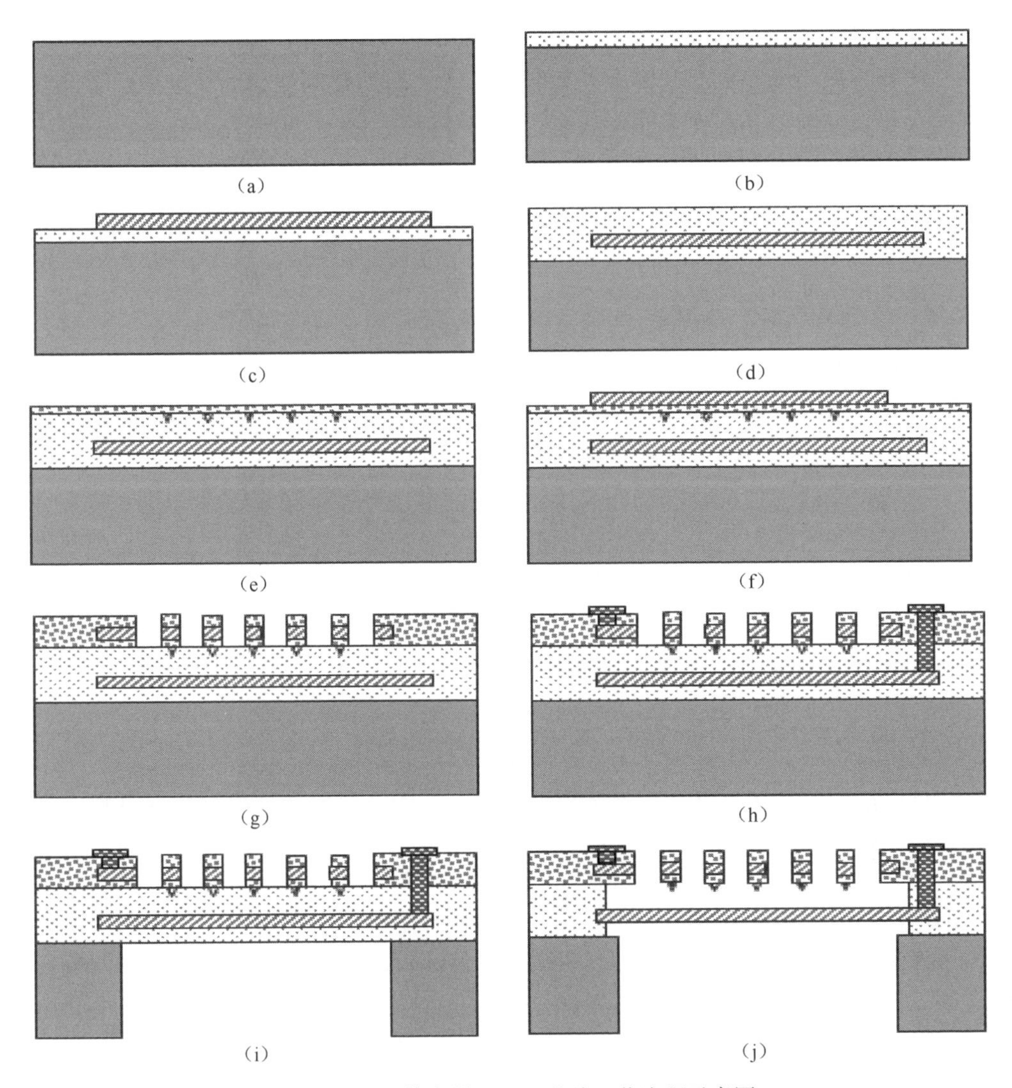

图 11-30　硅传声器 MEMS 芯片工艺流程示意图

步骤（a）：选择硅衬底。

步骤（b）：在硅衬底上沉积绝缘氧化层，该氧化层还用作深槽刻蚀背腔的截止层。

步骤（c）：在绝缘氧化层上沉积第一层多晶硅薄膜，并对其进行光刻、刻蚀，作为多晶弹性振膜。

步骤（d）：在多晶弹性振膜上沉积中间牺牲氧化层，该牺牲层用于界定振膜与背板之间的极板间距。

步骤（e）：对中间牺牲氧化层进行光刻、刻蚀，沉积氮化硅薄膜，以形成针尖形的防黏附凸点。

步骤（f）：沉积第二层多晶硅薄膜，并对其进行光刻、刻蚀，以界定多晶背板的大小，并与多晶弹性振膜形成平行板电容器。

步骤（g）：沉积第二层氮化硅薄膜，并对其进行光刻、刻蚀形成背板的声孔，以与第二层多晶硅薄膜共同形成刚性穿孔背板结构。

步骤（h）：光刻、刻蚀以形成接触孔，并沉积金属层，分别用于连接多晶弹性振膜和刚性穿孔背板。

步骤（i）：背面减薄至一定厚度，并采用双面光刻机进行背面光刻和深槽刻蚀，以形成背腔。

步骤（j）：通过 BOE 湿法腐蚀或气相熏蒸工艺去除牺牲氧化层，以形成悬空的多晶弹性振膜与刚性穿孔背板结构，完成硅传声器机械芯片的制备。

硅传声器的制备主要围绕如何搭建悬空的多晶弹性振膜和刚性穿孔背板来进行，所沉积的绝缘氧化层、多晶弹性振膜层、厚牺牲氧化层、第二层多晶硅薄膜和厚的氮化硅背板薄膜累积总厚度为 6~7μm，如此高厚度的薄膜层要求每层薄膜的应力尽量小，以及各膜层间的应力需要尽可能匹配，以减小膜层的龟裂，获得完好的硅传声器薄膜结构。

1. 低应力的多晶弹性振膜工艺

硅传声器的制备过程主要围绕搭建悬空的多晶弹性振膜和刚性穿孔背板来进行，低应力的多晶硅薄膜作为弹性振膜和可振动的机械部件，在硅传声器的性能输出中起着决定作用。为了获得较高的灵敏度，振膜的厚度应尽量薄；振膜的有效面积，即可振动的区域，应尽可能大，而此种结构往往存在较大的内应力。应力不仅会影响弹性振膜的平整度，也会影响传声器的吸膜电压值和灵敏度。要获得高灵敏度的传声器，可以通过精确控制多晶硅薄膜的沉积工艺、掺杂浓度和高温退火等工艺参数来控制多晶弹性振膜的应力，也可以通过设计，如纹膜、弹性支撑梁等特殊的机械结构来释放多晶弹性振膜的应力。

多晶硅薄膜的晶粒结构与沉积温度密切相关，580℃以下形成的是无定型的非晶结构；580~610℃形成的是椭圆形的晶粒结构；610~700℃形成的是柱状晶粒结构。无定型的非晶结构与柱状晶粒结构的多晶均表现为压应力，而椭圆形晶粒表现为拉应力。由于多晶硅薄膜的残余应力在过零点时的沉积温度窗口很窄，因此难以通过控制沉积温度来制备低应力的多晶硅薄膜，但可以通过高温退火来减小多晶硅薄膜的应力。如图 11-31 所示，对于 560℃和 580℃沉积的无定型的非晶硅薄膜，高温退火会使其发生晶化，且表现为较低的拉应力；对于 620℃沉积的多晶硅薄膜，其已晶化，经 1000℃退火只能轻微改变应力；不同温度沉积的多晶硅薄膜在 1050℃退火后残余应力接近零[52-54]。

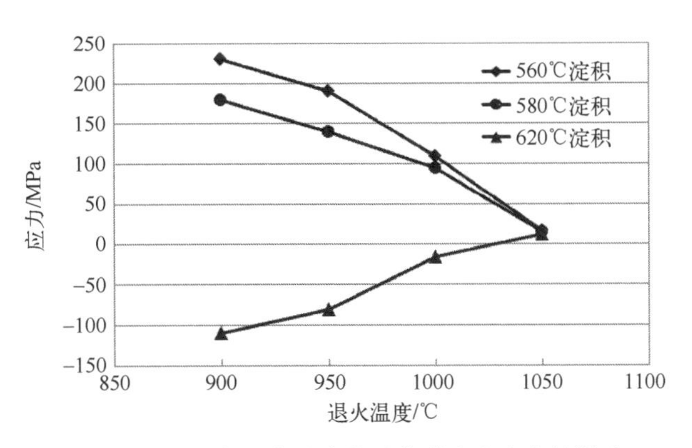

图 11-31　退火温度对多晶硅薄膜残余应力的影响

此外，还可以从机械结构上对硅传声器的多晶弹性振膜进行优化和特殊设计，以降低多晶弹性振膜的应力。例如，图 11-32 所示传声器采用了纹膜结构，图 11-33 所示传声器采用了弹性支撑梁结构；除此之外，还有采用锚点、振膜悬空倒挂等机械结构的特殊设计，以期获得接近零应力的多晶弹性振膜。

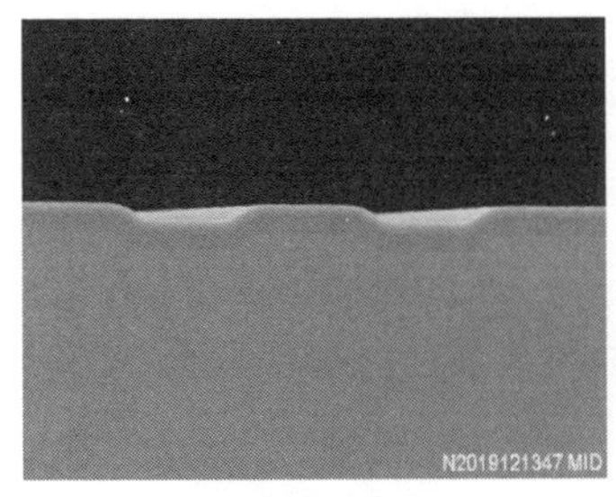

（a）纹膜结构放大图

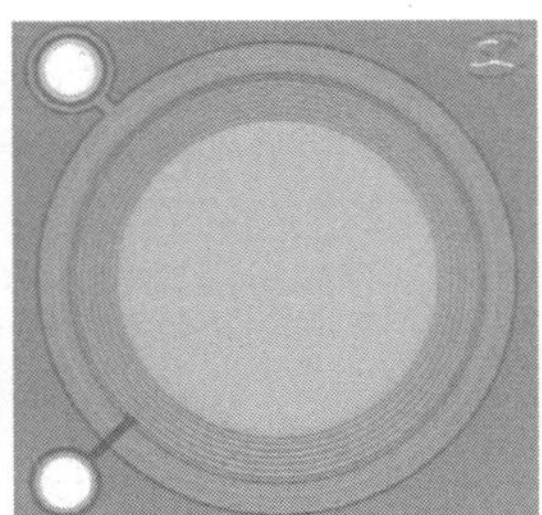

（b）振膜

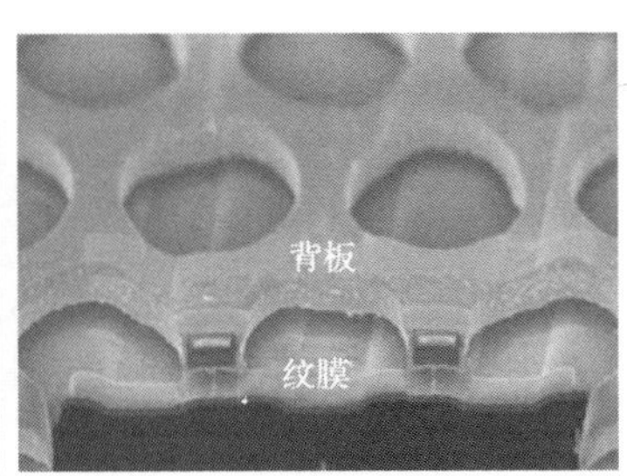

（c）断面结构

图 11-32　多晶弹性振膜含有纹膜结构的硅传声器

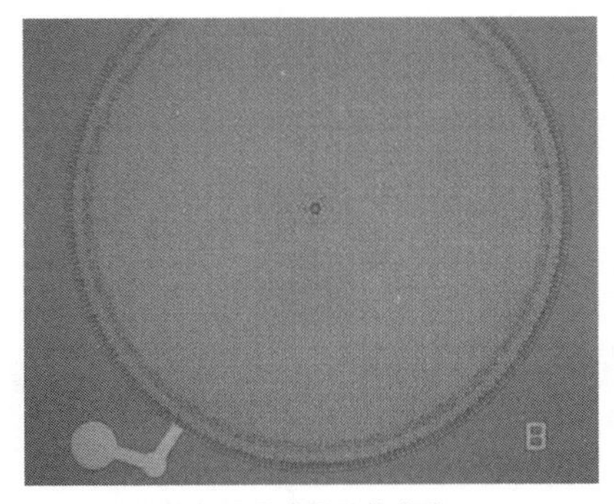

（a）硅传声器芯片全貌

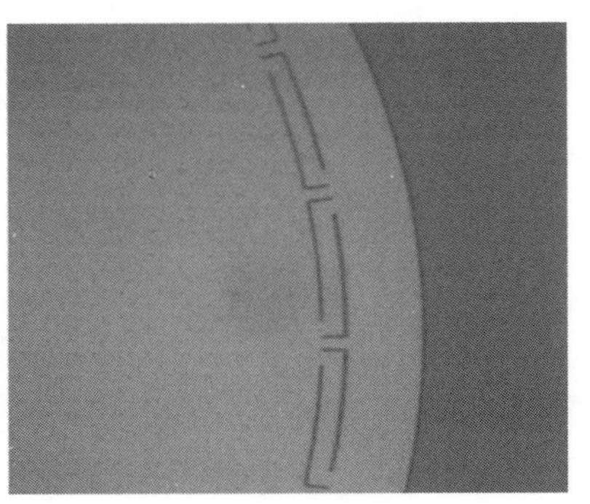

（b）弹性支撑梁结构

图 11-33　多晶弹性振膜含有弹性支撑梁结构的硅传声器

2. 低应力的厚牺牲氧化层工艺

电容式硅传声器的多晶弹性振膜与刚性穿孔背板之间的间距一般为 2~4μm，因此需要在多晶弹性振膜上沉积相应厚度的中间牺牲氧化层来界定极板间距，且该氧化层在多晶退火时同样会经历 1000℃以上的高温退火，这对氧化层的选型及其制备方法和应力控制提出了较高要求。

二氧化硅薄膜可以采用热氧化、PECVD、LPCVD 等多种方式和多种气体沉积，形成氧化物、二氧化硅、TEOS 及 PSG 等多种形式的氧化层[55-58]。从图 11-34 中可看出，对于用 LPCVD 和 PECVD 热分解 TEOS 方式制备的二氧化硅薄膜，其残余应力（绝对值）均随退火温度的升高而增加。高温退火不仅不能降低二氧化硅的应力，反而会使其应力明显增大。经 1000℃以上的高温退火后，不同方式沉积的氧化层的残余应力均会大幅增加，且容易发生氧化层薄膜龟裂问题（见图 11-35）。而在不同种类的氧化层中，PSG 的应力相对小，作为多晶弹性振膜与刚性穿孔背板之间的厚牺牲氧化层，表面不会发生龟裂现象。

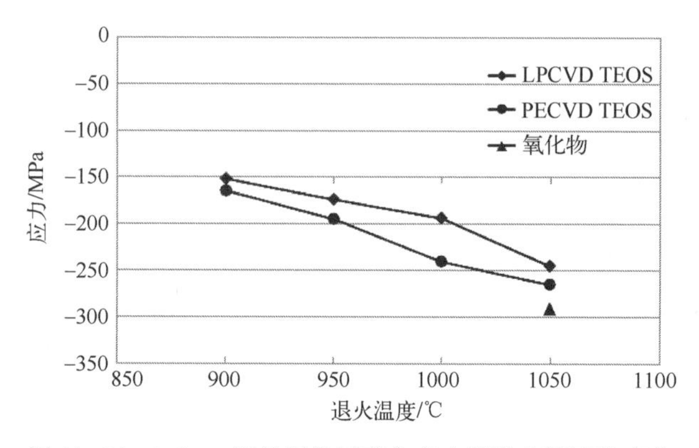

图 11-34　1.5μm 厚的氧化层残余应力随退火温度的变化

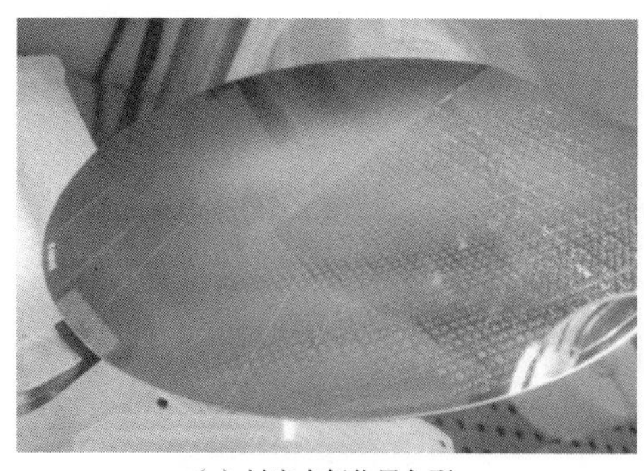

（a）衬底上氧化层龟裂

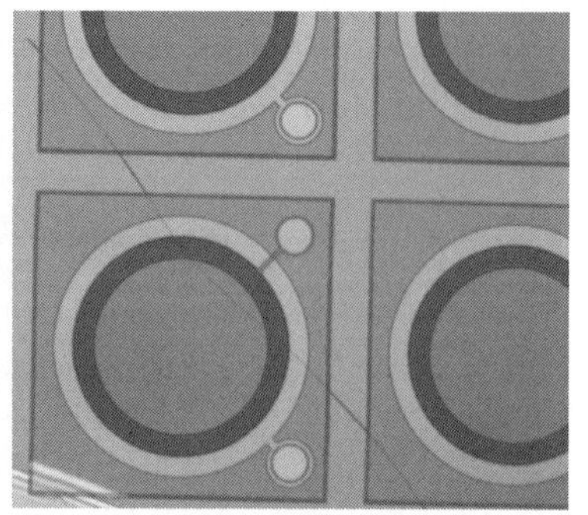

（b）管芯上氧化层龟裂

图 11-35　二氧化硅薄膜残余应力大导致膜层龟裂图

3. 低应力的厚氮化硅薄膜工艺

氮化硅薄膜具有优良的绝缘性和较高的机械强度，可用作硅传声器中多晶弹性振膜和刚性穿孔背板之间的绝缘层，以及与多晶背板共同组成复合刚性背板。氮化硅薄膜一般采用 PECVD 设备或 LPCVD 设备来沉积，通过调节反应气体 SiH_4 与 NH_3 的比例、气压及其反应温度等关键参数，来调整 SiN_x 薄膜中 N 和 Si 的含量比例，即其折射率 n，进而调整 SiN_x 薄膜的残余应力[59]。图 11-36 所示为采用 LPCVD 工艺沉积的 SiN_x 薄膜的残余应力随着折射率的变化，从中可以看出，常规化学定量比的 Si_3N_4 薄膜（$n=1.9$）的拉应力约为 900MPa，膜厚超过 300nm 时容易发生龟裂。随着折射率的增加，SiN_x 薄膜中的 Si 含量增多并超过常规化学定量比，成为富 Si 的 SiN_x 薄膜，其拉应力大幅降低，趋近于零，甚至为压应力。通过调试合适的反应气体 SiH_4 与 NH_3 的比例、反应温度等关键工艺参数，可以制备不同厚度、不同应力需求的 SiN_x 薄膜，并用于硅传声器的背板结构中。

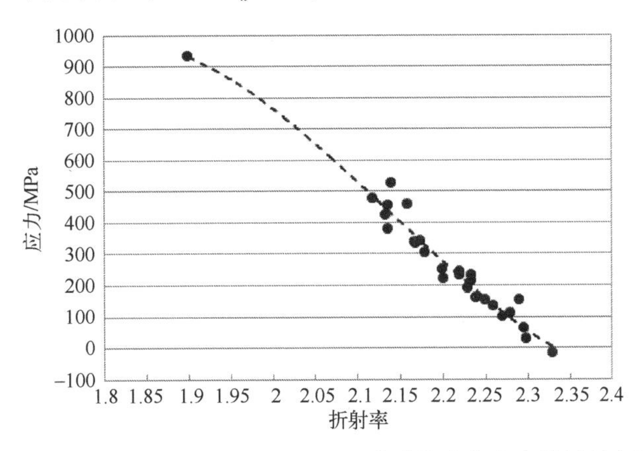

图 11-36 采用 LPCVD 工艺沉积的 SiN_x 薄膜的残余应力随折射率的变化

4. 硅传声器的牺牲层释放工艺

硅传声器在多晶弹性振膜与衬底之间有绝缘氧化层，以及在多晶弹性振膜与刚性穿孔背板之间有约 3μm 厚的牺牲氧化层，这两层氧化层需要经过湿法腐蚀或气相熏蒸的方法释放，以形成多晶弹性振膜和刚性穿孔背板的悬浮膜结构。

在采用 BOE 溶液腐蚀牺牲氧化层的过程中要特别关注排气泡和黏附问题。硅传声器经深槽刻蚀后在硅衬底内形成背腔，该背腔内的气泡不易去除，即背腔孔内有部分气泡，阻止 BOE 溶液渗入背腔，使得背腔孔内有少量 BOE 溶液或无 BOE 溶液，这使得多晶弹性振膜下面的牺牲层腐蚀不净，从而导致产品失效。因此，在用 BOE 溶液腐蚀前，需要将背腔内的气泡排除干净。BOE 溶液腐蚀掉多晶弹性振膜与刚性穿孔背板之间的牺牲氧化层之后，在脱水干燥过程中，残余液体的蒸发会产生很大的表面张力，易导致多晶弹性振膜与刚性穿孔背板黏附，如图 11-37 所示。一般采用 CO_2超临界干燥法来脱水，可以解决多晶弹性振膜与刚性穿孔背板黏附的问题。

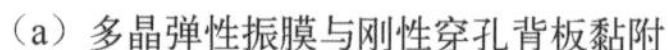

（a）多晶弹性振膜与刚性穿孔背板黏附

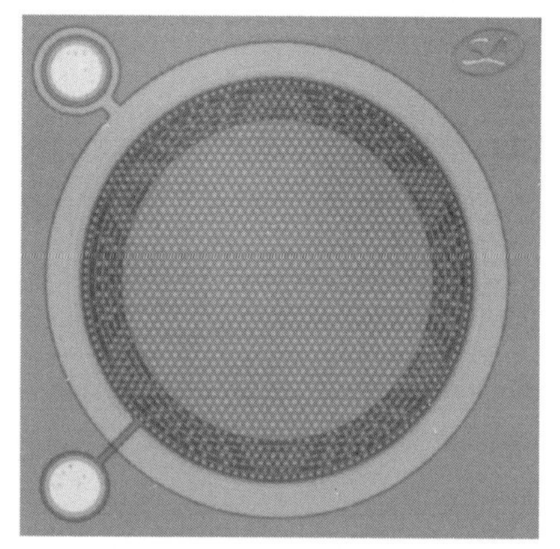

（b）多晶弹性振膜与刚性穿孔背板无黏附

图 11-37　硅传声器释放后多晶弹性振膜与刚性穿孔背板黏附情况

由于多晶弹性振膜和刚性穿孔背板之间的间距很小，经湿法腐蚀工艺制得的硅传声器或多或少会有管芯发生黏附，影响产品良品率。业界普遍采用气相 HF 熏蒸的方法来去除牺牲层，以避免湿法腐蚀中将传声器浸没在溶液里；同时醇类气体易于挥发，可以携带熏蒸产生的水蒸气一起离开表面反应层，减弱了水蒸气在反应层表面的冷凝。熏蒸腐蚀完中间牺牲层后，悬空的多晶弹性振膜和刚性穿孔背板之间无黏附，机械芯片的良品率可达 98%。

11.6　压电微机械超声换能器

超声换能器主要用于医学诊断和非破坏性测试应用（对建筑物和船舶进行检查）。超声成像系统可以提供高分辨率的实时解剖和多普勒成像[60]。与磁共振成像和计算机断层扫描相比，这些系统是更实惠的医学成像解决方案。在医学应用之外，它们已被广泛用于跨学科研究，包括材料科学、声学、电气工程、生物医学工程、地球物理学、地质灾害预测及大坝安全等级预警。压电微机械超声换能器（Piezoelectric Micromachined Ultrasonic Transducer，PMUT）利用微机械膜结构可以在集成电路生产线实现量产，具有性价比高和单片集成的优势，受到人们的高度重视。

Akasheh 等人[61]开发了一种基于锆钛酸铅薄膜的 PMUT 制造工艺流程，如图 11-38 所示。该方法先将圆片在 1050℃环境中湿法氧化，目的是生长二氧化硅层；使用缓冲氧化物（BOE）从圆片的一侧将氧化层去除；使用标准的光刻技术在圆片的背面制作二氧化硅掩模；用各向异性硅刻蚀剂乙二胺邻苯二酚（EDP）在 110℃下蚀刻圆片，以形成硅/二氧化硅膜；使用电子束物理气相沉积工艺将底电极钛/铂金属沉积到圆片上，如图 11-38（b）所示；通过旋涂 PZT 溶胶沉积 PZT 薄膜，如图 11-38（c）所示；通过物理气相沉积方法沉积顶电极钛/金两种金属，如图 11-38（d）所示；通过光刻图形化顶电极，如图 11-38（e）所示；最后通过湿法刻蚀制作底电极过孔，如图 11-38（f）所示。

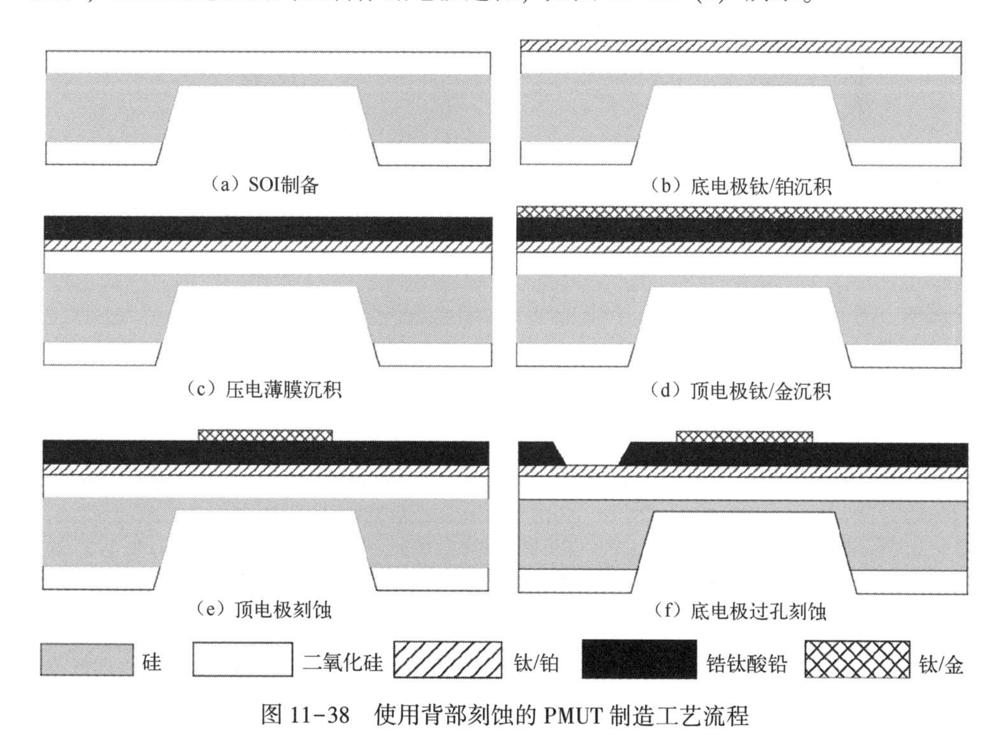

图 11-38　使用背部刻蚀的 PMUT 制造工艺流程

上海新微技术研发中心有限公司（上海工研院）开发了适合 PMUT 加工制造的基于 CSOI 圆片的氮化铝工艺加工平台，并以多项目晶圆（Multiple Project Wafer，MPW）形式开放。该氮化铝工艺加工平台使用带有预加工空腔（深度≤15μm，直径≤450μm）结构的圆片作衬底。PMUT 的电极使用钼（Mo）金属，上下层的厚度分别为 0.15μm 和 0.2μm；中间压电层为 1μm 氮化铝，可以实现不同的器件功能；上层使用 1μm 铝铜（AlCu）作为导线，以 0.5μm 二氧化硅作正面保护层。其中，CSOI 圆片的详细参数如表 11-1 所示。

表 11-1　CSOI 圆片的详细参数

项　　目		规　　格
顶层硅	去边	5mm
	圆片直径	(200±0.05)mm
	掺杂类型	P 型
	晶向	<100>
	厚度	(5±0.5)μm
	电阻率	1~100Ω·cm
埋氧层	厚度	(1±0.05)μm
	二氧化硅依附于顶层硅或背硅衬底	顶层硅
	二氧化硅类型	热氧
背硅衬底	空腔深度	(15±0.1)μm
	直径	(200±0.05)mm
	掺杂类型	P 型
	晶向	<100>
	厚度	(725±25)μm
	对位凹槽位置	<110>
	电阻率	1~100Ω·cm

使用反应磁控溅射沉积的氮化铝薄膜与上下两层钼电极构成压电叠层，其详细参数如表 11-2 所示。

表 11-2　压电叠层参数

项　　目		规　　格
压电叠层	顶电极钼厚度	(0.15±0.1)μm
	氮化铝厚度	(1±0.05)μm
	氮化铝晶向	<0002>
	d_{33}	5.0~5.5pC/N
	氮化铝半峰宽	<1.5°
	底电极钼厚度	(0.2±0.1)μm

基于 CSOI 圆片的氮化铝工艺加工平台制备 PMUT 的工艺流程示意图如图 11-39 所示。正面二氧化硅沉积，背面零层对位标记刻蚀，在圆片上刻蚀出腔体，再进行键合，并减薄顶层硅至 5μm，制备 CSOI 圆片，如图 11-39（a）所示；在表面沉积压电叠层（0.2μm 底电极钼、1μm 氮化铝、0.15μm 顶电极钼），作为器件的结构层，如图 11-39（b）所示；刻蚀顶电极钼，图形化顶电极，如图 11-39（c）所示；为保证铝铜连接导线只与顶电极钼接触，在表面沉积 0.5μm 二氧化硅，如图 11-39（d）所示；分别刻蚀底电极过孔和顶电极过孔，

如图 11-39（e）~图 11-39（f）所示；沉积 1μm 金属铝铜，再刻蚀金属铝铜，形成上层连接导线，如图 11-39（g）和（h）所示；刻蚀正面二氧化硅，再沉积一层 0.5μm 二氧化硅，作为表面二氧化硅，如图 11-39（i）和（j）所示；刻蚀表面二氧化硅，定义深槽的区域，最后刻蚀压电叠层，形成深槽，如图 11-39（k）和（l）所示。

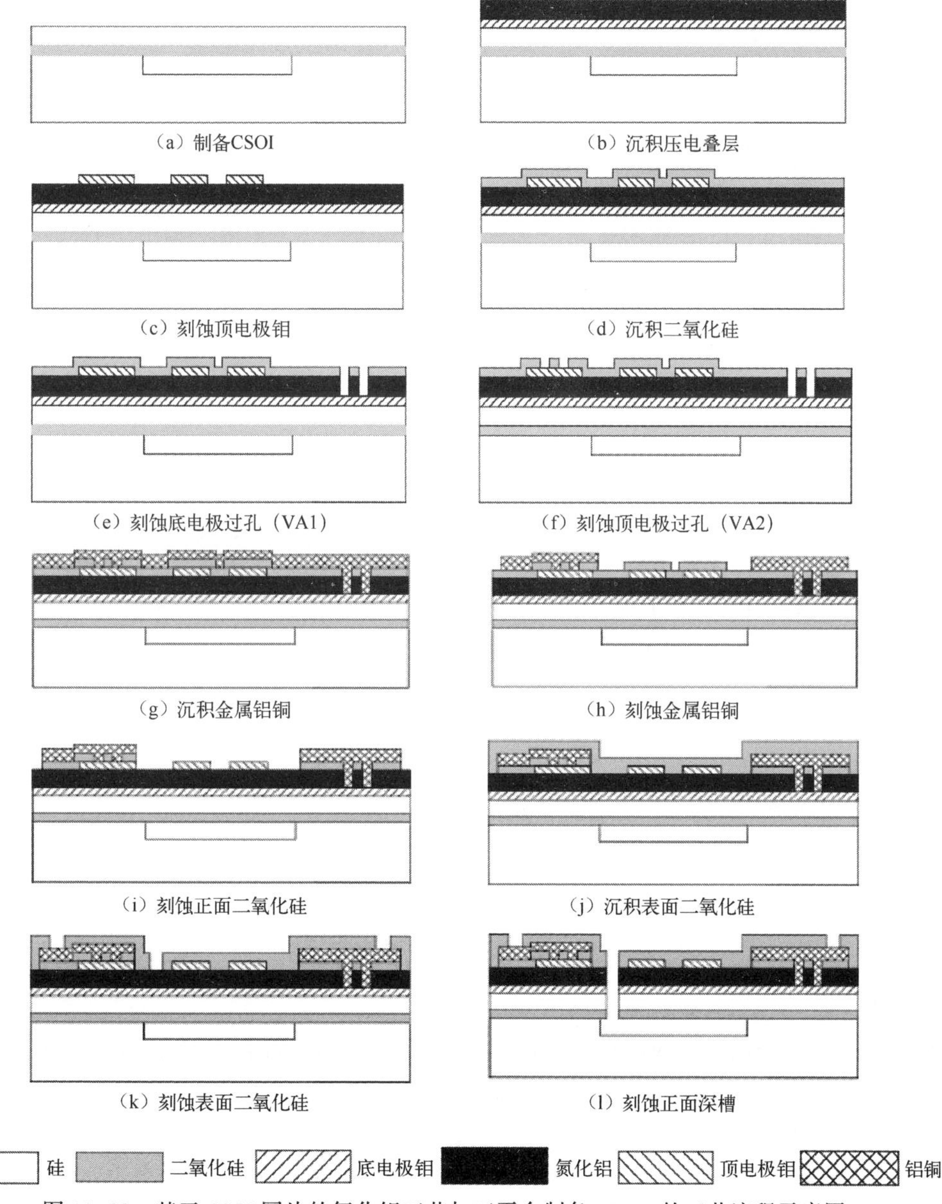

图 11-39　基于 CSOI 圆片的氮化铝工艺加工平台制备 PMUT 的工艺流程示意图

图 11-40（a）所示为 PMUT 阵列 SEM 俯视图。使用 Polytec MSA 600 对上述工艺流程制造出的 PMUT 进行测试，获得 PMUT 的振型图，在 130kHz、470kHz、1MHz 处得到 PMUT 的一阶、二阶和三阶振型示意图如图 11-40（b）所示。

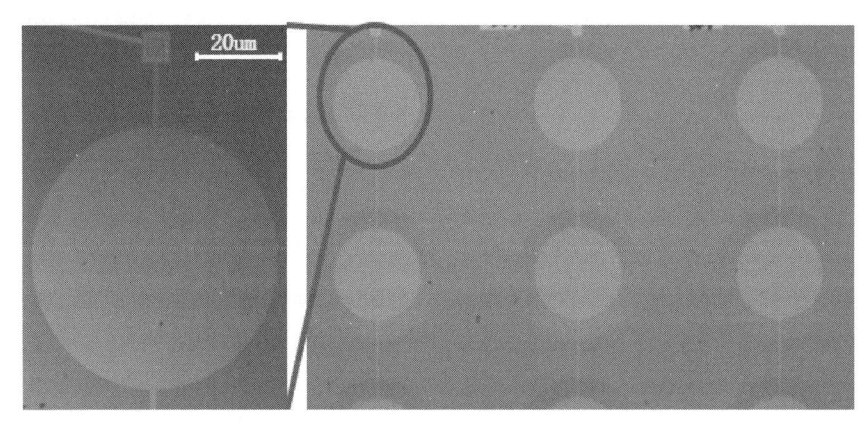

（a）PMUT阵列SEM俯视图

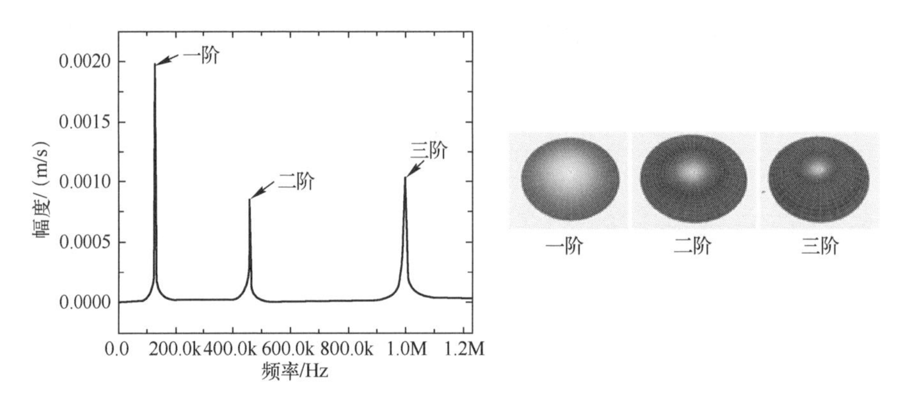

（b）一阶、二阶、三阶振型示意图

图 11-40　PMUT

参考文献

[1] ACAR C, SHKEL A. MEMS vibratory gyroscopes: structural approaches to improve robustness [M]. New York: Springer Science & Business Media, 2008.

[2] WU G, CHUA G L, SINGH N, et al. A quadruple mass vibrating MEMS gyroscope with symmetric design [J]. IEEE Sensors Letters, 2018, 2 (4): 1-4.

[3] WU G, XU J, NG E J, et al. MEMS Resonators for frequency reference and timing applications

[J]. Journal of Microelectromechanical Systems, 2020, 29 (5): 1137-1166.
[4] FRENCH P J. Development of surface micromachining techniques compatible with on-chip electronics [J]. Journal of Micromechanics and Microengineering, 1996, 6 (2): 197.
[5] KOESTER D A, MAHADEVAN R, HARDY B, et al. MUMPs design handbook [Z]. Cronos Integrated Microsystems, 2001.
[6] LAPISA M, STEMME G, NIKLAUS F. Wafer-level heterogeneous integration for MOEMS, MEMS, and NEMS [J]. IEEE Journal of Selected Topics in Quantum Electronics, 2011, 17 (3): 629-644.
[7] FISCHER A C, FORSBERG F, LAPISA M, et al. Integrating mems and ics [J]. Microsystems & Nanoengineering, 2015, 1 (1): 1-16.
[8] MCUBE. The advantages of integrated MEMS to enable the Internet of moving things [R]. mCube, 2014.
[9] FRAUX R. Bosch sensortec BMX055 9-axis MEMS IMU [R]. 2013.
[10] WU G, HAN B, CHEAM D D, et al. Development of six-degree-of-freedom inertial sensors with an 8-in advanced MEMS fabrication platform [J]. IEEE Transactions on Industrial Electronics, 2018, 66 (5): 3835-3842.
[11] 徐德辉. 基于 CMOS-MEMS 的非致冷热电堆红外探测器 [D]. 上海：中国科学院上海微系统与信息技术研究所，2011.
[12] LI Y, ZHOU H, LI T, et al. CMOS-compatible 8×2 thermopile array [J]. Sensors and Actuators A: Physical, 2010, 161 (1-2): 120-126.
[13] RONCAGLIA A, MANCARELLA F, CARDINALI G C. CMOS-compatible fabrication of thermopiles with high sensitivity in the 3-5μm atmospheric window [J]. Sensors and Actuators B: Chemical, 2007, 125 (1): 214-223.
[14] 刘义冬，李铁，王翊，等. CMOS 兼容的微机械 P/N 多晶硅热电堆红外探测器 [J]. 功能材料与器件学报，2007 (03)：226-232.
[15] 高璇. CMOS 兼容的微机械热电堆红外探测器的设计 [D]. 太原：中北大学，2013.
[16] 赵利俊，欧文，闫建华，等. 一种与 CMOS 工艺兼容的热电堆红外探测器 [J]. 红外技术，2012，34 (02)：89-94.
[17] 朱腾飞，李辉，李明燃，等. 基于 MEMS 工艺的集成红外气体传感器工艺研究 [J]. 激光与红外，2014，44 (05)：533-538.
[18] BUCHNER R, SOSNA C, MAIWALD M, et al. A high-temperature thermopile fabrication process for thermal flow sensors [J]. Sensors and Actuators A: Physical, 2006, 130: 262-266.
[19] LEE S J, LEE Y H, SUH S H, et al. Uncooled thermopile infrared detector with chromium oxide absorption layer [J]. Sensors and Actuators A: Physical, 2001, 95 (1): 24-28.
[20] LIN R C, CHEN Y C, CHANG W T, et al. Highly sensitive mass sensor using film bulk acoustic resonator [J]. Sensors and Actuators A: Physical, 2008, 147 (2): 425-429.
[21] CHIU K H, CHEN H R, HUANG S R S. High-performance film bulk acoustic wave pressure

and temperature sensors [J]. Japanese Journal of Applied Physics, 2007, 46 (4R): 1392.

[22] XUAN W, COLE M, GARDNER J W, et al. A film bulk acoustic resonator oscillator based humidity sensor with graphene oxide as the sensitive layer [J]. Journal of Micromechanics and Microengineering, 2017, 27 (5): 055017.

[23] ZHANG M, ZHAO Z, DU L, et al. A film bulk acoustic resonator-based high-performance pressure sensor integrated with temperature control system [J]. Journal of Micromechanics and Microengineering, 2017, 27 (4): 045004.

[24] LU Y, CHANG Y, TANG N, et al. Detection of volatile organic compounds using microfabricated resonator array functionalized with supramolecular monolayers [J]. ACS Applied Materials & Interfaces, 2015, 7 (32): 17893-17903.

[25] NISHIHARA T, YOKOYAMA T, MIYASHITA T, et al. High performance and miniature thin film bulk acoustic wave filters for 5GHz [C] //2002 IEEE Ultrasonics Symposium, 2002. Proceedings. IEEE, 2002, 1: 969-972.

[26] SATOH H, EBATA Y, SUZUKI H, et al. An air-gap type piezoelectric composite thin film resonator [C] //39th Annual Symposium on Frequency Control. IEEE, 1985: 361-366.

[27] SHIN J S. Hybrid bulk acoustic wave structure for temperature stability in LTE applications [J]. IEEE Microwave and Wireless Components Letters, 2013, 23 (9): 453-455.

[28] KIM E K, LEE T Y, JEONG Y H, et al. Air gap type thin film bulk acoustic resonator fabrication using simplified process [J]. Thin Solid Films. 2006, 496 (2): 653-657.

[29] RUBY R C, DESAI Y, BRADBURY D R. SBAR structures and method of fabrication of SBAR. FBAR film processing techniques for the manufacturing of SBAR/BAR filters: U. S. Patent 6060818 [P]. 2000-5-9.

[30] LAKIN K M, MCCARRON K T, ROSE R E. Solidly mounted resonators and filters [C]. 1995 IEEE Ultrasonics Symposium. Proceedings. An International Symposium. IEEE, 1995, 2: 905-908.

[31] RUBY R, SMALL M, BI F, et al. Positioning FBAR technology in the frequency and timing domain [J]. IEEE Transactions on Ultrasonics, Ferroelectrics, and Frequency Control, 2012, 59 (3): 334-345.

[32] LANZ R, MURALT P. Bandpass filters for 8GHz using solidly mounted bulk acoustic wave resonators [J]. IEEE Transactions on Ultrasonics, Ferroelectrics, and Frequency Control, 2005, 52 (6): 938-948.

[33] UEDA M, HARA M, TANIGUCHI S, et al. Development of an X-Band filter using air-gap-type film bulk acoustic resonators [J]. Japanese Journal of Applied Physics, 2008, 47 (5S): 4007.

[34] FATTINGER G G. BAW resonator design considerations-an overview [C]. 2008 IEEE International Frequency Control Symposium. IEEE, 2008: 762-767.

[35] KAITILA J, YLILAMMI M, ELLÄ J. Resonator structure and a filter comprising such a resonator structure: U. S. Patent 6812619 [P]. 2004-11-2.

[36] UMEDA K, MIYAKE T. Piezoelectric resonator and piezoelectric filter: U. S. Patent 7649304

[P]. 2010-1-19.

[37] LARSON III J D, RUBY R C, BRADLEY P. Bulk acoustic wave resonator with improved lateral mode suppression: U. S. Patent 6215375 [P]. 2001-4-10.

[38] CHOY J, FENG C, NIKKEL P, et al. Bulk acoustic wave (BAW) resonator structure having an electrode with a cantilevered portion and a piezoelectric layer with varying amounts of dopant: U. S. Patent 9450561 [P]. 2016-9-20.

[39] ARTIEDA A, BARBIERI M, SANDU C S, et al. Effect of substrate roughness on c-oriented AlN thin films [J]. Journal of Applied Physics, 2009, 105 (2): 024504.

[40] CHOY J, FENG C, NIKKEL P. Acoustic resonator structure comprising a bridge: U. S. Patent 8248185 [P]. 2012-8-21.

[41] AKIYAMA M, KAMOHARA T, KANO K, et al. Enhancement of piezoelectric response in scandium aluminum nitride alloy thin films prepared by dual reactive cosputtering [J]. Advanced Materials, 2009, 21 (5): 593-596.

[42] WANG J, PARK M, MERTIN S, et al. A film bulk acoustic resonator based on ferroelectric aluminum scandium nitride Films [J]. Journal of Microelectromechanical Systems, 2020, 29 (5): 741-747.

[43] WANG J, PARK M, MERTIN S, et al. A High-Rt^2 Switchable Ferroelectric $Al_{0.7}Sc_{0.3}N$ Film Bulk Acoustic Resonator [C]//2020 Joint Conference of the IEEE International Frequency Control Symposium and International Symposium on Applications of Ferroelectrics (IFCS-ISAF). IEEE, 2020: 1-3.

[44] LARSON III J D, BRADLEY P D, RUBY R C. Method of providing differential frequency adjusts in a thin film bulk acoustic resonator (FBAR) filter and apparatus embodying the method: U. S. Patent 6483229 [P]. 2002-11-19.

[45] CHAN E, HUGGINS H A, KIM J, et al. Thin film resonators fabricated on membranes created by front side releasing: U. S. Patent 6355498 [P]. 2002-3-12.

[46] SUNWOO K H. Film bulk acoustic resonator [J]. Acoustical Society of America Journal, 2005, 118 (6): 3383.

[47] RUBY R C, LARSON J D, BRADLEY P D. Manufacturing process for thin film bulk acoustic resonator (FBAR) filters: U. S. Patent 7802349 [P]. 2010-9-28.

[48] RUBY R C, BRADLEY P D, LARSON III J D. Method of mass loading of thin film bulk acoustic resonators (FBAR) for creating resonators of different frequencies and apparatus embodying the method: U. S. Patent 6469597 [P]. 2002-10-22.

[49] LU R, YANG Y, LINK S, et al. A1 resonators in 128° Y-cut lithium niobate with electromechanical coupling of 46.4% [J]. Journal of Microelectromechanical Systems, 2020, 29 (3): 313-319.

[50] 洪连进. 声学传感器技术及工程应用 [M]. 北京：高等教育出版社，2018.

[51] 王懿，胡维. MEMS 麦克风产业现状及发展趋势 [J]. 微纳电子与智能制造，2020，2 (4):152-159.

[52] BERGSTROM P L, BOSCH D R, AVERETT G. Thick polysilicon processing for MEMS transducer fabrication [C] //Materials and Device Characterization in Micromachining II. International Society for Optics and Photonics, 1999, 3875: 87-96.

[53] FRENCH P J, VAN DRIEENHUIZEN B P, POENAR D, et al. The development of a low-stress polysilicon process compatible with standard device processing [J]. Journal of Microelectromechanical Systems, 1996, 5 (3): 187-196.

[54] OLSON J M. Analysis of LPCVD process conditions for the deposition of low stress silicon nitride. Part I: preliminary LPCVD experiments [J]. Materials Science in Semiconductor Processing, 2002, 5 (1): 51-60.

[55] ZHANG X, CHEN K S, GHODSSI R, et al. Residual stress and fracture in thick tetraethylorthosilicate (TEOS) and silane-based PECVD oxide films [J]. Sensors and Actuators A: Physical, 2001, 91 (3): 373-380.

[56] POENAR D, FRENCH P J, MALLEE R, et al. PSG layers for surface micromachining [J]. Sensors and Actuators A: Physical, 1994, 41 (1-3): 304-309.

[57] SHIOYA Y, MAEDA M. Comparison of phosphosilicate glass films deposited by three different chemical vapor deposition methods [J]. Journal of the Electrochemical Society, 1986, 133 (9): 1943.

[58] LEVIN R M, ADAMS A C. Low pressure deposition of phosphosilicate glass films [J]. Journal of the Electrochemical Society, 1982, 129 (7): 1588.

[59] TEMPLE-BOYER P, ROSSI C, SAINT-ETIENNE E, et al. Residual stress in low pressure chemical vapor deposition SiN x films deposited from silane and ammonia [J]. Journal of Vacuum Science & Technology A: Vacuum, Surfaces, and Films, 1998, 16 (4): 2003-2007.

[60] GOH A S, KOHN J C, ROOTMAN D B, et al. Hyaluronic acid gel distribution pattern in periocular area with high-resolution ultrasound imaging [J]. Aesthetic Surgery Journal, 2014, 34 (4): 510-515.

[61] AKASHEH F, MYERS T, FRASER J D, et al. Development of piezoelectric micromachined ultrasonic transducers [J]. Sensors and Actuators A: Physical, 2004, 111 (2-3): 275-287.